超・宇宙を解く
―現代天文学演習

福江 純・沢 武文 編

恒星社厚生閣

はじめに

　本演習書の最初の版『宇宙を解く』が出版されたのは1988年のことである．1993年には大きな改訂がなされ『新・宇宙を解く』と名称も改めた．しかし，その後の20年ほどの間に，現代天文学は大幅に歩みを進め，宇宙の加速膨張の発見や多くの系外惑星の発見など，めざましい進展をみせている．また，本書の最初の版が出た頃は，翻訳書も含め日本語で書かれた教科書はほとんどなかったが，現在では数多く出版されるようになり，現代天文学の世界を学ぶ書物はずいぶんと増えたようだ．一方で，本書のような演習をメインにしたテキストは，20年経っても他に類例が出ていない．そこで数年前から，この20年ほどの成果も取り入れた内容にすべく大改訂を進めてきて，ようやく本演習書の新版として紹介することができる段階になった．演習書のタイトルも『超・宇宙を解く』と改めた．

　現代の天文学は，力学，電磁気学，量子力学，統計力学，流体力学，素粒子物理学，相対論といった物理学を含む宇宙物理学，そして宇宙化学，宇宙生物学ないし異星生命学，惑星気象学，惑星地質学，隕石鉱物学など，科学のほとんどすべての分野にまたがった学際的な学問になっている．本書では演習書形式ということもあり，科学一般に関して，ある程度の予備知識は前提とせざるをえなかったが，一般の物理学の教科書にはあまり書かれていない宇宙物理学的な基礎概念については，第1章に「現代天文学の基礎概念」として10節に分けてまとめてある．現代天文学を本格的に学びたいと思っている方は，まず，この第1章をしっかり学習することをお薦めする．

　第2章から第6章までは，対象とする天体ごとに，ごく標準的な順序で並べてある．すなわち，第2章「太陽系と太陽」，第3章「恒星の世界」，第4章「連星とブラックホール活動」，第5章「銀河系と星間物質」，第6章「銀河と宇宙」の順である．この第2章から第6章までの配列はかなり便宜的なものであり，通し番号を付けた各節は，原則としては任意の節から始めてもらって構わない．自主的な学習のために，すべてではないが，各節にある問題の略解も巻末に掲載した．また，単位や物理定数，各種データ，天球座標，誤差と最小二乗法など，演習に必要と思われる最小限の情報は付録として掲載した．

　本演習書は，理学部や教育学部理系の学部生を主なターゲットにして書かれているが，大学レベルの現代天文学を自主的に学びたい大学生や高校生，現代の天文学について学び直したい方々，さらに大学その他の講義の補助教材など，本演習書をさまざまな形で利用していただければ幸いである．

　最後に，本書の出版にあたっては，恒星社厚生閣の片岡一成さんや高田由紀子さんほか編集部の方々には大変お世話になり，この場を借りて感謝の意を表したい．

2014年6月

沢　武文，福江　純

超・宇宙を解く —現代天文学演習　目次

はじめに iii

第1章　現代天文学の基礎概念

1　宇宙のスケール 2
2　重力と重力エネルギー 7
3　宇宙気体とその性質 13
4　音波と衝撃波 18
5　天体の磁場とその性質 21
6　電磁波スペクトル 26
7　輻射場の基礎 31
8　黒体輻射のスペクトル 35
9　原子スペクトル 39
10　ドップラー効果と赤方偏移 41

第2章　太陽系と太陽

11　惑星の運動：ケプラーの法則 46
12　惑星の大気構造 50
13　太陽スペクトル 53
14　太陽面現象と周縁減光効果 56
15　太陽コロナの構造と輝度分布 61
16　太陽風とパーカーモデル 66
17　太陽のエネルギー源 72

第3章　恒星の世界

18　星の明るさと色 76
19　恒星の距離を推定する 80
20　星のスペクトル分類 84
21　スペクトル線の形成 89
22　恒星のHR図 93
23　星団の色-等級図 98
24　恒星の内部をさぐる 101
25　星の進化と星の最期 106
26　主系列星の質量光度関係 112
27　セファイドの周期光度関係 115

第4章　連星とブラックホール活動

28　連星の質量を求める 120

29 コンパクト星の潮汐力 125
30 ロッシュポテンシャル 130
31 降着円盤とは 135
32 激変星の光度曲線 137
33 激変星の輝線スペクトル 142
34 ブラックホール連星 Cyg X-1 145
35 宇宙ジェット SS 433 の謎 148

第5章　銀河系と星間物質

36 恒星の運動 156
37 銀河系の構造と星団の分布 160
38 星間ガスの種類と性質 164
39 星の形成 169
40 原始星から主系列星へ 174
41 超新星爆発のなごり 180
42 銀河系の運動とオールト定数 184
43 銀河系の回転曲線とガスの分布 189
44 銀河系の中心を探る 195

第6章　銀河と宇宙

45 銀河の分類 200
46 銀河回転とダークマター 204
47 活動する銀河 209
48 電波ジェットと超光速運動 215
49 超大質量ブラックホールの質量 219
50 銀河団と大規模構造 223
51 重力レンズ 229
52 ハッブルの法則 233
53 宇宙背景輻射 235
54 宇宙膨張とダークエネルギー 239
55 系外惑星の観測と特徴 243
56 宇宙船から観た星景色 248

付録1 単位と定数 253
付録2 各種データ 256
付録3 球面天文学概説 266
付録4 平均値と誤差 270
付録5 最小二乗直線 273
付録6 数表 276
問いなどの略解 278
参考図書 282
索引 284

執筆者紹介 (執筆順)

福江　純（ふくえ・じゅん）
1956年山口県生まれ．大阪教育大学教授．ブラックホール天文学，宇宙流体力学，相対論的輻射輸送．

沢　武文（さわ・たけやす）
1949年宮崎県生まれ．愛知教育大学名誉教授．銀河天文学．

高橋　真聡（たかはし・まさあき）
1961年宮城県生まれ．愛知教育大学教授．宇宙物理学，相対論的磁気流体力学，ブラックホール物理学．

松本　桂（まつもと・かつら）
1972年兵庫県生まれ．大阪教育大学准教授．天体物理学．突発天体の観測．

濤﨑　智佳（とさき・ともか）
上越教育大学准教授．電波天文学，銀河における星間物質と星形成．

大朝　由美子（おおあさ・ゆみこ）
東京都生まれ．埼玉大学准教授．観測天文学，星惑星形成，太陽系外惑星．

第1章
現代天文学の基礎概念

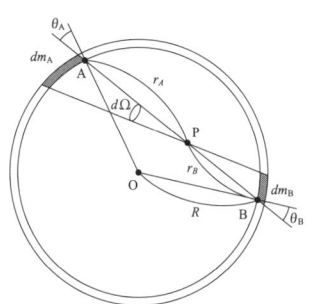
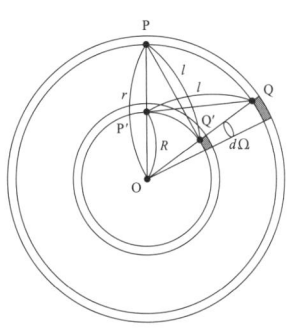

1 宇宙のスケール

宇宙は空間的にも時間的にも莫大な桁にわたって存在している．まず空間的には，非常に微小な原子や分子など物質の構成材料—**ミクロスケール**（microscopic scale）—から，人間のような中間的なサイズ—**メソスケール**（mesoscopic scale）—を経て，非常に巨大な星や銀河—**マクロスケール**（macroscopic scale）—へ至る，さまざまな**階層構造**（hierarchy）を持っている．時間的にも，量子力学的な最小時間単位で宇宙が最初に刻んだ時間でもある**プランク時間**（Planck time）から，人間の感覚的な時間である秒・日・年などを経て，現在の宇宙年齢の約138億年まで，何十桁にも及ぶ．本節では，何桁にもわたる数量を表現するのに適した対数を用いて，宇宙の代表的なスケールをグラフの上に表現してみよう．

1.1 宇宙のひろがり

表 1.1 と表 1.2 で宇宙のひろがりをまとめてみる．

表 1.1　宇宙の階層構造

空間スケール	典型的な物体・天体
10^{-10} m（1Å）	原子サイズ：水素原子半径（5×10^{-11} m），水分子（〜1Å）
10^{-8} m（10 nm）	ウイルスサイズ：ウイルス（$0.4 \sim 0.01 \mu$m），C60（〜1 nm）
10^{-6} m（1 μm）	細胞サイズ：赤血球（〜7.5μm），ミトコンドリア（〜1μm）
10^{-4} m（0.1 mm）	ゾウリムシサイズ：ゾウリムシ（〜3×10^{-4} m）
10^{-2} m（1 cm）	センチサイズ：岩石，鉱物，雪の結晶
1 m	ヒトサイズ：ここでやっと人の大きさだ
10^2 m	建物サイズ：野辺山電波望遠鏡の口径は45mある
10^4 m	山サイズ：富士山（= 標高 3776 m），日本海溝，中性子星
10^6 m	地球サイズ：地球（= 半径 6378 km），白色矮星
10^8 m	星サイズ：太陽（= 半径約 70 万 km）
10^{10} m	天文単位スケール：太陽と地球の距離（=1 天文単位 = 1.50×10^{11} m）
10^{12} m	太陽系サイズ：海王星の軌道半径（〜 30 天文単位）
10^{14} m	太陽系辺境サイズ：オールト雲，カイパーベルト
10^{16} m（〜 1 光年）	光年スケール：典型的な星間距離（〜 1 光年）
10^{18} m（〜 100 光年）	星団サイズ：巨大分子雲，星団（数光年〜10 光年）
10^{20} m（〜 1 万光年）	銀河サイズ：天の川銀河系（〜10 万光年）
10^{22} m（〜 100 万光年）	銀河団サイズ：銀河団，宇宙ジェット
10^{24} m（〜 1 億光年）	大規模構造サイズ：超銀河団，大規模構造
10^{26} m（〜 100 億光年）	宇宙サイズ：観測可能な宇宙全体

(1) 宇宙の階層構造：宇宙の空間スケール

宇宙は，実にさまざまなもので満ち溢れている．身のまわりの世界の事物は原子や分子など非常に微小な粒子が大量に組み合わさってできている．非常に大量の物質が集まって惑星や太陽のような星々を形作っている．太陽のような星々が何千億個も集まって銀河と呼ばれる巨大な天体になっている．そのような銀河が宇宙全体には何千億個も散らばって分布している．さらにダークマターやダークエネルギーと呼ばれる，謎に包まれた存在もあることがわかっている．宇宙には，さまざまな空間スケールでさまざまな天体が存在し，相互に関連しつつ複雑

な階層構造をなしているのだ．代表的な事物を 100 倍ごとのスケールで並べてみたのが表 1.1 である．

問 1.1 表 1.1 でわからない用語について調べよ．また他の例を調べよ．

表 1.2 宇宙の歴史

時間	サイズ比	大きさ	温度	主な出来事
0	0	0	∞	無からの宇宙（時空）の誕生
				インフレーションの開始
10^{-44} 秒	10^{-33}	10^{-3} cm	10^{32} K	重力が誕生する（プランク時間）
10^{-36} 秒	10^{-30}	1 cm	10^{28} K	強い力が誕生しバリオン数が発生する
10^{-11} 秒	10^{-15}	100 AU	10^{15} K	電子が誕生する（弱い力と電磁力の分離）
10^{-6} 秒			10 兆 K	陽子・反陽子の対消滅が起こる
10^{-4} 秒			1 兆 K	中間子が対消滅しクォークがハドロンになる
10 秒	10^{-10}		30 億 K	電子・陽電子が対消滅して光になる
100 秒	10^{-8}	10^3 光年	10 億 K	元素合成の始まり（He, D, Li など合成）
300 秒			3 億 K	元素合成の終わり
1 万年	10^{-4}			輻射の時代の終わり&物質の時代の始まり
38 万年	10^{-3}	1 億光年	3000 K	陽子と電子が結合し水素原子ができる
				（宇宙の晴れ上がり）
2 億年				最初の天体の形成と宇宙の再電離
10 億年	0.25			クェーサー形成
10 億年				銀河ができる
90 億年	0.75			太陽と地球の誕生（約 46 億年前）
100 億年頃				生命が発生する（約 36 億年前）
138 億年				人類の誕生（約 100 万年前）
138 億年	1	138 億光年	2.7 K	現在
190 億年頃				太陽の赤色巨星化（約 50 億年後）
1 兆年頃				銀河の老齢化
100 兆年頃				星が燃え尽きる
10^{32} 年頃				陽子の崩壊
10^{100} 年頃				ブラックホールの蒸発

(2) 宇宙の歴史：宇宙の時間スケール

約 138 億年前，宇宙開闢とともに時空とエネルギーや物質が生まれた[*1]．宇宙誕生直後は宇宙は超高温高密度のエネルギーの塊—ビッグバン（big bang）と呼ぶ[*2]—で，その火の玉の中，最初の 3 分間ほどで水素やヘリウムなどの軽元素が合成された．その後，宇宙は膨張しながら温度が下がり，希薄になった宇宙のそこかしこで，重力の作用によって物質が凝集し，数億年から数十億年かけて，星や銀河などの諸天体が形成されていった．これら初代の星の内部で，水素やヘリウムが融合し，炭素や窒素や酸素など，身の回りの固体物質や生命を形作る重元素が合成される．そして超新星爆発によって宇宙空間へまき散らされた重元素が材料となって，ようやく惑星を持った星が形成され，ついに生命も発生した．時空の誕生からはじまり，原子，分子，無機物，有機物，生命に至る長い長い連鎖の果てに，現在のわれわれが存在しているのだ．宇宙の歴史における代表的な出来事を表 1.2 にまとめておく．

問 1.2 表 1.2 でわからない用語について調べよ．また他の例を調べよ．

[*1]宇宙の誕生の "前" はどうなっていたのだろうか．時間や空間というもの自体が宇宙の誕生と同時に存在するようになったので，宇宙の誕生の "前" そのものがなかった（あるいは "無" があった）．ただし，その "無" というものが何であったのか，"無" からどうして宇宙が誕生したのかなど，根本的な謎は残っている．
[*2]宇宙開闢直後に起こったと推測されている，時空の指数関数的な急膨張をインフレーション（inflation）と呼ぶ．インフレーションの終了後，宇宙は時間のべき乗で膨張する比較的ゆっくりしたビッグバン膨張期に移行した．

1.2 指数と対数

天文学では，しばしば非常に大きな数値が出てくる．非常に大きな数値は，10の肩にべき数（power）を乗せた**指数**（exponent）や，**対数**（logarithm）を用いる．

まず，ある数 a に対して，x と y が，$y = a^x$ の関係にあるとき，y は x のべき関数という．べき関数の逆関数を $x = \log_a y$ で表し，このとき，x は a を底とする y の対数関数と呼ぶ．

特に，底 a が 10 のとき，$y = 10^x$ に対して，

$$x = \log_{10} y \quad \text{または} \quad x = \log y \tag{1.1}$$

を**常用対数**（common logarithm）と呼ぶ．グラフなどでは常用対数を用いることが多い．

一方，底の値が，自然対数の底 $e = 2.718281828$ のとき，

$$y = e^x \quad \text{または} \quad y = \exp(x) \tag{1.2}$$

を指数関数と呼び，その逆関数である

$$x = \log_e y \quad \text{または} \quad x = \ln y \tag{1.3}$$

を**自然対数**（natural logarithm）と呼ぶ．自然対数は解析的な積分などでよく現れる．

1.3 密度と温度と角度

演習などを行う際に，物理量の単位を揃えることなどについては，特に注意して欲しい（付録も参照のこと）．ここでは重要な物理量について簡単にまとめておこう．

(1) 質量密度と個数密度

物理や天体物理で密度といえば，通常は単位体積あたりの質量で定義される**質量密度**（density）を指し，ρ（ロー）で表す．具体的な単位は，kg m^{-3} や g cm^{-3} などを使用する（3節）．一方，単位体積あたりに粒子が何個あるかを示す**個数密度**（粒子数密度：number density）を用いることもある．記号としては一般には n や N で表し，特に粒子の種類を問題にするときには，例えば電子（electron）の個数密度は N_e というように添え字を付ける．定義から個数密度の単位は，個 m^{-3}，ケ cm^{-3} などを使うが，水素原子の個数に換算して個数密度を表す場合には，H atoms m^{-3} などと書くこともある．個数密度は，星の密度や銀河の密度にも使われる．

問 1.3 水素原子（陽子＋電子）の質量を m_H とすると，中性水素ガスの質量密度 ρ と個数密度 N の関係はどうなるか？ また完全電離したプラズマではどうなるか？

問 1.4 星間空間では平均的には，1 cm^3 あたりに 1 個の水素原子がある．星間空間での平均的な個数密度はいくらか？ また質量密度はどれくらいか？

(2) 絶対温度

ある系の**温度**（temperature）とは，大ざっぱにはその系を構成している粒子の平均的な熱運動エネルギーを意味する（3節）．記号は T で表す．さらに天体物理学で温度がでてくれ

ば，通常は**絶対温度**（absolute temperature）のことであり，K（ケルビン）を単位として計る（なお単に K であり，°K とはしない）．水の氷点と沸点を基準とする摂氏に 273.15 を加えれば絶対温度が得られる：

$$T\,[\mathrm{K}] = T\,[\mathrm{°C}] + 273.15. \tag{1.4}$$

なお，いわゆる普通の温度（熱平衡温度）以外にも，計り方や定義の仕方によって，黒体温度，有効温度，輝度温度，色温度，励起温度，電離温度などさまざまな温度がある．

問 1.5 自分の平熱（体温）は摂氏で何度か？ また絶対温度で何度か？

(3) 角度

宇宙の彼方にある天体は距離がわからないことが多いので，しばしば天体を見込む**角度**（angle）が，天体の見かけの大きさを見積る上での重要な測定量になる．角度は（長さや質量のような）次元を持った量ではないので，本来，単位（次元）はないが，ここでは便宜上，角度の"単位"とする．角度を測る単位には，円周を 360° に分割する度数法と，2π ラジアンに分割する弧度法がある．

度数法では，円周を 360° に分割し，1° を 60′ とし，さらに 1′ を 60″ とする（**度**，**分角**，**秒角**と呼ぶ）．ちなみに，人間の正常な目の分解能がだいたい 1′（分角）ぐらいだ．

電波天文学などでは電波干渉計の分解能が非常によくなって，秒角よりももっと細かい構造が見えるようになってきた．そのような場合には，**ミリ秒角**（mas）も使われる．1 ミリ秒角（1 mas）＝（1/1000）秒角＝（1/60000）分角＝（1/3600000）° である．

拡がった天体の場合，例えば，縦横がそれぞれ 1 秒角の角度を持てば，その広がりを **1 平方秒角**と表現することもある．

一方，弧度法は，まさに角度が次元を持たない量だという観点から作られた"単位"である．円周の一部を考えてみよう．円の半径 r と弧の長さ l が与えられれば，弧を見込む角度 θ は必ず一意に定まる．そこで，弧の長さ l と半径 r の比率として角度 θ を定義してしまうのが弧度法だ：

$$\theta \equiv \frac{l}{r} \quad \text{あるいは} \quad l = r\theta. \tag{1.5}$$

弧の長さも半径も，長さの次元を持つので，その比率である角度には次元はない．ただし，弧度法の 1 単位として，弧の長さがちょうど半径に等しくなったときの角度（$r = l$ だから $\theta = 1$）を **1 ラジアン**（radian; rad）と呼ぶ．円の周囲は $2\pi r$ なので，円周は 2π ラジアンになる．ラジアンという名前はついているが，あくまでも次元は持たない量である．

度数法との対応では，1 ラジアン ＝ $360°/2\pi \sim 57.3°$ となる．

問 1.6 1 秒角は何ラジアンになるか？

さらに，この弧度法の考えを円周から球面に発展させると，球面上での広がりを球の中心から見たときの"見かけの面積"を測る**立体角**（solid angle）を定義できる．すなわち，球の半径を r，球面上での面積を S とすると，立体角 Ω は，

$$\Omega \equiv \frac{S}{r^2} \tag{1.6}$$

で定義される．立体角の"単位"は**ステラジアン**（steradian；sr）と呼ばれる．球の表面積は $4\pi r^2$ なので，全球の立体角（全立体角という）は 4π ステラジアンになる．

1.4 演習1：対数スケール

表1.1と表1.2でまとめた空間スケールや時間スケールを対数で並べてみよう．
（1）宇宙の階層構造（表1.1）で挙げた項目の大きさを m 単位で表し，その値の常用対数を求めよ．さらにその対数値を直線グラフの上に示せ．
（2）宇宙の歴史（表1.2）で挙げた出来事の時間を s 単位で表し，その値の常用対数を求めよ．さらにその対数値を直線グラフの上に示せ．

1.5 演習2：サイズと質量

さまざまな天体のサイズ（半径）と質量を両対数グラフの上にプロットしてみよう．
（1）付表その他，本書のあちこちにあるデータを調べ，天体のサイズ（半径）と質量を拾い出して，単位を揃えて整理せよ．また常用対数値にせよ．
（2）整理したデータをグラフ上にプロットせよ．プロットは，中黒（・）では見にくくフィッティングカーブで隠れることもある．したがって，プロットする点を中心として，約 5mm のサイズで十字（＋）・×印（×）・小円（○）などを描くようにせよ．

1.6 研究：次元解析とプランク時間

次元解析の手法で，自然界の基本定数からプランク時間を導いてみよう．まず基本定数（光速度 c，万有引力定数 G，プランク定数 h）の単位から，それぞれの基本定数がどのような次元（長さ L，時間 T，質量 M）を持っているかを調べ，[基本定数] $= L^a T^b M^c$ の形に表す．次に右辺の次元量（L，T，M）から長さ L と質量 M を消去すると，時間 T を基本定数だけで表すことができる．基本定数の組み合わせで導くことができる時間の次元を持った量は，$t_\mathrm{P} = \sqrt{Gh/c^5}$ のように唯一決まり，それが**プランク時間**（Planck time）である．プランク時間は時間の最小単位でもあり，宇宙開闢時の最初の時刻でもある．

同様に，空間の最小単位である**プランク長さ**（Planck length）は，$\ell_\mathrm{P} = \sqrt{Gh/c^3}$ となる．プランク時間とプランク長さを導出せよ．またそれらの値を具体的に求めてみよ．

（福江　純）

2 重力と重力エネルギー

太陽の周りの惑星の運動は，太陽と惑星の間の重力（万有引力）によって生じている．宇宙では重力が最も重要な力となっており，惑星，恒星，星団，銀河，銀河団などの形状と運動はこの重力によって支配されている．ここでは重力に関するいくつかの問題を考えてみよう．

2.1 重力と重力加速度

ニュートンによって発見された**万有引力**のことを天文学や物理学では**重力** (gravity, gravitational force) という．質量 m と M の 2 つの物体が距離 r だけ離れているとき，この物体は互いに同じ力で引き合う．この引き合う力のことを 2 つの物体の間に働く重力という．重力の大きさ F は，距離の増加の方向を正にとると，

$$F = -\frac{GmM}{r^2} \tag{2.1}$$

で与えられる．ここで，$G\,(= 6.67 \times 10^{-11}\ \mathrm{N\,m^2\,kg^{-2}})$ は**重力定数**（万有引力定数）である．

また，単位質量 ($m = 1$) あたりの重力のことを**重力加速度** (gravitational accelaration) といい，その大きさを通常 g で表す．このとき，

$$g = -\frac{GM}{r^2} \tag{2.2}$$

となる．したがって質量 m の物体に働く重力は $F = mg$ で与えられる．

問 2.1 地球に働く太陽と月の重力の大きさの比を，式で表せ．またその値を求めよ．月が地球の軌道上にあるとき，月に働く太陽と地球の重力の比についても同様に求めよ．

問 2.2 体重が 60 kg と 40 kg の恋人 2 人が 50 cm の距離で彼らの将来について話し合っている．2 人の間に働く重力を求めよ．また，この力と同じ大きさの地球の重力が働く物体の質量はどれくらいか？

問 2.3 水素原子は，陽子の周りを電子がボーア半径で円運動していると考えてよい．陽子と電子間に働く重力とクーロン力の大きさを比較せよ．なぜ，宇宙では重力が重要なのか．

2.2 位置（重力，ポテンシャル）エネルギー

物体に力 F が働いており，力の方向に微小距離 dr だけ物体を移動させたとき，

$$dW = F dr \tag{2.3}$$

を力がなした仕事という．ここで，質量 M の物体 A から距離 r_1 の位置にある質量 m の物体 B を，距離 r_2 の位置まで移動させたとき，物体 A による重力がなす仕事 W を求めよう．図 2.1 のように，物体 B に働く重力は常に A を向くので，距離の増加の方向を正にとると，

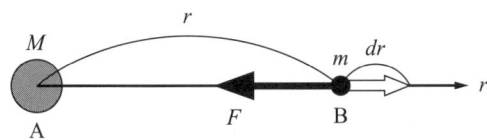

図 2.1　力と仕事の関係．

このときの仕事 W は，$dW = Fdr$ を r_1 から r_2 まで積分したもの：

$$W = \int_{r_1}^{r_2} \left(-\frac{GmM}{r^2}\right) dr = GmM\left(\frac{1}{r_2} - \frac{1}{r_1}\right) \tag{2.4}$$

によって与えられる．

一般に物体の位置エネルギーは，物体がその位置から基準点に移動したときに力がなす仕事に等しい．質点による重力の場合は，この基準点を無限遠の距離とするのが通例である．すなわち，質量 M の物体から距離 r だけ離れた位置にある質量 m の物体の位置エネルギー Φ は，(2.4) 式に $r_1 = r$, $r_2 = \infty$ を代入した値に等しく，

$$\Phi = -\frac{GmM}{r} \tag{2.5}$$

と表される．また，単位質量あたりの位置エネルギーは，

$$\phi = -\frac{GM}{r} \tag{2.6}$$

となる．これらの位置エネルギーの値は距離 ∞（基準点）で 0 となる．位置エネルギーのことを一般に**ポテンシャルエネルギー**（potential energy），あるいは単にポテンシャルというが，重力による位置エネルギーのことを**重力エネルギー**や**重力ポテンシャル**と表現することもある．

問 2.4 質量 M の物体の周りを半径 r で円運動する質量 m の物体の位置エネルギーを Φ，運動エネルギーを T とするとき，$2T + \Phi = 0$ となることを示せ．

もっと一般的には，力 F や重力加速度 g が 1 次元（x だけの関数）の場合は，ポテンシャル Φ や単位質量あたりのポテンシャル ϕ と

$$F(x) = -\frac{d\Phi(x)}{dx}, \qquad g(x) = -\frac{d\phi(x)}{dx} \tag{2.7}$$

の関係がある．質点による重力のように力が球対称（距離 r だけの関数）の場合は，(2.7) 式において x を r で置き換えればよい．

また，このとき，ポテンシャルの基準点を x_0 とすれば，x におけるポテンシャル $\Phi(x)$ および単位質量あたりのポテンシャル $\phi(x)$ は

$$\Phi(x) = \int_x^{x_0} F(x)dx, \qquad \phi(x) = \int_x^{x_0} g(x)dx \tag{2.8}$$

で与えられる．

問 2.5 (2.5), (2.6) 式を r で微分することにより，(2.7) 式が成り立つことを確かめよ．

2.3 球殻内部の重力と位置エネルギー

惑星や恒星など，天体の多くは球対称の形状を持つ．このような球対称物体による重力と位置エネルギーを求めるため，まず，球殻内部の重力と位置エネルギーを考えてみよう．

2 重力と重力エネルギー

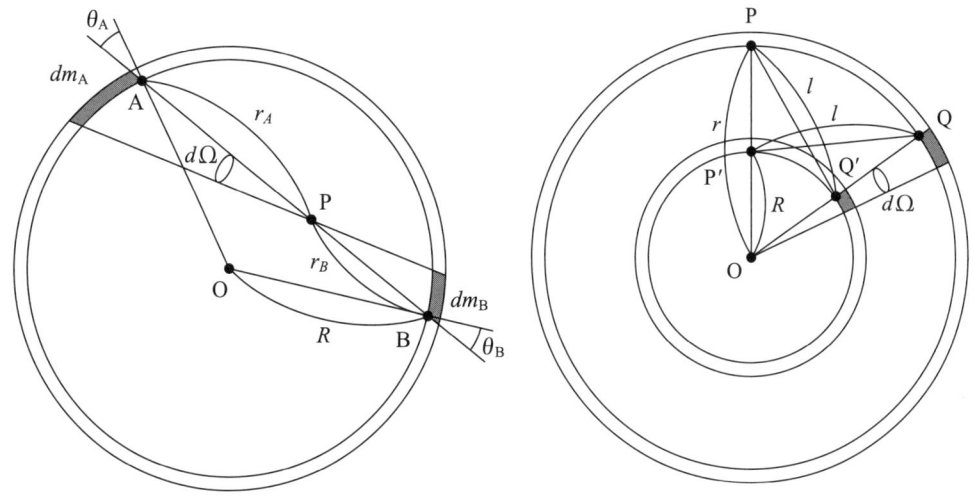

図 2.2 球殻内部の重力.　　　　**図 2.3** 球殻外部の重力.

図2.2のように，O を中心とする半径 R，全質量 M，厚さ無限小の球殻（面密度 $\sigma = M/4\pi R^2$）の内部の点 P（質量 m）に働く球殻の重力 F を求めよう．点 P を頂点とする微小立体角 $d\Omega$ を考える．この $d\Omega$ 内に含まれる球殻は，点 P を挟んで A と B の 2 カ所となる．この A, B で，球面に垂直な直線 OA, OB と直線 PA, PB とのなす角をそれぞれ θ_A, θ_B とすると，幾何学的関係から明らかに $\theta_A = \theta_B$ である．ここで，PA $= r_A$, PB $= r_B$ とおけば，A, B での $d\Omega$ 内の球殻の質量 dm_A, dm_B はそれぞれ，

$$dm_A = \sigma r_A^2 d\Omega / \cos\theta_A, \qquad dm_B = \sigma r_B^2 d\Omega / \cos\theta_B \tag{2.9}$$

となるので，それらが P におよぼす重力の大きさ dF_A と dF_B の比は，

$$\frac{dF_A}{dF_B} = \frac{Gm dm_A / r_A^2}{Gm dm_B / r_B^2} = 1 \tag{2.10}$$

となる．つまり $dF_A = dF_B$ である．これは，点 P に対し，A, B は互いに反対側にあるので，立体角 $d\Omega$ 内の球殻からの重力は互いに打ち消し合うことを意味する．立体角の方向は任意であるから，結局点 P に働く球殻全体からの重力も 0 となる．

球殻内部では $F = 0$ であるから位置エネルギーは球殻内部ならどこでも一定となる．この位置エネルギーの値を球殻の中心 O で求めてみよう．中心に質量 m の物体を置けば，球殻までの距離は常に R となる．中心 O を頂点とする立体角 $d\Omega$ 内の球殻の微小部分の質量は $dm = \sigma R^2 d\Omega$ であるから，この微小部分による位置エネルギー $d\Phi$ は，

$$d\Phi = -\frac{Gm dm}{R} = -Gm\sigma R d\Omega \tag{2.11}$$

で与えられる．これを球殻全体で積分すると球殻内部での位置エネルギー Φ が得られる．

$$\Phi = \int (-Gm\sigma R) d\Omega = -4\pi Gm\sigma R = -\frac{GmM}{R}. \tag{2.12}$$

2.4 球殻外部の重力と位置エネルギー

次に，図 2.3 のように，O を中心とする半径 R，全質量 M，厚さ無限小の球殻（面密度 $\sigma = M/4\pi R^2$）の外部の点 P（質量 m）に働く球殻の重力を求めよう．$\mathrm{OP} = r\ (r > R)$，線分 OP と球殻との交点を P$'$ とする．ここで O を中心として半径 r，全質量 M，厚さ無限小の別の球殻（面密度 $\sigma' = M/4\pi r^2$）を考え，この球殻上に点 Q（P $\neq$ Q）をとり，OQ と半径 R の球殻との交点を Q$'$ とする．当然，点 P はこの半径 r の球殻上に位置する．$\mathrm{PQ}' = l$，$\mathrm{P}'\mathrm{Q} = l'$ とし，中心 O から点 Q に向けた立体角 $d\Omega$ 内に入る半径 R の球殻の微小部分（Q$'$ の部分）を考える．この Q$'$ の微小部分による点 P の位置エネルギーを $d\Phi$ とすると，

$$d\Phi = -\frac{Gm\sigma R^2 d\Omega}{l} = -\frac{GmM d\Omega}{4\pi l} \tag{2.13}$$

となる．また，中心 O から点 Q に向けた立体角 $d\Omega$ 内に入る半径 r の球殻の微小部分（Q の部分）による点 P$'$ の位置エネルギーを $d\Phi'$ とすると，

$$d\Phi' = -\frac{Gm\sigma' r^2 d\Omega}{l'} = -\frac{GmM d\Omega}{4\pi l'} \tag{2.14}$$

となる．ここで $l = l'$ であるから，$d\Phi = d\Phi'$ となる．これを球の表面全体にわたって微小立体角 $d\Omega$ で積分すれば，結局，

$$\Phi = \Phi' \tag{2.15}$$

を得る．ところが，Φ' は 2.2 項で述べたように半径 r，全質量 M の球殻内部の位置エネルギーであり，$\Phi' = $ 一定 $= -GmM/r$ である．したがって（2.15）式から，

$$\Phi = \Phi' = -\frac{GmM}{r} \tag{2.16}$$

となる．また，重力 F と位置エネルギー Φ の間には $F = -d\Phi/dr$ の関係があるので，球殻外部の重力は，

$$F = -\frac{GmM}{r^2} \tag{2.17}$$

となる．つまり，半径 R，全質量 M の球殻外部の重力および位置エネルギーは，球殻の全質量が球殻の中心に集中したときの質点の重力および位置エネルギーと同じになる．

2.5 球対称物体による重力と位置エネルギー

有限の大きさの球殻や球は，厚さ無限小の球殻の集まりとみなせるので，2.3 項および 2.4 項で述べた結果は変わらない．したがって，これらの結果をまとめると，次のようになる．

『球対称の物体が距離 r の位置の物体に及ぼす重力や位置エネルギーは，半径 r の球内に含まれる物体の全質量が中心に集中したときの質点の重力や位置エネルギーと等しく，半径 r より外側の物体による重力は 0，位置エネルギーは一定となる.』

例えば，密度分布が $\rho(r)$ である球は，半径 ξ，厚さ $d\xi$，全質量 $4\pi\xi^2\rho(\xi)\,d\xi$（$0 \leq \xi \leq \infty$）の球殻の集まりとみなせる．その中心からの距離 r における質量 m の物体に働く重力 $F(r)$ は，$\xi > r$ の球殻からの重力が 0 であるので，結局，

$$F = -\frac{GmM'}{r^2} \tag{2.18}$$

となる. ここで,

$$M' = 4\pi \int_0^r \xi^2 \rho(\xi) d\xi \tag{2.19}$$

は,半径 r 内の球に含まれる物体の全質量を表す.このことは現代天文学を学ぶ上で非常に重要であるから,しっかり覚えておく必要がある.

問 2.6 地球の質量を $M_\oplus$,半径を $R_\oplus$ として,地表での重力加速度 g を $M_\oplus$,$R_\oplus$ を用いて表せ.地表での g は質量 m の物体に働く地球の重力(地上での重さ)mg を測定して求めることができる.$g = 9.8 \text{ m s}^{-2}$,$R_\oplus = 6.4 \times 10^6$ m として地球の質量を求めよ.

問 2.7 地表面からの高さ z が地球の半径に比べ十分小さいとき,地表から z の高さでの重力加速度 g' は地表の重力加速度 g で近似できることを示せ.また,このときの位置エネルギー $\Phi(z)$ を g を用いて表せ.ただし,地表($z=0$)を基準点とせよ.

問 2.8 半径 R,全質量 M,一定密度 ρ_0 の球による重力 $F(r)$ および位置エネルギー $\Phi(r)$ (r は球の中心からの距離)を求め,グラフに表せ.また,$\rho(r) = \rho_0 R^2/r^2$ の場合はどうか?なお,基準点は $r = \infty$ とせよ.

2.6 平面による重力

渦巻銀河は非常に薄い円盤状に恒星やガスが分布しているため,円盤近辺での重力は薄い板状の物体の重力によって近似できる.ここでは密度一定で無限に広がった平面による重力を考えてみよう.図 2.4 のように,面密度 σ の無限に薄い平面から距離 z だけ離れた点 P(質量 m)の重力を求めてみる.点 P から平面に垂線を下ろし,平面との交点を O とする.O を原点,平面を x–y 平面,P 方向を z 方向とする.O を中心とした半径 r および $r + dr$ の円と,方位角 φ と $\varphi + d\varphi$ で囲われた微小領域 Q を考えよう.x 方向からの点 P と微小領域 Q までの距離は $\sqrt{r^2 + z^2}$,PQ と PO とのなす角 θ は,$\cos\theta = z/\sqrt{r^2 + z^2}$ と表せる.水平方向の重力は,軸の反対側($\varphi + \pi$ の位置)の微小領域からの重力と打ち消し合うので,点 P に働く平面からの重力 F は,微小領域 Q からの重力 dF の z 成分,

$$dF_z = -\frac{Gm\sigma r d\varphi dr}{r^2 + z^2} \cos\theta \tag{2.20}$$

を φ について 0 から 2π まで,r について 0 から ∞ まで積分したもの

$$F(z) = \int_0^\infty \int_0^{2\pi} \left[-\frac{Gm\sigma z r}{(r^2 + z^2)^{3/2}} \right] d\varphi dr = -2\pi Gm\sigma \tag{2.21}$$

によって与えられ,z によらず一定となる.また,位置エネルギー $\Phi(z)$ は,$z = 0$ を基準点にとれば,

$$\Phi(z) = \int_z^0 F(z) dz = 2\pi Gm\sigma z \tag{2.22}$$

となり,z に比例する.もし,$z < 0$ であるなら(点 P が平面の下側にある場合),力の方向が上向きとなり,(2.21) 式の右辺の符号が変わる.

問 2.9 (2.21) 式の積分を実行し,$F(z)$ が z によらないことを確かめよ.

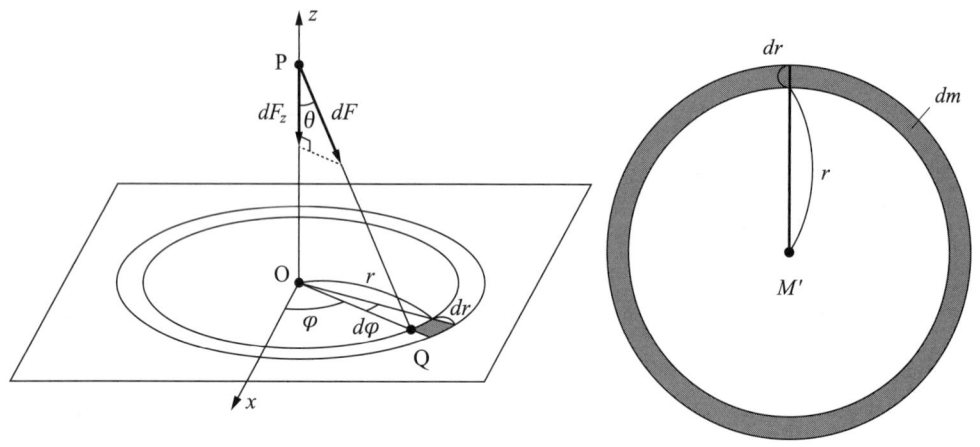

図 2.4　平面による重力.　　　　図 2.5　星形成過程で落下してきたガス.

問 2.10　一定密度 ρ，厚さ $2h$ の無限に広がったガス円盤の重力 $F(z)$ および位置エネルギー $\Phi(z)$ を求めよ．ただしガス円盤は $-h \leq z \leq h$ の範囲にあり，その外側では $\rho = 0$ とする．また，位置エネルギーの基準点は $z = 0$ とせよ．ヒント：(2.21) 式で $\sigma = \rho dz$ とおき，力の向きに注意しながら z について $-h$ から h まで積分する．このとき，$z < -h$, $-h \leq z \leq h$, $h < z$ の 3 つの場合に分けて考えるとよい．

2.7 演習

星間ガスが収縮し，半径 R，質量 M の星を形成するときにガスが解放する重力エネルギーを，以下の手順で求めよ．なお，簡単のため，星の密度 ρ は常に一定とする．

(1) 星の密度 ρ を求めよ．
(2) 半径が r $(r < R)$ になったときの星の全質量 M' を，M, R, r を用いて表せ．
(3) 図 2.5 のように，無限遠で静止していたガスがこの星の表面に落下し，星の半径が dr だけ増加した．このとき，落下してきたガスの全質量 dm を求めよ．
(4) 質量 dm のガスが半径 r の星に落下したときに解放する重力エネルギー dE を求めよ．
(5) 星が形成されるとき，ガスが解放する重力エネルギー E は，dE を dr で表し，r を 0 から星の半径 R まで積分することによって求めることができる．積分を実行し，解放される重力エネルギー E を，R と M で表せ．

参考文献

Binney, J. and Tremaine, S., 1987, "Galactic Dynamics", Princeton University Press, Chap. 2

（沢　武文）

3 宇宙気体とその性質

　ガスのように多数の小粒子が連続的に分布している場合には，それらを集団として平均化し，"流体"として扱うことができる．宇宙や天体の進化・活動性を明らかにするための議論においても，多くの場合，流体としての近似は有効であり，一般的な研究手法である．この節では，流体力学の基礎を学ぼう．

3.1 流体とは？：流体力学の基礎概念

　物質は，"多数の"粒子（原子や分子など）の集合体として構成される．例えば目の前の空気 22.4ℓ の中には，**アボガドロ数**（$N_A = 6.02 \times 10^{23}$ mol^{-1}）程度の個数の分子が含まれている．これらの分子は，いろいろな速さで飛び回り，互いに衝突を繰り返す（圧力の原因）．このような多数の粒子からなる集合体の場合，たとえ世界最速のコンピュータを用いたとしても，1個ずつの粒子の運動（その軌跡や粒子が持つエネルギーや運動量など）を計算して扱うことなどできない．しかし，多くの問題で，個々の粒子の運動がわからなくとも，それらの集団としての運動や状態がわかれば十分である．多数の粒子の集合体は，空間的に連続的に分布していることから**連続体**と呼ばれる．特に，気体や液体のように，粒子間の結合力が弱くて自由に変形可能な状態のものを**流体**（fluid）という．

問 3.1　標準状態（$0\,°\mathrm{C}$，1気圧）の空気について，一辺が 1 mm の立方体中に含まれている粒子（空気分子）の総数はどれくらいか．

(1) 流体要素（流体粒子）のスケール s

　多数の小粒子（空気の場合は N_2, O_2 など）を集団として扱うという意味は，小粒子のいくつかの物理量を，多数の粒子について"平均化"して，集合体としての"マクロ"な物理量に定義し直すことである．では，そのマクロな集合体のスケールとしては，どのくらいの長さを考えればよいだろうか．以下では，その平均化のスケールを s と記すことにする．

(2) 平均自由行程 ℓ

　運動している小粒子が近傍の小粒子にぶつかるまでの距離は，短い場合もあれば長い場合もあるだろう．それらの平均を**平均自由行程**（mean free path；ℓ と記す）という．スケール s の体積内にはたくさんの粒子が含まれていて欲しいので，s は ℓ に比べて十分に長い（$s \gg \ell$）としなければいけない（図 3.1）．

(3) 現象のスケール L

　その一方で，s の値をやたら大きくしすぎると，考えている集合体の運動や状態をあまりに単一化してしまい面白くない．本当は，日本各地の天気予報をしたいのに，「日本の天気は晴れ」とひとくくりで言ってしまうようなものだ．天気予報をするのに，気体分子のレベルから考察するなど不可能だろうから，空気（気体分子の集合体）として考えるのだが，あちらの空気とこちらの空気の状態は区別して扱いたい．したがって，一辺の長さが s 程度の空気塊がたくさんあって，それらの間の相互関係を解くことにするのだ．これにより，空気塊の集団

(大気) としての運動や状態を調べることができる．この s のスケールは，いま問題にしたい現象のスケール L よりも，十分に小さくないといけない．

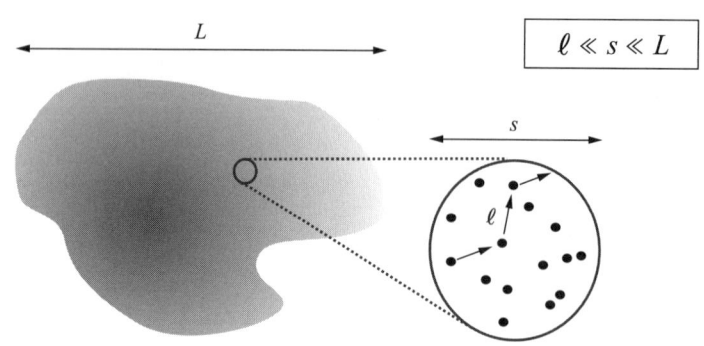

図 **3.1** 流体のさまざまなスケール．流体現象のスケール L，流体要素のスケール s，平均自由行程 ℓ（円中の点は例えば空気分子を表す）．

表 3.1 流体のさまざまなスケール； L, s, ℓ.

	成分	n [m^{-3}]	L	s	ℓ
風船内の空気	N$_2$, O$_2$	3×10^{25}	10 cm–1 m	数 mm 程度	10^{-4} cm
恒星大気	H	10^{14}	$10 R_\odot$	数万 km	300 km
星間ガス	H$_2$	10^{6-7}	10 pc	10^{15} m 程度	数 10〜100 AU

（注意） s のスケールは，研究目的に合わせてケース・バイ・ケースで定まる．

(4) 流体という "近似" について（適用可能範囲について）

ここまでの説明をまとめると，ガスの集団を「流体」として扱うためには，$\ell \ll s \ll L$ が成立している必要がある．例えば，飛行機や自動車など高速移動体のボディーのデザイン設計，気候や天気の予測，恒星の内部構造などを考察する場合にはこの条件が満たされており，空気分子やガスの個々の運動を気にしなくとも，空気やガス全体の流れさえわかれば十分な状況になっている．すなわち，"流体" という近似が有効となる．具体的な L や s の値は，例えば地域の天気を考えたいのか，地球全体の気候変動を考えたいのか，コップの中の水について考えたいのか，などによって異なることになる．

問 3.2 中性の気体分子が多数集合している場合を考えよう．このときの分子の平均自由行程は，分子の混み具合と分子の標的としての大きさに依存して決まる．これを式で表せば，$\ell \sim 1/(n\sigma)$ となる．ここで，n は気体分子の数密度（単位体積中の粒子数：後出）であり，σ は，分子の標的としての面積（衝突断面積）である．その断面積の半径は分子半径の程度であり，典型的な値としては，$2 \times$ (Bohr 半径) $\sim 10^{-10}$ m ほどである．これらの値を用いて，表 3.1 の場合についての平均自由行程を計算せよ．

問 3.3 空気と星間気体のそれぞれの場合について，「流体近似」が妥当か否かを考察せよ．

3.2 気体の物理量

"流体" とは，ミクロな視点では "多数の粒子の集団的運動" ということだが，全体として物理状態がどうなっているか知りたいときには，粒子の個々の運動にはこだわらず，"マクロな物理量" というものを定義して，それらを用いて表現することになる．以下では，流体力学を記述するためのマクロな物理量とミクロな物理量との関係についてまとめておく．

(1) 密度 ρ，数密度 n

考えているガス中の全粒子数 N を体積 V で割った量 N/V は，**粒子数密度**（number density）あるいは**個数密度**と呼ばれ n で表す．ガスの全質量 M（$=Nm$；m は粒子の質量）を体積 V で割ったものは **質量密度**（mass density）あるいは**密度**（density）と呼ばれ ρ（$=M/V$）で表す．密度（質量密度）ρ と粒子数密度 n の関係は $\rho = nm$ であるが，両者を混同しないように注意すること．

問 3.4 0 °C，1 気圧の空気について，数密度 n [cm^{-3}] および密度 ρ [g cm^{-3}] を求めよ．なお，空気（乾燥空気）の主要成分を体積比で示せば，窒素 N_2 が約 78%，酸素 O_2 が約 21%，アルゴン Ar が約 1% である．

(2) 流体の速度 $\boldsymbol{v}$

流体を構成する多数の小粒子は，全体としてある方向に運動しつつ，個々には勝手な方向に運動している．その速さもまちまちである．**流体の速度**（fluid velocity）とは，この多数の粒子の速度の**平均**として定義される．流体力学においては，個々の粒子の運動は重要ではなく，全体としての運動が重要なのだ．以下では，次の 3 つの速度を区別して扱う：

$\boldsymbol{v}_i$　1 個 1 個の粒子の速度（添字 i は i 番目の粒子の速度であることを示す）

$\boldsymbol{v}$　粒子の平均速度（流体の速度）

$\tilde{\boldsymbol{v}}_i$　1 個 1 個の粒子について平均からのずれの速度（ランダム速度）

ここで，流体の速度 $\boldsymbol{v}$ は，個々の粒子の速度の平均として定義される：

$$\boldsymbol{v} \equiv \frac{1}{N} \sum_{i=1}^{N} \boldsymbol{v}_i \tag{3.1}$$

一方，個々の粒子について，この平均の速度から "ずれた" 運動は，その向きや大きさがさまざまで，**ランダム運動**（random motion）と呼ばれる．$\tilde{\boldsymbol{v}}_i$ は i 番目の粒子についての速度のランダム成分（ランダム速度）であり，粒子の平均速度からのずれとして，

$$\tilde{\boldsymbol{v}}_i = \boldsymbol{v}_i - \boldsymbol{v} \tag{3.2}$$

で定義される．定義からも明らかなようにランダム速度の平均はゼロになる．

問 3.5　(3.1) 式と (3.2) 式により，ランダム速度の平均がゼロになることを確かめよ．

(3) 温度 T

温度 T（temperature）とは，寒暖の度合いを数量で表したものである．日本ではセルシウスによって作成された摂氏温度目盛（単位は °C）が用いられている．この温度目盛においては，水の沸点を 100 °C，水の融点 0 °C としている．物理学の問題においては，熱力学温度（**絶対温度**）が用いられる．絶対温度の単位は K（ケルビン）で測る．

一般に，物体を熱すると温度が高くなるが，加えられた熱により原子・分子のランダム運動が激しくなる．このランダム運動は原子・分子の**熱運動**（thermal motion）とも呼ばれるが，温度とはこの熱運動の激しさを表すマクロな物理量といえる．そこで温度 T を，ミクロな粒子の熱運動の運動エネルギーと関連づけて定義する．単原子理想気体の場合は，

$$\frac{3}{2}kT \equiv \frac{1}{N}\sum_{i=1}^{N}\left(\frac{1}{2}m\tilde{\boldsymbol{v}}_i^2\right) \tag{3.3}$$

となる．ここで，m は粒子の質量，k はボルツマン定数（$k = 1.38 \times 10^{-23}$ J K^{-1}）である．(3.3) 式右辺の括弧の中は，i 番目の粒子のランダム運動の運動エネルギーである．

問 3.6 部屋の中の空気の流れの速度はおおよそゼロ（静止している）であるが，新幹線の中の空気の速度は時速 300 km ほどである．温度は空気分子の運動エネルギーと関連づけられているが，新幹線内の空気の温度は高温になっているということを意味するのだろうか？ このことについて考察せよ．

問 3.7 国際宇宙ステーションの運用高度は約 400 km である．このあたりでの地球大気の温度は 1000 K（付表 10）もの高温である．このような高温にも関わらず，なぜ宇宙飛行士は蒸されることなく船外活動が可能なのか考察せよ．また，国際宇宙ステーションが飛ぶ高度 400 km 付近では，空気の密度は地表の 10^{-12} 倍くらいである．この高度で流体近似が妥当か否か考察せよ．

(4) 圧力 P

圧力 P（pressure）とは単位面積に垂直に作用する力のことであるが，ミクロの視点からは，熱運動している粒子がある面に衝突し，単位時間あたり単位面積に与える運動量といえる．圧力は，粒子の熱運動が起源であるので温度と関係している．以下では，圧力 P と温度 T の関係について考察しよう．

このことを示すため，小さな箱の中の粒子を考える．箱は 1 辺の長さ d の立方体とし，粒子の質量を m，粒子の速度を $\boldsymbol{v} = (v_x, v_y, v_z)$ とする．この粒子が箱の壁に完全弾性衝突すると，壁に垂直方向の速度成分の符号が変化する．例えば，壁が x 軸に垂直ならば，衝突により $v_x \to -v_x$ となる（v_y, v_z はそのまま）．したがって，1 回の衝突による粒子の運動量の変化は，

$$m(-v_x) - mv_x = -2mv_x \tag{3.4}$$

となる．その反作用として，粒子が壁面に与える運動量は $2mv_x$ となる．一回衝突した後，次に衝突するまでの時間は，二枚の壁の間を移動する距離を速度で割算した $2d/v_x$ であるから，単位時間に衝突する回数としては，$v_x/2d$ となる．これより，1 個の粒子が単位時間に壁面に与える運動量は，mv_x^2/d となる．箱の中に N 個の粒子があることより，箱の中の粒子集団が単位時間に壁面に与える運動量としてはそれらの総和 $\sum (mv_x^2)/d$ となるが，これは箱の一つの面に働く力 Pd^2 に等しい．これに温度の定義を適用して，

$$P = nkT \tag{3.5}$$

を得る．この関係を理想気体の**状態方程式**（equation of state）という．

問 3.8 圧力 P とは，箱の中の粒子集団が単位時間に壁面に与える単位面積あたりの運動量である．(3.5) 式を導け．なお，$n = N/d^3$ である．ヒント：箱の中の小粒子の運動方向はランダムなので（特別な方向が存在しない），$\sum v_x^2 = \sum v_y^2 = \sum v_z^2$ である．また，$v^2 = v_x^2 + v_y^2 + v_z^2$ であるから，$\sum v_x^2 = (1/3) \sum v^2$ と書ける．

問 3.9 気体定数 R_g がボルツマン定数のアボガドロ定数倍（$R_g = N_A k$）であることを用いて，(3.5) 式が，以下のように書き表されることを示せ：

$$P = \frac{R_g}{\mu} \rho T \tag{3.6}$$

なお，μ は**平均分子量**（1 モルあたりの質量，単位は g mol^{-1}）である．

問 3.10 以下のそれぞれの場合について，平均分子量を求めよ．
(a) 地球大気：大気の主成分を窒素分子 78%，酸素分子 21%，アルゴン 1% として計算せよ．
(b) 太陽大気：太陽大気の主成分は，水素原子とヘリウム原子である．ヒント：元素の存在比については付表 13 を参照せよ．
(c) 太陽コロナ：高温のため，ガスは**完全電離**のプラズマ状態[*3]にある．

(5) 内部エネルギー ε

物体の中にある原子分子の力学的エネルギーの総和から，その物体としての運動に関する運動エネルギー（物体全体の重心運動や回転運動など）や位置エネルギーを差し引いたときに，まだ物体内部に残っているエネルギーのことを，その物体の**内部エネルギー**（internal energy）という．単原子理想気体の場合，気体粒子は互いに独立に，かつ不規則に運動するが，そのランダム運動による気体粒子の運動エネルギーの総和が内部エネルギーになる．固体や液体の場合には，この"熱運動による運動エネルギー"の他にも"粒子と粒子の間の結合エネルギー"（分子の間に働く分子間力など）も含めたものが内部エネルギーとなる．

単位体積あたりの内部エネルギーを ε と記せば，

$$\varepsilon = \frac{1}{\gamma - 1} nkT = \frac{1}{\gamma - 1} P \tag{3.7}$$

と表せる．ここで γ は**比熱比**（＝定圧比熱／定積比熱）である．単原子理想気体で 5/3，2 原子分子理想気体では 7/5 である．なお，恒星内部のガス，恒星の大気，星間気体など，天文学で扱う気体の多くは，単原子理想気体とみなしてよい場合が多い．

問 3.11 断熱変化の場合，圧力 P と体積 V の間に $PV^\gamma = $ 一定，の関係があることを示せ．

問 3.12 地上の空気（21 °C）が上昇気流にのって数千 m 上空に吹き上げられたとする．このとき，体積が 2 倍に断熱膨張したとすると，空気の温度は何度になるか計算せよ．なお，空気の比熱の比は 1.40 とせよ．

問 3.13 一般の理想気体の場合，単位質量あたりの内部エネルギー ε_m を，圧力 P，密度 ρ を用いて示せ．

（高橋真聡）

[*3] 完全電離プラズマ（fully ionized plasma）とは，気体中のすべての原子・分子が電離（電子とイオンに分離）し，中性の原子や分子がなくなった状態をいう．一部中性のガスが残っている場合は，部分電離プラズマ（partially ionized plasma）という．

4 音波と衝撃波

　天体のさまざまな活動性の中でも最も激しい現象として**爆発**（explosion）がある．爆発では短い時間に膨大なエネルギーが放出され，興味深く魅力的な姿を見せてくれることすらある．また，たとえ遠方で生じた現象であっても，その膨大なエネルギー放出ゆえに地上から観測しやすい事情もある．爆発は音速を越えた速度（超音速）で伝播し，周りの物質を巻き込みながら広がっていく．爆発の最前線には衝撃波面が形成されるが，いくつかの物理量はその前後で不連続になる．この節では，衝撃波面で満たされるべき条件について学ぼう．

4.1 音波

　音波（sound wave）とは，密度 ρ（圧力 P）の疎密な領域が，時間の経過に伴い空間中を伝播していく現象である．この音波の伝わる速度が**音速**（sound velocity）である，密度（圧力）の変動はミクロな粒子の熱運動が原因なので，理想気体の場合，音速はほぼ気体粒子のミクロな熱運動（3 節）の 2 乗平均速度程度になる．したがって，音速 c_s は，

$$c_\mathrm{s} \sim \sqrt{\frac{\sum \tilde{v}_i^2}{N}} \tag{4.1}$$

程度になる．ここで，$\tilde{v}_i$ は平均速度からのずれ，N は全粒子数である．厳密な解析によれば，理想気体の場合の音速 c_s は，

$$c_\mathrm{s} = \sqrt{\frac{\gamma P}{\rho}} = \sqrt{\frac{\gamma R_\mathrm{g} T}{\mu}} \tag{4.2}$$

となる．ここで，γ は比熱比，R_g は気体定数，μ は平均分子量である．

問 4.1　(3.3) 式を用いて，(4.1) 式の音速 c_s を温度 T の関数として表せ．また，P と ρ の関数として表せ．これらの結果を (4.2) 式と比較せよ．

問 4.2　以下の天体のガス中の音速を求めよ．(1) 地球大気（$T = 300$ K, $\mu = 29$ g mol^{-1}），(2) 太陽の光球（$T = 6000$ K, $\mu = 1.2$ g mol^{-1}），(3) 太陽のコロナ（$T = 100$ 万 K, $\mu = 0.6$ g mol^{-1}），(4) 太陽の中心（$T = 1500$ 万 K, $\mu = 0.6$ g mol^{-1}），(5) 星間ガス（$T = 1$ 万 K, $\mu = 0.6$ g mol^{-1}）．なお γ の値について，地球大気では 7/5，それ以外は 5/3 とせよ．

4.2 爆発現象と衝撃波

(1) 爆発現象

　爆発（explosion）とは，短い時間に大量のエネルギーが解放される現象で，一般的には，気体の急激な熱膨張のことをいう．例えば，車のエンジンの中で気化したガソリンに火花を飛ばし燃焼させ，化学エネルギーが熱エネルギーに転換され急激に膨張するものがそうだ．あるいは，恒星が重力崩壊して超高温・高圧となり，超新星爆発として外部にガスを吹き飛ばす，という例もある．天体現象に見られる爆発現象の場合，もともと重力エネルギーや磁場のエネルギーとして蓄えられていたものが，何らかの機構で熱に転化し，超高圧状態が実現し，周囲の

空間に向かって周辺ガスを飲み込みながら急速に膨張する．爆発による膨張の速度は極めて大きく，音速よりも速い流れ，すなわち**超音速**（supersonic）となるが，膨張するガスの最前線には**衝撃波**（shock wave）が形成される．もともと周辺にあったガスは，次々と衝撃波面に飲み込まれていく．衝撃波の通過後のガスは，加熱され衝撃波を追うように外側へと広がっていく．こうして，爆発で生じた高温ガス塊は，時間の経過に伴い半径と質量が大きくなっていく．

(2) 衝撃波

衝撃波とは，流れのある流体のある面を境にして，その前後での流体の物理量が急激に（不連続に）変化することをいう（流速は超音速から亜音速に変化する）．一般的には不連続面が空間内を伝播していくが，空間のある領域に定在する場合もある（定在衝撃波）．

衝撃波の例としては，宇宙ジェットや超新星爆発など天体爆発現象以外にも，火山噴火や雷などで生じるもの，超音速で飛行するジェット機，大気圏突入した隕石や人工衛星によるものなどがある．2013年2月15日，ロシアのチェリャビンスク州に落下した隕石による衝撃波が，多くの被害を与えたことは記憶に新しい．身近な例として，新幹線がトンネルに入る際や，鞭を振るった際にも弱い衝撃波が発生する．

(3) 不連続条件（ランキン-ユゴニオ関係式）[*4]

衝撃波の波面が静止して見える座標系（衝撃波静止系）においては，流体は一方（上流）から流れ込み他方（下流）に流れ出ていく．この波面の前後で粒子数，運動量，エネルギーは保存する．一方で，流体の速度，温度，エントロピー，圧力，密度は不連続となる．以下では，それら流れの物理量のうち，流速 v，密度 ρ，圧力 P の不連続条件について考察しよう．

衝撃波面の前後でいくつかの物理量が急激に変化するが，衝撃波面を横切る質量や運動量，エネルギーは保存される．これらの条件は，**質量保存**の式，**運動量保存**の式，単位質量あたりの**エネルギー保存**の式として，それぞれ，

$$(\rho v)_\mathrm{u} = (\rho v)_\mathrm{d} \tag{4.3}$$

$$(\rho v^2 + P)_\mathrm{u} = (\rho v^2 + P)_\mathrm{d} \tag{4.4}$$

$$\left(\frac{1}{2}v^2 + \frac{\varepsilon}{\rho} + \frac{P}{\rho}\right)_\mathrm{u} = \left(\frac{1}{2}v^2 + \frac{\varepsilon}{\rho} + \frac{P}{\rho}\right)_\mathrm{d} \tag{4.5}$$

と表せる．ここで $v = |\boldsymbol{v}|$，$\varepsilon = P/(\gamma-1)$ である．また，流体は衝撃波面に対して垂直に流れ込むとした．上流（up）と下流（down）の物理量には，それぞれ "u" と "d" の添字をつけた．上記3つの式を**ランキン-ユゴニオの関係式**（Rankine-Hugoniot relation）という．これより，上流の物理量が与えられると下流の物理量が決まる．この衝撃波面で保存する物理量に関する条件（不連続条件）と熱力学の第二法則から，上流の流れは**超音速**（supersonic；音速よりも流れが速い）であり，下流の流れは**亜音速**（subsonic：音速よりも流れが遅い）であることがわかる．すなわち，$v_\mathrm{u} > c_\mathrm{s} > v_\mathrm{d}$ である．

問 4.3 (4.3)，(4.4)，(4.5) 式から，衝撃波面前後でそれぞれ $\rho v =$ 一定，$\rho v^2 + P =$ 一定，$(1/2)v^2 + \varepsilon/\rho + P/\rho =$ 一定である（保存される）ことがわかる．これらの保存量の物理的な意味について説明せよ．

[*4] 例えば，坂下志郎，池内 了『宇宙流体力学』培風館；福江 純ほか『宇宙流体力学の基礎』日本評論社．

(4) 衝撃波の伝播

（3）では衝撃波静止系（図 4.1 左）での不連続条件を考察したが，その応用として静止しているガス中を衝撃波が伝播する場合（図 4.1 右）について考えよう．この場合の物理量には $(')$ をつけることにする．なお，流体中を衝撃波の方が伝播している場合には，これから衝撃波に遭遇する側の流体が "上流" ということになる．衝撃波の伝播の速さを $V'_{\rm sh}(>0)$ とおけば，衝撃波静止系（$V_{\rm sh}=0$）での流体の速度と衝撃波が伝播する系での流体の速度は，次の関係で結ばれることがわかる（図 4.1）：$v_{\rm u} = v'_{\rm u} - V'_{\rm sh}$，$v_{\rm d} = v'_{\rm d} - V'_{\rm sh}$ または，

$$v'_{\rm u} = v_{\rm u} + V'_{\rm sh} = 0\,, \qquad v'_{\rm d} = v_{\rm d} + V'_{\rm sh} > 0 \tag{4.6}$$

である．ここで，衝撃波面到達前の静止流体（衝撃波静止系の "上流" に相当）について，静止ガスを考えているため $v'_{\rm u} = 0$ である．また，星間空間の圧力は衝撃波下流の圧力 $P'_{\rm d}$ に比して十分に小さいため $P'_{\rm u} \sim 0$ とみなしてよい（$P'_{\rm d}/P'_{\rm u} \gg 1$ である場合を**強い衝撃波**という）．このとき，ランキン-ユゴニオ関係式より

$$\rho'_{\rm d} = \frac{\gamma+1}{\gamma-1}\rho'_{\rm u}\,, \qquad P'_{\rm d} = \frac{2}{\gamma+1}\rho'_{\rm u}(V'_{\rm sh})^2\,, \qquad v'_{\rm d} = \frac{2}{\gamma+1}V'_{\rm sh} \tag{4.7}$$

が得られることが直ちに確認できる．

衝撃波面での不連続を議論する場合には，衝撃波静止系で議論するのが一般的だが，天体物理学の問題の場合には爆発源（あるいは周辺ガス）が静止している立場で考察することもしばしばある．両者は物理量（速度）の座標変換で関連づけられるが，混乱しないように．

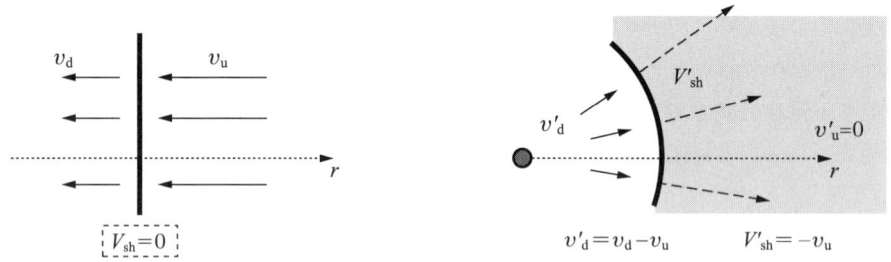

図 4.1 衝撃波面．衝撃波静止系（左）と衝撃波の伝播系（右）．

問 4.4 ランキン-ユゴニオの関係式より，(4.7) 式を導け．ヒント：$x \equiv \rho_{\rm d}/\rho_{\rm u} = v_{\rm u}/v_{\rm d}$，$y \equiv P_{\rm d}/P_{\rm u}$，$M_{\rm u} \equiv v_{\rm u}/(c_{\rm s})_{\rm u}$ とおいて，x, y について解く．ここでは強い衝撃波を仮定しているので $M_{\rm u} \gg 1$ となることに注意せよ．

問 4.5 $\gamma = 5/3$ のとき，下流のガスは何倍に圧縮されるか？また，下流での流速は衝撃波が伝播する速さの何倍か？

問 4.6 衝撃波面後のガスについて，単位質量あたりの内部エネルギーと単位質量あたりの運動エネルギーが同じ大きさになることを示せ．このように，エネルギーが同じ大きさに分配されることを**エネルギー等分配**という．ヒント：内部エネルギーの式 (3.7) と (4.7) 式を用いよ．

（高橋真聡）

5 天体の磁場とその性質

 天体の作る磁場として最も馴染み深いのは地球の磁場であろう．方位磁石を用いることで，方位（磁極の場所）を知ることができる．とはいえ，われわれの周囲の物質のほとんどは非電気伝導体なので，日常的にはその存在を意識しないだろう．しかし，大気圏から外にでると，この事情は一変する．地球の大気の外にはプラズマが充満し，磁場の勢力が卓越した**磁気圏**（magnetosphere）が広がっており，太陽系空間と密接に繋がっているのである．

 地球の大気圏の外側，プラズマが満ちている空間は，地球の磁気圏を越えて，太陽系空間，星間空間，さらには銀河間空間にまで広がっている．また，太陽や恒星も巨大なプラズマ球である．荷電粒子の集合体であるプラズマは，磁場との相互作用が強く，宇宙空間に広がるプラズマやさまざまな天体の進化や活動性において重要な役割を果たすことになる．この節では，磁場が引き起こす天体現象，とくに磁化したプラズマの流体としての扱い（磁気流体力学）についての導入を行なう．

5.1 磁場とは？

(1) 磁場，磁石

 電荷の周りに**電場**（electric field）が発生するように，電流（電荷の流れ）があるとその周りには**磁場**（magnetic field）が発生する．電場や磁場は，合わせて**電磁場**と総称される．電磁場とは，電荷の存在（あるいは運動状態）により周囲の空間が電磁気的な作用によって影響を受けている状態にあることをいう．

 電荷に対応して磁荷というものも存在しそうであるが，発見されていない．磁場は磁荷によって生成されるのではなく，電荷の運動によるものであることに注意して欲しい．磁場といえば「磁石」を思い浮かべるだろうが，磁石においても，微視的にみれば，原子スケールの小さな円電流の集まりなのである．

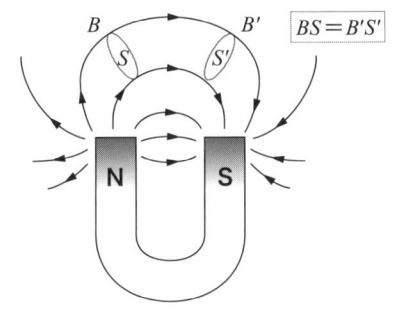

図 5.1 磁力線（矢印曲線）と磁束管（磁力線によって囲まれた管）．S は磁束管の断面積，B は磁場強度．

(2) 磁力線の概念

 "磁場" は大きさと方向を持つ物理量（ベクトル量）である．磁場の方向を結んだ線のことを**磁力線**（magnetic field line）という．磁力線で囲まれた管のことを**磁力管**（または**磁束管**）と呼ぶ．磁力線の導入は磁場を具体的にイメージする際に便利であるが，定量的な議論のためには**磁束**（magnetic flux）という考え方を導入し，磁束の強さの 1 単位を 1 本の磁力線に対応させる．SI 単位の場合，磁束の単位として Wb（ウェーバ）が用いられる．磁束とは磁場中のある一定面積を通りぬける磁力線（磁束線）の垂直成分を足し合わせたものといえる．単位

面積あたりの磁束数を**磁束密度** B という．単位は T（テスラ）または Wb m^{-2} である[*5]．

ある 1 本の磁束管において，管の断面積が太いところは磁場強度が小さくなる．管の断面積を S とすると，一本の磁束管中で，$BS = $ 一定，となる（図 5.1）．

(3) 磁気圧・磁気張力・磁気エネルギー

磁場中の荷電粒子は，磁場による力（**ローレンツ力**）を受けて，磁力線の周りを取り囲むように円状に運動する．荷電粒子が多数分布して流体的に振る舞う場合には，すなわち**プラズマ**（電離ガス）の場合には，プラズマと磁力線はあたかも凍り付いたように一体化して運動する．磁場が比較的弱い場合には，プラズマの運動によって磁力線の形状は変形し，磁力線はあたかも "ゴム紐" のように振る舞う．一方で，磁場が十分強い場合には，プラズマは磁力線に沿う方向には動けるものの横切ることはできず，プラズマはあたかも "針金" に通されたビーズのように振る舞う．これらの例で示されるように，磁力線にはゴム紐や針金など弾性体において導入されている "圧力" や "張力" といった概念が適用できる．

問 5.1 電磁場中（電場 $\boldsymbol{E}$, 磁場 $\boldsymbol{B}$）を速度 $\boldsymbol{v}$ で運動する荷電粒子（質量 m，電荷 q）についての運動方程式を記せ．また，電場がなく（$\boldsymbol{E} = 0$），磁場 $\boldsymbol{B}$ が一様で，粒子が磁場に垂直な速度 v 運動する場合，粒子が等速円運動することを示し，その円の半径を求めよ．

磁場中のプラズマに作用するローレンツ力は，磁力線に沿って磁場が変化することにより生じる力と，ガス圧と同様に等方的に作用する**磁気圧**（magnetic pressure）の圧力勾配としての力にわけて考えることができる．この磁気圧の大きさは，$B^2/(2\mu_0)$ [N m^{-2}] である（μ_0 は真空中の透磁率）．ローレンツ力はまた，磁力線の湾曲による力で磁力線の曲率半径に反比例する**磁気張力**（magnetic tension）と，磁力線に垂直な方向に作用する磁気圧勾配による力にわけて考えることができる．磁気張力の大きさは，B^2/μ_0 [N m^{-2}] である．さらに，磁場の存在する空間には，**磁気エネルギー**が存在する．その大きさは，単位体積あたり $B^2/2\mu_0$ [J m^{-3} = N m^{-2}] である．このエネルギーは，もとをたどれば磁場をつくり出している電流のエネルギーである．

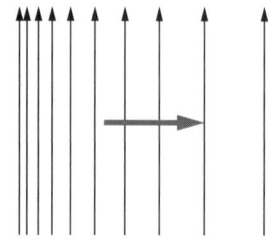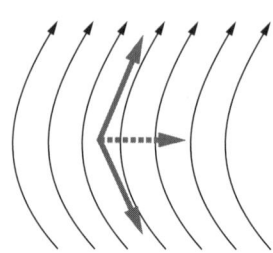

図 5.2 磁気圧勾配（左図）と磁気張力（右図）．細矢印は磁力線，太矢印は力の作用する方向を示す．

問 5.2 ある領域の磁場の強さ B [T] として，単位体積あたりの磁気エネルギーは，$B^2/2\mu_0$

[*5]磁束密度 $\boldsymbol{B}$ [T] と磁場の強度 $\boldsymbol{H}$ [A m^{-1}] の間には，$\boldsymbol{B} = \mu \boldsymbol{H}$（$\mu$ は透磁率）の関係がある．$\boldsymbol{B}$ と $\boldsymbol{H}$ は異なる物理量であるが，天文学の分野では，しばしばこの磁束密度 $\boldsymbol{B}$ のことを "磁場" という．cgs gauss 単位系の場合，真空中の磁場の強さは磁束密度に等しい．

	磁束密度 B	磁場 H	
SI	[T] = [Wb m^{-2}]	[Wb]	
cgs gauss	[gauss]	[gauss]	（真空中）

[J m^{-3}] である．これを cgs gauss 単位系に変換することを考える．磁場の強さ B_G [gauss] として，単位体積あたりの磁気エネルギーはどう表されるか．なお，$\mu_0 = 1/(c^2\varepsilon_0) = 4\pi \times 10^{-7}$ N A^{-2} である．また，1 T = 1 Wb m^{-2} = 1 N A^{-1} m^{-1}，1 T = 10^4 gauss である．ヒント：$B = 10^{-4} B_G$ となることに注意せよ．

5.2 磁力線の凍結

　電離状態の気体を**プラズマ**（plasma）という．この状態は，固体，液体，気体に加えて第四態といわれる．点灯している蛍光灯中の水銀ガスはプラズマ状態であるし，ロウソクの炎，雷，オーロラもプラズマ状態である．プラズマは自由電子を多く含むので電流が流れやすい．**電気抵抗**が小さいため，いったん流れ出した電流はなかなか消滅しない．磁場は電流によって生み出されるのだから（アンペールの法則より），プラズマ中の磁場は消散しにくい．

　ある時刻における磁力線は，そのときの磁場分布から描くことができる．しかし，プラズマがこの磁力線を横切って運動しようとすると，起電力が発生し**誘導電流**が流れ，磁場配位すなわち磁力線の形状を変えてしまう（ファラデーの電磁誘導の法則）．プラズマの運動と磁力線の時間的変化は，一般的には関連づけることはできない．ただし，電気抵抗が十分小さい（あるいは電気伝導度が極めて大きい）場合には，磁力線はプラズマに凍結する（froze in）性質がある．このとき，プラズマの運動に伴い発生する誘導電流により，ある点での磁力線はそこでの流体速度で運動するとみなせる．あたかも磁力線が流体に凍りついて運動しているように振る舞う．

問 5.3　半径 R_0 の星間雲が磁場強度 B_0 の星間磁場を凍結して収縮すると，生まれたばかりの星（半径 R）の磁場 B はどれくらいになるか，式で表せ．また，$B_0 = 10^{-10}$ T，$R_0 = 1$ pc，$R = R_\odot$ のとき，生まれたばかりの星の磁場強度の値はいくらになるか．また，この数値からどのようなことがいえるか考察せよ．

問 5.4　太陽と同じ半径の恒星が，磁場を凍結したまま収縮したとする．この恒星の平均磁場強度は，太陽表面と同程度の 10^{-3} T とする．恒星が白色矮星（半径 1 万 km）あるいは中性子星（半径 10 km）のサイズにまで収縮したとすると，磁場強度はどれくらいになるか．また，この数値からどのようなことがいえるか考察せよ．

問 5.5　われわれの銀河系をはじめとして，渦状銀河にも平均 10^{-10} T 程度の磁場が存在する．多くの渦状銀河では，磁力線は渦巻の腕に沿っている．典型的な渦状銀河に含まれている磁場の全エネルギーを計算せよ．例えば，われわれの銀河系の場合，半径は 10 kpc，ガス円盤の厚さは 100 pc である．次に，ガス円盤の回転の全運動エネルギーを求めよ．ただし，円盤の回転速度は約 200 km s^{-1}，ガスの密度は 10^{-21} kg m^{-3} とする．これらの計算結果を比較して，何が言えるか考察せよ．

5.3 さまざまな天体のいろいろな磁場

太陽磁気圏：太陽周辺の大局的な磁場構造は，太陽表面から太陽風（電離したガスの高速流）が放出されること，および太陽の自転の効果のため，回転軸の周りにスパイラル状に巻きなが

ら遠方にまで伸びていく形状となっている．太陽風の磁場強度は平均 10^{-8} T（$= 10^{-4}$ gauss）程度である．

太陽表面磁場（黒点）：太陽表面にはループ状の磁場構造が見られる（図 5.3．図 15.3 も参照せよ）．そのループが太陽表面に繋がる部分が「黒点」として観測される．黒点の磁場強度は数 10^{-1} T（数 10^3 gauss）程度である．

中性子星磁気圏：パルサーやマグネターの正体は強い磁気圏を持つ中性子星である．双極磁場が基本構造であり，強いものだとその強度は 10^8–10^{11} T（10^{12}–10^{15} gauss）にもなる．パルサーとして知られる天体の場合，パルサー風が放出されるが，太陽風と同様にスパイラル状に巻きながら遠方まで伸びていく構造を持つと考えられる．

星間磁場：おおむね一様な磁場で 10^{-10} T（10^{-6} gauss）程度である．

銀河磁場：銀河の腕に沿ったスパイラル磁場形状を持ち，10^{-10} T（$= 10^{-6}$ gauss）程度である．

問 5.6 太陽風における磁場形状がスパイラル状になる理由について考察せよ．太陽風を構成するプラズマは磁力線に沿って惑星空間へと広がっていくが，その軌跡はほぼ動径方向である．このことについても考察せよ．

問 5.7 太陽黒点の磁場は，地球以外で最初に発見された天体磁場である．太陽黒点の磁場強度は数千 gauss，大きさは数万 km であり，磁場のエネルギーが蓄えられている．一方，黒点近傍で発生するフレア爆発のエネルギーはおよそ 10^{25} J である．黒点に蓄えられている磁場のエネルギーでフレア爆発を説明することは，可能か否か？

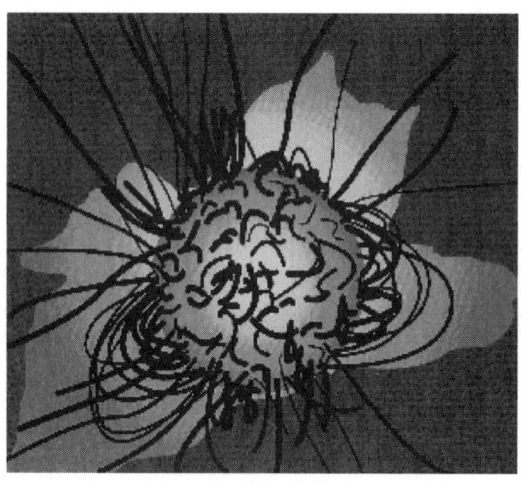

図 5.3　太陽の磁場の模式図（名古屋大学太陽地球環境研究所ほか制作，大村純子絵『太陽・太陽風 50 のなぜ？』より）．黒線は磁力線．太陽表面から出て太陽表面に戻る大小さまざまなサイズのループ状磁力線や，太陽表面から遠方にまで伸びていく開いた磁力線が，複雑に分布している．

問 5.8 星間空間には 10^{-10} T 程度の磁場が存在する．分子雲では 10^{-8} T 程度の磁場が観測されており，この磁場はしばしば分子雲の重力収縮を妨げていると考えられている．半径 R，質量 M の分子雲が磁場の力によって重力収縮が妨げられているとき，磁場強度 B はいくらか，式で表せ．また，$R = 1$ pc，$M = 10 M_\odot$ のとき，B の値を求めよ．ヒント：このとき，分子雲の重力エネルギー GM^2/R と磁気エネルギー $R^3 B^2 / 2\mu_0$ はほぼ等しいと考えてよい．

5.4 演習：双極磁場（磁力線）の作図

地球など多くの天体は双極磁場を持つ．双極磁場を直角座標 (x, y, z) で成分表示すると，

$$B_x = \frac{3axz}{r^5}, \quad B_y = \frac{3ayz}{r^5}, \quad B_z = \frac{a(3z^2 - r^2)}{r^5} \tag{5.1}$$

である．ここで，$r^2 = x^2 + y^2 + z^2$，a は磁気モーメントと呼ばれる量で，双極磁場の強さを表すパラメータである．

x–z 面での磁力線を与える微分方程式は，磁場の成分を用いて

$$\frac{dx}{B_x} = \frac{dz}{B_z} \tag{5.2}$$

となる．これを積分して，磁力線の方程式として

$$z = f(x, C) = \sqrt{Cx^{4/3} - x^2} \tag{5.3}$$

を得る．ここで，C は積分定数であるが，異なる磁力線を表すパラメータとなる．

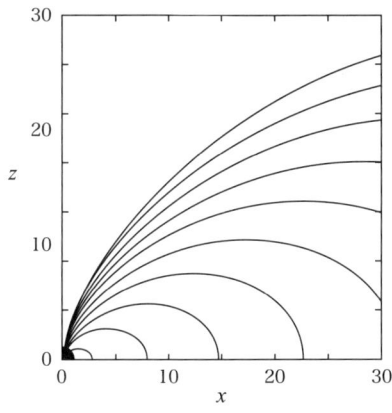
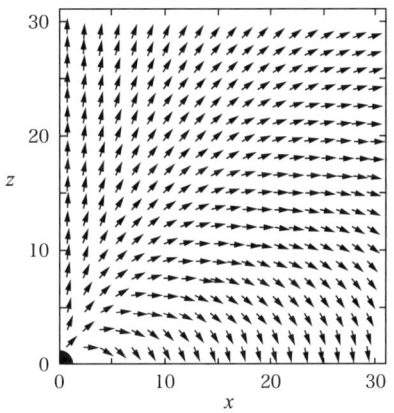

図 5.4 双極磁場．左図は磁力線（$0.01 < C < 20.0$ の範囲をプロットした），右図は磁場の分布（矢印の長さはそろえてある）．

(1) (5.2) 式を積分し (5.3) 式が得られることを確認せよ．ヒント：$\xi = z/x$ とおく．
(2) x-z 面での磁力線を作図せよ（図 5.4 左）．ヒント：C の値をパラメータとして $z = f(x, C)$ のグラフを描く．

5.5 研究：双極磁場（磁場分布）の作図

(5.1) 式を使って磁場分布を作図せよ（図 5.4 右）．ヒント：x–z 平面の $0 \leq x \leq 4$, $0 \leq z \leq 4$ の区間を 0.2 間隔の線で分割し，20×20 の格子を作る．その格子点上における磁場強度（磁場の x 成分と z 成分）を，(5.1) 式を用いて計算し，各格子点上に磁場強度ベクトルを矢印で書き入れよ．その際，矢印の長さの取り方に工夫すること（磁場の向きにのみ関心がある場合には，$\tilde{B}_x = B_x/B_0$，$\tilde{B}_z = B_z/B_0$ などとして，これを用いてプロットするとよい）．

（高橋真聡）

6 電磁波スペクトル

天文学においては，対象となる**天体**（object）の多くが言葉通り"星の彼方"にあるために，そばまで行って触ったり手に取って調べたりすることができない．したがってそれら対象となる天体の状態を知るほとんど唯一の手段は，天体が発する電磁波—電波，光，X線など—を"観る"ことである（ニュートリノや宇宙線さらには重力波などを観ることもある）．すなわち天文学では，**観測**（observation）によって対象に関する情報を得るのが常套手段なのだ．

この節では，電磁波の基本的な性質と輻射機構について，簡単にまとめておこう．

6.1 電磁波：波長，振動数，エネルギー

最初に電磁波，すなわち光子の基本的な性質について復習しておこう．

(1) 光子の波長と振動数

光子は，粒子であると同時に波動（電磁波）でもあるのだが，波動としての性質に注目したときには，ある特定の**波長** λ（ラムダ）と**振動数** ν（ニュー）を持つ．それらの積は真空中の光速 c ($= 2.9979 \times 10^8$ m s^{-1}) に等しいので，片方を決めればもう一方も定まる：

$$\lambda \nu = c. \tag{6.1}$$

波長（振動数）が短い（大きい）電磁波から長い（小さい）電磁波まで，波長（振動数）にそって並べたものを**電磁波スペクトル**（electromagnetic spectrum）という（図6.1）．波長の基本単位は m だが，短波長の電波では mm ($= 10^{-3}$ m)，赤外線や可視光では μm ($= 10^{-6}$ m：ミクロン)，可視光ではさらに nm ($= 10^{-9}$ m：ナノメートル) や Å ($= 10^{-10}$ m：オングストローム) を用いることも多い．一方，1秒あたりの振動数は Hz（ヘルツ）で測る．

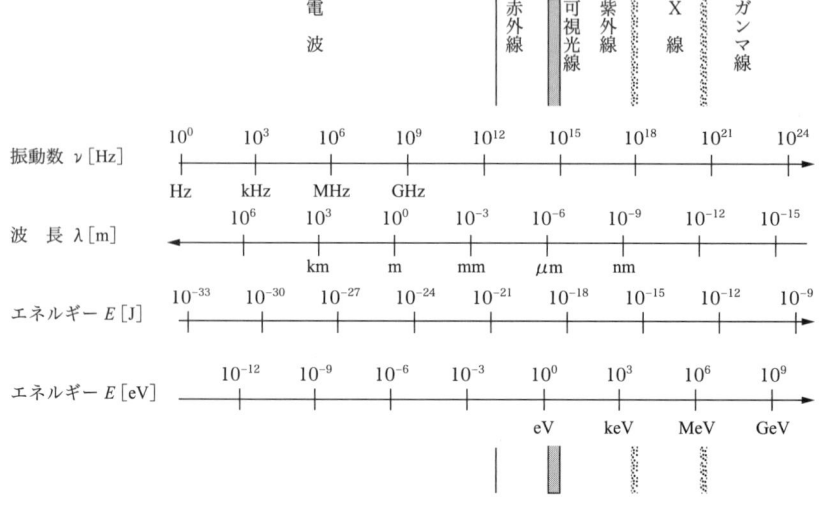

図 **6.1** 電磁波スペクトル（振動数 ν，波長 λ，エネルギー E の関係）．

問 6.1 可視光の範囲を（個人差もあるが），0.38 μm から 0.77 μm としよう．これを nm で表してみよ．また振動数で表してみよ．

(2) 光子のエネルギーと運動量

電磁波が粒子として振る舞うとき，1個の光子は特定のエネルギー E と運動量 p を持つ．光子のエネルギー E は，振動数に比例（波長に反比例）し，運動量はエネルギーを光速で割ったものになる：

$$E = h\nu = \frac{ch}{\lambda}, \tag{6.2}$$

$$p = \frac{E}{c} = \frac{h\nu}{c} = \frac{h}{\lambda}. \tag{6.3}$$

ここで h はプランク定数（$= 6.626 \times 10^{-34}$ J s $= 6.626 \times 10^{-27}$ erg s）である．(6.1) 式と (6.2) 式から，波長，振動数，エネルギーのどれか一つを指定すれば，残りは決まる．

X 線や γ 線領域の電磁波は，慣用的にエネルギーで測ることが多い（図 6.1）．単位は eV（$= 1.6022 \times 10^{-19}$ J：電子ボルト）や keV（$= 10^3$ eV：ケヴ），MeV（$= 10^6$ eV：メヴ）などを用いる．

問 6.2 2005 年 7 月に打ち上げられた，日本で 5 番目の X 線天文衛星「すざく」には，X 線望遠鏡 XRT・X 線 CCD カメラ XIS・硬 X 線検出器 HXD などの測定装置が搭載された．そのうち，XIS は，大体 0.5 keV から 12 keV の範囲の X 線光子を捕らえることができる．この感度領域をまずエネルギーの J 単位で表せ．また波長や振動数で表せ．

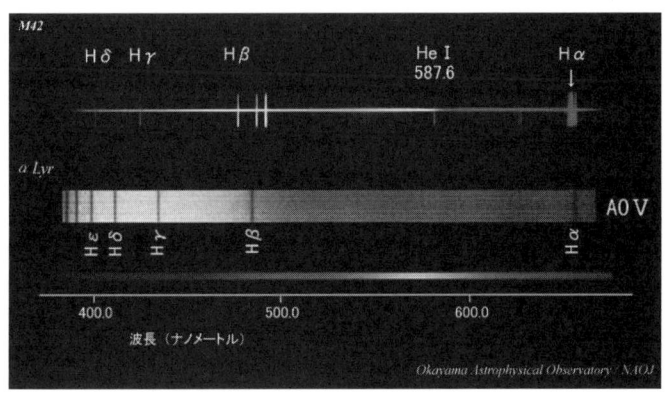
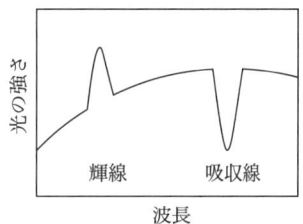

図 6.2　輝線星雲 M42（上）とベガ（α Lyr）のスペクトル（下）（岡山天体物理観測所&粟野諭美ほか『宇宙スペクトル博物館』）．前者はほぼ輝線からなり，後者は連続スペクトルに吸収線が目立つ．

図 6.3　連続スペクトルと線スペクトル．

6.2 スペクトル図とスペクトルの種類

スペクトルは，大きく連続スペクトルと線スペクトルにわけられる（図 6.2，図 6.3）．白熱電球や太陽の光，星の光などは，さまざまな波長の光を含んでおり，細かい特徴に目をつぶれば，なめらかなスペクトルになる．これを**連続スペクトル**（continuum）という．一方，星のスペクトルやクェーサーのスペクトルのように，ある特定の波長近傍で，放射が特に弱かったりあるいは強かったりするものを**線スペクトル**（line spectrum）という．強度が強い場合を

輝線（emission line），強度が弱い場合を吸収線（absorption line）あるいは暗線という．太陽のスペクトルも細かくみれば多数の吸収線（フラウンホーファー線）を持つ．

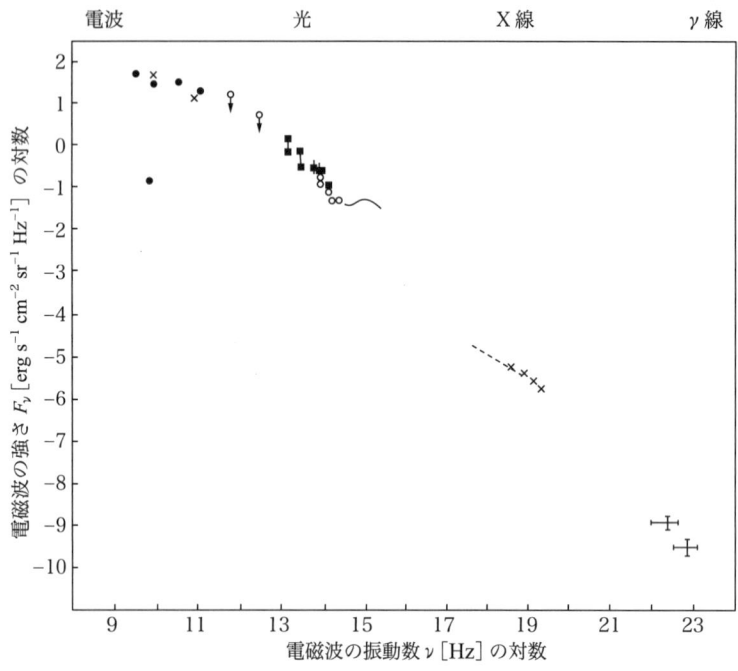

図 6.4　3C 273 のスペクトル図（通常のもの）．

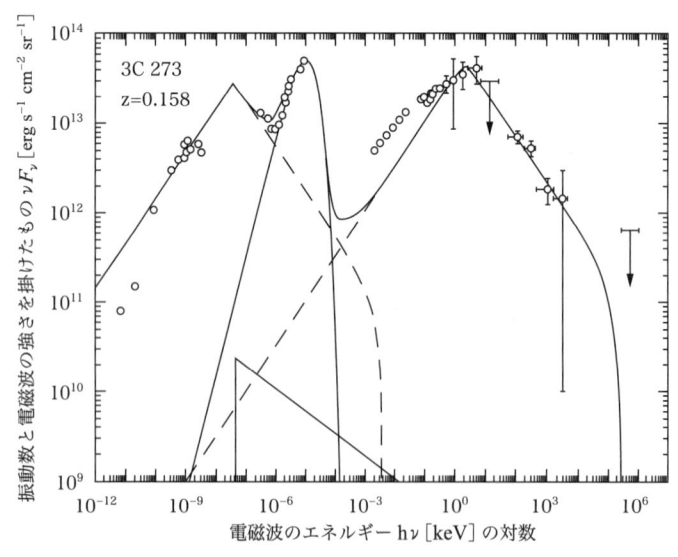

図 6.5　3C 273 のスペクトル図（SED）．

電磁波のスペクトルを視覚的に見やすくするために，しばしば横軸に電磁波の波長（または振動数）を，縦軸に電磁波の強さを取ったスペクトル図（spectral diagram）が用いられる（図 6.4，図 6.5）．波長や強度が何桁にもわたることが多く，図 6.4 のように，スペクトル図では対数スケールが用いられることも多い．また縦軸を強度×振動数の対数にしたスペクト

ルエネルギー分布図（spectral energy distribution；SED）が使われることもある（図 6.5）．
後者の SED では，縦軸の値は，ある振動数で放射されるエネルギー量の目安になっている．

電磁波の発生機構の違いや，対象の状態，伝播途中の宇宙空間による吸収や赤方偏移，さらには地球大気の吸収などによって，スペクトル図の輪郭は千差万別なものになる．逆に言えば，スペクトルを詳細に調べることによって，発生源の温度や密度などの物理状態，元素の組成，物質の運動状態，天体と地球との間の宇宙空間の状態などが解明されるのである．

問 6.3　図 6.4 のように，対数スケールで表したスペクトル図上で，ほぼ直線的になるスペクトルを**べき乗型スペクトル**（power law spectrum）と呼ぶ．図 6.4 のスペクトルがほぼ直線であると仮定して，その傾きを求めよ．さらに，傾きを $-\alpha$ としたとき，電磁波の強度 f_ν は振動数のべき乗 $\nu^{-\alpha}$ に比例する．このことも確かめよ．なお α を**スペクトル指数**（spectral index）と呼ぶ．

6.3 天体における輻射機構

一般に，天体プラズマの内部には，原子に束縛された電子や自由電子が多数存在している．そして，光子が原子に吸収されたり原子から放射されたり，また原子核の近傍で自由電子が軌道を曲げられる際に光子が放射・吸収されたり，光子とガス粒子は頻繁に相互作用を繰り返している．さらに光子は原子だけでなく，原子核や分子とも相互作用するし，自由電子とも衝突するし，磁場の影響も受ける．このように光子すなわち電磁波の発生機構には，実にさまざまな過程が存在するが，その一部を表 6.1 に示す．

表 6.1　天体における輻射機構

連続スペクトル	熱的スペクトル	黒体輻射スペクトル	星，降着円盤
		熱制動放射	HII 領域，銀河間ガス
	非熱的スペクトル	シンクロトロン放射	超新星残骸，活動銀河
		逆コンプトン散乱	X 線星，活動銀河
線スペクトル 輝線 吸収線（暗線）		21cm 水素微細構造線	星間ガス
		分子スペクトル	星間ガス
		原子スペクトル	星，銀河
		サイクロトロン線	白色矮星，X 線星
		電子陽電子対消滅線	銀河系中心

まず全体は，大きく連続スペクトルの発生機構と線スペクトルの発生機構に分けられる．

連続スペクトルのうち，光子と原子が十分に相互作用を行い，熱平衡状態になったガスから放射されるものを**熱的スペクトル**（thermal spectrum）という．（プラズマ）ガスが**光学的に厚い**（optically thick），すなわち十分に"不透明な"場合，プラズマ内部での光子とガスの個々の相互作用の特徴は失われ，全体として**黒体輻射**（blackbody radiation）に近づく（8節）．星のスペクトルや降着円盤のスペクトルは黒体輻射に近い．

一方，ガスが**光学的に薄い**（optically thin），すなわち**半透明**（translucent）な場合，光子とガスの相互作用の素過程のスペクトルが見える．通常は原子核の近傍で自由電子が軌道を曲げられる（制動を受ける）際に放出される光子のスペクトルになるが，これを**自由-自由遷移**あるいは**熱制動放射**（bremsstrahlung）と呼ぶ．星間プラズマなどのスペクトルはしばしば熱制動放射のものである．

熱的スペクトル以外のものを**非熱的スペクトル**（nonthermal spectrum）という．例えば，電子は荷電粒子なので磁場から影響を受ける．すなわち磁場の中に相対論的な速度で運動する高エネルギーの電子が飛び込んでくると，磁場から力を受けてその軌道が曲げられ，その結果，連続的な電磁波が放出される．これを**シンクロトロン放射**（synchrotron radiation）という．シンクロトロン放射のスペクトルは，図 6.4 のような，べき乗型スペクトルになる．シンクロトロン放射が起こるためには，磁場と高エネルギーの電子が必要だが，かに星雲のような超新星残骸や活動銀河などのスペクトルがシンクロトロン放射で説明されている．

また非熱的スペクトルをつくる過程として，非常に高エネルギーの電子がエネルギーの低い光子に衝突して，光子を高エネルギー状態にたたき上げる過程も存在する．光子が電子に衝突して電子にエネルギーを与える，いわゆるコンプトン散乱の逆過程であることから，**逆コンプトン散乱**（inverse Compton scattering）と呼ばれる．逆コンプトン散乱のスペクトルもべき乗型スペクトルになる．X 線星や活動銀河のスペクトルには逆コンプトン散乱が関与していると考えられている．

線スペクトルのうち，もっともありふれているのが**原子スペクトル**（atomic spectrum）である（9 節）．原子内で電子の取りうる軌道（状態）は量子力学的な効果によってとびとびであり，したがって電子の結合エネルギーも離散的である．原子内に束縛された電子は，他の粒子や光子との相互作用によって，しばしばあるエネルギー状態から別のエネルギー状態に**遷移**（transition）する．このような**束縛-束縛遷移**（bound-bound transition）の際に，状態間のエネルギー差に対応して，特定の波長の光子を放出したり吸収したりする．多数の原子の集まったガス中では，放出も吸収も両方起こっているが，光源やガスの分布状況によって，輝線や吸収線が生じる．このような原子内の電子の状態が変化する際に発生するスペクトルを原子スペクトルという．原子スペクトルは星をはじめ多くの天体で観測される．

また CO のような分子の回転状態や振動状態が変化する際に発生するスペクトルを**分子スペクトル**（molecular spectrum）という．分子スペクトルでは状態間のエネルギー差が小さいため，スペクトル線の波長はしばしばミリ波や電波の波長帯にくる．分子スペクトルは星間ガスでも密度の濃い分子雲中などに見られる．

その他，線スペクトルには，星間ガスで見られる中性水素ガスの出す **21 cm 線**や，X 線パルサーなどで発見されている磁場の周りを螺旋運動する電子の**サイクロトロン吸収線**（cyclotron line），電子と陽電子が対消滅するときに発生する**対消滅線**（annihilation line）などがある．

問 6.4 電子とその反粒子である陽電子が衝突すると，対消滅して 2 個の光子に変わる．この対消滅によって生成される 1 個の光子のエネルギーはいくらか？ また振動数，波長はいくらか？ このような電子・陽電子対消滅によって発生したと思われる γ 線が，われわれの銀河系中心方向で観測されている．ヒント：質量 m とエネルギー E の等価式 $E = mc^2$ を用いよ．

（福江　純）

7 輻射場の基礎

　天体から飛来する光子（電磁波）は，多くの場合，きわめて多数の光子を含んでいる．そのため，例えば多数のガス粒子からなる統計集団を〈流体〉として取り扱えるように，それらの**放射・輻射**（radiation）も多数の光子系の統計的な集団〈**輻射場**〉として扱うことができる．

　この節では，現代天文学における基本的な概念として輻射場に関する諸量を説明しよう．

7.1 輻射輸送に関する諸量

　最初に輻射輸送を表現する基本的な物理量についてまとめておく．

(1) 輻射強度と全輻射強度

　ある単位面積（1 m^2）を通ってある方向に，単位時間（1 sec），単位立体角（1 sr）あたりに流れて行く，単位振動数（1 Hz）あたりの輻射エネルギー（J）を**輻射強度**（比強度：specific intensity）あるいは**輝度**（brightness）と呼び，記号では，intensity（強度）の I を取って I_ν で表す（図 7.1）．平たく言えば，**光線**と考えてよい．定義から単位は [J s^{-1} m^{-2} sr^{-1} Hz^{-1}] である．単位振動数あたりでなく単位波長あたりで定義する場合も多い（8 節）．通常，振動数 ν（あるいは波長 λ）の依存性しかあらわに書かないが，輻射強度 I_ν は一般に，場所，時刻，方向その他もろもろの状態に依存する．

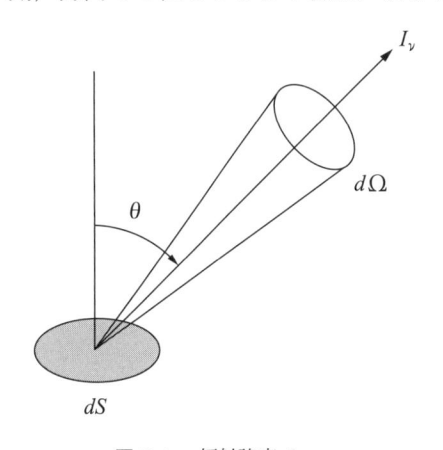

図 7.1　輻射強度 I_ν．

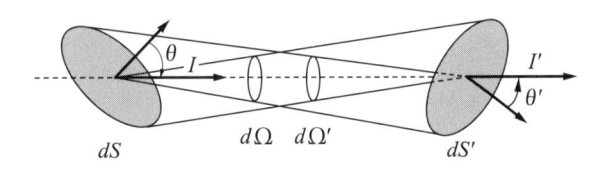

図 7.2　全輻射強度の保存．

　輻射強度 I_ν（あるいは I_λ）を振動数 ν（あるいは波長 λ）について 0 から ∞ まで，すなわち全波長域にわたって積分したもの，

$$I = \int_0^\infty I_\nu d\nu = \int_0^\infty I_\lambda d\lambda \tag{7.1}$$

を**全輻射強度** I [J s^{-1} m^{-2} sr^{-1}] と呼ぶ．これはある単位面積を通ってある方向に，単位時間，単位立体角あたりに流れて行く輻射エネルギーの総量である．

(2) 輻射強度と全輻射強度の保存

さて，図7.2を見て欲しい．面積要素 dS を通って，いろいろな方向に輻射の流れがあるとしよう．さらにそのうちの一部が，dS の面に垂直な方向から角度 θ の方向にある，別の面積要素 dS' を照射している場合を考える．そして dS から，dS' を見込む微小な立体角 $d\Omega$ 内に，時間 dt 中に流れていく輻射エネルギーを dE とする．このとき dS の θ 方向への投影成分が $dS\cos\theta$ であることを考慮すると，全輻射強度の定義から，

$$dE = I dS \cos\theta d\Omega dt \tag{7.2}$$

となる．立体角 $d\Omega$ は，dS と dS' の距離を r とすると，

$$d\Omega = \frac{dS' \cos\theta'}{r^2} \tag{7.3}$$

と表せるので，結局 dE は，

$$dE = \frac{I dS \cos\theta dS' \cos\theta' dt}{r^2} \tag{7.4}$$

となる．一方，面積要素 dS' において，dS から入ってくる輻射エネルギー dE' を考えると，

$$dE' = I' dS' \cos\theta' d\Omega' dt = \frac{I' dS' \cos\theta' dS \cos\theta dt}{r^2} \tag{7.5}$$

となる．面積要素 dS と dS' の間で輻射の吸収や放出がなければ，エネルギーの保存から dE と dE' は等しい．したがって，(7.4) 式と (7.5) 式から，

$$I = I' \tag{7.6}$$

が得られる．すなわち全輻射強度は光線の経路に沿って保存される．

問 7.1 上の (7.4) – (7.6) 式を導け．

問 7.2 上と同じようにして，輻射強度に関して，$I_\nu = I'_\nu$ を導け（輝度不変の原理）．

問 7.3 月面の反射光が眩しい理由を考察してみよ．

(3) 輻射流束と全輻射流束

輻射のエネルギーは考えている単位面積を通って，いろいろな方向へ，裏から表へ出ていったり，表から裏へ入ってきたりしている．そこで，単位面積を通っていろいろな方向に流れる輻射エネルギー I_ν を全部寄せ集めたものを考えて，**輻射流束**（radiation flux）と定義し，flux（流束）の F を用いて F_ν [J s^{-1} m^{-2} Hz^{-1}] で表す（図7.3）．すなわち輻射流束は単位面積を通って毎秒，単位振動数あたりに流れる輻射エネルギーを表す．

輻射流束 F_ν は，輻射強度 I_ν の，考えている面積に垂直な方向の成分 $I_\nu \cos\theta$ を，立体角 $d\Omega$ で積分して得られる：

$$F_\nu = \int I_\nu \cos\theta d\Omega, \quad d\Omega = \sin\theta d\theta d\varphi \tag{7.7}$$

ただし，極角 θ，方位角 φ は，図7.3のように取るものとする．

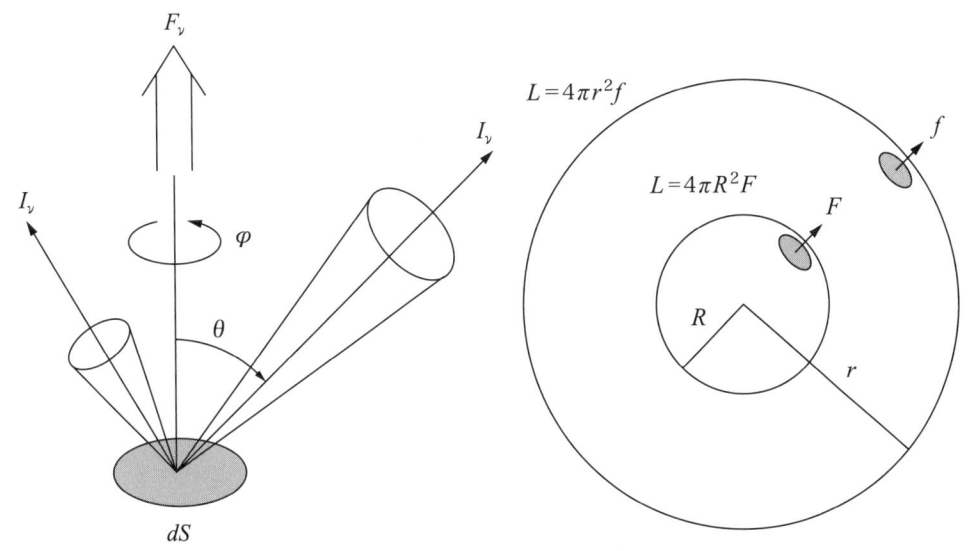

図 7.3 輻射流束 F_ν.

図 7.4 全輻射流束 F と光度 L. 太陽表面と地球軌道を想定するとよい．

　一般には単位面積の裏から表へ出ていく輻射流束と，表から裏へ入る輻射流束とを分けて考えるが，太陽表面の場合などについては，外へ出ていくものだけ考えればよい．特に輻射強度 I_ν が等方的な（方向によらない）場合は，上の積分で I_ν を積分の外に出すことができ，外側の半球に対して積分を実行すると，

$$F_\nu = \pi I_\nu \tag{7.8}$$

となる．また輻射流束を振動数で積分したものを**全輻射流束**（net flux）F [J s^{-1} m^{-2}] とする．これは単位面積を通って毎秒流れる輻射エネルギーであり，輻射場が等方的な場合，

$$F = \pi I \tag{7.9}$$

となる．

問 7.4 (7.8), (7.9) 式を導け．ヒント：積分範囲は $0 \leq \theta \leq \pi/2$（外側のみ），$0 \leq \varphi \leq 2\pi$.

(4) 光度

　これまでの説明は局所的な輻射場（例えば星の表面の一部）の諸量である．次に恒星全体を考えてみよう．

　星の表面の微小面積 dS が放射している全輻射流束は (7.9) 式で表される．これを星の全表面について積分したものが，いわゆる**光度**（luminosity）L [J s^{-1}，すなわち W] で，単位時間あたりに恒星全体から放射される輻射エネルギーを表す（図 7.4）：

$$L = \int F dS = 4\pi R^2 F. \tag{7.10}$$

ただし，R は星の半径であり，また輻射場は等方的とした．

さらに，星から距離 r 離れた球面上で観測される全輻射流束 f は，

$$f = F\left(\frac{R}{r}\right)^2 = \frac{L}{4\pi r^2} \tag{7.11}$$

となる．

問 7.5 図 7.4 を参考にして，ある球面を横切って毎秒通る輻射エネルギーが保存されることから，(7.11) 式を導け．

問 7.6 太陽表面と地球軌道上では，輻射流束はどれくらい違うか？

問 7.7 風のない冬の日，たき火から 1 m 離れてあたるのと，2 m 離れてあたるのは，どちらがどれくらい暖かいだろうか？　またそれはなぜか？

問 7.8 星のような球状の光源ではなく，円盤状の光源（例えば降着円盤：31 節）の場合には，光度 L はどう表されるだろうか？　円盤の半径を R，表面での全輻射流束を F とせよ．

（福江　純）

8 黒体輻射のスペクトル

前節では輻射場の基本的概念を説明した．本節では特に重要な場合として，物質と熱平衡状態にある輻射場，すなわち黒体輻射について概観しよう．

8.1 黒体輻射

ガス粒子（あるいはプラズマ）が十分に熱的に緩和した平衡状態で**マクスウェル・ボルツマン分布**（Maxwell-Boltzmann distribution）になっていて，さらにプラズマと輻射との相互作用が大きく，光子がガスによって頻繁に吸収放出される状況では，輻射場は，一様かつ等方で熱力学的な平衡状態に到達して，**プランク分布**（Planck distribution）になっている．この状態の輻射場が**黒体輻射**（blackbody radiation）である．星や降着円盤の内部などでは，ほぼ黒体輻射になっている．またプラズマに限らず，地球大気のような気体でも，熱力学的平衡状態にあれば，黒体あるいは黒体に近い輻射スペクトルを放射する．

(1) 黒体輻射強度

輻射場が黒体輻射になっている場合の輻射強度 I_ν を特に**黒体輻射強度**（blackbody intensity）と呼び，黒体（blackbody）を示す変数 B を用いて表す．単位は I_ν と同じく $[\mathrm{J\,s^{-1}\,m^{-2}\,sr^{-1}\,Hz^{-1}}]$ である．一般の輻射強度 I_ν は時刻，場所や方向にも依存するが，$B_\nu(T)$ は振動数 ν（あるいは波長 λ）以外には唯一，熱平衡の温度 T（**黒体温度**）に依存するだけである．

黒体輻射強度は，c, h, k をそれぞれ光速，プランク定数，ボルツマン定数として，

$$B_\nu(T)d\nu = \frac{2h\nu^3}{c^2}\frac{d\nu}{e^{h\nu/kT}-1} \tag{8.1}$$

と表される[*6]．

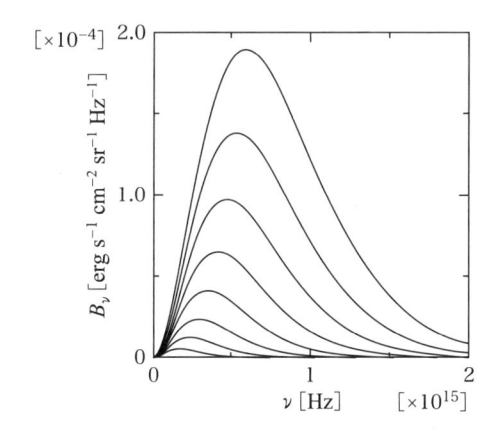

図 8.1 通常スケールで表した黒体輻射スペクトル B_ν．横軸は振動数で縦軸はスペクトル強度．黒体温度は 3000 K から 10000 K まで 1000 K ごと．

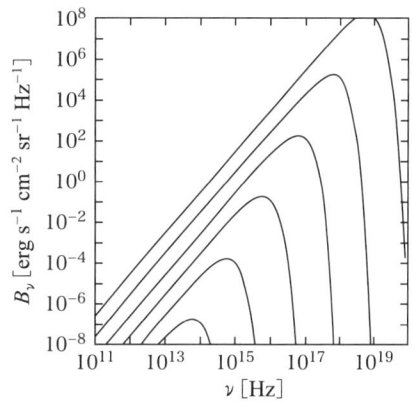

図 8.2 対数スケールで表した黒体輻射スペクトル B_ν．横軸は振動数の対数で縦軸はスペクトル強度の対数．黒体温度は 10^3 K から 10^8 K まで．

[*6] 黒体輻射強度 (8.1) 式の導出は物理学の教科書に譲るが，物理的には，熱力学的平衡状態にある光子の分布（分母に指数関数のある部分）に，$d\nu$ 区間中の調和振動子の数（$\nu^2 d\nu$ に比例）を掛け，さらに一つの調和振動子のエネルギー $h\nu$ および光子の偏りの数 2 を掛けたものが，$d\nu$ 区間中の輻射エネルギー $B_\nu(T)d\nu$ になることを意味する．

いろいろな温度 T を取ったときの，振動数 ν に対する $B_\nu(T)$ のグラフを図 8.1 と図 8.2 に示す．対数スケールで表すと，異なる温度の黒体輻射スペクトルは相似になる．

問 8.1 温度を変えたときに黒体輻射の対数グラフが相似になる理由を考えてみよ．ヒント：$B_\nu(T) = (2h/c^2)T^3(\nu/T)^3/[e^{h\nu/kT} - 1]$ と表せる．

(2) ウィーンの変位則

黒体輻射スペクトルはピークを持っている．そのピークの位置は，

$$\nu_{\max} = 5.88 \times 10^{10} T \quad [\text{Hz}], \tag{8.2}$$

$$\lambda_{\max} = 2.90 \times 10^3 / T \quad [\mu\text{m}] \tag{8.3}$$

で与えられ，**ウィーンの変位則**（Wien's displacement law）と呼ばれている．

問 8.2 ウィーンの変位則，(8.2) 式と (8.3) 式を導け．ヒント：(8.1) 式を微分してみよ．また (8.3) 式を導くには，後述の (8.13) 式を微分せよ．

問 8.3 3 K，300 K，6000 K，10^7 K のときの，黒体スペクトルのピークの波長，振動数，エネルギーは，それぞれいくらか？ なおこれらはそれぞれ，宇宙背景輻射（53 節），地球表面（12 節），太陽表面（14 節），中性子星周辺の降着円盤（31 節）の典型的な温度である．

(3) レイリー・ジーンズ分布とウィーン分布

また (8.1) 式は，長波長側（低振動数側；$h\nu \ll kT$），すなわちピークの左側では，

$$B_\nu(T) \sim \frac{2kT\nu^2}{c^2}, \tag{8.4}$$

短波長側（高振動数側；$h\nu \gg kT$），すなわちピークの右側では，

$$B_\nu(T) \sim \frac{2h\nu^3}{c^2} e^{-h\nu/kT} \tag{8.5}$$

と近似され，それぞれ**レイリー・ジーンズ分布**，**ウィーン分布**として知られている．

問 8.4 レイリー・ジーンズ分布 (8.4) 式，およびウィーン分布 (8.5) 式を導け．またそれらを黒体輻射のグラフに重ねてプロットしてみよ．

(4) ステファン・ボルツマンの法則

全輻射強度 I に対応して，$B_\nu(T)$ を振動数で積分したもの $\int B_\nu(T)d\nu$ を全黒体輻射強度 $B(T)$ [J s^{-1} m^{-2} sr^{-1}] という．積分を実行した結果，

$$B(T) = \frac{\sigma}{\pi} T^4 \tag{8.6}$$

が**ステファン・ボルツマンの法則**（Stefan-Boltzmann law）である．ただしここで σ は，

$$\begin{align*}\sigma &= \frac{2\pi^5 k^4}{15 c^2 h^3} \\ &= 5.6704 \times 10^{-8} \text{ J m}^{-2} \text{ s}^{-1} \text{ K}^{-4}\end{align*} \tag{8.7}$$

で，**ステファン・ボルツマンの定数**と呼ばれる．図形的には，図 8.1 のグラフによって囲まれる部分の面積が温度の 4 乗に比例することを意味している．

問 8.5 積分を実行して (8.6) 式を導け．ヒント：$\int [x^3/(e^x-1)]dx = \pi^4/15$.

問 8.6 黒体輻射の場合，半径 R の星の表面での輻射流束 F_ν，全輻射流束 F，光度 L はそれぞれ以下のように表される．これらを導け（7 節）．

$$F_\nu = \int B_\nu \cos\theta d\Omega = \pi B_\nu, \tag{8.8}$$

$$F = \int B \cos\theta d\Omega = \pi B = \sigma T^4, \tag{8.9}$$

$$L = 4\pi R^2 \sigma T^4. \tag{8.10}$$

問 8.7 太陽の場合について，太陽半径（$= 6.96 \times 10^8$ m）と表面温度（$= 5780$ K）から，太陽光度を求めよ．

8.2 単位波長あたりの黒体輻射強度 B_λ

これまでは単位振動数あたりの輻射強度で考えてきたが，単位波長あたりの量を用いることも多い．以下では，単位振動数あたりの輻射強度 B_ν [J s^{-1} m^{-2} sr^{-1} Hz^{-1}] を単位波長あたりの輻射強度 B_λ [J s^{-1} m^{-2} sr^{-1} m^{-1}] に変換してみよう．

ある振動数域 $d\nu$（あるいはそれに対応してある波長域 $d\lambda$）を考えたとき，その範囲内に含まれる輻射のエネルギー（単位面積，単位時間，単位立体角あたり）は，$B_\nu d\nu$ と表すこともできるし，$B_\lambda d\lambda$ と表してもよい．これらは当然どちらも同じ量のはずだから，

$$B_\lambda d\lambda = -B_\nu d\nu \tag{8.11}$$

が成り立つ．マイナスの符号は，振動数と波長の増加する向きが反対であることを意味する．また振動数 ν を光速 c と波長 λ で表した式：$\nu = c/\lambda$ の微分から，微小振動数 $d\nu$ と微小波長 $d\lambda$ の間の関係として，以下の式が得られる：

$$d\nu = -\frac{c}{\lambda^2}d\lambda. \tag{8.12}$$

そこで単位振動数あたりの黒体輻射強度の式 (8.1) 式を (8.11) 式の右辺に代入し，(8.12) 式などを考慮すると，結局，単位波長あたりの輻射強度は以下のようになる：

$$B_\lambda(T)d\lambda = \frac{2hc^2}{\lambda^5}\frac{d\lambda}{e^{hc/\lambda kT}-1}. \tag{8.13}$$

問 8.8 (8.13) 式を導け．

8.3 演習

黒体輻射スペクトルのグラフを真数や対数で描いてみよう．
(1) 温度が 3 K, 300 K, 6000 K, 10^7 K に対して黒体輻射のグラフを描いてみよ．まず図 8.1 のように真数のままで描いてみよ．次に図 8.2 のように対数で描いてみよ．
(2) 波長に対する黒体輻射強度のグラフを描いてみよ．真数と対数で描いてみよ．

8.4 研究1：輻射エネルギー密度

単位体積あたりの輻射のエネルギー量を**輻射エネルギー密度**（radiation energy density）と呼ぶ．輻射場の場合は u や E で表すことが多い．単位は $[\text{J m}^{-3}]$ になる．

さて，ある空間に等方で一様な黒体輻射光子が満ちているとき，黒体輻射場のエネルギー密度 u は，黒体輻射強度を振動数と立体角に関して積分したものを光速 c で割って得られる：

$$u = \frac{1}{c}\int B_\nu(T)d\nu d\Omega = \frac{1}{c}\int B(T)d\Omega, \quad d\Omega = \sin\theta d\theta d\varphi. \tag{8.14}$$

ここで c で割るのは，光子は光速で進むので，単位時間に占める体積が単位面積に c をかけたものになるからである．黒体輻射のスペクトル強度を代入して積分を実行すると，

$$u = aT^4 \tag{8.15}$$

となる．ただし a は**輻射定数**（radiation constant）と呼ばれる定数である：

$$\begin{aligned}a &= \frac{4\sigma}{c}\\&= 7.5658\times 10^{-15}\text{ erg cm}^{-3}\text{ K}^{-4}\\&= 7.5658\times 10^{-16}\text{ J m}^{-3}\text{ K}^{-4}.\end{aligned} \tag{8.16}$$

(1) 積分を実行して，(8.15) 式を導け．
(2) 現在の宇宙は約 3 K の黒体輻射で満ちている（53 節）．この宇宙黒体輻射のエネルギー密度はいくらか？
(3) 宇宙黒体輻射の 1 個の光子の平均的なエネルギーはどれくらいか？ ヒント：光子の平均的なエネルギーは，大体，スペクトルのピークの光子のエネルギーに等しいと考えよ．ピークの振動数はウィーンの変位則からわかる．
(4) 宇宙黒体輻射のエネルギー密度を宇宙黒体輻射の 1 個の光子の平均的なエネルギーで割ったものは，宇宙黒体輻射の光子のおおまかな個数密度 n_γ を与える．今の見積りではどれくらいになるか？ なお，$T = 2.7$ K としたときの詳しい計算では，以下のようになる：

$$n_\gamma \sim 20.21\times T^3 \sim 398 \text{ 光子 cm}^{-3}. \tag{8.17}$$

8.5 研究2：輻射圧

輻射場を構成する粒子，すなわち光子も運動量を持っているので，周囲の物質に対して圧力（3 節）を及ぼす．これを光圧あるいは**輻射圧**（radiation pressure）と呼び，p_rad で表す．

黒体輻射の場合は，輻射圧 p_rad はエネルギー密度 u の 3 分の 1 である：

$$p_\text{rad} = \frac{1}{3}u = \frac{1}{3}aT^4. \tag{8.18}$$

(1) 圧力の次元はどうなるか？ 輻射圧の次元はどうなるか？ それらは一致するか？
(2) 大気圧や水圧はよく使われるが，輻射圧があまり馴染みないのはなぜだろうか？

（福江　純）

9 原子スペクトル

量子力学的な理由で，原子内の電子にはとびとびで不連続な状態しか許されない．その状態が移り変わる際に，特定の波長の光を放出したり吸収したりして線スペクトルが形成される．ここでは，宇宙で普遍的な水素原子に注目して，線スペクトルの離散的な特徴を説明する．

9.1 エネルギー準位

原子は，正の電荷を持った陽子と電荷を持たない中性子からなる（全体として正に帯電した）原子核と，その周囲に束縛された負の電荷を持つ電子から構成されている．原子を特徴づけるのは，陽子の個数（原子核の電荷数）と核子（陽子＋中性子）の個数であり，前者を原子番号 Z，後者を核子数 A という．陽子と同数の電子が結合している原子を中性原子，電子がいくつか剥ぎ取られた原子を（部分）電離原子という．

原子に結合している電子はとびとびで離散的な**エネルギー準位**（energy level）しか取れない．エネルギー準位の中で，もっともエネルギーの低い状態を**基底状態**（ground state），それ以外の状態を**励起状態**（excited state）という．これらのエネルギー準位は，**量子数**（quantum number）と呼ばれる自然数で番号付けられる．また電子が電離した状態が**電離状態**（ionized state）で，原子と結合していない電子を**自由電子**という．さらに光を放出したり吸収したりして，基底状態や励起状態，電離状態の間を移り変わることを**遷移**（transition）と呼ぶ．束縛状態間の**束縛-束縛遷移**（bound-bound transition）では特定の波長の光子が吸収・放出される．**束縛-自由遷移**（bound-free transition）や**自由-自由遷移**（free-free transition）では任意の波長の光子が吸収・放出される．

問 9.1 水素 H，ヘリウム He，鉄 Fe の原子番号 Z および核子数 A はいくらか．

問 9.2 24 個の電子が電離した鉄原子をヘリウム的鉄原子という．なぜだろうか？

9.2 リュードベリの公式

束縛-束縛遷移で吸収あるいは放出される光子の波長 λ（あるいは振動数 ν）は，リュードベリの公式（Rydberg formula）で与えられる：

$$\frac{1}{\lambda} = \frac{\nu}{c} = Z^2 Ry \left(\frac{1}{n^2} - \frac{1}{n'^2}\right). \tag{9.1}$$

ここで Z は原子番号で，また n と n' はエネルギー準位を指定する量子数で $n < n'$ なる自然数である．さらに Ry はリュードベリ定数で，量子力学の理論から，

$$\begin{aligned} Ry &= \frac{1}{1+m/M}\frac{me^4}{8\varepsilon_0^2 ch^3}[\text{SI 単位系}] = \frac{1}{1+m/M}\frac{2\pi^2 me^4}{ch^3}[\text{cgs 単位系}] \\ &= 1.09737 \times 10^7 \text{ m}^{-1} = 1.09737 \times 10^5 \text{ cm}^{-1} \end{aligned} \tag{9.2}$$

と表される．ただし M と m はそれぞれ原子核および電子の質量（2 行目では m/M を無視した），ε_0 は真空の誘電率，e は電子の素電荷，c は光速，h はプランク定数である．

スペクトル系列として，$n=1$ と $n'(>n)$ の状態間の遷移に対応する線スペクトルを**ライマン系列**（Lyman），$n=2$ と $n'(>n)$ の間を**バルマー系列**（Balmer），$n=3$ と $n'(>n)$ の間を**パッシェン系列**（Paschen）と呼ぶ．水素原子の場合，ライマン系列は紫外域，バルマー系列は主として可視域，パッシェン系列は赤外域にくる（図 9.1）．波長の長い方から，ライマン系列は $Ly\alpha$, $Ly\beta$, $Ly\gamma$, バルマー系列は $H\alpha$, $H\beta$, $H\gamma$, そしてパッシェン系列は $Pa\alpha$, $Pa\beta$, $Pa\gamma$ 等と呼ぶ．

問 9.3 水素原子（$M=$陽子の質量），ヘリウム原子（$M=$陽子の質量の4倍），重元素（$m/M=0$）の場合について，リュードベリ定数を計算せよ．

問 9.4 水素原子のライマン系列，バルマー系列，パッシェン系列の波長を計算せよ．

問 9.5 基底状態の水素原子が電離する際（$n=1, n'=\infty$）に吸収される光の波長およびエネルギー（eV）を計算せよ．このエネルギーを水素の**電離エネルギー**という．

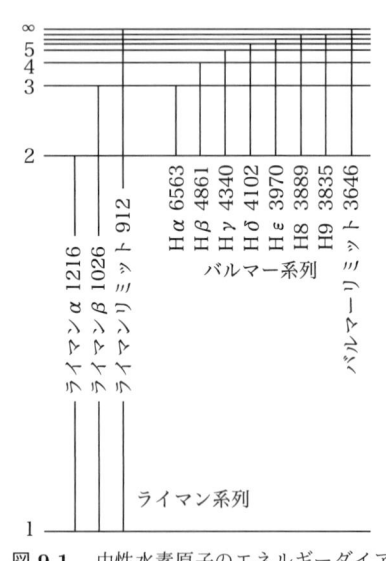

図 9.1 中性水素原子のエネルギーダイアグラム．

9.3 演習

図 9.2 は，こと座の 1 等星ベガ（α Lyr；スペクトル型 A0V）の星のスペクトル図である．
(1) ピークの波長と対応する黒体温度はどれぐらいか．
(2) スペクトル図の吸収線を**同定**（identify）せよ．すなわちこれらのスペクトル線が，どの元素のもので，どの系列のものか決定せよ．

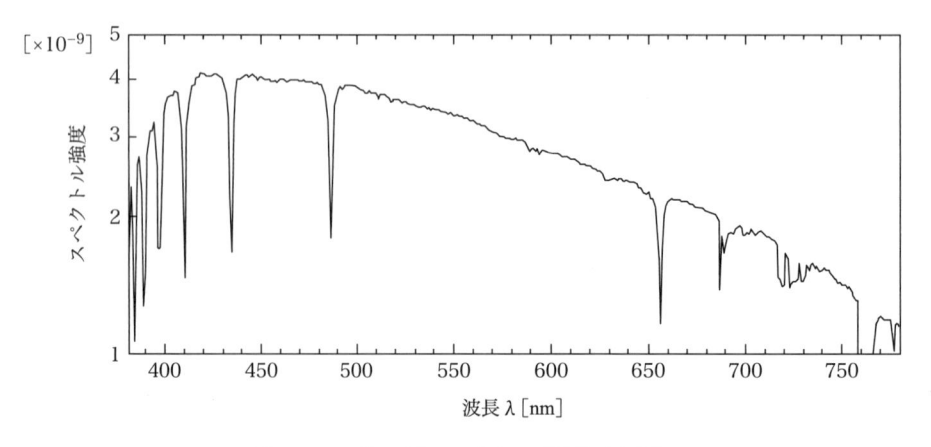

図 9.2 ベガの吸収スペクトル（美星天文台）．

（福江　純）

10 ドップラー効果と赤方偏移

はるばると星の海を越えて渡ってきたわずかな光を調べることにより，われわれは彼方の天体についてさまざまな情報を得ることができる．温度や密度などの物理量，元素の組成，天体の運動状態，さらには時空の性質などなど．本節では，スペクトルの偏移，すなわち光の波長（あるいは振動数）のずれから，どういうことがわかるのかを概説しておこう．

10.1 観測量としてのスペクトル線の偏移

天体からのスペクトル線を同定したときに，観測される波長 λ（振動数 ν）と，地球上の実験室内で同じ原子から出てくる光のスペクトル線の波長 λ_0（振動数 ν_0）はしばしば異なっている．これをスペクトル線が**偏移**（shift）しているという．

例えば 3C 273 というクェーサー（quasar：きわめて遠方の活動的な銀河）のスペクトル図（図 10.1）を見て欲しい．水素バルマー線の一つ，Hα 線の実験室における波長は 656.3 nm であるが，図 10.1 では Hα 線は 760.0 nm の波長に位置している．すなわちクェーサー 3C 273 では Hα 線が 656.3 nm から 760.0 nm に偏移しているわけだ．

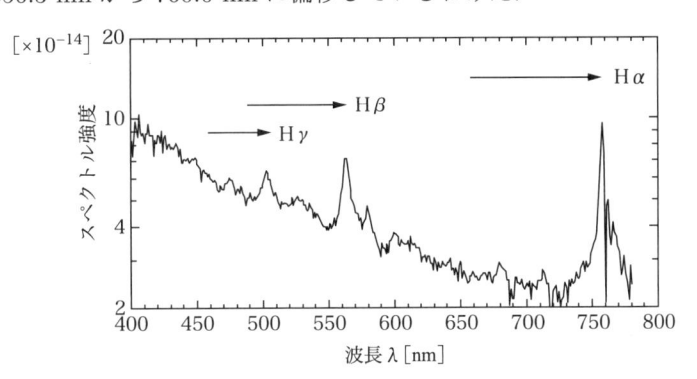

図 10.1 クェーサー 3C 273 のスペクトル図．

スペクトル線の偏移の大きさを表す量として，観測される波長 λ と実験室で測定された波長 λ_0 の比から 1 を引いたもの（あるいは偏移の大きさ $\lambda - \lambda_0$ を実験室の波長で割ったもの）：

$$z \equiv \frac{\lambda}{\lambda_0} - 1 = \frac{\lambda - \lambda_0}{\lambda_0} = \frac{\nu_0}{\nu} - 1 \tag{10.1}$$

を用い，**赤方偏移** z と呼んでいる．変数として z を用いる理由はわからない．

すぐわかるように λ と λ_0 が等しければ z はゼロである．もし λ が λ_0 より大きい，すなわち波長が長い方へずれていれば，z は正になり（狭い意味での）赤方偏移（redshift）と呼ばれる．可視光の場合，波長が長い光は赤い光であり，これが赤方偏移という呼び名の由来である．逆に波長が短い（青い）方へずれていれば，z は負であり，**青方偏移**（blue shift）と呼ばれる．一般には両方を併せて広い意味で赤方偏移と総称して使用する．

問 10.1 Hα 線ではクェーサー 3C 273 の赤方偏移 z はいくらになるか？

問 10.2 Hβ 線および Hγ 線についても求めてみよ．

10.2 理屈としてのスペクトル線の偏移

スペクトル線の偏移を起こす原因は大きく3つにわけられる.
（1）天体と地球との間に相対的な運動がある場合の特殊相対論的ドップラー偏移.
（2）強い重力場による一般相対論的な重力赤方偏移.
（3）やはり一般相対論的なものだが，宇宙が膨張していることによる宇宙論的な赤方偏移.
以下これらを順にみていこう.

（1）運動学的赤方偏移（ドップラー偏移）

物体の運動が光速近くになると，時間や空間は絶対的なものではなくなり，物体の速度に依存して変化する．不変なのは光の速度だけである．アインシュタインが1905年に打ち立てた**特殊相対性理論**（特殊相対論）は，現在では広く実証され，天体物理学においてもさまざまな現象を理解するためには欠かせないものとなっている.

この特殊相対論によると，光源と観測者との間に相対的な運動がある場合，光速が有限であることと光源の時間と観測者の時間の長さが異なってくることによって，光源自体の時間（光源の固有時間）で測定した光の振動数と観測者が自分の固有時間で測定した振動数が違ってくる．この**特殊相対論的ドップラー効果**（relativistic Doppler effect）による偏移を図10.2を参照にしながら考えてみよう．

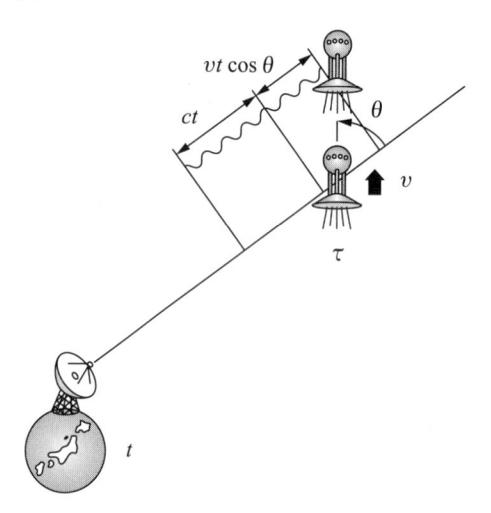

図 **10.2** 光源の運動と波長の変化.

図10.2のように，観測者から光源に向かって引いた直線から θ の方向へ，速度 v で光源が運動しているとする．このとき，光源の速度の視線方向へ投影した成分 $v\cos\theta$ を**視線速度**（radial velocity）と呼ぶ．視線速度は，光源が観測者から遠ざかる場合に正，近付く場合に負になる.

さて光源が自分の固有時間で計って τ の間に n 個の光波を出したとしよう．光速を c とすると，波列の全体の長さは $c\tau$ だから，光源における波長 λ_0 は，

$$\lambda_0 = \frac{c\tau}{n} \tag{10.2}$$

である．一方，受け取る側で考えると，観測者の固有時間 t で見たとき，波が出る間に光源が速度 v で移動するために，波列の長さは $ct + vt\cos\theta$ となる．受け取る波の数自体は変わらない（相対論的不変量）から，結局，観測者の波長 λ は，以下のようになる：

$$\lambda = \frac{ct + vt\cos\theta}{n}. \tag{10.3}$$

上の（10.3）式を（10.2）式で辺々割ると，

$$1 + z = \frac{\lambda}{\lambda_0} = \frac{t}{\tau}(1 + \beta\cos\theta) \tag{10.4}$$

が得られる．ただし $\beta = v/c$ を用いた．(10.4) 式は，(t/τ) を別にすれば，光の速度が有限であるということから導かれたもので，普通の音のドップラー効果と同じである．

さらに特殊相対論において，運動している物体の時間が延びるということを考慮すれば，

$$t = \frac{\tau}{\sqrt{1-\beta^2}} \tag{10.5}$$

となるので，結局，特殊相対論的赤方偏移として以下の式が得られる：

$$1 + z = \frac{\lambda}{\lambda_0} = \frac{\nu_0}{\nu} = \frac{1 + \beta\cos\theta}{\sqrt{1-\beta^2}}. \tag{10.6}$$

問 10.3 光源が観測者から完全に遠ざかる方向（$\theta = 0$）に動いていれば，上の（10.6）式はどうなるか？ 逆に観測者の方向（$\theta = \pi$）に動いているときはどうか？ さらに視線と直角方向（$\theta = \pi/2$）に動いている場合はどうなるか（横ドップラー効果）？

問 10.4 いろいろな角度 θ に対し，速度 v の関数として赤方偏移 z をグラフに描いてみよ．またいろいろな速度 v に対し，角度 θ の関数として赤方偏移 z をグラフに描いてみよ．

問 10.5 速度 v が光速 c に比べて小さいときには，赤方偏移 z が，$z = (v/c)\cos\theta$ で近似できることを示せ．

(2) 重力赤方偏移

アインシュタインの天才は，特殊相対論の 10 年後，重力まで含めた時空間の理論：**一般相対性理論**（一般相対論；general relativity）を作り上げてしまった．現代天文学において，ブラックホール・中性子星・白色矮星や宇宙全体の構造などでは，一般相対論を考慮しなければならない．また非常に小さいものではあるが，地上などでも一般相対論的効果は測定されていて，カーナビに使う GPS 衛星の信号では精度を保つために相対論的補正が行われている．

一般相対論では大きな質量の近傍にいる人の時計は，遠方の人の時計より進み方が遅くなる．例えば質量 M の球対称の天体から距離 r の場所で静止している人の固有時間 τ は，無限の遠方にいる人の固有時間 t（座標時間）と，

$$\tau = \sqrt{1 - \frac{r_g}{r}}\, t, \quad r_g = \frac{2GM}{c^2} \tag{10.7}$$

で関係づけられている．ただし r_g はシュバルツシルト半径である．

天体の近くから（τ で計って）1 秒間に 100 回振動する光信号，すなわち 100 Hz の光が発射されたとしよう．遠方の観測者も当然 100 回の振動を記録するが，時間の違いのためにそれ

を（t で計って）2秒も3秒もかけて受け取ることになる．すなわち振動数は小さくなり波長は長くなる．これが**重力赤方偏移**（gravitational redshift）で，式では以下のようになる：

$$1 + z = \frac{\lambda}{\lambda_0} = \frac{\nu_0}{\nu} = \frac{1}{\sqrt{1 - r_g/r}}. \tag{10.8}$$

問 10.6 X線バースター（中性子星表面の核爆発）のスペクトルには，X線領域で 4.1 keV のところに吸収線が見つかっているが，これは実験室系で 6.7 keV の Fe XXV の吸収線だと考えられている．赤方偏移 z はいくらか？ 赤方偏移の原因が中性子星の重力場であり，かつ吸収線が生じたのが中性子星の表面だと仮定すると，中性子星の半径はシュバルツシルト半径の何倍か？ さらに中性子星の質量を $1.4 M_\odot$ とすると，中性子星の半径は何 km か？

問 10.7 赤方偏移 z を半径 r の関数としてグラフに描いてみよ．

問 10.8 r_1 から出た光を r_2 で受けるとき，r_2 での赤方偏移 z_2 が，

$$1 + z_2 = \frac{\sqrt{1 - r_g/r_2}}{\sqrt{1 - r_g/r_1}} \tag{10.9}$$

となることを導け（$r_1 > r_2$ なら $z_2 < 0$，すなわち青方偏移となる！）．

問 10.9 地球上において，高さ h の所に光源をおき地上で測定すると，波長はどうなるだろうか？ 半径 R の天体表面での高度差 h の間の重力赤方偏移の近似式は，$g = GM/R^2$ を天体表面での重力加速度（一定）として，$z = -gh/c^2$ と表されることを導け．ヒント：問 10.8 の結果で，$r_1 = R+h$，$r_2 = R$ とおいて (10.9) 式を展開せよ．また地球上で高さ $h = 22.6$ m の場合，z はいくらか？ なおこれは 1960 年，メスバウアー効果と呼ばれるものを利用して計られた．地球上での重力赤方偏移は原子時計によっても検出されている．

(3) 宇宙論的赤方偏移

一般相対論的な膨張宇宙論では，宇宙全体の大きさ a は時間とともに大きくなっている．宇宙全体が小さかったとき（時間 τ）と今（時間 t）とでは時間間隔が違うため（光速度が不変なことから，物差しの長さが違うと思ってもよいが），やはり赤方偏移が起きる．それを**宇宙論的赤方偏移**（cosmological redshift）と呼ぶ．結果のみ記すと，波長 λ_0 の光が発射されたときの宇宙の大きさを $a(\tau)$，波長 λ の光を受け取った現在の宇宙の大きさを $a(t)$ とすると，以下の式になる：

$$1 + z = \frac{\lambda}{\lambda_0} = \frac{\nu_0}{\nu} = \frac{a(t)}{a(\tau)}. \tag{10.10}$$

問 10.10 クェーサー 3C 273 の赤方偏移が宇宙論的な赤方偏移だとすると，3C 273 の生まれたときの宇宙と現在の宇宙の大きさの比はいくらになるか？

問 10.11 $t - \tau$ が小さいときは，$a(\tau)$ を $t - \tau$ で展開して (10.10) 式を，

$$z = \frac{da(t)/dt}{a(t)}(t - \tau) \tag{10.11}$$

と近似できる．さらに $(da/dt)/a = H$，$c(t - \tau) = r$ とおけば，いわゆるハッブルの法則（52節）：$z = Hr/c$ が得られる．

（福江　純）

第2章
太陽系と太陽

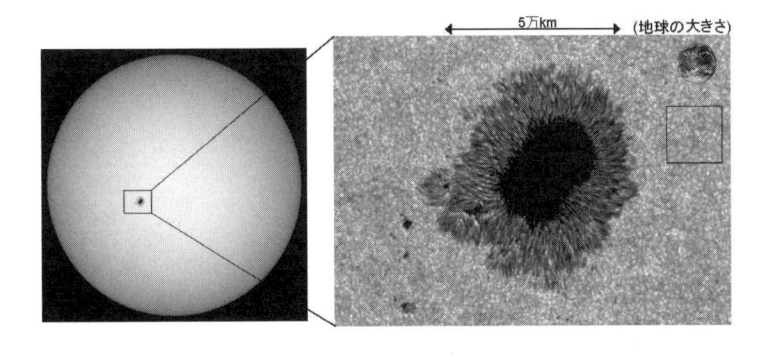

11 惑星の運動：ケプラーの法則

今日では，ニュートン力学も相対論や量子力学のような，より一般的な物理理論の一つの近似に過ぎないことが分かっているが，極大と極微の中間，例えば地球上での諸運動や，太陽系内の惑星や衛星の運動に対しては，ニュートン力学は絶大な力を発揮している．特に宇宙空間内での惑星などの運動は，重力以外の余分な力が働かないこと，惑星などを質点として取り扱えることなど，ニュートン力学を適用するためには非常に理想的な系だといえる．ここでは，そのような理想的な条件下でニュートン力学がどのように美しく現れるかを見るために，惑星や衛星について，軌道長半径と公転周期の間に成り立つ関係を求めてみよう．そしてケプラーの法則の確認や，天体の質量の推定などを行ってみよう．

11.1 ケプラーの法則

有史以来，天球面上で星座間を移動する惑星は，相対位置を変えず星座を構成する恒星とは区別されてきた．そのような惑星の動きを説明するための現象論的運動モデルの構築に最終的に成功したのがヨハネス・ケプラーである．チコ・ブラーエの精密な観測データに基づいて，17 世紀初頭にケプラーが発見した法則は以下の形にまとめられており，後にニュートン力学により本質的な物理理論として説明可能になった．

- 第 1 法則（楕円軌道の法則）… 惑星は太陽を 1 つの焦点とする楕円軌道を描く．
- 第 2 法則（面積速度一定の法則）… 太陽と惑星を結ぶ線分が一定時間に描く扇形の面積は常に一定である．
- 第 3 法則（調和の法則）… 惑星の公転周期の 2 乗と軌道長半径の 3 乗の比はすべての惑星に共通で一定の値になる．

なお，太陽系内においてどのような天体を惑星とするかは，2006 年の国際天文学連合の総会で初めて定義された[*1]．それにより，太陽を公転する天体は**惑星**（planet），**準惑星**（dwarf planet），**太陽系小天体**（small solar system body）のいずれかへ分類された．その結果，1930 年の発見以来 9 番目の惑星とされてきた冥王星は，惑星の定義を満たさないことから準惑星へ再分類された．

11.2 楕円軌道の法則

天動説にせよ地動説にせよ，ケプラー以前の天体の運動モデルは（真）円軌道を前提としていたが，ケプラーが導入した楕円軌道により，天球面での惑星の動きをほぼ完全に再現できるようになった．

[*1] http://www.nao.ac.jp/faq/a0508.html

11 惑星の運動：ケプラーの法則

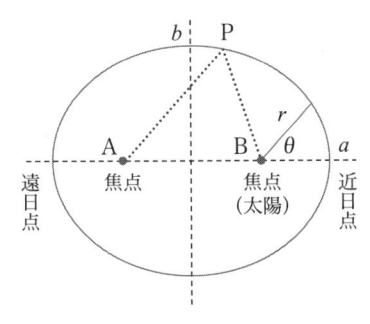

図 11.1 楕円と楕円の要素.

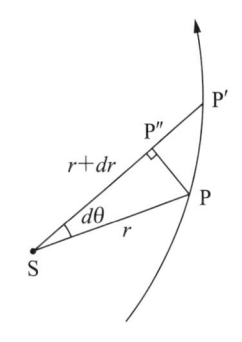

図 11.2 軌道と動径座標.

楕円とは，2つの固定点からの距離の和が等しくなる点の軌跡で表される（図 11.1）．2つの固定点は，その楕円の**焦点**と呼ばれる．楕円の中心を原点とする直交座標系 (x, y) では，楕円の方程式は次のように表される：

$$\left(\frac{x}{a}\right)^2 + \left(\frac{y}{b}\right)^2 = 1. \tag{11.1}$$

ここで $a > b$ の場合，a は楕円の長軸の半径，すなわち**長半径**（semi-major axis）と呼ばれる．楕円の形は a と楕円の中心から焦点までの距離の比で表される**離心率** e（eccentricity）で決まり，e は a と b を用いると以下のように与えられる：

$$e = \sqrt{1 - \frac{b^2}{a^2}}. \tag{11.2}$$

そのため，楕円の2つの焦点は $(\pm ae, 0)$ に位置する．

ケプラーが発見したように，惑星など太陽の周り公転する天体の公転軌道は，太陽を焦点の1つとする楕円軌道で近似できる．太陽を原点とする動径距離 r，方位角 θ の極座標系 (r, θ) では，楕円の方程式は次のように表される：

$$r = \frac{a(1-e^2)}{1 + e\cos\theta}. \tag{11.3}$$

すなわち，楕円軌道では太陽から各天体までの距離 r は角度 θ によって変化する．$\theta = 0°$ となる位置を**近日点**（perihelion），$\theta = 180°$ となる位置を**遠日点**（aphelion）と呼ぶ．ちなみに，月や人工衛星の軌道のように原点が地球である場合，それぞれ**近地点**（perigee），**遠地点**（apogee）と呼ぶ[*2]．

問 11.1 下の表の各天体について，近点（近地点または近日点）と遠点（遠地点または遠日点）の距離を求めよ．単位は各天体の軌道長半径の単位とする．

天体名	軌道長半径	離心率	近点距離	遠点距離
月	60.27 $R_\oplus$	0.0549		
地球	1.000 AU	0.0167		
ハレー彗星	17.866 AU	0.9679		
冥王星	39.393 AU	0.2475		
セドナ	496.498 AU	0.8469		

[*2] 中心の天体が恒星の場合は，**近星点**（periastron），**遠星点**（apastron）となる．銀河だと，**近銀点**（perigalacticon），**遠銀点**（apogalacticon），ブラックホールだと，**近黒点**（peri-blackticon），**遠黒点**（apo-blackticon）などとなる．

11.3 面積速度一定の法則

惑星が太陽の周り楕円軌道で公転するとき，惑星と太陽を結ぶ線分が単位時間あたりに掃く図形の面積（面積速度）は一定となる（図 11.2）．これは，惑星の公転速度は一定ではなく，惑星と太陽の距離が近いときほど速く，遠いときほど遅いことを意味する．

惑星の運動を考える際，太陽は太陽系の全質量の 99%以上を占めているため，太陽は不動とみなしてよい．また惑星間の重力も太陽からの重力に比べ無視できるため，太陽からの中心力だけを考えればよい．そのため，惑星の公転運動が描く軌道は，太陽を中心とする 1 つの平面となる．導出は他の基礎物理の教科書などにゆずるが，力の中心（太陽）を原点とする動径距離 r，方位角 θ の極座標系 (r, θ) では，質量 m の惑星の方位角方向の運動方程式は，

$$m\left(2\frac{dr}{dt}\frac{d\theta}{dt} + r\frac{d^2\theta}{dt^2}\right) = 0 \tag{11.4}$$

である．この式を時間 t で積分すると，

$$r^2\frac{d\theta}{dt} = C \tag{11.5}$$

となる（C は定数）．ここで，図 11.2 のような楕円軌道を考えたとき，点 P にあった惑星が微小時間 dt の間に点 P′ まで移動したとする．太陽 S から P，P′ へ引いた動径方向の距離を r，$r + dr$ とすると，PSP′ のなす角 $d\theta$ が十分小さいとき，P から線分 SP′ へ下ろした垂線 PP″ の距離は $rd\theta$ とみなせる．このとき，PSP′ が作る微小三角形の面積 dS は，

$$dS = \frac{1}{2}(r+dr)rd\theta = \frac{1}{2}r^2 d\theta + \frac{1}{2}r\,dr\,d\theta = \frac{1}{2}r^2 d\theta \tag{11.6}$$

とみなせる．この式を惑星が P から P′ へ移動する時間 dt で割ると，(11.6) 式より，

$$\frac{dS}{dt} = \frac{1}{2}r^2\frac{d\theta}{dt} = \frac{1}{2}C. \tag{11.7}$$

これは動径 SP が単位時間あたりに掃く図形の面積であり，それが一定であることを意味する．

11.4 調和の法則

最後に第 3 法則を考えてみよう．まず図 11.3 のように，質量 M の天体の周りを質量 m の天体が公転運動しているとする．天体の大きさは無視し，簡単のために M は m より十分大きいとしよう（その結果，全系の重心は M の中心と考えてよい）．さらに天体 m の軌道は半径 a の円軌道としよう（その結果，公転の角速度 Ω は一定となる）．

このとき，天体 M が天体 m に及ぼす重力 GMm/a^2 と，天体 m が円運動することによって生じる遠心力 $ma\Omega^2$ が釣り合っている条件から，以下の式が成り立つ：

$$\frac{GMm}{a^2} = ma\Omega^2. \tag{11.8}$$

円運動の周期 T は，(11.8) 式を用いると，

$$T = \frac{2\pi}{\Omega} = 2\pi\sqrt{\frac{a^3}{GM}} \tag{11.9}$$

と表せる．さらにこの (11.9) 式を書き直せば，ケプラーの第3法則，あるいは「調和の法則」：
$$\frac{a^3}{T^2} = \frac{GM}{4\pi^2} = 一定 \tag{11.10}$$
が得られる．太陽の周りの惑星系の場合，(11.10) 式の右辺は各惑星に共通の定数になる．

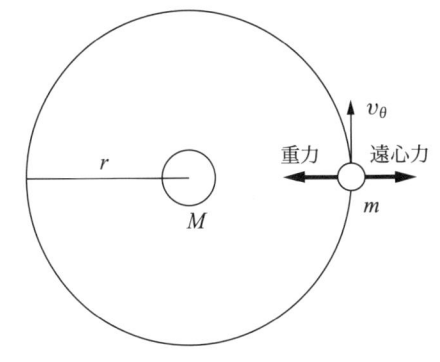

表 11.1 ガリレオ衛星の軌道長半径と公転周期

ガリレオ衛星	軌道長半径 [m]	公転周期 [日]
イオ	4.23×10^8	1.7691
ユーロパ	6.72×10^8	3.5512
ガニメデ	10.72×10^8	7.1545
カリスト	18.85×10^8	16.6890

図 11.3 重力と遠心力の釣り合い．

11.5 演習

まず太陽系の 8 惑星について，軌道長半径 a と公転周期 T の間に成り立つ関係を求めよう．
(1) 惑星に関するデータ（付録 2）を整理する．この段階では単位の変換に注意すること．すなわち SI 単位系なり cgs 単位系なり，どの単位系にせよ，データと定数などの単位を揃えること．また有効数字をめったやたらに取らないこと．
(2) データを対数値に直してグラフ上にプロットせよ．すなわち横軸には a の常用対数 $\log a$ を取り，縦軸に T の常用対数 $\log T$ を取る．このとき $\log a$ と $\log T$ の間にどのような関係が成り立ちそうか？
(3) $\log a$ と $\log T$ の間に，
$$\log T = c_1 + c_2 \log a \tag{11.11}$$
という線形関係（一次関数関係）が成り立つと仮定して，直線を引いてみよ．グラフから，係数 c_1, c_2 の値はいくらになるか？ また今の場合，これらの係数は具体的に何を表しているか？ ヒント：(11.10) 式の両辺の対数を取ってみよ．

次に，木星のガリレオ衛星について同じことを行ってみよ．すなわち，
(4) ガリレオ衛星に関して，軌道長半径 b と公転周期 S のデータを整理せよ．
(5) b と S を対数グラフにプロットせよ．
(6) $\log b$ と $\log S$ の間に線形関係を仮定して，係数を求めよ．
(7) 最後に (3) で求めた係数と，(6) で求めた係数から，太陽と木星の質量の比を求めよ．
(8) 万有引力定数 G の値を与えて，太陽と木星のそれぞれの質量を求めよ．

11.6 研究

付録の最小二乗法を用いて，係数を定量的に求めてみよ．

（松本 桂，福江 純）

12 惑星の大気構造

　地球の表面（陸と海からなる）の上部には気体からなる大気が存在する．地球以外の惑星にも大気を持つものがあり，また太陽などの恒星に対しても大気が存在する．この節では，惑星や恒星の大気構造を理解するための基本的概念を学ぼう．ここでは，地球大気を例に取り上げて，惑星の大気構造を調べよう．

12.1　地球大気

　地球以外の惑星でも，金星，火星，木星，土星，天王星，海王星には大気がある．地球型惑星の金星や火星は，固体表面があるため大気の領域がはっきりしているが，木星型惑星の場合には固体表面がはっきりしない（または見えない）ので，大気の定義は単純ではない．

(1) 地球の上層大気

　地球の大気は，内側から対流圏 (0–10 km)，成層圏 (10–50 km)，中間圏 (50–90 km)，熱圏 (90 km–数 100 km)，電離圏 (70–1000 km)，そして磁気圏 (1000–数万 km) と広がる．通常，「地球大気」と呼ばれるものは，磁気圏よりも内側の領域である．地球の磁気圏の外側には，太陽から流れ出た太陽風のプラズマが広がっている．

(2) オゾン層とオゾンホール

　オゾン層はおもに成層圏に分布する．地球大気中の酸素分子は太陽からの紫外線を吸収して酸素原子に光解離されるが，この酸素原子は酸素分子と結合して**オゾン**（ozone）となる．生成したオゾンは紫外線を吸収して酸素分子と酸素原子に分解される．この紫外線の吸収は成層圏の温度を上昇させるが，地球の気候形成に大きな影響を与えている．また，オゾン層は太陽からの有害な波長帯の紫外線の多くを吸収することで，地上の生態系を保護する役割を果たしている．

問 12.1　オゾン層は，地球に他の惑星とは異なる独自の大気構造を作るが，地球が誕生した頃には存在しなかったと考えられる．46 億年の地球の歴史の中で大気の組成は変化してきたが，大気中に酸素が増え始めたと同時に，オゾンも増え始めたと考えられている．大気中の酸素濃度の進化，およびその原因について調べよ．

12.2　大気構造のモデル：静水圧平衡

　以下の仮定のもとで，地球大気のモデルを考えてみよう（図 12.1，3 節）．

仮定 1：大気を静止気体として扱う．高さ方向 1 次元の構造を考える（水平方向に均一の構造とする）．

仮定 2：地球大気の大部分は地表 100 km の層に含まれ，地球半径 6400 km に比べて十分に薄いので，重力加速度一定，平行平板層状の大気を考える．

問 12.2　海抜 0 m の地表面と高度 100 km の上空における重力加速度の違いを算出せよ．

流体が鉛直方向の重力に対し，それ自身の圧力勾配の力によって鉛直方向の釣り合いを保った状態にあることを**静水圧平衡**（hydrostatic equilibrium）にあるという．非常におおまかな第0近似では，惑星大気は静止状態にあると見なしてよいので，静水圧平衡にあるといえる．

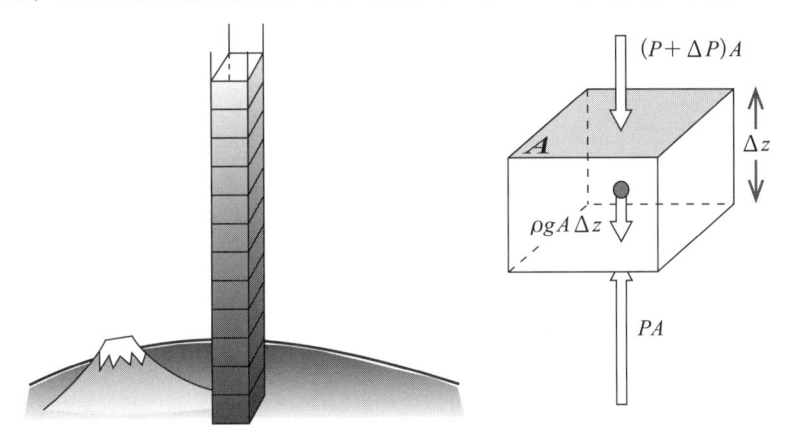

図 12.1 大気層の積み重ね（左）と微小体積要素に働く力（右）.

断面積が A で高さが Δz の大気中（密度 ρ）の直方体を考える（図12.1）．この箱の中の大気の重さは，$\rho g A \Delta z$ になる．ここで，g は重力加速度で，万有引力定数 G，惑星質量 M，惑星半径 R とすれば，$g = GM/R^2$ である．以下では，大気をこのような直方体が積み重なったものとして扱う．

ある直方体の気体について，上面には上部気体からの圧力が作用するし，下面には下部気体からの圧力が作用する（図12.1右）．上面からの圧力と下面からの圧力には差が生じているが，その差 ΔP は，この気体自身に働く重力（重さ）と釣り合う（静水圧平衡）ことになる．この関係を式で表せば，

$$-A\Delta P = \rho g A \Delta z \tag{12.1}$$

となる．(12.1) 式の両辺を A で割って，Δz を無限小に取ると，静水圧平衡の微分方程式：

$$\frac{dP(z)}{dz} + \rho(z)g = 0 \tag{12.2}$$

が得られる．ここで，$P(z)$ は圧力，$\rho(z)$ は密度，z は地表から測った高度である．

12.3 演習：圧力差

重力を考慮にいれて，理想気体の入った直方体箱の上面と下面とでの圧力差を求めたい．箱の高さを h，上面と下面の面積を A，気体分子1個の質量を m，分子数を N，重力加速度を g，鉛直方向を z とする．3節を参考に，以下の各問に答えよ．

(1) ある分子の速度の z 成分の大きさが，箱の上面で v_z であったとする．この分子が上面から下面まで移動するのに時間 t を要するとするとして，この分子が箱の下面に達した時の速度の z 成分 v'_z を求めよ．
(2) この分子1個が箱の上面，下面に1回衝突して与える力積を求めよ．
(3) 箱の上面と下面での圧力差を求めよ．

12.4 スケールハイト

気圧と密度は状態方程式 $P = (R_g/\mu)\rho T$ で結ばれている．ここで，R_g（$= 8.3145$ J mol^{-1} K^{-1}）は気体定数，T は気体の温度，μ は気体の平均分子量である．これを（12.2）式に代入すると，

$$\frac{dP}{P} = -\frac{\mu g dz}{R_g T} = -\frac{dz}{H} \tag{12.3}$$

となる．ここで，

$$H \equiv \frac{R_g T}{\mu g} \tag{12.4}$$

はスケールハイト（scale height）と呼ばれる長さの次元を持つ量で，気圧が地表（$z=0$）での値のおよそ $1/e$ に減少する高度を表す．H が高さの関数として既知であれば，微分方程式（12.3）は積分できて，以下のようになる：

$$\ln\left[\frac{P(z)}{P(0)}\right] = -\int_0^z \frac{1}{H(z')} dz'. \tag{12.5}$$

12.5 等温大気

平均分子量 μ が一定，大気の温度が一定（等温）の場合には，H は定数となり，(12.5) 式は積分できて，

$$P(z) = P(0)e^{-z/H} \tag{12.6}$$

が得られる．さらに，状態方程式より密度分布 $\rho(z)$ もわかる．

問 12.3 （12.5）式の積分を，実行して（12.6）式を導け．

問 12.4 高度 z がスケールハイト H に等しいところで，気圧は地上（$z=0$）での値の何分の 1 になっているか？また，$z=2H$ での気圧はどうか？

問 12.5 地球大気が 295 K の等温大気であるとすれば，大気のスケールハイト H はどれくらいか？また，気圧が 1/10 になる高度はどれくらいか？ここで，$g=9.8$ m s^{-2}, $\mu=29$ g mol^{-1} とせよ．

問 12.6 地球大気の場合について，等温大気の密度分布をグラフに描いてみよ．

12.6 研究：非等温大気

大気の温度が一定でない場合には，(12.5) 式は一般には数値積分する必要がある．しかし，温度が高さの 1 次関数（$T = az + b$, a, b は定数）である特別な場合には積分できて，

$$\ln\left[\frac{P(z)}{P(0)}\right] = -\int_0^z \frac{1}{H(z')} dz' = -\int_0^z \frac{\mu g/R_g}{az'+b} dz' = -\frac{\mu g}{aR_g}\ln\left(\frac{az+b}{b}\right) \tag{12.7}$$

となる．あるいは，

$$\frac{P(z)}{P(0)} = \left(\frac{az+b}{b}\right)^{-c} \tag{12.8}$$

を得る．ここで，$c \equiv \mu g/(aR_g)$ である．

上記の積分を確かめよ．また地球大気の対流圏を想定して，地表の温度を 300 K，高度 100 m ごとに 0.6 K 温度が低下するとして，定数 a と b を求め，密度や圧力分布を描いてみよ．

（高橋真聡）

13 太陽スペクトル

　太陽からは絶え間なく膨大な量のエネルギーが宇宙空間に放射されており，そのほんのひとしずくが地上に降り注いで，地球上に生きる全ての生命のエネルギーの源となっている．エネルギーは主として光子の流れである輻射の形で惑星間空間を運ばれ，地球まで到達する．スペクトルは電磁波の全波長域にわたっているが，基本的には黒体輻射でよく近似されることがわかっている．ここでは太陽輻射エネルギーの輻射強度の波長分布の実測値をもとに，観測的な立場から太陽の総輻射量や太陽定数を求めてみよう．また観測されるスペクトルが黒体輻射だと仮定した場合の理論曲線の当てはめも行う．

13.1 太陽の連続スペクトル

　太陽の中心の核反応で生成された輻射光子は，太陽内部の各場所で物質によって頻繁に吸収放出を繰り返し，各場所で物質と熱平衡状態になっている（局所熱平衡）．表面に近付くと，物質密度が急激に低くなるので，ついには輻射光子はそのまま宇宙空間に飛び出す．われわれが太陽の表面として見ているのは，輻射光子が物質によって最後に吸収放出あるいは散乱される面であり，**光球**（photosphere）と呼ばれる．もっとも，太陽の実体は光球で断ち切れているわけではなく，非常に希薄になるが光球の外側にも太陽大気は広がっており，彩層，コロナへと続いている．

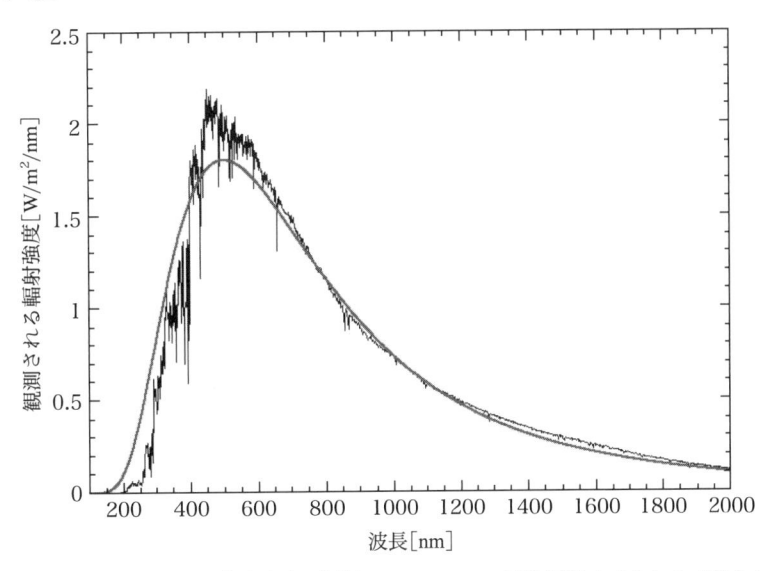

図 13.1　太陽スペクトル（ギザギザの実線）と 5777 K の黒体輻射スペクトル（滑らかな実線）
(http://homepages.wmich.edu/~korista/phys325.html より改変).

　いったん光球を離れた輻射光子全体のスペクトルはもはや変化しないので，光球表面でのスペクトル I_λ のまま地球まで届いて I'_λ として観測される（7節）．

$$I_\lambda = I'_\lambda. \tag{13.1}$$

第 2 章 太陽系と太陽

さらに太陽連続スペクトルは，約 5780 K の黒体輻射スペクトルでよく近似できる（図 13.1）．単位波長あたりの黒体輻射 B_λ [J s^{-1} m^{-2} sr^{-1} m^{-1}] の式は，

$$B_\lambda d\lambda = \frac{2hc^2}{\lambda^5} \frac{d\lambda}{e^{hc/\lambda kT} - 1} \tag{13.2}$$

であった（8 節）．ただし c は光速，h はプランク定数，k はボルツマン定数である．

問 13.1 SI 単位系で考えて，(13.2) 式の光速 c，プランク定数 h，ボルツマン定数 k に具体的な値を代入してみよ．

表 13.1 太陽輻射スペクトル（国立天文台編『理科年表』平成 23 年版，丸善出版より）

波長 (μm)	0.20	0.22	0.24	0.30	0.34	0.37	0.39	0.40	0.42	0.44
$\log I_\lambda$	8.00	8.85	8.90	9.92	10.13	10.22	10.18	10.34	10.40	10.43
波長 (μm)	0.46	0.50	0.60	0.8	1.0	1.4	2.0	5.0	10.0	20.0
$\log I_\lambda$	10.48	10.45	10.42	10.23	10.05	9.71	9.23	7.74	6.56	5.36

13.2 演習 1：実測値のプロット

表 13.1 に示したのは，太陽表面での輻射強度の波長分布 I_λ である（実際に観測されるのは地球軌道での I'_λ だが，(13.1) 式より I_λ と等しい）．ただし波長の単位は [μm] なので，I_λ の単位は [erg s^{-1} cm^{-2} sr^{-1} μm^{-1}] である．

(1) 総輻射量の計算や理論曲線のフィッティングなどを考え，まず表 13.1 のデータ（波長と強度）を SI 単位に変換せよ．

(2) 単位を変換したデータを，横軸を波長 λ [m]，縦軸を単位波長あたりの輻射強度 I_λ [J s^{-1} m^{-2} sr^{-1} m^{-1}] としたグラフ上にプロットせよ．プロットは真数で行うこと．

(3) 次に輻射強度 I_λ を全波長域で積分して，太陽表面での全輻射強度 I [J s^{-1} m^{-2} sr^{-1}] を求めてみよう．ヒント：積分するということは図形的に見れば，(2) で描いた輻射強度のグラフに囲まれた部分の面積を求めることにほかならない．グラフを台形に分割して，もとのデータから，全輻射強度 I の値を求めよ．なお，もとのデータは全波長域のデータではないので，若干少な目に見積ることになる．

(4) 全輻射強度 I に π をかけて，太陽表面における全輻射流束 F [J s^{-1} m^{-2}] を求めよ．

(5) 全輻射流束 F に太陽の表面積をかけて，太陽の総輻射量 L [J s^{-1}]，すなわち太陽が毎秒放出するエネルギーを求めよ．

(6) 太陽定数を計算せよ．**太陽定数**とは地球軌道において，太陽の方向に垂直な単位面積を単位時間に流れるエネルギーである．すなわち地球軌道における観測される全輻射流束 f（7 節）と同じものである．

13.3 演習 2：理論曲線のフィッティング

太陽の連続スペクトルが黒体輻射だと仮定して，理論曲線のフィッティングを行ってみよう．まず対応する黒体輻射の温度を決めなければならないが，8 節でまとめた黒体輻射の性質からいくつかの方法が考えられる．

(1) ウィーンの変位則を適用して，実測値のピーク波長から温度 T_W を決めよ．この方法の欠点は，観測データがとびとびなので，一般にデータの間にピークがきてしまうことである．

(2) 観測データの存在する適当な波長で，観測された輻射強度を与えるように，(13.2) 式から温度 T_b を求めよ．この方法の問題点は，その波長で黒体からずれている場合，その影響を受けることである．このようにして決めた温度を**輝度温度**（brightness temperature）という．

(3) ステファン・ボルツマンの法則を適用して，積分した量から温度 $T_{\rm eff}$ を求めよ．このように全輻射量から決める温度を**有効温度**（effective temperature）と呼ぶ．

(4) 実測値をプロットしたグラフ上に，T_W, T_b, $T_{\rm eff}$ に相当する黒体輻射スペクトルを滑らかな曲線で描け．実測値と比べてどうか？

スペクトルが完全な黒体輻射なら，これらの温度は全て等しい．

13.4 研究 1：輝度温度の違い

表 13.1 の各波長について，観測される輻射強度を与える輝度温度を求めてみよ．また波長の関数として，輝度温度のグラフを描いてみよ．この太陽輻射スペクトルの中で，もっとも輝度温度が高いのはどの波長だろうか？ さらに輝度温度の違いは何を意味しているのだろうか？ 光球面では深さが深いほど温度が高いこと，各波長では同じ深さを観測しているとは限らないこと，などに留意して考察せよ．

13.5 研究 2：惑星の表面温度

惑星の温度は，大ざっぱに言って，惑星全体に入射する太陽のエネルギーと惑星表面から放射される輻射エネルギーの釣り合いで決まる．

例えば地球の場合，地球全体に入射する太陽エネルギーは，太陽定数（観測される全輻射流束 f）に地球（半径を R とする）の断面積 πR^2 を掛けて，$f \times \pi R^2$ となる．一方，地球からの放射が表面温度 T の黒体輻射だとすると，表面全体から放射されるエネルギーは，$4\pi R^2 \sigma T^4$ である．これらを等しいと置いて，地球表面の温度は，$T = (f/4\sigma)^{1/4}$ となる．この式からわかるように，地球表面の温度は，地球の半径によらず，太陽定数だけで決まる．

また太陽光度 $L_\odot$，太陽半径 $R_\odot$，太陽の表面温度 $T_{\rm eff}$，および太陽と惑星の距離 r を用いると，太陽定数（観測される全輻射流束 f）は，$f = L_\odot/(4\pi r^2) = R_\odot^2 \sigma T_{\rm eff}^4 / r^2$ と表される．この関係を用いると，表面温度は，

$$T = T_{\rm eff} \sqrt{\frac{R_\odot}{2r}} \tag{13.3}$$

と表すこともできる．

(1) 上の式から，地球表面の温度を計算してみよ．実際の値と比べてどうか？

(2) 雲や氷雪などによって，入射する太陽エネルギーの一部が反射されてしまうとしたらどうか？ その割合を**反射能**（albedo）と呼ぶ．反射能を考慮して地球表面の温度を求めてみよ．

(3) さらに他の惑星表面の温度を計算してみよ．ヒント：他の惑星上での観測される全輻射流束（その惑星の"太陽定数"）は，いくらになるか？ 天文単位で考えると簡単になる．

（福江　純）

14 太陽面現象と周縁減光効果

太陽の実体は，ほとんど水素でできた巨大なガス球だ（ヘリウムが20%ぐらいあるが，他の元素の割合は数%以下）．赤道半径は約70万km，質量は約 2×10^{30} kg と莫大だが，サイズも大きいので，平均密度は 1.41 g cm^{-3} ぐらいで水と大差ない．また表面の温度は 6000 K もの高温で光り輝いているが，太陽の表面で何かが燃えているわけではない（水素と酸素が化学燃焼する温度：約 3000 K より高温）．太陽の中心部（約2割ぐらいの領域）では約1400万 K という超高温のもとで，水素がヘリウムに変換する核融合反応が起こっており，その際に放出される膨大なエネルギーが太陽内部を表面までじわじわと伝わってきたものだ．約 6000 K の表面温度は，（中心からにじみ出てきた熱と光による）太陽の"体温"に相当するものなのだ．太陽全体から毎秒あたりに放射されるエネルギー（光度）は，やはり太陽が巨大なゆえに，3.9×10^{26} W もの膨大な量になるが，単位質量あたりに発生するエネルギー量に換算すると，人間（体重 50 kg で約 100 W）よりもはるかに小さい．

問 14.1 単位質量あたりのエネルギー発生量を，人間と太陽で求めてみよ．

14.1 太陽面現象

太陽の表面を観測すると，実にさまざまな現象が見つかる．

(1) 光球，黒点，白斑

可視光で見える太陽の表層を**光球**（photosphere）と呼ぶ（図14.1）．太陽は全体がガスでできているので，地球のようなはっきりとした固体あるいは液体の表面はない．そこで便宜上，500 nm の光に対して不透明になる場所を，太陽の表面（太陽本体と太陽周辺大気の境目）と定義している．このように定義した太陽の表面が，光球の"底"で，そこより内部の太陽本体は不透明で見えない．光球の領域では，上空にいくにつれ，高度とともに温度は減少する．上層に向かって温度が上昇し始めたらそこは光球ではなくなり，つぎの彩層の領域になる．光球の底での温度は約 6400K で，最上部では約 4300K ほどだ．また光球の厚みは 400km 程度で，太陽本体の半径は 70 万 km もあるのだから，光球はほんの薄皮にすぎない．

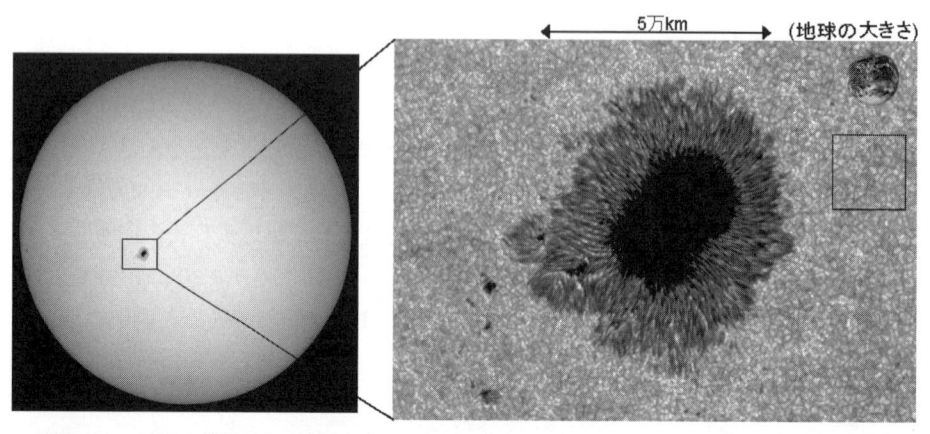

図 14.1 ひので衛星による太陽光球と黒点（国立天文台／JAXA／SOHO(ESA&NASA))．

太陽の表面の黒いシミのような領域を**黒点**（sunspot）という．黒点の大きさは直径数千 km から数万 km にもなる．黒点の領域では，磁場が約 2000 gauss と非常に強く（地球磁場は数 gauss），その影響によって太陽内部からの高温ガスの上昇が抑えられている．その結果，太陽表面の温度（約 6000 K）よりも 2000 K ぐらい低く，黒点領域は約 4000 K しかない．黒点は数日からせいぜい 2 カ月ほどで消えていく[*3]．

　黒点の周辺などによく見られる，白く光った斑点を**白斑**（facula）と呼ぶ．白斑は太陽表面より少し（数百 K 程度）温度が高い．白斑は実は小さな輝点の集合体で，輝点のサイズは 100 km ぐらいで，10 分程度で消長する．

　黒点以外の太陽表面ものっぺりしているわけではなく，細かい無数の濃淡に覆われている．太陽の表面に見られる粒状の濃淡領域を**粒状斑**（granule）という．粒状斑の一つ一つの斑点の大きさは 1000 km ぐらいで，10 分ほどの寿命で現れたり消えたりする．粒状斑は太陽表層近くで起こっている対流の模様が見えているもので，明るい斑点では熱いガスが上昇し，暗い部分では冷えたガスが沈んでいる．

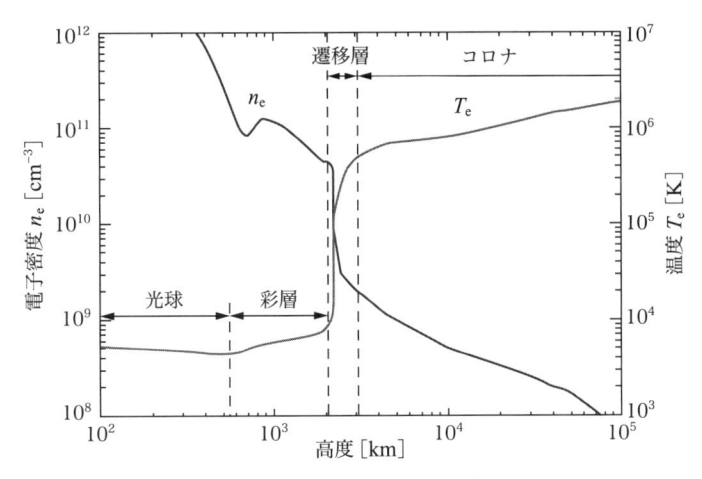

図 14.2　太陽表層の温度分布と密度分布．

（2）彩層，プラージュ

　光球の外側の上空へ向けて太陽大気の温度が増加する領域が**彩層**（chromosphere）だ．温度が極小（約 4200 K）になる場所を彩層の"底"と定義する（図 14.2）．彩層の厚みは約 2000–10000 km 程度で，上部での温度は約 1 万 K になる．彩層は遷移層を経てコロナへつながる（15 節）．またカルシウムの K 線など特定の波長の吸収線で観られる細かく明るい模様で，白斑よりも高度が高く彩層領域で見られる現象が彩層白斑／プラージュである．

（3）紅炎，スピキュール

　太陽周辺の高温のコロナ中に浮かぶ 100 万 K のコロナに比べれば，約 1 万 K というごくごく低温で密度の高いガスの雲が**紅炎／プロミネンス**（prominence）である（図 14.3）．そのサイズは幅が数千 km で長さは数万 km にも及ぶ．紅炎のガスは磁場の力で支えられているの

[*3] 周囲より温度が低いといっても 4000 K もあるのだから，黒点自体も本来は明るく光っている．約 6000 K の表面温度に合わせた露出で写真を撮ると，黒点部分は露出不足で黒くなってしまうだけである．

だが，磁場はしばしば不安定になるため，数カ月も安定に存在するものもあれば，数分から数時間で爆発的に上昇し消滅するものもある．前者は静穏型プロミネンスと呼ばれ，後者は活動型プロミネンスとか噴出状プロミネンスと呼ばれる．なお，太陽面の手前にあるときは，しばしば暗い紐状に見えるので，ダークフィラメント（暗条）と呼ばれる．

太陽の表面から針状に突き出て見えるガスを**スピキュール／針状体**（spicule）という．スピキュールは，直径1000 km 程度，長さ1万 km 程度の細長い形状をしていて，太陽全体では常に約30万本ぐらいあると見積もられている．スピキュールは太陽表面からの物質の噴出現象で，ガスが磁力線に沿ってコロナ中を上昇し，10分程度で下降したり消えたりする現象だ．

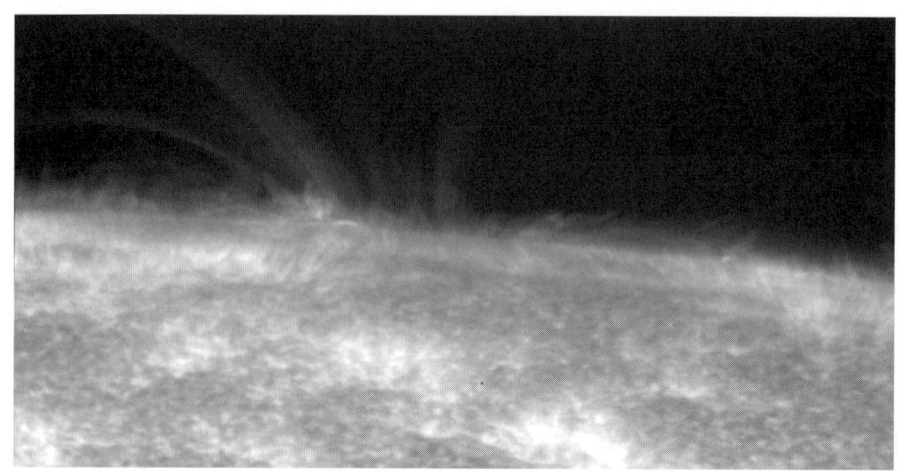

図14.3 電離カルシウム Ca H 線で撮影した太陽の縁（ひので衛星；国立天文台／JAXA）．太陽の縁に毛羽立ったようにみえるのがスピキュール．太陽表面で白く光っている領域がプラージュ．

(4) フレア

太陽表面の黒点など活動的な領域で，太陽の表面が突然輝きを増して，大量の高エネルギー粒子が惑星間空間に吹き出す現象が**フレア**（flare）だ．太陽フレアでは，数千 km にも及ぶ領域が数分から数時間にわたって爆発状態になる．太陽フレアは，黒点上空のコロナ磁場に蓄えられたエネルギーが，短時間のうちに解放される現象だと考えられている．

またフレアなど太陽表面の爆発現象によって，太陽からは常に大量のエネルギーやガス物質が惑星間空間へ放出される．この現象を**コロナ質量放出**（coronal mass ejection）とか，英語の単語の頭文字を取って **CME** と呼ぶ．

14.2 周縁減光効果

太陽の拡大像を見ると太陽面の明るさ（輝度）は一定ではない（図14.1）．太陽面中央部より周縁部の方が少し暗くなっており，**周縁減光効果**（limb darkening effect）と呼ばれている．このことは同時に，中央部より周縁部の方が，観測される温度が低いことを意味している．

周縁減光が起こる原因は，太陽が内部ほど高温なガスの球体であるためだ．太陽を見るとき，われわれは太陽面の中央部でも周縁部でも，同じく，光学的深さが1程度からの光を見ている（ここで光学的深さが1というのは，ガス体が不透明になる深さで，空に浮かぶ雲の表面の見

えている場所ぐらいに思えばよい）．そして，太陽が球体であるために，太陽面中央部はより深い場所からの，周縁部は（観測者から測れば長い距離があるが表面からは）より浅い場所からの光を見ることになる．もし，太陽内部の温度が深さによらず一様ならば，太陽像は中央部でも周縁部でも同じ明るさに見えるだろう．しかし，実際には，太陽は内部に向かって温度勾配があるため，表面中央付近に比べて周縁部では（視線方向には）同じ光学的深さでも（表面から測った）実距離での深さは浅く，より温度の低い部分からくる光を見ていることになる．

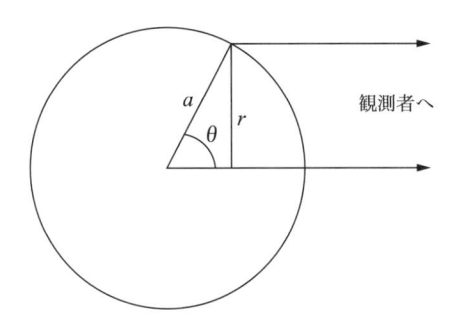

図 14.4 太陽と観測者を真横から眺めた図．

この周縁減光効果は輻射輸送の理論で説明できる．すなわち，平行平板大気のミルン-エディントンモデル（Milne-Eddington model）によれば，太陽半径を a，観測される太陽像の面中央からの距離を r とすると（図 14.4），距離 r での輝度 $I(r)$ と面中央での輝度 $I(0)$ との比は以下の式で表される：

$$\frac{I(r)}{I(0)} = \frac{2}{5} + \frac{3}{5}\sqrt{1 - \frac{r^2}{a^2}} = 1 - \frac{3}{5}\left(1 - \sqrt{1 - \frac{r^2}{a^2}}\right). \tag{14.1}$$

ただし，光学的深さは光の波長によっても異なり，したがって周縁減光の度合いも光の波長に依存する．そこで，しばしば使われるのが，

$$\frac{I(r)}{I(0)} = 1 - u\left(1 - \sqrt{1 - \frac{r^2}{a^2}}\right), \quad u = \frac{I(0) - I(a)}{I(0)}. \tag{14.2}$$

という経験式である．ここで u は，太陽面中央の輝度に対して周縁部での減光の割合を表すパラメータで，**周縁減光係数**と呼ばれる．単純なミルン-エディントンモデルは，$u = 0.6$ の場合に相当している．

波長依存性については，具体的には，短波長の光ほど周縁減光の影響を大きく受ける．例えば，波長 600 nm での経験的に周縁減光係数が $u = 0.56$ なのに対して，波長 320 nm の場合は $u = 0.95$ となる．

14.3 演習

現在はデジタルカメラの性能がよくなったので，専門の観測装置を使わなくても，普通に市販されているデジタル一眼レフカメラ（レンズ交換式カメラ）で太陽の拡大撮像を容易に行え

60   第2章　太陽系と太陽

るようになった[*4]．必要な機材は，デジタル一眼レフカメラ，しばしばキットで購入できる望遠レンズ，および強い太陽光を10万分の1に減光するフィルタである．

図14.5はそのような機材を用いて撮像した太陽像（上）と直径方向に測定した輝度分布（下）である．周縁減光効果がはっきり読み取れる．図14.5の周縁減光効果の輝度分布に対して，経験式（14.2）をフィッティングしてみよ．周縁減光係数はどれぐらいになるか．

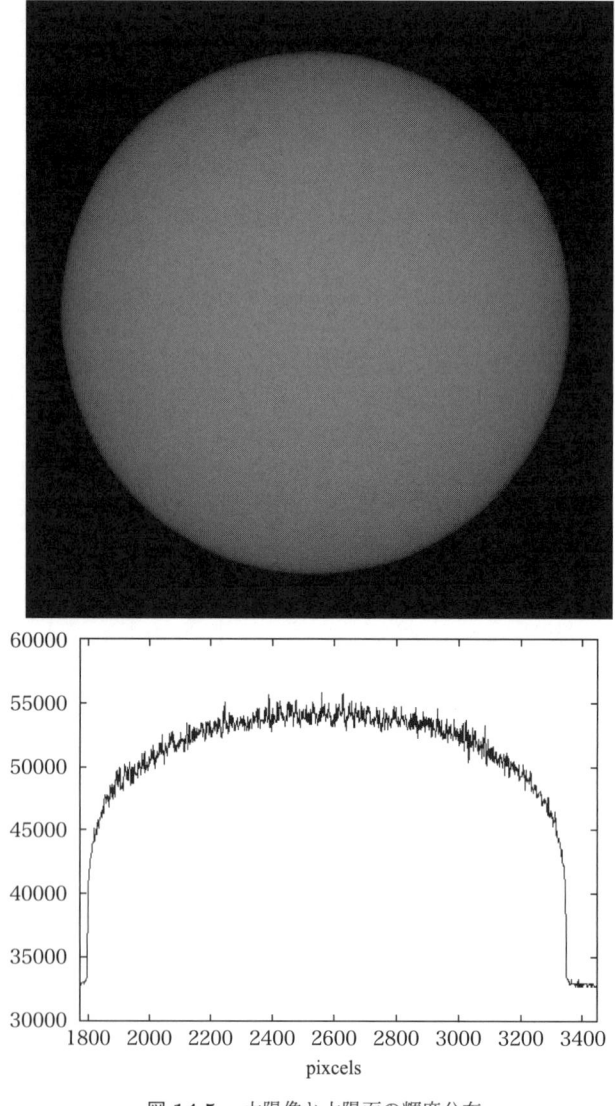

図 14.5　太陽像と太陽面の輝度分布．

（福江　純）

[*4] もちろん太陽は強烈な光源なので，太陽を直視しないなど，十分な注意を払わないといけない．

15 太陽コロナの構造と輝度分布

太陽周辺の希薄なガスの広がりを太陽コロナ，あるいは単に**コロナ／光冠**（corona）と呼ぶ．コロナは，彩層とともに太陽の外層大気を構成する．コロナは，太陽半径の 10 倍以上の距離まで広がっているが，実は 100 万 K 以上の高温プラズマである．本節では太陽コロナの構造と輝度分布の観測例を考えてみよう．

15.1 太陽コロナ

太陽コロナのガス密度は非常に希薄だが，きわめて高温（約 100 万 K）である．100 万 K という高温のため，コロナのガスは完全に電離して，原子核と，原子核に束縛されていない自由電子にわかれている．太陽から放射された光は，この自由電子によって，綺麗に散乱される．これは**トムソン散乱**または**電子散乱**（electron scattering）と呼ばれる．しかも，水や氷の散乱と異なり，電子散乱はまったく波長に依存せず，太陽の光を完全に平等に散乱するため，皆既日食の際に肉眼で見えるコロナは乳白色に輝いている（図 15.1）[*5]．

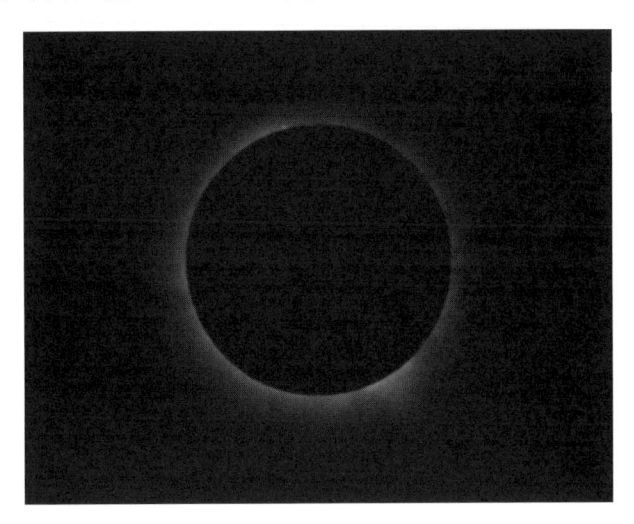

図 **15.1** 太陽の白色光コロナ（2012 年 11 月 14 日，オーストラリア・ケアンズ）．

この白色光コロナを含め，コロナにはいくつかの成分がある（図 15.2）．自由電子が太陽光球の光を散乱することによって輝いている白色光コロナを **K コロナ**と呼ぶ（K は連続的という意味のドイツ語 Kontinuierlich の頭文字）[*6]．一方，惑星間空間には太陽近傍も含め微小な塵（dust）が多数存在している．このダストもまた太陽光を散乱する．ダストの散乱によって生じるコロナが **F コロナ**である（F は Fraunhofer）[*7]．F コロナはそのまま黄道光につな

[*5] 電子散乱は波長依存性がないので，乳白色や真珠色などと形容される白色光コロナが，太陽の本来の色である．
[*6] もともとの太陽光にあるフラウンホーファー線は，自由電子の熱運動で拡がってしまうため，K コロナのスペクトルはほぼ連続成分のみになっている．
[*7] F コロナのスペクトルにはフラウンホーファー線は残っている．

がっている．さらに K コロナや F コロナより輝度は落ちるが，高温コロナ中でさまざまに高階電離したイオンから放射される輝線で光っている **E コロナ**もある（E は emission）．

太陽近傍では K コロナの明るさはだいたい満月と同じくらいになる．そして，太陽半径の 2 倍から 3 倍くらいまでは K コロナの方が明るいが，それ以遠になると F コロナの方が卓越してくる．

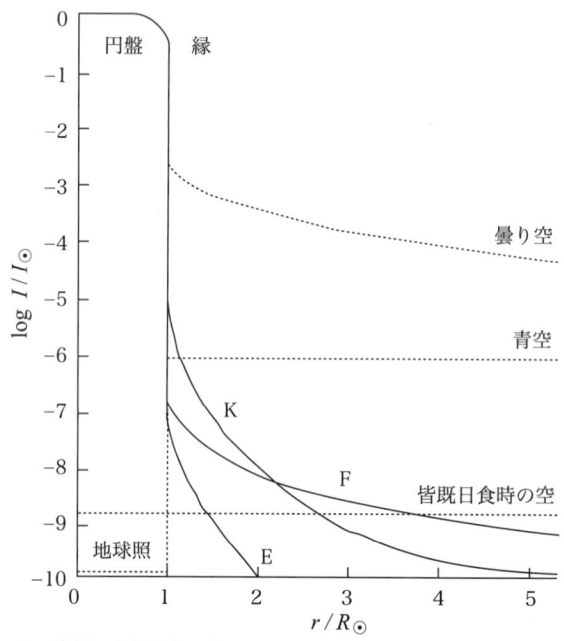

図 15.2　太陽コロナ．横軸は太陽半径を単位とした太陽からの距離で，縦軸は太陽面の明るさを単位とした太陽コロナの明るさの対数値（Stix 2004 より改変）．K コロナが自由電子による散乱で光っているもの．F コロナはダストの散乱で光っているもの．E コロナは輝線で光っているもの．点線は上から，曇り空，青空，皆既日食時の空，地球照の明るさを示している．

15.2　静水圧平衡とコロナの構造

上記のような太陽コロナの構造を静水圧平衡（12 節）の概念で考えてみよう．

(1) 静止コロナの構造

太陽半径の 2 倍より内側の内部コロナ領域では，コロナはほぼ静止しており，静水圧平衡の状態にあると考えてよかろう．静水圧平衡については 12 節で $g =$ 一定のもとで議論したが，ここでは上空ほど重力が弱くなることを考慮する．万有引力定数 G と太陽の質量 $M_\odot$ を使うと，重力加速度 $g = g(r) = -GM_\odot/r^2$ となるので，12 節の静水圧平衡の微分方程式は，g をこの $g(r)$ に差し替え，さらに状態方程式 $P = (R_g/\mu)\rho T$ を用いて，

$$\frac{dP}{P} + A\frac{dr}{r^2} = 0 \tag{15.1}$$

と書き直せる．ここで，$A \equiv \mu GM_\odot/(R_g T)$ である．温度 $T =$ 一定（等温），平均分子量 $\mu =$ 一定とすると，A は r によらない定数となり，容易に積分できて，

$$P(r) = P(R_\odot)\exp[A(1/r - 1/R_\odot)] \tag{15.2}$$

を得る．ここで，$R_\odot$ は太陽半径である．この式が等温静止コロナの圧力分布を表している．

問 15.1 太陽表面（$r = R_\odot$）での重力加速度 $g(R_\odot)$ の値を計算せよ．それは地球表面での重力加速度と比べて何倍か？また，コロナ域（$r = 2R_\odot$）での重力加速度の値を計算せよ．

問 15.2 コロナの底（$r = R_\odot$）でのスケールハイトはどの程度か．平均分子量は $\mu = 0.5$ g mol^{-1} として計算せよ．

問 15.3 コロナの電子数密度（N）分布はどうなるか，コロナのプラズマは水素だけからなるとして計算せよ．ヒント：m を水素原子の質量として，$\rho = Nm$ であることに注意せよ．

(2) コロナ形状と磁場構造

コロナの姿は皆既日食のときには肉眼でも見ることができる．これはコロナ中の自由電子が光球からの光を散乱するためである．ただし，コロナは 100 万 K 以上の高温プラズマであり，光領域より X 線領域での放射の方が多い．

軟 X 線による観測で，コロナ領域には多数のループ状構造が存在していることがわかる（図 15.3）．このループ構造は，磁力線の形を反映し分布しているガスが輝いているもので**磁気ループ**（magnetic loop）と呼ばれる．超高温コロナの成因は，この磁場が関わる機構によるものと考えられている[*8]．

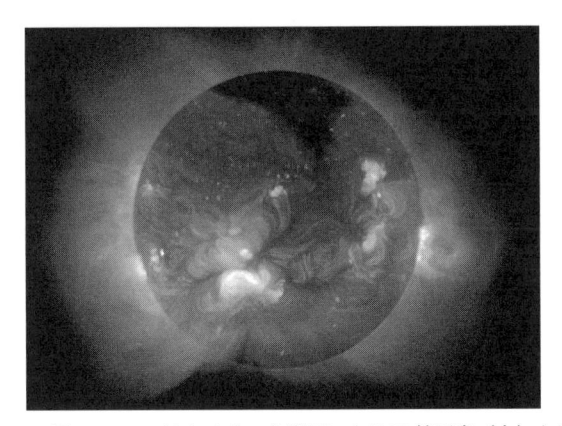

図 15.3 （左）ようこう衛星による X 線写真，（右）トレース衛星が撮影したコロナ中の磁気ループ（NASA）．

太陽表面を観測すると，暗く見える**コロナホール**（coronal hole）という領域も存在していることがわかる．この領域には磁力線が密集した単極に繋がっているが（主に極地方で見られる），太陽の磁力線が惑星間空間へ向かって開かれている．その開かれた磁力線に沿って，高温プラズマが高速太陽風として流れでている．

問 15.4 コロナが 100 万 K の高温プラズマとして，このプラズマが放出する輻射がどの電磁波帯にピークを持つか調べよ．ヒント：ウィーンの変位則を用いて計算せよ[*9]．

[*8] 光球よりも太陽中心から離れたところにあるコロナがどうして光球の 6000 K よりもはるかに高温なのだろうか．これはきわめて不思議な現象である．約 6000 K という '冷たい' 太陽の上空に，なぜこのような高温のコロナが存在するのかは，まだ完全には解明されていない．このコロナ加熱の原因としては，太陽表面で生じた波動のエネルギーが磁場を介在してコロナに運ばれ熱エネルギーに転換しているとする説や，マイクロフレアにより加熱されるとする説などがある．

[*9] 実際のコロナは光学的に薄いプラズマであり，ウィーンの変位則が成り立つ黒体輻射は適用できない．100 万～1000 万 K のコロナから放出される輻射は，制動放射，さまざまな元素の再結合放射や輝線の総和であり，簡単な公式で表現することはできない．

15.3 演習

市販の機材で撮像した白色光コロナについて，その輝度分布および輝度分布の対数グラフを図 15.4 に示す．下記の解析を確認せよ．

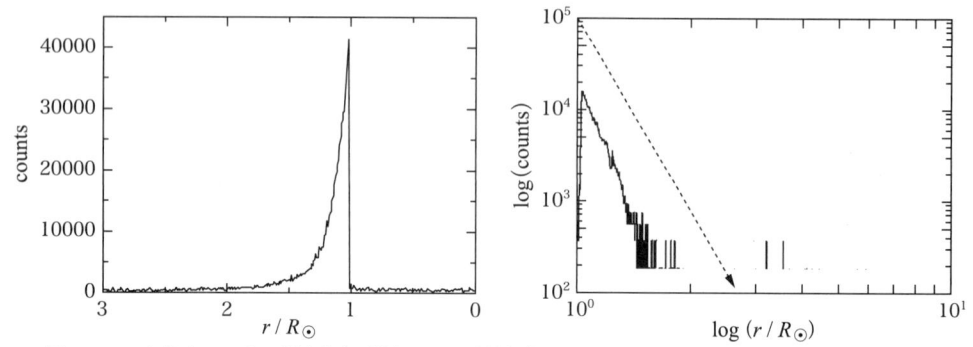

図 15.4 白色光コロナの輝度分布（左）とその対数グラフ（右）．横軸は太陽半径を単位とした太陽面中心からの距離で，縦軸はカウント数．右の対数グラフで破線の矢印は傾き -7 の直線を表す．

先に書いたように，K コロナは自由電子が太陽光を散乱して生じる．太陽光の強度変化はわかっているので，K コロナの輝度分布からは原理的には自由電子の密度分布を導くことができる．これは太陽物理学にとっては非常に重要なテーマであり，古くからいろいろな方法が開発されてきた．一般的には，コロナの放射率分布（電子密度の分布）を仮定して輝度分布のモデルを計算し観測と比較するが（順問題），輝度分布から数学的な逆変換で電子密度分布（放射率分布）を出す方法もある（逆問題）．

以下では，比較的やさしい順問題の方法で，放射率分布（あるいは太陽光の強度と電子密度分布）に単純なモデルを仮定し，輝度分布を計算してみよう．

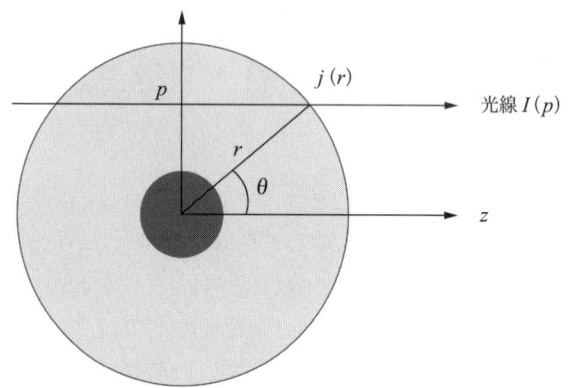

図 15.5 太陽中心の極座標 (r, θ) と，観測面での座標 p の関係．放射率や密度などは大ざっぱには半径 r の関数だが，観測される輝度は p の関数になる．

まず図 15.5 のように，観測者方向を z 軸とし，太陽を中心とする球座標 (r, θ, φ) を設定する．また z 軸に垂直方向の座標を p 軸とする．球対称なモデルでは（単位体積，単位立体角あたりの）太陽コロナの放射率分布 $j(r)$ や太陽光の強度分布 $J(r)$ そして自由電子の密度分

布 $\rho(r)$ などは半径 r の関数だが，観測されるコロナの輝度分布 $I(p)$ は z 軸から距離 p の関数になっている．さらに白色光コロナが太陽光の散乱だけで決まるとすれば，

$$j(r) \propto J(r)\rho(r) \tag{15.3}$$

という関係が成り立つ．

太陽光の強度分布は遠方では距離の2乗に反比例するので（太陽表面近傍では少し違うが），もっとも単純なモデルとしては，

$$j(r) = j_0 \left(\frac{R_\odot}{r}\right)^{n+2} \tag{15.4}$$

または

$$J(r) = J_0 \left(\frac{R_\odot}{r}\right)^2, \quad \rho(r) = \rho_0 \left(\frac{R_\odot}{r}\right)^n \tag{15.5}$$

というべき関数分布が考えられる．ここで，$R_\odot$ は太陽半径で，j_0, J_0, ρ_0 はそれぞれ太陽表面での値，n はパラメータである．

もし白色光コロナが光学的に薄ければ，放射率分布を視線方向に積分したものが，観測されるコロナの強度分布になる：

$$I(p) = \int_{-\infty}^{\infty} j(r) dz \tag{15.6}$$

半径 r の関数を視線 z 方向に積分するのだから面倒そうだが，z 方向から測った角度 θ に変換すれば解析的に扱える．すなわち，

$$r = \frac{p}{\sin\theta}, \quad z = \frac{p}{\tan\theta}, \quad dz = -\frac{p}{\sin^2\theta} d\theta \tag{15.7}$$

などの変数変換を使って，(15.6) 式の積分を書き換えると，

$$I(p) = \int_{-\infty}^{\infty} j_0 \left(\frac{R_\odot}{r}\right)^{n+2} dz = j_0 R_\odot \left(\frac{R_\odot}{p}\right)^{n+1} \int_0^{\pi} \sin^n\theta d\theta \tag{15.8}$$

となり，半径 r のべきを p のべきに引き直すことができる（べき指数が1だけ減少する点に注目）．積分部分は，$n=2$ のときは $\pi/4$ となる（他の n は数学公式集など参照．いずれにせよ，三角関数の積分なので1のオーダーの数値）．したがって，簡単な測定法としては，白色光コロナの輝度分布に合うようなべき指数を求めることになる．

図15.4右のグラフから，放射率分布の指数 n を求めてみよ．

参考文献

Stix, M., 2004, "The Sun. An Introduction", Springer.

（高橋真聡，福江　純）

16 太陽風とパーカーモデル

コロナ中のプラズマは，高温による圧力ゆえに太陽の外側へと膨張しようとする．コロナから放出されるプラズマは，**太陽風**（solar wind）として惑星空間を流れていき，**太陽圏**（heliosphere）を形成する．同様の現象はほとんどの恒星に見られ，**恒星風**（stellar wind）と呼ばれる．この節では，地球近傍で 300 ～ 700 km s^{-1} にも達する太陽風の加速について考察する．

16.1 太陽風はなぜ吹くか？

太陽風は，彗星の尾の振る舞いなどから間接的にその存在が推測されていたが，1962 年に金星探査機マリナー 2 号により確かめられた．一方で，パーカーは 1958 年に太陽風を理論的に予言していた．パーカーは，静止コロナ解が無限遠方までは適用できないことを示したが[*10]，この問題を回避するため，コロナが静止していない解を導入すればよいと考えた．コロナの高温ガスの圧力によって，コロナのガスが低圧の星間空間へ流れ出ることになる．パーカーはまた，地球軌道付近の太陽風の速度が 300 ～ 500 km s^{-1} になることを予想していた．

問 16.1 静止コロナモデルにおける無限遠での圧力を求めよ．コロナは等温とし 10^6 K とする．また電子数密度は 10^{15} 個 m^{-3} とする．次に，星間空間の圧力を求めよ．星間空間の温度は 1 万 K，電子数密度は 10^6 個 m^{-3} とする．これらの計算により，静止コロナの圧力が星間空間の圧力よりかなり大きいことを確かめよ．

問 16.2 静止コロナの解は等温という仮定に基づいている．コロナの温度は，実際には距離とともに減少しているが，この効果を取り入れても上記の議論（静止コロナモデルの破綻）は成立するだろうか？ コロナの温度分布が $T(r) = T_0(r/R_\odot)^{-2/7}$ のように距離とともに減少する場合について調べてみよ．ここで，T_0 はコロナの底（$r = R_\odot$）での温度である．

太陽風の速度は発生源によって差異がある．いわゆるコロナホールからは高速（～ 700 km s^{-1}）だが，密度が低い太陽風が発生する．一方，太陽フレアから生じる太陽風の場合は，1000 km s^{-1} もの高速・高密度風となる．また**コロナ質量放出**（coronal mass ejection; CME）と呼ばれる高温プラズマが放出される現象の場合は，高密度だが速度は中程度となる．

16.2 演習：遷音速流の臨界条件

太陽や恒星から放出される球対称で定常の流れについて，運動方程式を解いてみよう．また，その解の性質について調べよう．

(1) 流れの保存量と定常解

定常的で球対称な流体の流れについて，連続の式（球座標表示）は，

$$\frac{1}{r^2}\frac{d}{dr}(r^2\rho v) = 0 \tag{16.1}$$

[*10] 15 節で求めた静止コロナ解を無限遠方まで適用すると，その圧力は太陽系外の星間空間のガス圧力よりもかなり大きくなる．このことは，太陽コロナが遠方の星間空間にわたって静水圧平衡の状態を保てないことを意味する．

であり，運動方程式は，

$$v\frac{dv}{dr} = -\frac{1}{\rho}\frac{dP}{dr} - \frac{GM}{r^2} \tag{16.2}$$

である．ポリトロピック関係式（$P = K\rho^\gamma$；K および γ は定数）を仮定して，(16.1)式と(16.2)式をそれぞれ積分すると，

$$4\pi r^2 \rho v = \dot{M} \tag{16.3}$$

$$\frac{1}{2}v^2 + \frac{c_s^2}{\gamma-1} - \frac{GM}{r} = E \tag{16.4}$$

が得られる．ここで，c_s（$\equiv \sqrt{\gamma P/\rho}$）はガスの音速で，また $\dot{M}$，E は積分定数である．$\dot{M}$ は，ガスの質量降着率（$v < 0$）あるいは放出率（$v > 0$），E は流体の全エネルギーを意味する．(16.3)式と (16.4)式より，エネルギー E を半径 r と速さ v の関数として

$$E(r, v) = \frac{1}{2}v^2 + \frac{\gamma K}{\gamma - 1}\left(\frac{\dot{M}}{4\pi r^2 v}\right)^{\gamma-1} - \frac{GM}{r} \tag{16.5}$$

と表すことができる．ここで考えている流れに沿って，E と $\dot{M}$ が一定であることより，半径 r の変化に対する速さ v の値の変化，すなわちガスの加速や減速の様子がわかる．

問 16.3 流れの保存量に関して以下の問に答えよ．
（a）質量降着率 (16.3) 式を導出せよ．
（b）流れの全エネルギー (16.4) 式を導出せよ．
（c）プラズマ流速についての方程式 (16.5) 式を導出せよ．

問 16.4 (16.4)式で $r = R_\odot$（太陽表面）とすると $v \sim 0$ とおくことができる．コロナの温度が 100 万 K で $\gamma = 1.05$ の場合の E の値を計算せよ．また，$\gamma = 5/3$ の場合にはどうなるか[*11]．

問 16.5 (16.4)式で $r = \infty$ とすると，左辺の第 3 項は 0 となる．また，第 2 項は $P/\rho \propto \rho^{\gamma-1}$ と表されるが，質量保存則 $\rho v r^2 =$ 一定より，$r \to \infty$ で $\rho \to 0$ となり，第 2 項も 0 となる．したがって，$E = v_\infty^2/2$ となる．最終速度 v_∞ を計算せよ．

(2) 球対称定常ガスの方程式（微分形）

(16.2) 式の右辺 1 項目を，(16.1) 式を用いて変形させて，

$$\frac{1}{v}\frac{dv}{dr} = \frac{c_s^2(2/r) - (GM/r^2)}{v^2 - c_s^2} \tag{16.6}$$

を得る．(16.6) 式をみると，音速点 $v = \pm c_s$ で右辺が発散してしまいそうだが，実際の流体は音速を超えて加速することができる．すなわち，音速点でも dv/dr の値は有限でなければならない．(16.6) 式がこの条件を満たすためには，音速点（分母が 0）では右辺の分子も同時に 0 になっていなければならない（その結果，dv/dt が有限値となる）．この条件は，**臨界条件**（critical condition）と呼ばれる．

[*11] この計算より，100 万 K のコロナから太陽風が流れ出すためには γ が 1 に近い値でなければならないことがわかる．実際のコロナでは，その高い熱伝導度によって，この条件がよく満たされている．

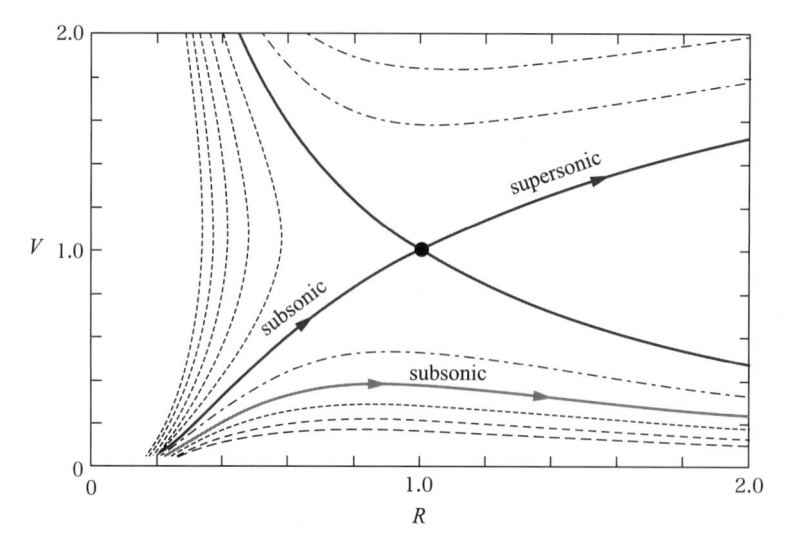

図 16.1 定常遷音速解（亜音速から超音速に遷移している解曲線）．半径は遷音速点の距離で，流速は音速で規格化してある．黒丸（$R=1, V=1$）は音速点．

(3) ボンヂ-パーカーの遷音速解

太陽風のような星からの放出プラズマは，低速（亜音速）状態から加速され，超音速となって隣接する恒星系に向かう．流れの速度が音速に等しくなる点—**遷音速点**（transonic point）と呼ぶ—を持つこの種の**遷音速流**（transonic flow）は，球対称降着流ではじめて解析したボンヂに因んで**ボンヂ解**と呼ばれたり，球対称な流れである太陽風に適用したパーカーの名前から**パーカー解**などと呼ばれたりする．以下では，恒星風や太陽風のモデルとして，恒星から放射状（球対称）に放出されるプラズマ流を考える．

球対称のプラズマ流の場合，流線の束の断面積は単調に増加する（$\propto r^2$）．したがって，流速管の断面積は極小値を持たない．しかしながら，(16.6) 式からもわかるように，中心天体の重力（分子の第 2 項）のため音速点で分母が 0 となると同時に，分子が 0 になる解（遷音速流解）が可能である．重力の存在が，流管に "くびれ" を作る作用をする．

遷音速解を考察する場合に，しばしば流速 v と音速 c_s の比について考えることがある．この量は，**マッハ数**（Mach number）と呼ばれる（$\mathcal{M} \equiv v/c_\mathrm{s}$ と記す）．(16.6) 式をマッハ数を用いて書き直してみると，

$$\frac{1}{v}\frac{dv}{dr} = \frac{2r - (GM/c_\mathrm{s}^2)}{r^2(\mathcal{M}^2 - 1)} \tag{16.7}$$

と表せる．上式で $\mathcal{M}^2 = 1$ となるところが音速点である．

問 16.6 音速点の位置 $r = r_\mathrm{cr}$ は，天体の質量 M と流れの熱的性質 γ およびエネルギー $E = E_\mathrm{cr}$ に依存して

$$r_\mathrm{cr} = \frac{GM}{2(c_\mathrm{s}^2)_\mathrm{cr}} = \frac{(5-3\gamma)GM}{4(\gamma-1)E_\mathrm{cr}} \tag{16.8}$$

と表される．このことを確かめよ．また太陽風の場合，音速点の位置は太陽半径の何倍のところに生じるか．ヒント：問 16.4 で使用したパラメータ (太陽風の付け根＝コロナの下部で 100 万 K, $\gamma = 1.05$) を用いて計算せよ．

16.3 研究：遷音速流の数値解

遷音速流定常解を，次の手順で数値的に求めよう．
(a) 音速点を通過するガスのエネルギー $E_{\rm cr}$ を，音速点での重力ポテンシャルの大きさ $GM/r_{\rm cr}$ と γ を用いて表せ．また，$E_{\rm cr}$ を音速点での運動エネルギー $v_{\rm cr}^2/2$ と γ を用いて表せ．
(b) 音速点での流速 $v_{\rm cr}$ を音速点での密度 $\rho_{\rm cr}$ を用いて表せ．
(c) 速さ v，半径 r，エネルギー E を，それぞれ音速点での量で無次元化して $V \equiv v/v_{\rm cr}$, $R \equiv r/r_{\rm cr}$, $E_* \equiv E/E_{\rm cr}$ とおき，(16.5) 式を $E_* = F(R, V; \gamma)$ の表式に変形せよ．
(d) $1 < \gamma < 5/3$ の範囲で γ の値を与え，R–V 面上に E_* についての等高線をプロットせよ．等高線の各曲線は異なる E 値を持つことになるが，それらの等高線の曲線は，流れの解になっている．

図 16.1 は定常遷音速流の解曲線である．天体の近傍で初期に亜音速であった流れが，音速点を超えて超音速になって遠方に流れ出す．2 曲線の交差点が音速点に相当するが，音速点 (critical point) では臨界条件を満たす必要がある．矢印で示す解は遠方に向かう解を示す．音速点を通過しないで遠方に向かう解は，亜音速流解である[*12]．

16.4 太陽磁気圏と惑星磁気圏

太陽風は電離したプラズマの状態にあり，磁気流体として振る舞う．太陽の周辺には**磁気圏** (magnetosphere) としての環境が形成され，磁力線に沿って磁化したプラズマの流れが生じる．以下では，太陽磁気圏の内部に埋め込まれることになる，各惑星が作る磁気圏（惑星磁気圏）について少し紹介したい．

(1) 太陽風と地球磁気圏との関わり

地球が作るダイポール形状の磁気圏（地球磁気圏）は，太陽風の風圧によって図のように，上流は圧縮された形状に，下流は吹き流された形状へと変形を受ける（図 16.2）．

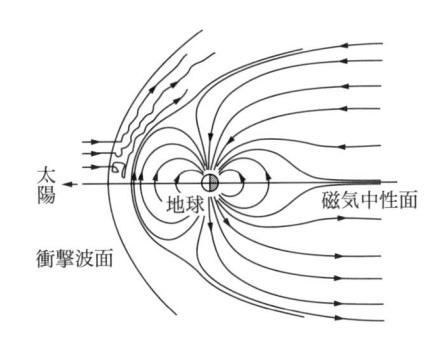

図 **16.2** 地球磁気圏．

太陽風中のプラズマ粒子は，電磁流体力学的な振る舞いにより地球磁場と相互作用し，**磁気嵐やデリンジャ現象，オーロラ**を引き起こすなど地球の高層大気を変動させる（図 16.3）．太

[*12] この図は，(16.5) 式を用いて描かれているが，(16.6) 式より各点での流速の傾きを求め，流れに沿って数値積分していくことでも描画可能である．

陽風の活動は，地球環境にも大きな影響を与えている．オーロラは，木星，土星，天王星，海王星でも観測されていて，大気と固有磁場を持つ惑星の普遍的な現象であるといえる．

問 16.7 オーロラの発光原理は蛍光灯と同様であるという．この発光機構について調べよ．オーロラの色には，緑色，ピンク，赤色，紫色などあるが，その理由についても説明せよ．

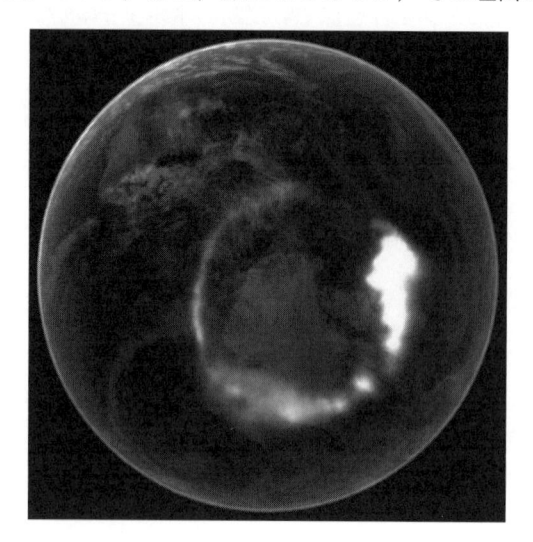

図 16.3 宇宙からみたオーロラ（NASA）．

問 16.8 地球の磁場はほぼ双極磁場の形状をしており，地上赤道付近での磁場強度は約 0.3 gauss である．双極磁場の強度は，距離の 3 乗に反比例して減少する（5 節）．地球の磁場は，太陽風にさらされて風圧を受け変形している．地球の磁場の勢力範囲は**地球磁気圏**と呼ばれるが，太陽側の境界は，太陽風の風圧が地球磁場の磁気圧に等しくなる場所である．太陽風の密度 $\rho = 1 \times 10^{-20}$ kg m^{-3}，速度 $v = 400$ km s^{-1} とすると，太陽側の赤道面内における磁気圏境界の地球中心からの距離はどれくらいか．ヒント：風圧は ρv^2 で与えられる．

（2）惑星磁気圏

磁気圏は，地球以外にも水星や木星，土星，天王星，海王星にも存在する．水星は磁場を持っているものの大気は存在しない．そのため電離層が作られることはなく，磁気圏と電離層の相互作用というものは存在しない．金星や火星は，固有の磁場を持たないか，持っていても極めて小さい．したがって，その電離層は（磁気圏に守られることなく）太陽風に直接さらされることになる．

外惑星である木星，土星，天王星，海王星は大きな固有の磁場を持っている．木星の場合，大気深部では非常に強力な圧力によって水素が液体金属状となっており，これが対流することにより強力な磁気圏が形成される．木星の固有磁場は地球の 2 万倍もの強さである．この強い磁場に伴い木星は巨大な磁気圏を有しており，磁気圏と太陽風の境は昼側に約 45 R_J（木星半径）もの遠い位置にある．天王星の磁場については，ボイジャー 2 号によって確認された．その強さは，地球とほぼ同じである．天王星や海王星の磁場の中心は惑星中心から大幅にずれていて，それぞれ 60°，46.8° 自転軸から傾いている．

問 16.9　地球以外の惑星（水星，木星，土星，天王星，海王星）も $10^{-4} \sim 10$ gauss の双極磁場をもっている．とりわけ，木星は巨大な磁気圏を有しており，活発な電磁活動を示している．木星の磁場強度は，木星表面の赤道付近で約 10 gauss である．太陽側赤道面内における磁気圏の境界は，木星の中心からどれくらいか．なお，木星近傍における太陽風の密度を約 4×10^{-22} kg m^{-3}，速度を 400 km s^{-1} とする．

(3) 太陽圏

　太陽から吹き出た太陽風は，隣の恒星との間の星間ガスを押し退けて，泡形状の太陽の勢力領域を形成する．この太陽風の勢力範囲を**太陽圏／ヘリオスフィア**（heliosphere）という．その範囲は，太陽風の圧力と星間空間ガスの圧力のバランスによって決まってくる．そのサイズは，概ね太陽から 50–160 天文単位（太陽から海王星までの距離のおよそ 1.6–5 倍）の位置にあると推定されている．

問 16.10　太陽系外縁天体について調べよ．太陽系はどこまで広がっているか？　また，銀河系における太陽系の位置について調べよ．

（高橋真聡）

17 太陽のエネルギー源

太陽はわれわれにもっとも近い恒星である．今日われわれは，太陽を含めすべての星を輝かせているのは原子核エネルギーであることを知っている．恒星内部は重力によって閉じ込められた天然の巨大な核融合炉なのだ．ここでは太陽のエネルギー源がなぜ核反応なのかという問題を，エネルギー発生の効率という点に注目して考えてみよう．

17.1 エネルギー源への制約

現在太陽が毎秒放出しているエネルギー，すなわち総輻射量 $L_\odot$ は約 3.9×10^{26} J s^{-1} である．また太陽系の天体の年齢から，太陽の年齢 τ は 46 億年程度と見積られている．さらに太陽の質量 $M_\odot$ は約 2×10^{30} kg である．

問 17.1 太陽が生まれて以来，明るさがあまり変化していないとすると，今まで放出してきた総エネルギー量 $E_\odot$ はどれくらいになるか？ J で表せ．

問 17.2 太陽が生まれて以来，質量があまり変化していないとすると，太陽中の物質の単位質量あたり，平均してどれくらいのエネルギーが発生した勘定になるか？ J kg^{-1} で表せ．

問 17.3 質量とエネルギーの等価式 $E = mc^2$ を用いると，質量 [kg] をエネルギー [J] に変換できる．そこで問 17.2 を少し違う角度から見てみよう．すなわち太陽全体の物質のエネルギー（**静止質量エネルギー**）はいくらか？ さらに，太陽が今まで放出した総エネルギー $E_\odot$ の，静止質量エネルギーに対する割合 $\eta_\odot$ はどれだけになるか？ この割合 $\eta_\odot$ を，太陽におけるエネルギー発生の効率と呼ぼう．

まとめると，太陽の可能なエネルギー源としては，毎秒あたり $L_\odot$ 以上，τ より長期間放出でき（トータルで $E_\odot$ より大きく），また $\eta_\odot$ より効率のよいものでなければならない．

17.2 演習：エネルギー源の候補

物質中のエネルギー解放のメカニズムとして現在われわれが知っているものは，原子や分子の電磁相互作用の結合エネルギーを引き出す化学反応，重力相互作用の結合エネルギー，いわゆる位置エネルギーを利用するもの，そして原子核のエネルギーを引き出す原子核反応ぐらいである．太陽のエネルギー源の候補として，以下これらを順に検分してみよう．

(1) 化学反応

われわれが日常生活で使用しているのは，原子や分子の結合エネルギー，いわゆる化学エネルギーである．例えば，1 kg の石炭を完全燃焼させれば 5000–8000 kcal の熱が発生するし，また 1 kg の灯油の発熱量は約 10000 kcal である．

問 17.4 仮に太陽が石炭か石油でできていて，それが全部燃えたとしたら，全体でどれくらいのエネルギーが発生するか？ それを $E_\odot$ と比べてみよ．ヒント：1 kcal$= 4.2 \times 10^3$ J．

問 17.5 太陽のエネルギーが化学エネルギーだとした場合，現在の明るさで何年もつか？

問 17.6 単位質量の物質の持つエネルギーのうち，化学反応によって取り出せる割合，すなわち化学エネルギーの効率 η_C はどれくらいか？

化学エネルギーでは効率が小さすぎて，太陽のエネルギー源としては問題にならない．

(2) 重力エネルギー

もし質量 M の天体が，無限遠から半径 R の大きさまで重力収縮したとすると，単位質量あたりの重力エネルギーは $-GM/R$ なので，全体ではおよそ，

$$E_G = \frac{GM^2}{R} \tag{17.1}$$

の重力エネルギーが解放される（2節）．

問 17.7 太陽質量と太陽半径を代入すると太陽の場合，E_G はどれくらいになるか？ それを $E_\odot$ と比べよ．

問 17.8 太陽のエネルギーが重力エネルギーだとした場合，現在の明るさで何年もつか？[*13]

問 17.9 太陽の場合，単位質量のエネルギーのうち，重力エネルギーとして解放される割合，すなわち重力エネルギーの効率 η_G はどれくらいか？[*14]

(3) 核エネルギー

太陽のような主系列星の中心部で起こっている核反応：

$$4\,^1\text{H} \to {}^4\text{He} + \text{エネルギー} \tag{17.2}$$

では，その過程で，1個のヘリウムと4個の水素の質量差の分だけエネルギー（具体的には2個の陽電子と2個の電子ニュートリノ）が発生する．電子ニュートリノは物質と相互作用せず，ほぼ光速で宇宙空間へ逃げ去っていくが，陽電子は周囲の電子とすぐに対消滅し輻射のエネルギーとなって，太陽の輝きに寄与する．ここでは質量差の分が全てエネルギー発生に寄与したとして，どれくらいになるか見積ってみよう．

まず (17.2) 式を質量で書き直すと，

$$4m_H \to m_{He} + \Delta m. \tag{17.3}$$

問 17.10 水素とヘリウムの原子量はそれぞれ $m_H = 1.0079$，$m_{He} = 4.0026$ である．質量差 Δm は，原子量で表すといくらになるか？

問 17.11 水素原子1個あたりで減少した割合（**質量欠損**）はいくらか？

問 17.12 上の問の結果から，核反応の効率 η_N はいくらか？

問 17.13 太陽がすべて水素でできていたとして，それが全部ヘリウムに変換されたとすると，どれだけのエネルギーが生成されるか？ それを $E_\odot$ と比べよ．（実際にヘリウムに変換されるのは全体の1割くらいである．）

問 17.14 現在の光度で何年輝くことができるか？

[*13]「何年もつか」ということは，言い換えれば「何年過去から輝いていたか」，「何年前にできたか」ということでもある．かつて核エネルギーが知られる以前，太陽のエネルギーが重力収縮による位置エネルギーの解放だと思われていた時代には，このようにして見積った太陽の寿命が地球上の地質学的年代より短くなり論争の的となったことがある．

[*14] 太陽では重力エネルギーは現在重要ではないが，いくつかの天体，例えば木星，原始星，白色矮星，中性子星，ブラックホールなどでは，きわめて重要だと考えられている．

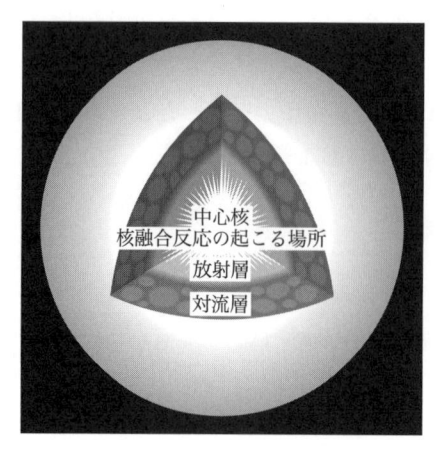

図 17.1　太陽内部の構造．　　　　　図 17.2　核融合反応．

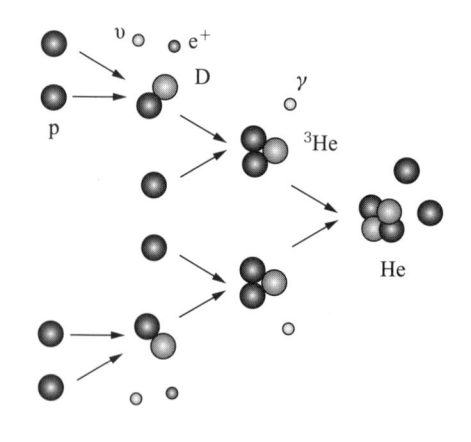

17.3　研究：特性時間

　太陽や恒星のエネルギー源からは少し話がそれるが，星のいろいろな変化に関する特徴的な時間，すなわち**特性時間**について，ここで少し説明しておこう．主要な特性時間は3つある．

(1) 力学的な特性時間（dynamical timescale）

　静水圧平衡にある恒星で，力学的な釣り合いが変化したときにその影響が現れる時間で，

$$t_{\rm dyn} \sim \frac{1}{\sqrt{G\rho}} \tag{17.4}$$

で表される．ここで G は万有引力定数，ρ は恒星の平均密度である．力学的特性時間は，星全体を音波が伝播する時間に等しい．

問 17.15　太陽の場合，$t_{\rm dyn}$ はどれくらいになるか？

(2) 熱的な特性時間（thermal timescale）

　星の内部で熱の発生と放出のバランスがくずれたとき，その影響が伝わる時間で，

$$t_{\rm th} \sim \frac{GM^2/R}{L} \tag{17.5}$$

で表される．ここで L は星の光度である．

問 17.16　太陽の場合，$t_{\rm th}$ はどれくらいになるか？

(3) 核燃焼の特性時間（nuclear timescale）

　核反応の進行によって星の化学組成が変化する時間で，質量 M の核燃料の1割が消費されるとすれば，

$$t_{\rm N} \sim \frac{0.1 \times \eta_{\rm N} Mc^2}{L} \tag{17.6}$$

と表される．ただし $\eta_{\rm N} = 7 \times 10^{-3}$ は核反応の効率である．この特性時間は，星が主系列星にある時間と思ってもよい．

問 17.17　太陽の場合，$t_{\rm N}$ はどれくらいになるか？

（福江　純）

第3章
恒星の世界

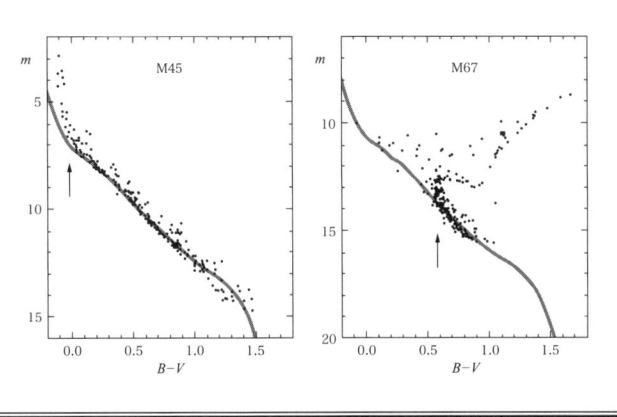

18 星の明るさと色

ここでは天文学で最も基本的な事項の1つである恒星の明るさ，光度，等級，絶対等級，および色指数といった諸量の違いとそれらの意味を理解するとともに，それらの間の量的関係を自分で導けるよう，いくつかの問題を通じて練習する．

18.1 明るさと光度

まず，ここで用いる恒星の「明るさ」と「光度」は，全く異なった意味を持つ物理量であることに注意しよう．以下の定義では，星間物質や地球大気による吸収はないものとして考える．

恒星の視線方向に対して垂直に置いた単位面積に，単位時間あたり入射する恒星の放射のエネルギーを，その恒星の**明るさ**と定義し，l で表す．明るさ l は，SI単位系では $\mathrm{J\,m^{-2}\,s^{-1}}$ の単位を持つ．これに対して，恒星自身が単位時間あたりに放射する放射の全エネルギーを，その恒星の**光度**（luminosity）と定義し，L で表す．光度 L は $\mathrm{J\,s^{-1}}(=\mathrm{W})$ の単位を持つ．このように，光度は恒星によって決まり，明るさは恒星までの距離にも関係する．

18.2 明るさと等級

天文学では，恒星の明るさの代わりに**等級**（magnitude）を用いて表すことが多い．これは等級が人の目の明るさの感じ方をもとに対数スケールで定義されており，明るさより等級を用いた方がより感覚的であるからである．ある場所（通常は地球上）で測定した等級を**見かけの等級**（apparent magnitude）という．単に等級という場合は見かけの等級を表す．等級は明るさと関係づけて，次のように定義されている．

- 明るさが明るいほど，等級の数値は小さい．
- 明るさの比が等しいときは，等級差も等しい．
- 明るさの比が100倍であるとき，等級差は5等級である．

これらの定義から，1等級の差は明るさで $10^{2/5}$（≒ 2.512…）倍，n 等級の差は $\left(10^{2/5}\right)^n$ 倍違うことになる．したがって，2つの星の明るさと等級をそれぞれ l_m, m および l_n, n とすると，

$$\frac{l_n}{l_m} = 10^{2(m-n)/5} \quad \text{または} \quad m-n = \frac{5}{2}\log\left(\frac{l_n}{l_m}\right) \tag{18.1}$$

の関係が成り立つ．(18.1)式の左の関係式は等級差から明るさの比を求める場合，右の関係式は明るさの比から等級差を求める場合に便利である．これらの関係より，等級は正の整数である必然性はなくなり，一般に，負の値を含む実数で表される．例えば，0.0等級は1.0等級より約2.51倍明るく，-1.0等級は0.0等級より約2.51倍明るい．

しかしこれらの関係は，等級差と明るさの比の関係を示しているだけで，どの明るさがどの等級に対応するのか（例えば0等級に対する明るさ l_0）は定義できていない．したがって，明るさに対する等級の原点（ゼロ点）を決める必要がある．これは，歴史的に用いられてきた星の等級があまり変わらないように，多くの星の平均値から決定されている．この l_0 の値（ベ

ガ；α Lyr の明るさがこの値に近い）が決まれば，明るさが l の恒星の等級は，(18.1) 式において $n = 0$, $l_n = l_0$ とおき，

$$m = \frac{5}{2} \log \left(\frac{l_0}{l_m} \right) \tag{18.2}$$

から求めることができる．このようにして，北極星（α UMi）は 2.0 等級，恒星の中で最も明るく見えるシリウス（α CMa）は -1.4 等級，太陽は -26.7 等級と求められている．

問 18.1 等級の定義から，1 等級の差が明るさで $10^{2/5}$ 倍違うことを導け．ヒント：1 等級の差が明るさで x 倍違うとすると，5 等級の差では，明るさはどれだけ違うかを考えよ．

問 18.2 (18.1) 式の右の関係式は，m と n の大小に関係なく成り立つことを示せ．

問 18.3 変光星は明るさが周期的に変化する星である．変光星が最も明るくなったときと最も暗くなったときの明るさと等級をそれぞれ l_1, m_1, l_2, m_2 とする．変光星の平均等級を $\langle m \rangle = (m_1 + m_2)/2$ で定義すると，平均等級 $\langle m \rangle$ のときの明るさ $\langle l \rangle$ は，l_1 と l_2 の相乗平均，すなわち $\langle l \rangle = \sqrt{l_1 l_2}$ で与えられることを示せ．

18.3 絶対等級と距離指数

地球がたまたま恒星の近くにあれば，その恒星の等級は明るく見えるし，遠くにあれば，光度が大きくても暗く見えてしまう．そこで，このような距離の違いによる影響を除くために，一定の距離から見た恒星の等級を定義すると便利である．10 pc の距離から見たときの恒星の等級を，その恒星の**絶対等級**（absolute magnitude）と定義する．ここで 1 pc $= 3.09 \times 10^{16}$ m である（19 節）．絶対等級が明るい恒星は，その光度が大きい（真に明るい）ことを表す．

さて恒星の距離と見かけの等級，絶対等級の関係を調べてみよう．いま，光度 L の恒星が距離 r [pc] にあり，その明るさが l_m，見かけの等級が m 等級であったとする．また，この恒星を距離 10 pc に置いたときの明るさを l_M，等級を M とすると，この等級 M が絶対等級になる．したがって明るさと等級の関係を示す (18.1) 式の右の関係式より，

$$m - M = \frac{5}{2} \log \left(\frac{l_M}{l_m} \right) \tag{18.3}$$

となる．一方，光の強さは距離の 2 乗に反比例するので，$l_M/l_m = (r/10)^2$ の関係があり，これを (18.3) 式に代入すると，絶対等級と見かけの等級，距離の間の関係式，

$$m - M = 5 \log r - 5 \tag{18.4}$$

が導かれる．ここで，距離 r は pc 単位で測ることを注意しておく．$m - M$ の値は距離と密接な関係にあるので，**距離指数**（distance modulus）と呼ばれる．

恒星 1 と恒星 2 の光度と絶対等級をそれぞれ L_1, M_1, L_2, M_2 とすると，

$$M_1 - M_2 = \frac{5}{2} \log \left(\frac{L_2}{L_1} \right) \tag{18.5}$$

の関係が成り立つ．(18.3) 式および (18.5) 式から，見かけの等級は明るさ l の，絶対等級は光度 L の対数スケールとなっている（光度が 100 倍増えると絶対等級は 5 等級明るくなる）ことがわかる．

78　第3章　恒星の世界

問 18.4　(18.5) 式を導け．

問 18.5　太陽の見かけの等級は -26.7 等級，距離は 1 AU，シリウス（α CMa）の見かけの等級は -1.5 等級，距離は 2.65 pc である．太陽およびシリウスの絶対等級を求めよ．また，シリウスから見たとき，太陽は何等級の星に見えるか．

18.4　星の色と等級，色指数

　星からの光は 8 節に示したように，波長によってその強さが異なり，どの波長域で測るかによってその値が異なってくる．これまで，350 nm 前後（紫外線領域）の U 等級（ultraviolet），440 nm 前後（青色の光の波長領域）の B 等級（blue），550 nm 前後の V 等級（visual；人の目の感じる明るさに近いことから**実視等級**ともいう）の等級システム（**UBV システム**；図 18.1）が用いられていたが，最近の CCD カメラの急速な普及とともに，もっと長波長側の等級（650 nm 前後の R 等級，800 nm 前後の I 等級，1200 nm 前後の J 等級，1600 nm 前後の H 等級，2100 nm 前後の K 等級など）も用いられるようになってきた．しかし，ここでは，これまでの UBV システムに限定して述べることにする．これらの等級を区別するために，m_U，m_B，m_V，または U，B，V と表す．われわれが通常用いている等級 m は V 等級である．これらの U，B，V の等級は，A0 のスペクトル型の星（20 節参照）で，$U = B = V$ となるように定義されている．したがって A0 型より低温の星では，U，B，V のうち V 等級が最も明るく（数値は小さく）なり，逆に高温の星では U 等級が最も明るく（数値は小さく）なる．絶対等級もどの波長で測定するかによって，M_U，M_B，M_V などで表すが，特に断らない限り，絶対等級 M といえば**実視絶対等級** M_V を表す．また，これらの等級の差 $U - B$ および $B - V$ を**色指数**（color index）という．色指数は星の色と密接に関係しているため，星の表面温度を表すよい指標となる（付表 14）．一般に，色指数が大きい星ほど低温星（赤色の星）となり，小さいほど高温星（青白色の星）となる．

問 18.6　アークトゥルス（α Boo）は $U = 1.33$，$B = 1.29$，$V = -0.06$ である．アークトゥルスの色指数を求めよ．また，この星の表面温度は A0 型星の表面温度に比べてどうか．

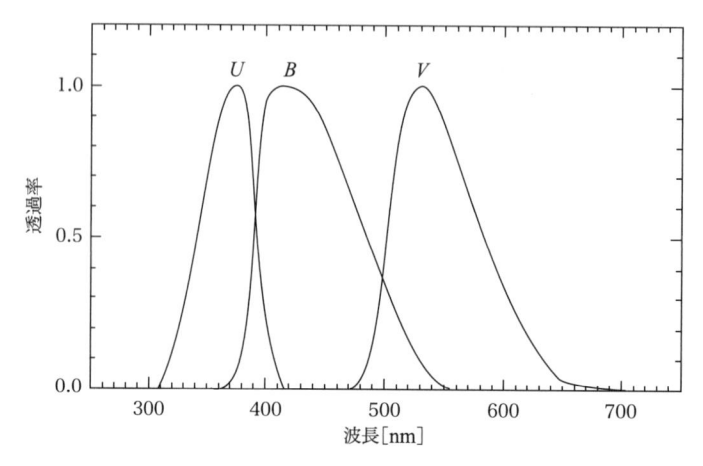

図 18.1　三色測光 UBV フィルタの透過率と波長の関係．いずれもピークが 1 となるように規格化されている．

18.5 輻射等級と輻射補正

厳密にいえば，(18.5) 式は正しくない．というのは，光度は恒星から単位時間に放射される全放射エネルギーであり，絶対等級は，一般にその測定波長域が限られているからである．そのため，その測定波長域での明るさと光度の比が，恒星の表面温度によって異なってくる．つまり，(18.5) 式には補正が必要となる．恒星の全放射エネルギーに対応する絶対等級を**輻射絶対等級**（bolometric magnitude）といい，この輻射絶対等級から実視絶対等級を引いたものを**輻射補正**（bolometric correction）という．輻射補正 $B.C.$ は，輻射絶対等級を M_{bol} とすると，

$$B.C. = M_{\mathrm{bol}} - M_V \tag{18.6}$$

で与えられる．恒星の表面温度と輻射補正の関係は付表 14 に示してある．

問 18.7 恒星 1 の輻射補正を $B.C._1$，恒星 2 の輻射補正を $B.C._2$ とするとき，(18.5) 式はどう修正されるか．

18.6 演習

付表 17 の明るい恒星のデータと付表 16 の近距離星のデータから，それぞれ，恒星のスペクトル型（O 型，B 型，A 型，F 型，G 型，K 型，M 型，その他の型；20 節）の割合を求め，比較せよ．これらの結果から，どのようなことがわかるか，考察せよ．なお，スペクトル型が，例えば G8III+A2V のように表記されている場合は，G 型星と A 型星がそれぞれ 1 個ずつあるとしてよい．

参考文献
野本憲一ほか編『恒星』（シリーズ現代の天文学 7）日本評論社（2009 年）

（沢　武文）

19 恒星の距離を推定する

　天体までの距離がわかれば，その天体の見かけの大きさから実際の大きさがわかる．またその天体の明るさや電波の強さなどから，その天体が放射する電磁波のエネルギーの強さを求めることができる．このように，天体までの距離がわかれば，その天体の物理量がわかることになる．したがって，天体までの距離を求めることは天文学の第一歩であり，きわめて重要なことである．ここでは，恒星の距離の推定方法をいくつか学びながら，太陽近傍の恒星の空間分布を調べてみよう．

19.1 年周視差を用いる距離の推定法

(1) 年周視差

　距離を測定する最も基本的な方法は，三角視差を利用するものである．これは，あらかじめ距離のわかっている 2 点 A，B から目的点 C を見る角を測定し，目的点までの距離を求めるものである．このとき，点 C から 2 点 A，B を見る角（∠ACB）を，2 点 A，B における点 C の**視差**（parallax），線分 AB を**基線**（base line）という．天体までの距離も，この視差を利用して測定される．基線として地球の赤道半径を用いた視差を**赤道地平視差**（equatorial horizontal parallax）といい，地球の軌道半径（= 1 AU）を用いた視差を**年周視差**（annual parallax）という．前者は主に惑星や彗星などの距離を表す代わりに用いられ，後者は恒星の距離の測定に用いられる．

　さて，恒星の天球上の位置を 1 年間精密に測定すると，一年周期で楕円状の軌跡（黄道上の恒星は直線，黄道から 90° 離れた点では円）を描く．この楕円の長軸の半分が年周視差となる（図 19.1 参照）．恒星の天球上の軌跡は，恒星から地球の公転運動を見た形と全く同じものとなる．

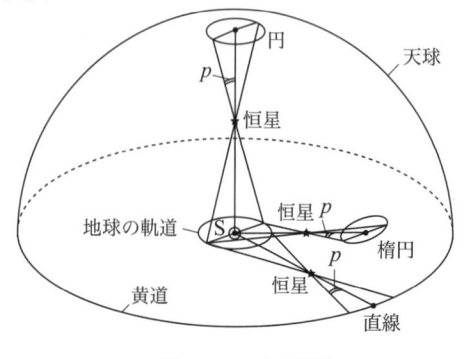

図 19.1　年周視差．

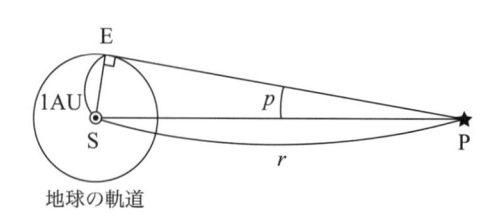

図 19.2　年周視差と太陽，地球，恒星の幾何学的位置関係．

(2) 年周視差と距離の関係

　年周視差と距離の関係は以下のようにして求めることができる．図 19.2 より，△SEP において，年周視差を p''（p 秒角；秒角で測る）とすれば，∠SEP = 90°，∠SPE = p'' であるか

ら $\sin p'' = \mathrm{SE}/\mathrm{SP}$ となる．したがって，太陽から測った恒星までの距離 SP は，

$$\mathrm{SP} = \frac{\mathrm{SE}}{\sin p''} \tag{19.1}$$

で与えられる．ここで，年周視差が $1''$ である恒星までの距離を **1 パーセク**と定義し，1 pc で表す．パーセク（parsec）は視差（parallax）の最初の 3 文字 par と，秒角（second）の最初の 3 文字 sec をつなぎ合わせた合成語であり，その最初と最後の文字を用いて pc と略される．この定義より，

$$1 \text{ pc} = \frac{\mathrm{SE}}{\sin 1''} \tag{19.2}$$

の関係を得る．(19.1) 式の辺々を (19.2) 式の辺々で割れば，SE は共通であるから，恒星までの距離 r は，

$$\mathrm{SP} = r = \frac{\sin 1''}{\sin p''} \quad [\text{pc}] \tag{19.3}$$

となる．恒星の年周視差は最大のものでも $0.769''$（付表 16）であり，非常に小さい．ここで，角度 θ を弧度法のラジアン単位（rad で表す：2π rad $= 360°$）で測ったとき，$|\theta| \ll 1$ であれば，$\sin\theta \simeq \theta$ と近似できる．$1'' = 4.848 \times 10^{-6}$ rad $\ll 1$ rad，$p'' = 4.848 \times 10^{-6} p$ [rad] $\ll 1$ rad であるから，(19.3) 式より，

$$r = \frac{1}{p} \quad [\text{pc}] \tag{19.4}$$

となる．つまり，秒角単位で測った年周視差の値の逆数が，パーセク（pc）で測った恒星の距離となる．ここで，$\theta \ll 1$ であれば，$\tan\theta \simeq \theta$ でもあるので，EP $=$ SP となる．つまり，恒星までの距離は地球から測っても太陽から測っても誤差の範囲で等しい．

ところで 1 pc の距離は，実際どれくらいの距離であろうか．これは，(19.2) 式において，SE $= 1$ AU であることを用いると，簡単に計算できる．すなわち 1 pc $=$ SE$/\sin 1'' \simeq$ 1 AU$/4.848 \times 10^{-6}$ であるから，

$$1 \text{ pc} = 2.06 \times 10^5 \text{ AU} = 3.09 \times 10^{16} \text{ m} \tag{19.5}$$

である．天文学では，恒星や銀河などの距離には通常このパーセクの単位を用いる．また，桁が多くなる場合は，1000 pc $= 1$ kpc（キロパーセク），10^6 pc $= 1000$ kpc $= 1$ Mpc（メガパーセク）を用いることが多い．年周視差は，距離を直接決定できる方法であるが，年周視差によって求めることのできる距離は，人工衛星のデータを用いても，せいぜい 1 kpc 以内（$p \gtrsim 0.001''$）である．

一方，大きな距離を表すもう一つの単位として**光年**（light year：光が 1 年かかって進む距離で ly で表す）もよく用いられる．1 光年の値とパーセクとの関係は，以下のようになる：

$$1 \text{ ly} = 9.46 \times 10^{15} \text{ m}, \tag{19.6}$$

$$1 \text{ pc} = 3.26 \text{ ly}. \tag{19.7}$$

問 19.1 (19.5) 式の数値を確かめよ．

問 19.2 1 年 = 365.2422 日，光速度 $c = 2.9979 \times 10^8$ m s^{-1} から，1 ly を m および pc 単位で求めよ．

問 19.3 α Cen（ケンタウルス座 α 星）の年周視差は $0.747''$ である．α Cen の距離を pc, ly, m 単位で求めよ．なお，α Cen は 3 つの恒星からなる連星系であり，太陽から最も近い恒星の 1 つである．

問 19.4 α Cen は太陽の隣の星である．太陽（半径 $R_\odot = 7.0 \times 10^8$ m）を直径 1 cm のパチンコ玉に例えたとき，地球軌道の軌道半径，海王星の軌道半径，α Cen までの距離を求めよ．また，このとき，α Cen は，自分のいる場所を太陽の位置として，どのあたりにあることになるか．なじみの深い都市名などで答えよ．

19.2 距離指数を用いる距離の推定法

年周視差で求めることのできる距離の範囲は，高精度視差観測衛星ヒッパルコスのデータを用いても 1 kpc 程度である．したがって，それより遠い恒星や銀河は，別の方法を用いることになる．その中で最もよく利用されているのが，恒星の絶対等級 M を何らかの方法により推定し，見かけの等級 m との差 $m - M$（**距離指数**）から距離を推定する方法である．

恒星の見かけの等級を m，絶対等級を M，距離を r [pc] とすると，

$$m - M = 5 \log r - 5 \tag{19.8}$$

の関係がある（18 節）．m を観測から求め，M を他の観測から推定し，(19.8) 式を用いて距離を求めるのである．ただし，この式はあくまで星間吸収がない場合に有効なものである．

恒星の絶対等級 M を推定する方法には，さまざまな方法が考えられている．以下に代表的な 2 つの方法について述べる．

(1) HR 図を利用

恒星のスペクトル型や色指数と絶対等級の間に見られる関係（22, 23 節）を利用して，恒星の絶対等級を推定する方法である．恒星のスペクトル型や色指数は観測から求めることができる．また，その恒星が主系列星か巨星や超巨星などであるかは，恒星のスペクトル線の幅などにより推定できるので，その恒星の HR 図上の位置，つまり絶対等級が推定できる．特に，主系列星は絶対等級とスペクトル型や色指数との間に非常によい相関関係がみられるので，主系列星を多く含む散開星団（37 節）などに対してはこの方法が特に有効となる．スペクトル型の決定は分光観測によって行われるため，HR 図を利用して推定された距離の逆数，つまり年周視差に対応するものを**分光視差**（spectroscopic parallax）という．

(2) 脈動変光星の周期光度関係を利用

恒星が主系列から巨星へと進化すると，ある時期には恒星自身が不安定となり，脈動（pulsation：膨張収縮を周期的に繰り返すこと）を始めることがある．この脈動に伴い，恒星の半径はもちろん，表面温度（したがって色指数）や光度も変化する．このような星は明るさが星の脈動にともなって周期的に変わるので，**脈動変光星**と呼ばれる．この脈動変光星の中では非常に明るい**古典的セファイド**（周期が 1.5–60 日，変光範囲が 0.1–2.0 等級，平均絶対等級が

-2.5 〜 -7.5），こと座 **RR 型変光星**（変光周期が 0.2–1.2 日，変光範囲が 1–2 等，平均絶対等級が 〜 0 等級）などがよく知られている（27 節）．なお，平均等級については，18 節の問 18.3 を参照のこと．

これらの変光星の変光周期と絶対等級の間にはある一定の関係があり，脈動変光星の**周期光度関係**（period-luminosity relation）と呼ばれている（27 節）．脈動変光星がどの種類で，その変光周期がどれだけかということが観測からわかれば，その変光星の周期光度関係から絶対等級が推定できる．これを利用して，その変光星までの距離が推定できる．この方法は，変光星が観測できる球状星団や銀河系に近い銀河の距離の推定に利用される．

19.3 その他の方法

この他にも，天体（恒星，星団，銀河など）の距離を推定する方法はいろいろ考えられている．それらについては，本書の 23 節（星団），25 節（星団），27 節（星団，銀河），52 節（銀河）や他の教科書を参照してほしい．

19.4 演習

付録 16 の太陽近傍の恒星のデータから，太陽近傍の恒星の空間分布を求めてみよう．ここでは，太陽を中心とする赤道直交座標 (x, y, z)，すなわち，春分点（$\alpha = 0^\mathrm{h}$, $\delta = 0°$）方向を x 軸，（$\alpha = 6^\mathrm{h}$, $\delta = 0°$）方向を y 軸，天の北極（$\delta = 90°$）方向を z 軸とする空間座標 (x, y, z) を考える．太陽近傍の恒星の x–y 平面，y–z 平面，z–x 平面への投影図を，以下の手順で作成せよ．

(1) 恒星の年周視差から，恒星の距離を求める．
(2) 恒星の位置を (α, δ)，距離を r とし，

$$x = r \cos\delta \cos\alpha, \quad y = r \cos\delta \sin\alpha, \quad z = r \sin\delta \tag{19.9}$$

によって，恒星の空間座標 (x, y, z) を求める．
(3) グラフ用紙にそれぞれ x–y 平面，y–z 平面，z–x 平面への投影図を作成する．
(4) このデータの中で，最も距離の遠い恒星までの球内に存在する恒星の数がここに示されたものだけであるとしたとき，太陽近傍の恒星の個数密度 n ［個 pc^{-3}］を求めよ．また，この値を用いて，太陽近傍の恒星間の平均距離を求めよ．ヒント：平均距離を d とすると，d^3 の立方体の中に恒星が 1 個存在することになる．

19.5 研究

任意の方向からみたときの投影図をパソコンのディスプレイに描くプログラムを作ってみよ．

参考文献
岡村定矩ほか編『人類の住む宇宙』（シリーズ現代の天文学 1）第 2 章，日本評論社（2007 年）

（沢　武文）

20 星のスペクトル分類

　天体の光を分光すると，光が波長ごとにわけられたスペクトル（spectrum）が得られる．スペクトルには連続スペクトルと線スペクトルがある（6節）．ここでは代表的な天体である星のスペクトルとスペクトル分類について紹介する．

20.1　星のスペクトル

　しし座 α 星レグルス（B7V），こと座 α 星ベガ（A0V），さそり座 α 星アンタレス（M1I）のスペクトルを図 20.1 に，スペクトル図を図 20.2 に示す（6節，9節，13節なども参照）．

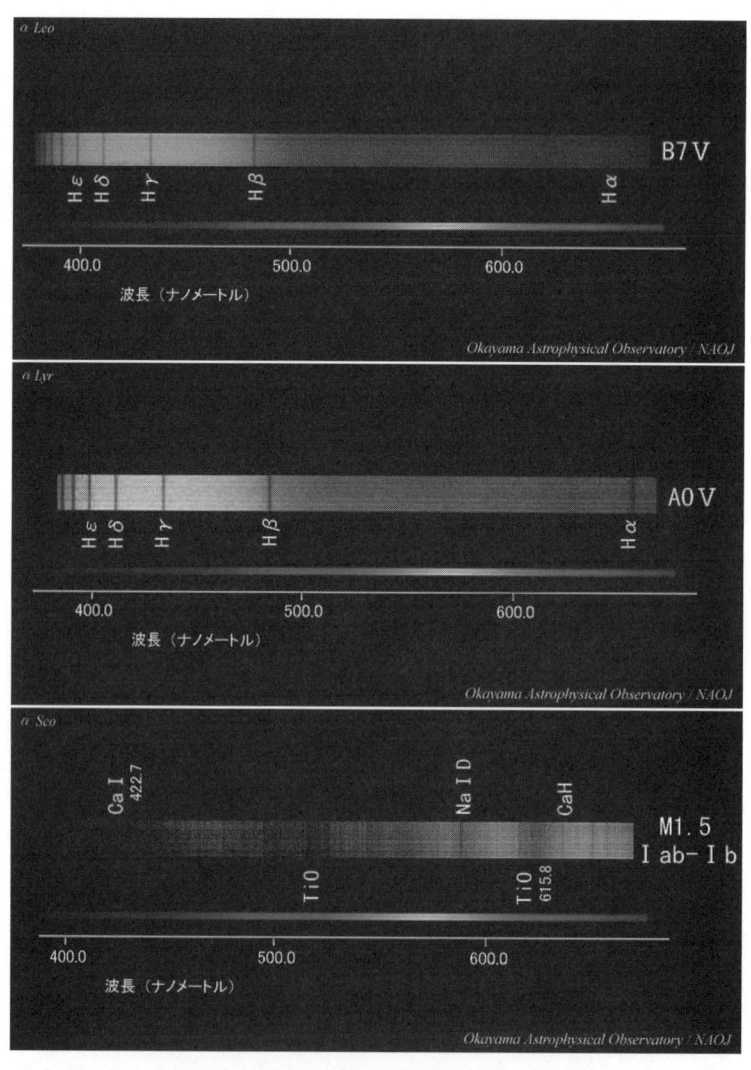

図 20.1　しし座 α 星レグルス（B7V），こと座 α 星ベガ（A0V），さそり座 α 星アンタレス（M1I）のスペクトル（岡山天体物理観測所＆粟野諭美ほか『宇宙スペクトル博物館』より）．

スペクトル全体のおおまかな形（連続スペクトル）を見ると，表面温度が 15000 K のレグルスや 9600 K のベガではスペクトルのピークが短波長側にあり，約 3900 K のアンタレスでは長波長側にあるのがわかる．

問 20.1 ウィーンの変位則を用いて，レグルス，ベガ，アンタレスの表面温度に対応する黒体輻射のピーク波長を求めてみよ．

星が放射している光を全波長域で積分した総放射量と星までの距離がわかれば，星の光度 L が計算できる．さらに星の半径 R がわかれば，$L = 4\pi R^2 \sigma T^4$ から星の温度が計算できる（8 節）．この考え方で算出した温度を**有効温度** T_{eff}（effective temperature）という．

星の全波長域のスペクトル，距離，半径すべてを測定するのは大変なので，有効温度が求められないことも多い．その場合，例えば，星の連続スペクトル部分にもっともフィットする黒体輻射の温度を適用する方法がある．この方法で決める温度を**色温度**（color temperature）と呼ぶ．色温度は有効温度より少し高めの値になる．

さらに，星までの距離などがわかっていれば，ある波長での光の強度（絶対的な強度）から黒体輻射を仮定して温度を決めることもある．この方法で決められる**輝度温度**（brightness temperature）は，電波天文学ではごく普通に用いられる（38 節）．

一方，線スペクトルに注目すると，特定の波長でいくつもの吸収線がある（図 20.2）．レグルスとベガの吸収線の位置がよく一致しているが，これらは水素のバルマー線である（9 節）．一方，アンタレスのスペクトルには非常に多くの吸収線や幅広い吸収帯（バンド）がある．表面温度が低いアンタレスでは，星の大気にいろいろな分子が存在して，このような吸収帯を形成している．

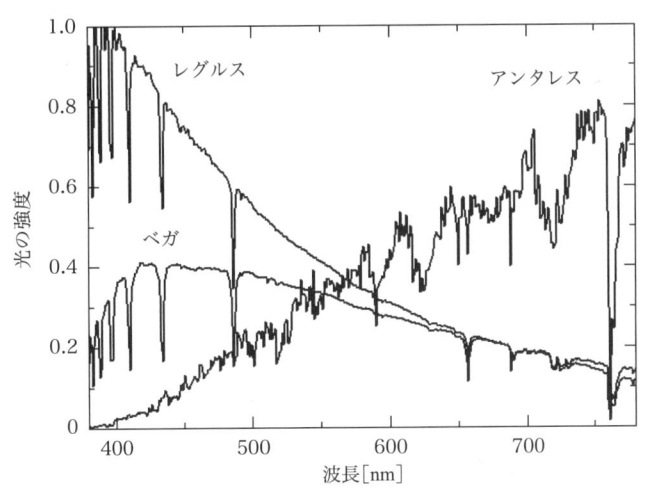

図 20.2 しし座 α 星レグルス（B7V），こと座 α 星ベガ（A0V），さそり座 α 星アンタレス（M1I）のスペクトル図．横軸は波長，縦軸は光の強度（スケールは任意）．

このような星のスペクトルは，おおまかには以下のように説明できる．星はほとんど水素（と少しのヘリウムとごく微量の重元素[*1]）からなる高温のガス球である．その内部は不透明で，輻射場は物質と場所ごとに熱平衡状態になっており（**局所熱平衡**），内部ほど温度の高い

[*1] 天文学では，H と He 以外の元素をひとまとめに**重元素**（metal）と呼ぶ．

黒体輻射スペクトルになっている．星の表層付近では半透明になるが，目に見える星の表面を**光球**（photosphere）といい，半透明な層を星の**大気**（atmosphere）という[*2]．光球からは，その場所でのガスの温度に相当する黒体輻射スペクトルが外部へ放射され，これが連続スペクトルの主な部分を形成している．この連続スペクトルが星の大気を通過する際，大気層に存在する水素や他の元素の束縛-束縛遷移によって線吸収を受けたり，束縛-自由遷移によって連続吸収を受けたりする（6節，9節）[*3]．

以上のようなことから，星の連続スペクトルや線スペクトルを分析することで，恒星大気の物理状態に関する情報が得られる．すなわち，大気の温度，圧力，密度，運動状態，そして元素組成などを知ることができる．

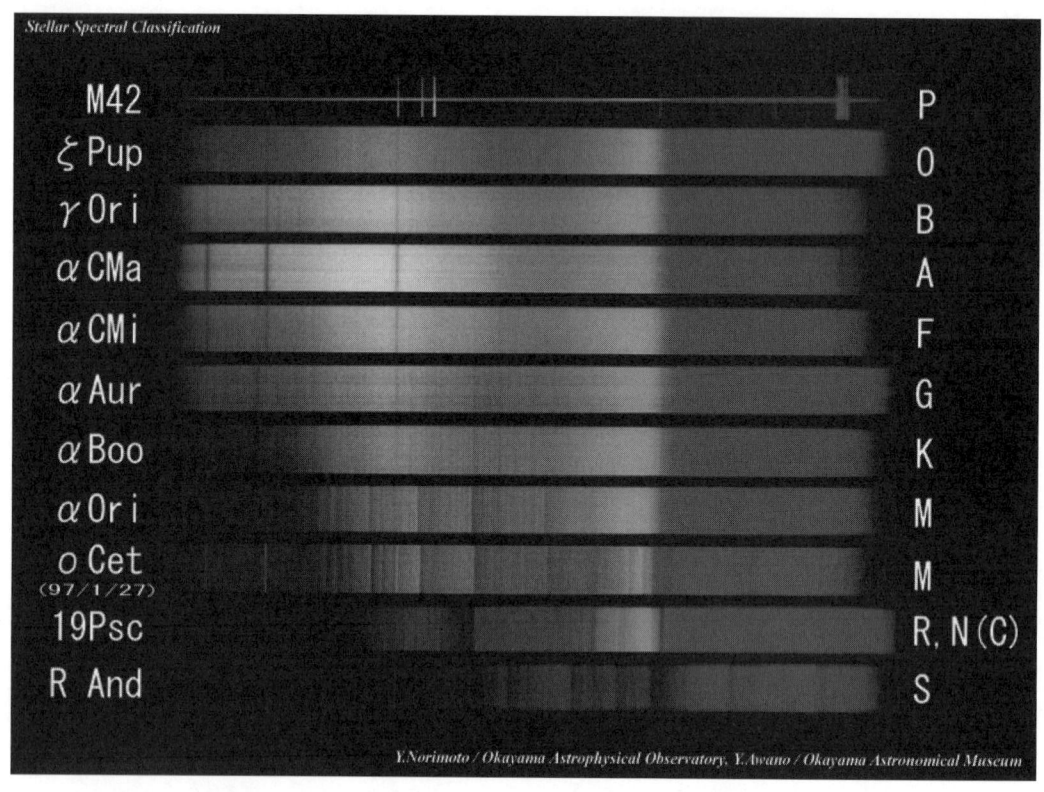

図 20.3　主系列星のスペクトル（岡山天体物理観測所&粟野諭美ほか『宇宙スペクトル博物館』より）．

20.2 星のスペクトル分類

星の内部では光の分布はほぼ黒体輻射で近似できるが，外層大気で種々の吸収などを受けるため，最終的に観測されるスペクトルは星によって千差万別なものとなる．19世紀の終わり頃から，スペクトルに現れる特徴的な吸収線や輝線に着目して星の分類が試みられ，A型，B

[*2]固体の表面があるわけではないので，星の内部と大気とは連続的につながっている．また光の波長によっても光球の位置は変化する．したがって，便宜上，500 nm の可視光に対して不透明になる場所を光球と定義している．

[*3]連続吸収は温度に大きく依存し，表面温度が 10000 K 程度の星では通常の水素原子の連続吸収が強く，太陽のような 6000 K ぐらいの星では水素の負イオンによる連続吸収が重要になり，4000 K 以下ぐらいの低温度星では分子の連続吸収が大きい．

型，C 型…など，いわゆる**スペクトル型**（spectral type）が決められた．その後，20世紀に入って原子物理学が進展するとともに，恒星大気で起こっている物理現象の理解も進み，スペクトル型と星の表面温度（有効温度）が密接に関係していることがわかった．その結果，現在では，表面温度の順にスペクトル型を並べて，以下のようにしている[*4]：

$$O - B - A - F - G - K - M - L - T - Y$$

この大分類に加えて，各スペクトル型を10段階に分ける細分類も使われる（例えば，B型の場合，より高温のO型に近いB0型から，A型に近いB9型まで細分する）．またO型やB型の高温度星を早期型，K型やM型の低温度星を晩期型と呼ぶことがある．各スペクトル型のスペクトル例を図20.3に，表面温度とスペクトル線の特徴を表20.1に示す．

20.3 演習

図20.4に17個の主系列星のスペクトルがランダムに並べてある．この図をコピー（あるいは反転コピー）して，短冊状に切り取り，スペクトル系列の順番に並べ替えてみよう．その際，
（1）まずは，これまでにあったスペクトルに関する知識をすべて忘れ，スペクトル線の類似や相違などだけに注目して並べてみるといい．
（2）作業が捗らなくなったら，次は，水素のバルマー線やカルシウムのH，K線，分子帯，連続スペクトルのピークなどを思い出して，系統的に並べてみよう．

表 20.1 星のスペクトル分類

スペクトル型	表面温度 [K]	スペクトル線の特徴
O	50000–30000	電離ヘリウムおよび高階電離の酸素，炭素，窒素の線がある．水素の吸収線は比較的弱い．
B	30000–10000	中性ヘリウムの吸収線がもっとも強い．水素の吸収線も強くなる．
A	10000–7500	水素の吸収線がもっとも強い．鉄やカルシウムなどの吸収線が現れ始める．
F	7500–6000	電離カルシウムのH，K線などが強くなる．水素の吸収線は弱まる．
G	6000–5300	電離カルシウムのH，K線が水素の吸収線より強くなる．分子による吸収帯が次第に強くなる．
K	5300–4000	電離カルシウムのH，K線は強く幅広く，水素線は比較的弱い．分子の吸収帯がある．
M	4000–2000	中性の重元素の吸収線が非常に強い．酸化チタンによる吸収帯が強くなる．
L	2000–1300	アルカリや水や一酸化炭素の吸収線が目立つ．いわゆる褐色矮星．
T	1300– 700	メタンや水の吸収線が目立つ．赤外線にスペクトルのピーク．メタン矮星．
Y	700–	非常に低温の褐色矮星．

[*4]当初は，L型T型Y型はなく，R型やN型というのがあって，それらを併せて，"Oh! Be A Fine Girl, Kiss Me Right Now." という語呂合わせで覚えた．この十数年の間に赤外線の観測などで低温の星が発見され，L型T型そしてY型という分類が行われた．現在では，"Oh! Be A Fine Girl/Guy/Gay, Kiss Me, Let's Try, Yeah!" ぐらいだろうか．

88　第3章　恒星の世界

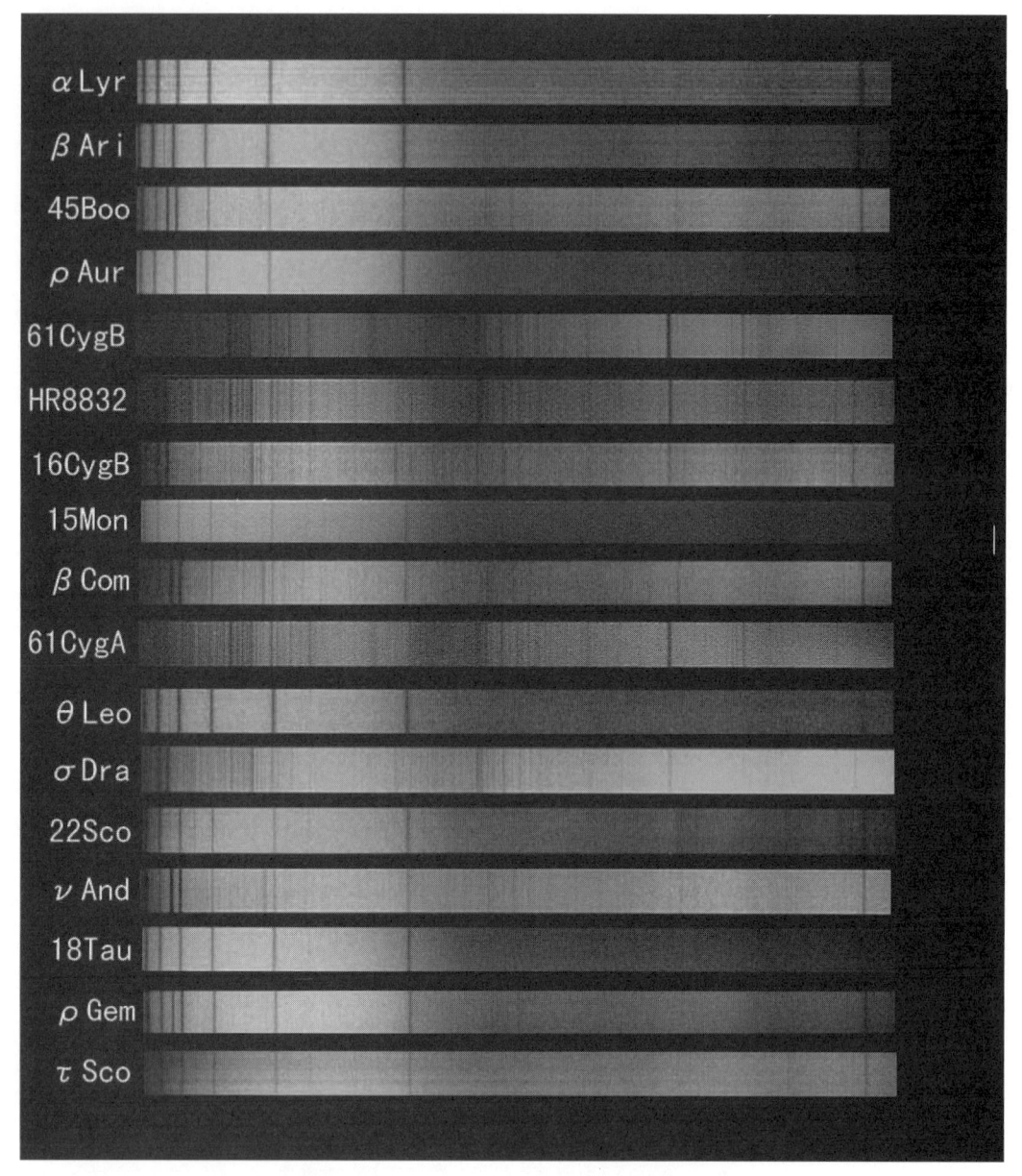

図 20.4　さまざまな主系列星のスペクトル（岡山天体物理観測所&粟野諭美ほか『宇宙スペクトル博物館』より改変）．

（福江　純）

21 スペクトル線の形成

人の顔が一人ひとり違うように，星の容貌―特に可視領域のスペクトル―も一つひとつ異なっている．しかし，そのような見かけ上多種多様な星々も，スペクトルにおける共通の特徴や少しずつ異なった見かけによって分類することができた．ここではスペクトル吸収線の振る舞いと表面温度の関係について，定性的に理解すると同時に，簡単なモデルを用いて定量的な計算を行うことを試みよう．

21.1 スペクトル線の消長

前節の図 20.3 や表 20.1 などを見ると，スペクトル型によってスペクトル線（特に吸収線）の強さが大きく変わっていることがわかる．例えば，中性水素のバルマー線（HI）は，O 型では弱いが，A 型では強く，F 型以降で再び弱くなる．中性ヘリウム（HeI）の吸収線は高温度の B 型でもっとも強い．さらに H，K 線と呼ばれる 1 回電離カルシウム（CaII）の吸収線は，高温度星では弱いが，F 型や G 型で強くなる．各スペクトル型における，これらのスペクトル吸収線の相対的な強さを図 21.1 に示す．

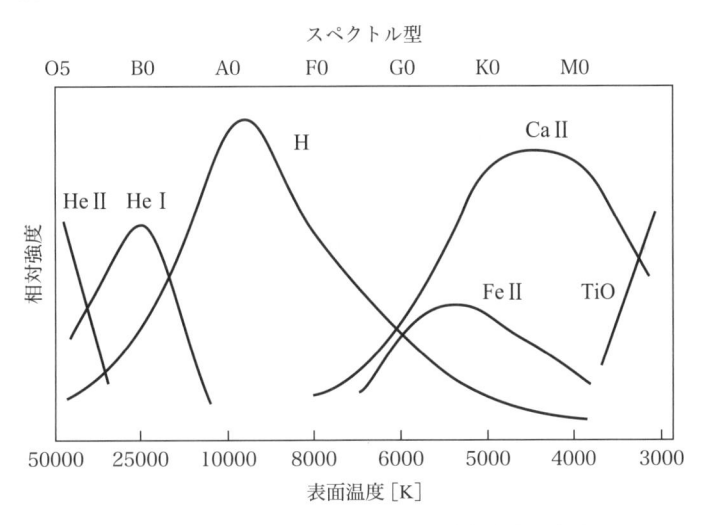

図 21.1 HeI，HI，CaII などの吸収線強度の消長．

このようなスペクトル線の消長は，元素の存在量や大気密度にも関係するが，大きな要因としては，恒星大気の温度によって生じる（A 型より低温の星でヘリウムの吸収線が見られないからといって，低温度の星にヘリウムがないわけではない）．

定性的には以下のように考えればよい．例として，水素のバルマー吸収線（H）を取ってみよう．水素のバルマー吸収線は，水素原子が光子を吸収して第 1 励起状態からさらに高い準位に遷移する際に生じる（9 節）．したがって，第 1 励起状態に励起されている水素原子の割合が多いほど，バルマー吸収線は強くなる．M 型や K 型など表面温度の低い星では，水素原子はほとんどエネルギー最低の基底状態にあるため，バルマー吸収線は弱い．G 型から F 型へ

と温度が高くなると，水素原子もある程度の割合で第1励起状態に励起され，バルマー吸収線は強くなる．ところが温度がさらに高くなると，水素原子は電離されてしまい，中性水素そのものの割合が減って，バルマー吸収線はふたたび弱くなるのである．

このような原子の励起や電離の起こる温度は，元素の種類やその状態によって異なるため，図 21.1 のようなスペクトル線の消長が生じるのである．逆に言えば，可視光の観測でいろいろな元素の吸収線の強さを調べれば，それから星の大気の温度（スペクトル型）を見積ることができる．これがスペクトル分類の本質的意味なのである（実際は，温度以外にもいろいろな物理量がわかる）．

以下では，以上の定性的な解釈の物理的内容を見ていこう．

問 21.1 中性ヘリウム（HeI）の吸収線が高温度星で強い理由を定性的に説明せよ．

問 21.2 1回電離カルシウム（CaII）の H，K 線が K 型で強い理由を定性的に説明せよ．

21.2 ボルツマンの式

星の内部ではガスと輻射は頻繁に相互作用して，ガスは**局所熱平衡**（local thermodynamic equilibrium；LTE）になっている（8節）．熱平衡状態に対しては統計力学を適用することができて，粒子の分布はいわゆる**ボルツマンの式**（Boltzmann equation）に従う．その結果，原子（イオン）の集団の中で，(エネルギー最低の) 基底状態の原子の数 N_0 と，i 番目の励起状態に励起されている原子の数 N_i の比は，

$$\frac{N_i}{N_0} = \frac{g_i}{g_0} e^{-\varepsilon_i/kT} \tag{21.1}$$

と表される．ここで，g_0 と g_i はそれぞれ基底状態と i 番目の励起状態の統計的重みと呼ばれる量で，また ε_i は基底状態から i 番目の励起状態への**励起エネルギー**（excitation energy），k はボルツマン定数，T は絶対温度である．ボルツマンの式の本質的な点は，高いエネルギー状態になるほど粒子の個数が指数的に減少するということである．

問 21.3 温度が高くなると N_i/N_0 はどのように変化するか？

問 21.4 すべての状態の統計的重みを 1 と仮定し（$g_0 = g_i = 1$），i 番目の励起状態への励起エネルギーを i [eV]（$\varepsilon_i = i$ [eV]）とし，$kT = 1$ eV として，具体的に，N_i/N_0 の値を計算してみよ．また $kT = 10$ eV など他の温度に対しても計算してみよ．

21.3 サハの式

ガスの温度が十分高いときは，原子の一部はさらにエネルギーの高い電離状態に遷移する．中性状態と電離状態の間の平衡も熱平衡の一種だが，特に**電離平衡**（ionization equilibrium）と呼ばれる．電離平衡を表す式は，**サハの式**（Saha equation）と呼ばれる．サハの式では，中性状態にある原子の数 N_I と，1回電離の状態にある原子（イオン）の数 N_II の比は，

$$\frac{N_\mathrm{II}}{N_\mathrm{I}} = \frac{2u_\mathrm{II}}{u_\mathrm{I}} \frac{(2\pi m_\mathrm{e} kT)^{3/2}}{h^3 N_\mathrm{e}} e^{-\chi/kT} = \frac{2u_\mathrm{II}}{u_\mathrm{I}} \frac{(2\pi m_\mathrm{e})^{3/2}(kT)^{5/2}}{h^3 P_\mathrm{e}} e^{-\chi/kT} \tag{21.2}$$

と表される．ただし u_I, u_II は分配関数と呼ばれる量で，m_e は電子の質量，h はプランク定数，N_e は電子密度 [個 cm^{-3}]，$P_\mathrm{e}(=N_\mathrm{e}kT)$ は電子圧，χ は**電離エネルギー**（ionization energy）である．

問 21.5 温度が高くなると $N_\mathrm{II}/N_\mathrm{I}$ はどうなるだろうか？

問 21.6 分配関数を 1 と仮定し（$u_\mathrm{I}=u_\mathrm{II}=1$），以下の例について，具体的に，$N_\mathrm{II}/N_\mathrm{I}$ の値を計算してみよ．G 型ぐらい（$T=6000$ K, $\log P_\mathrm{e}=1.08$），A 型ぐらい（$T=10000$ K, $\log P_\mathrm{e}=2.50$），B 型ぐらい（$T=15000$ K, $\log P_\mathrm{e}=2.76$）．ただし，P_e は dyn cm^{-2} を単位として測った電子圧．

21.4 演習

統計的重みや分配関数などの諸量を与えて，上の (21.1) 式と (21.2) 式をきちんと解けば，図 21.1 のような吸収線の消長が求められる．しかし多数の励起状態や高階電離状態を考慮するのは一般に大変なので，ここでは以下のような簡単な原子モデルを用いて，吸収線の消長を計算してみよう．

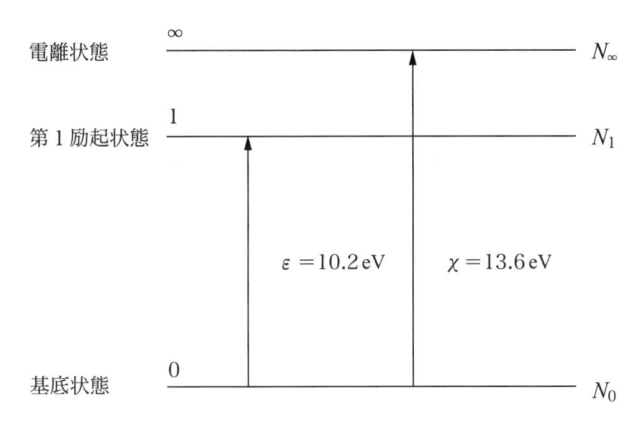

図 21.2 2 準位モデル水素原子．

原子のモデルとしては，水素原子を想定するが，簡単のために，原子の状態には，基底状態，第 1 励起状態，そして電離状態しかないとしよう（図 21.2）．すなわち第 2 励起状態以上の励起状態を無視するわけだが，これは結果的にはよい近似になっている．ある温度で，それぞれの状態にある原子の数を，N_0, N_1, N_∞ とする（全原子数 $N=N_0+N_1+N_\infty$ は一定である）．水素原子では，基底状態から第 1 励起状態への励起エネルギー ε は 10.2 eV，電離エネルギー χ は 13.6 eV である．以下の手順で，第 1 励起状態になっている原子の数の割合 N_1/N が温度によってどのように変わるかを求めてみよう．

(1) 水素原子では，基底状態の統計的重みは 2，第 1 励起状態の統計的重みは 8 である．ボルツマンの式より，

$$\frac{N_1}{N_0}=4e^{-\varepsilon/kT} \tag{21.3}$$

となることを確かめよ．

(2) 水素原子では，分配関数の比は $u_{II}/u_I = 1/2$ である．サハの式から，

$$\frac{N_\infty}{N_0 + N_1} = \frac{(2\pi m_e)^{3/2}(kT)^{5/2}}{h^3 P_e} e^{-\chi/kT} \tag{21.4}$$

となることを確かめよ．

さらに星の大気では，典型的には，$P_e = 10^2$ dyn cm^{-2} 程度なので，数値を代入すると，(21.4) 式は，

$$\frac{N_\infty}{N_0 + N_1} = 4.84 \times 10^7 (kT)^{5/2} e^{-\chi/kT} \tag{21.5}$$

となる．ただし kT は［eV］を単位として測るものとする．この (21.5) 式を確かめよ．

(3) 上の (21.3) 式を変形して，第 1 励起状態にある原子の中性原子に対する割合 $N_1/(N_0+N_1)$ を求め，温度の関数としてグラフに描け．

(4) 次に，上の (21.5) 式を変形して，中性原子の全原子に対する割合 $(N_0+N_1)/(N_0+N_1+N_\infty)$ を求め，温度の関数としてグラフに描け．

(5) 最後に，(3) と (4) の結果から，第 1 励起状態にある原子の全原子に対する割合が，

$$\frac{N_1}{N_0 + N_1 + N_\infty} = \frac{4}{4 + e^{\varepsilon/kT}} \frac{e^{\chi/kT}}{4.84 \times 10^7 (kT)^{5/2} + e^{\chi/kT}} \tag{21.6}$$

となることを確かめ，温度の関数としてグラフに描け．結果を図 21.1 と比べてみよ．

（注）以上の作業は，

T	kT	$\frac{\varepsilon}{kT}$	$\frac{N_1}{N_0+N_1}$	$\frac{\chi}{kT}$	$4.84 \times 10^7 (kT)^{5/2}$	$\frac{N_0+N_1}{N}$	$\frac{N_1}{N}$
［K 単位］	［eV 単位］						

のような欄を用意したテーブルを作成して行うとよい．eV 単位で表した kT を求めるには，まず K 単位の T にボルツマン定数 k ($= 1.3807 \times 10^{-23}$ J K^{-1}) を掛け，1 eV のエネルギー (1.6022×10^{-19} J) で割ればよい．また温度すなわちグラフの横軸は，5000 K から 15000 K まで 500 K 刻みぐらいに取るとよい．グラフの縦軸は，原子の割合なので，0 から 1 と取るのが適当だが，$(N_0+N_1)/N$ と N_1/N の値は非常に小さくなるので，それぞれ 1000 倍および 10 万倍してプロットすること．

21.5 研究

ヘリウムの場合で上と同じ作業をしてみよう．
(1) 中性ヘリウム（HeI）の励起エネルギーは 20.87 eV で，電離エネルギーは 24.59 eV である．統計的重みや分配関数は 1 と置いて，上と同じ作業をしてみよ．
(2) 1 回電離ヘリウム（HeII；$\varepsilon = 48.16$ eV, $\chi = 54.42$ eV）の場合はどうなるか．

（福江　純）

22 恒星のHR図

　星の性質を理解するためには，星を分類し，分類された星を系統立てて調べ，包括的に研究を進めることが出発点となる．夜空で星を眺めてみると，星の明るさと色に違いがあることに気付く．明るさは星本来の明るさと距離とに密接に関係する．また，星の色は表面温度やスペクトル型と密接に関係している．これまでの研究から，星本来の明るさ（光度または絶対等級）と色（スペクトル型，表面温度，または色指数）という二つの観測量で，星の質量や年齢，ひいては内部構造といった星の物理的な性質を見事に分類できることが知られている．星本来の明るさと色を両方用いた星の分類法（HR図；図 22.1）は，星の質量や進化段階の違いを読み取ることができ，星を研究するための基本的で重要な手法となっている．この節では，星の分類法の基本となる HR 図について学ぼう．

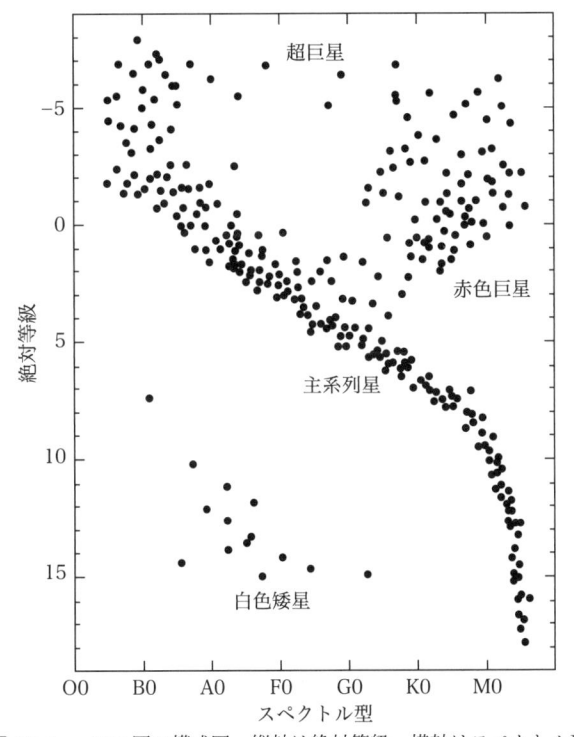

図 22.1 HR 図の模式図．縦軸は絶対等級，横軸はスペクトル型．

22.1 HR 図と主系列星，赤色巨星，白色矮星，褐色矮星

　星のスペクトル分類法（O–B–A–F–G–K–M–L–T–Y；20 節参照）は，恒星を表面温度（星の色）の系列で分類したものである．われわれが星の観測から得られる情報には，明るさ（見かけの等級）というもう一つの情報があり，距離の情報を用いると星本来の明るさ（光度または絶対等級）の情報を得ることができる．そこで，星のスペクトル型（表面温度または色）という情報と，光度または絶対等級というもう一つの情報を合わせて，2 種類の情報で星を分類すると，どのようになるだろうか？　これが HR 図の始まりである．

HR図（Hertzsprung-Russell diagram；HR diagram）とは，図22.1のように，星の絶対等級（光度）を縦軸に，スペクトル型（表面温度または色指数）を横軸にとって星をプロットした図である．ヘルツシュプルング（Hertzsprung）とラッセル（Russell）によって考案された図であるため，彼らの頭文字をとってHR図と呼ばれている．HR図の縦軸は，上に行くほど光度が明るく（したがって絶対等級の数値は小さく）なるようにとり，横軸は，スペクトル型のO型からM型（L型やT型も含む場合もある）まで左から順に並ぶようにとる．したがって，横軸は左側が高温で，右に行くほど低温となる．距離を年周視差から求めることのできる太陽近傍の多数の星でHR図を作成すると，図22.1に示すような特徴的な分布を示す．

まず太陽（絶対等級4.8等，G2型）を含む大多数の星が，HR図の左上から右下に向かって斜めに延びる帯状の領域に分布していることがわかる．この領域の星は高温なほど明るく，逆に低温なほど暗い星々である．この領域を主系列といい，ここに属する星を**主系列星**（main sequence）と呼ぶ．主系列星には高温で明るい星から低温で暗い星までが含まれ，現在の太陽も主系列星である．

図22.1のHR図を見ると，主系列以外の領域にも，他の星のグループがあることがわかる．HR図の右上に分布するグループは，低温だが明るい星であり，**赤色巨星（超巨星，巨星）**（red giant, super giant, giant）と呼ばれる．また，HR図の左下に分布するグループは，高温だが暗い星であり，**白色矮星**（white dwarf）と呼ばれる．

その他，図22.1には示されてないが，HR図上で最も暗い主系列星のさらに右下に，より低温で暗い星々が存在しており，**褐色矮星**（brown dwarf）と呼ばれる．褐色矮星は，質量が太陽質量の8%（木星の質量の80倍）以下であるため，中心部で水素の核融合反応を安定して起こすことができない天体である[*5]．褐色矮星は収縮による重力エネルギーで細々と輝きながら，やがてそのエネルギーを使い果たして非常に低温の暗黒天体になってしまうと考えられている．褐色矮星の明るさは白色矮星と同程度である一方で，他の恒星と比べて非常に低温である．

22.2 星の大きさとHR図

HR図を見ると，表面温度（すなわち色指数やスペクトル型）が同じでも光度が大きく異なるグループが存在する．星の光度Lは，星の半径Rの2乗と表面温度Tの4乗に比例する（8節）．これは，ステファン・ボルツマン定数をσとして，

$$L = 4\pi\sigma R^2 T^4 \tag{22.1}$$

と表される．太陽についても（22.1）式が成り立つので，太陽の光度，半径，表面温度を$L_\odot$，$R_\odot$，$T_\odot$，恒星のそれらをL，R，Tとすれば，太陽と恒星との光度比$L/L_\odot$は，

$$\frac{L}{L_\odot} = \left(\frac{R}{R_\odot}\right)^2 \left(\frac{T}{T_\odot}\right)^4 \tag{22.2}$$

[*5] 陽子と中性子からなる原子核を持つ重水素は，ふつうの水素と比べて核融合反応のしきい値が低い．したがって，褐色矮星の組成に重水素が含まれていれば，褐色矮星が重水素の核融合を起こすことはあると考えられている．

となる．したがって，半径が同じなら表面温度の高い星ほど明るく輝き，表面温度が同じなら，半径が大きい星ほど明るく輝く．例えば，太陽と同じ表面温度で，光度が太陽の1万倍明るい（絶対等級が10等明るい）恒星の半径は，太陽の100倍になる．低温のために色が赤いが光度の大きい赤色巨星は，半径が非常に大きな星である．例えば，赤色巨星の代表例の一つであるオリオン座のベテルギウス（α Ori）の半径は太陽の約800倍で，太陽-木星の距離に匹敵する．これとは逆に，高温だが光度が非常に小さな白色矮星は，半径が非常に小さな星である．

ここで，恒星の絶対等級をM_V，太陽の絶対等級を$M_{V\odot}$とすれば，光度と絶対等級の関係（18節）から，

$$M_{V\odot} - M_V = \frac{5}{2}\log\left(\frac{L}{L_\odot}\right) \tag{22.3}$$

が成り立つ．(22.2) 式を (22.3) 式に代入してM_Vを求めると，

$$M_V = M_{V\odot} - 5\log\left(\frac{R}{R_\odot}\right) - 10\log\left(\frac{T}{T_\odot}\right) \tag{22.4}$$

の関係を得る．この関係式から，HR図上での星の半径の違いが読み取れる．つまり，HR図の右上の低温（赤色）で絶対等級の明るい（光度の大きい）領域に位置する星は半径が非常に大きな星（巨星）であり，左下の高温（白色）で絶対等級の暗い（光度の小さい）領域に位置する星は半径が非常に小さな星（矮星）となる．これが赤色巨星や白色矮星の名称の由来である．

また，表面温度は同じであるが，光度と半径が異なるということは，星の内部構造に違いがあることを反映しており，それらの星が異なる進化段階にいることを表す．逆に，何か別の観測データからその星の進化段階がわかれば，HR図を使って，星の色（表面温度やスペクトル型）からエネルギー（光と熱）放射率である星の光度を推定することができる．

問 22.1 (22.1) 式から (22.2) 式を導け．

問 22.2 (22.2)，(22.3) 式から (22.4) 式を導け．

22.3 恒星の進化段階とHR図

近距離星のHR図からは，それぞれのグループに属する星の数の違いも読みとれる．大部分の星は主系列に位置し，赤色巨星や白色矮星の割合はわずかである．主系列星の数が著しく多いことは，恒星が，一生の大部分を主系列で過ごすことを表す[*6]．恒星の進化モデルから，赤色巨星，白色矮星は主系列星が進化した段階であることがわかっている．HR図上でわけられるそれぞれのグループと恒星の進化との関係については，理論的な推測とその定式化に基づいた計算（進化モデル）によって知ることができる．現在では，大型コンピューターによる数値計算とさまざまな恒星についての観測から，恒星がどのように進化をするのかが詳細にわかってきている．理論計算から，ある一つの恒星に着目したときに，進化とともにHR図上の位置がどう変わるかを知ることができる（25節）．したがって，光度と温度がわかっている

[*6] HR図は一つの星自体の進化を表しているわけではなく，多数の星々のスナップショットに近い．例えば都会の雑踏を眺めたとき，子どもや老人は少なく，多くが成人であるだろう．それと同様で，進化の過程で滞在時間の長い状態にある星々が多くなる．

恒星をHR図にプロットし，理論計算による進化の軌跡と比較することで，恒星の進化段階を推測することができる．つまり，HR図は恒星の進化段階を知るうえでも非常に重要な図である．以下では，各グループの特徴についてまとめておこう．

(1) 主系列星：水素がヘリウムに変わる核融合反応のエネルギー（17節）によって輝いている時期の恒星である．水素の核融合は星の中心部（半径の1–2割ほどの領域）で起こる．主系列星の段階では，中心部の核融合反応で生じるエネルギーによって高温となったガスの圧力（大質量星では輻射の圧力も加わる）と星のガスが自分自身の重力で収縮しようとする自己重力とが釣り合っており（力学平衡と呼ばれる），さらに中心部で発生するエネルギー発生率と表面から放射される輻射の量も釣り合っていて（エネルギー平衡と呼ばれる），星の進化の中では非常に安定した状態で存在している．星はその一生の大部分の時間を主系列星として過ごす．星が生まれてから主系列星に至るまではHR図上で大きく移動するが，主系列星の間は，HR図上ではほぼ一定の場所に落ちつく．主系列星の半径や表面温度，光度，内部構造，寿命などの物理量は，その質量だけでほぼ決まり，質量の大きな星ほど進化の速度が速い（早く水素を使い切る）という性質がある（25節，26節）．

(2) 赤色巨星（巨星，超巨星）：水素の核融合反応により恒星中心部の水素がヘリウムに変わってしまうと，水素の核融合反応は中心のヘリウム核を取り囲む殻状の領域へ移る．ヘリウム核の内部ではエネルギーを生み出せないため，ヘリウム核は星の自己重力によって少し収縮する．そのため中心部での圧力勾配が強くなり，それをならすために外層のガスは大きく膨張する．その結果，星の表面積は大きくなるが，一方で，表面温度は下がる．これらの変化に伴い，太陽質量ぐらいの星だと光度が増加してHR図の右上の方へ移動し，大質量の星は光度をあまり変えないままHR図を右の方へ移動することになる（25節）．このような進化の段階にある星を赤色巨星と呼ぶ．星の半径は太陽の半径の100倍から1000倍にもなる．

(3) 白色矮星：星の表面温度は1万K以上で青白いが，大きさが非常に小さな星のために，放射する光の量は少ない．太陽質量程度の星の場合，主系列星から赤色巨星になった後，さらに膨張した外層が星の外へ流れ出していく．そのときに残された中心部分が白色矮星として残る．白色矮星は核融合反応によるエネルギーの生成はしておらず，内部に残った熱エネルギーのみで光っており，次第に冷えて暗くなっていく．

このように，恒星にはさまざまな物理状態のものがあることがHR図から読み取れる．この多様性は単に異なる種類の星を表しているわけではない．恒星は生まれて輝き，やがて死を迎えるまでの間，核融合反応により軽い元素から重い元素をつくり，重力と圧力が釣り合うように星が内部構造や組成を変化させる．恒星のさまざまな姿は，恒星が進化する各段階で示す姿であり，それが多様な姿として観測されているのである．星はその一生を終えるまでに，何百万年から何百億年もかかる．寿命が非常に長いため，一つの星の進化過程を観測から直接調べることは不可能であるが，多種多様な恒星の観測結果と理論計算から予測される姿とを比較することにより，星の進化の過程が明らかになってきている．

問22.3 付表17の1等星（1.5等級より明るい星）の中から赤色巨星をリストアップせよ．また，付表16の近距離星の中から白色矮星をリストアップせよ．

問 22.4 付表 14 に示された各色指数 $B-V$ に対応する表面温度 T を (22.4) 式に代入することにより，その色指数における $R = R_\odot$ の恒星の絶対等級 M_V を求めよ．ただし，$M_{V\odot} = 4.8$，$T_\odot = 5800\ \mathrm{K}$ とせよ．

問 22.5 (22.4) 式を用いて，$R = 10 R_\odot$ の恒星の絶対等級 M_V は，問 22.4 で求めた $R = R_\odot$ の恒星の絶対等級よりちょうど 5 等級明るいことを示せ．

問 22.6 同様にして，$R = 0.01 R_\odot$，$R = 0.1 R_\odot$，$R = 100 R_\odot$，$R = 1000 R_\odot$ の恒星の絶対等級 M_V と $R = R_\odot$ の恒星の絶対等級との関係を調べよ．

22.4 演習

(1) 横軸に恒星の色指数 $B-V$，またはスペクトル型（温度）を，縦軸に実視絶対等級 M_V をとり，付表 16 の近距離星のデータから近距離星の HR 図を，● でプロットして作成せよ．

(2) 付表 17 の明るい恒星のデータの中から 1 等星（実視等級が 1.5 等級より明るい恒星）を抜き出し，HR 図中に ○ でプロットせよ．なお，近距離星で 1 等星となる星については ● と ○ を重ねた ⊙ の記号でプロットせよ．

(3) 問 22.4〜22.6 の結果を利用して，ここで作成した近距離星と 1 等星の HR 図中に $R = 0.01 R_\odot$，$R = 0.1 R_\odot$，$R = R_\odot$，$R = 10 R_\odot$，$R = 100 R_\odot$，$R = 1000 R_\odot$ となる 半径 ＝ 一定 の線をなめらかな曲線で記入せよ．

(4) これらの HR 図の中で，半径の最も大きな恒星，半径の最も小さな恒星，表面温度の最も高い恒星，表面温度の最も低い恒星の名称と，それらのおおよその値を求めよ．

(5) (4) で求めた半径が最も大きい恒星と最も小さな恒星の質量が太陽質量と同じであるとしたときの平均密度をそれぞれ求め，太陽の平均密度と比べてみよ．

22.5 研究

演習で作成した HR 図から，1 等星はたまたま太陽の近くにあるから明るいのではなく，絶対等級そのものが明るいことがわかる．絶対等級が明るい恒星は遠くのものまで観測できるが，暗い星は近くのものしか観測できない．これらのことを考慮して，各グループの恒星の存在比率，主系列星のうち絶対等級が明るい恒星と暗い恒星の存在比率について考察してみよ．

参考文献
野本憲一ほか編『恒星』（シリーズ現代の天文学 7）日本評論社（2009 年）

（大朝由美子，沢 武文）

23 星団の色-等級図

　星団は，同じガスからほぼ同時に生まれた恒星の集団である．そのため，星団の中にはさまざまな質量を持つ恒星が同じ年齢で存在しており，恒星の性質や進化の様子を調べるのに都合がよい．恒星の物理的性質や進化の様子はHR図によってよく知ることができる．星団を構成する恒星までの距離はすべて等しいとみなせるので，HR図の縦軸の絶対等級の代わりに見かけの等級を用いて，HR図と同様な色-等級図を作ることができる．ここでは散開星団の色-等級図を作成し，それを用いて星団の距離や年齢を推定する方法を学ぼう．

23.1 星団の色-等級図

　星団中の恒星までの距離はすべて等しいとみなせるので，同じ星団内では，その星団に含まれる恒星の見かけの等級と絶対等級の差（距離指数）はすべて等しくなる．このため，縦軸に恒星の見かけの等級を，横軸に恒星の色指数をとり，HR図と同様の図を作ることができる．これを星団の**色-等級図**（color-magnitude diagram）という．色-等級図はHR図を距離指数分だけ縦軸方向に平行移動させた図になる（図23.1）．

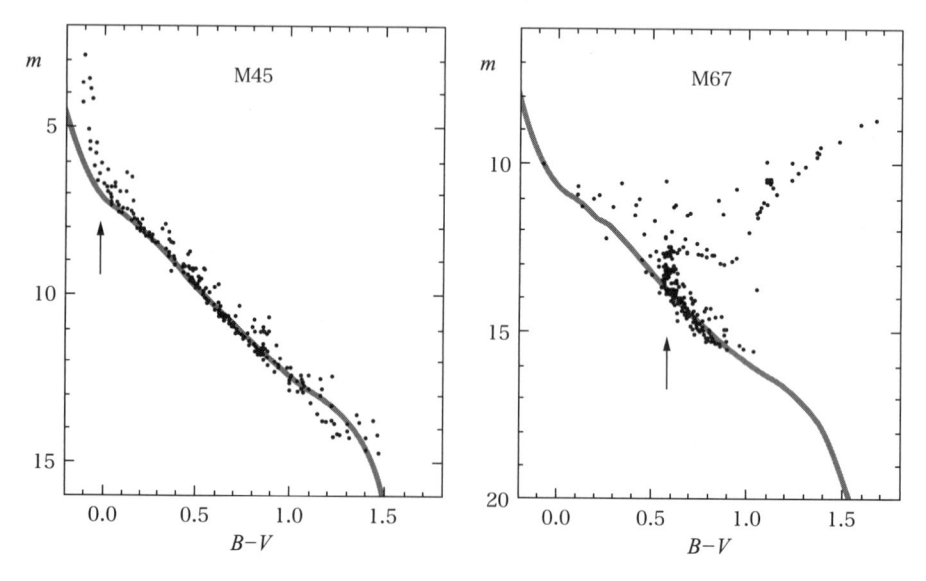

図 23.1　比較的若い M45（プレアデス星団，左）と非常に古い M67 星団（右）の色-等級図．図中の太い灰色の線は主系列を表し，矢印は転向点の位置を表す（M45 は H. L. Johnson and R. I. Mitchell, 1958, ApJ, **128**, 31; M67 星団は K. A. Montgomery et al., 1993, AJ, **106**, 181; 主系列星は Allen's Astrophysical Quantities, Forth edition, 2000 のデータによる．）．

　星間ガスから星団がつくられるとき，星団中にはさまざまな質量を持つ恒星が生まれる．星団ができたばかりのときは，すべての恒星が主系列星なので，色-等級図にも主系列の帯ができる．しかし，恒星は質量が大きいほど早く主系列から離れ，赤色巨星へと進化するため，時間が経つにつれ，主系列の帯は左上の部分から少しずつ右上方向に折れ曲がり，やがて右上の赤色巨星の部分の恒星が増加することになる．図23.1に示すように，実際に星団の色-等級図

を作ってみると，主系列の帯とそこから赤色巨星に進化しようとしている折れ曲がり部分や，既に赤色巨星に進化している星が見られる．なお，図 23.1 の M45 のように，赤色巨星が見られない星団もある．

　星団の色-等級図に現れる主系列星の部分を用いて，星団までの距離を推定することができる．星団中の主系列星も太陽近傍の主系列星と同じ物理的性質（絶対等級，表面温度，質量，色指数等）を持つはずである．恒星の表面温度は距離によらないので色指数も距離によらないと考えられる（実際は星間吸収により色指数は一般に少し大きくなるが，ここではこの影響は考えないことにする）．したがって，同じ色指数の主系列星であれば，星団の恒星も近距離星も同じ絶対等級を持つはずである．いま，色指数が $B-V$ である近距離星の主系列星の絶対等級を M_V とし，それと同じ色指数を持つ星団の主系列星の見かけの等級を m とする．これらの恒星の絶対等級は等しいはずであるので，この星団までの距離を r [pc] とすれば，

$$m - M_V = 5 \log r - 5 \tag{23.1}$$

の関係が成り立つ．このように，星団の色-等級図の主系列星の見かけの等級と近距離星の主系列星の絶対等級とから星団の距離指数が得られ，星団までの距離 r を求めることができる（19 節）．実際には等級のばらつきによる誤差を小さくするために個々の星を用いず，主系列の帯全体から距離指数 $m - M_V$ を求める．

　星団の色-等級図には主系列から赤色巨星に進化しようとしている部分がよくみられる．これは主系列が図の左上側で右上方向に折れ曲がっている部分に対応し，その色指数の最も小さい場所を**転向点**（turnoff point）という（図 23.1）．この転向点の色指数から星団の年齢を推定することができる．質量の大きい（したがって色指数の小さい）主系列星ほど早く赤色巨星へ進化するので，この転向点の色指数が小さいほど若い星団，大きいほど古い星団ということになる（25 節）．表 23.1 にこの転向点の色指数と星団の年齢の関係を示す．

問 23.1 表 23.1 から，転向点の色指数を横軸に，年齢（年単位）の常用対数の値を縦軸にとり，星団の転向点の色指数と年齢の関係をグラフに表せ．

問 23.2 図 23.1 に示す 2 つの星団の転向点の色指数から，これらの星団の年齢を推定せよ．

23.2 演習

　以下の手順で表 23.2 と表 23.3 に与えられた星団の色-等級図を作成し，星団の距離と年齢を推定せよ．

(1) 表 23.2 と表 23.3 に与えられた散開星団の色-等級図を，それぞれ 21 節で作成した近距離星と明るい恒星の HR 図と同じスケールでトレーシングペーパーのグラフ用紙に作成する．

(2) 近距離星の HR 図の絶対等級の軸と星団の色-等級図の見かけの等級の軸を重ねて上下にずらしながら，2 つの図の主系列星の帯を一致させる．

(3) このときの縦軸の同じ場所で，HR 図の絶対等級 M_V の値と色-等級図の見かけの等級 m の値を読み取り，距離指数 $m - M_V$ を求める．

(4) (23.1) 式により星団の距離 r を求める．

(5) 転向点の位置の色指数を求め，星団の年齢を推定する．

第 3 章 恒星の世界

表 23.1 散開星団の転向点の色指数と年齢との関係（V. Castellani, A, Chieffi, and O. Straniero, 1992, ApJS, **78**, 517 による）．

色指数 $B-V$	−0.205	−0.130	−0.055	0.010	0.075
年齢［年］	1.0×10^8	2.0×10^8	4.0×10^8	6.0×10^8	8.0×10^8
色指数 $B-V$	0.136	0.226	0.312	0.413	0.476
年齢［年］	1.0×10^9	1.5×10^9	2.0×10^9	3.0×10^9	4.0×10^9
色指数 $B-V$	0.547	0.590	0.621		
年齢［年］	6.0×10^9	8.0×10^9	1.0×10^{10}		

表 23.2 散開星団 M44（プレセペ星団）の見かけの等級と色指数（H. L. Johnson, 1952, ApJ, **116**, 640 による）．

No.	m	$B-V$	No.	m	$B-V$	No.	m	$B-V$
1	11.65	0.78	16	7.32	0.19	31	11.03	0.65
2	8.25	0.23	17	9.23	0.39	32	6.78	0.17
3	12.33	0.91	18	12.06	0.84	33	7.92	0.24
4	6.75	0.19	19	9.79	0.47	34	10.47	0.57
5	8.14	0.21	20	6.39	0.98	35	6.90	0.96
6	9.00	0.32	21	12.64	1.02			
7	10.80	0.60	22	11.01	0.78			
8	9.31	0.49	23	6.61	0.11			
9	7.45	0.26	24	8.81	0.32			
10	8.50	0.25	25	6.44	1.02			
11	11.31	0.70	26	6.78	0.26			
12	6.67	0.25	27	9.37	0.41			
13	7.67	0.20	28	6.30	0.17			
14	6.56	0.96	29	8.65	0.29			
15	10.23	0.51	30	7.80	0.22			

表 23.3 散開星団 NGC2420 の見かけの等級と色指数（R. D. M. Clure et al., 1974, ApJ, **189**, 409 による）．

No.	m	$B-V$	No.	m	$B-V$	No.	m	$B-V$
1	11.52	1.24	16	14.33	0.47	31	16.73	0.60
2	14.40	0.85	17	11.39	1.39	32	16.03	0.50
3	14.86	0.45	18	12.61	0.90	33	16.30	0.61
4	11.76	0.90	19	14.23	0.64	34	15.78	0.46
5	11.56	1.13	20	14.57	0.42	35	15.54	0.48
6	17.26	0.69	21	15.15	0.39	36	15.96	0.52
7	13.95	0.43	22	12.45	0.20	37	14.56	0.42
8	13.52	0.97	23	14.82	0.38	38	17.22	0.77
9	15.94	0.47	24	14.11	0.61	39	16.30	0.56
10	15.04	0.43	25	14.51	0.47	40	16.90	0.67
11	14.68	0.41	26	16.50	0.55			
12	15.25	0.47	27	17.04	0.63			
13	13.10	0.41	28	13.66	0.03			
14	12.40	1.04	29	16.68	0.69			
15	12.58	1.00	30	15.37	0.41			

参考文献

Cox, A. N. ed., 2000, "Allen's Astrophysical Qiantities" (Forth Edition), Springer.

野本憲一ほか編『恒星』（シリーズ現代の天文学 7）日本評論社（2009 年）

（沢　武文）

24 恒星の内部をさぐる

　夜空に輝く恒星は，膨大なガスが自身の重力で集積した結果，形成され，ほぼ球状の形状を保っている．集積したガスが自身の重力で一点にまで収縮しないのは，恒星中心部での核融合反応によって絶え間なくエネルギーが生成され，ガスが加熱されることで，重力に抗するだけの圧力を生み出しているためである．恒星内部の構造は，このガスの圧力と重力のバランスによって決まってくる．ここでは，恒星の内部構造を学ぶことにしよう．

24.1 静水圧平衡：恒星の内部構造の基本方程式

　太陽のような恒星は，電離した気体（水素とヘリウムからなるプラズマ）からなる．恒星のように自らの重力でまとまっている天体は，内部の圧力が高くなっていて自身の重力を支えている．一般にその内部には地球大気や地球内部と同様に対流現象が存在する．しかし，恒星の内部構造を解く際の第ゼロ近似としては，プラズマ気体の運動は無視してよい．運動していない気体には重力と圧力差による力が作用するのだが，これらの力が釣り合うとみなす．この状態を「恒星は**静水圧平衡**（hydrostatic equilibrium）にある」という．

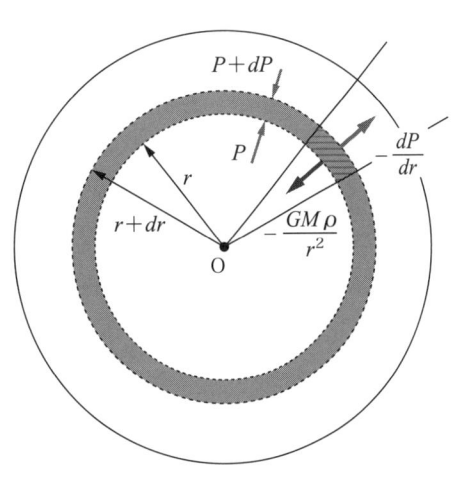

図 24.1　星内部の重力平衡．

(1) 静水圧平衡の式

　恒星が球対称で力学的に平衡状態にあるとしよう．天体内部の半径 r における圧力を $P(r)$，密度を $\rho(r)$ とし，$M_r(r)$ を半径 r 以内にあるガスの質量，G を万有引力定数とする．このとき，ガスの運動方程式に対して，

$$\rho(r)\frac{d^2r}{dt^2} = -\frac{GM_r(r)\rho(r)}{r^2} - \frac{dP(r)}{dr} = 0 \tag{24.1}$$

が成立する．中央の式の第1項目は，半径 r の位置にあるガスに働く（内向きの）重力であり，第2項目は圧力差（圧力勾配）によって外向きに働く力である．なお，半径 r から $r+dr$ の間の球殻の質量 dM_r は，

$$dM_r(r) = 4\pi r^2 \rho(r) dr \tag{24.2}$$

である．静水圧平衡にある天体の内部構造（圧力分布）を解くためには，上記2本の方程式に加えて，$\rho(r)$ と $P(r)$ の間の関係式（状態方程式）が必要である．これらを適当な境界条件のもとで解くことになる．

問 24.1　密度 ρ が圧力 P によらず一定である場合について，(24.1) 式と (24.2) 式を解いて天体内部の圧力分布を求めよ．その際，境界条件として，天体の中心（$r=0$）で $M_r = 0$，

$P = P_c$ とし，星の表面 ($r = R$) で $P = 0$ とせよ．さらに，中心での圧力 P_c を天体の全質量 M と天体の半径 R を用いて記述せよ．また，圧力分布 $P(r)$ の概要を表すグラフを描け．

(2) 状態方程式

星を構成しているガスの状態方程式，化学組成，吸収係数，エネルギー発生率などは，原子・原子核物理学の知識を用いて計算することができる．しかしながら，この作業は一般に非常に複雑である．そこで，星の内部構造を理解するために，しばしば簡単な仮定のもとでその平衡解を考察する．核融合反応の詳細がわかっていなかった時代には，**ポリトロピック関係式**（polytropic relation）と呼ばれる式，

$$P = K\rho^\gamma \tag{24.3}$$

が用いられた．ここで，K はガスのエントロピーと関連した定数である．また，$\gamma = 1 + 1/N$ とおき，定数 N を用いた表式を利用することもある．なお，N は**ポリトロピック指数**と呼ばれる．これを静水圧平衡の式と連立して解けば，星の内部構造の最も簡単なモデルが得られる．

静水圧平衡の式，球殻の質量 dM_r についての式，状態方程式から P, M_r を消去すると，以下のような密度 ρ のみに関する微分方程式が得られる：

$$\frac{d}{dr}\left[\frac{r^2}{\rho}\frac{d}{dr}(K\rho^\gamma)\right] = -4\pi G r^2 \rho. \tag{24.4}$$

(3) エムデン方程式（無次元化のパラメータ／無次元化された方程式）

以下により無次元パラメータ θ と ξ を導入する：

$$\rho = \rho_c \theta^N, \qquad r = \alpha\xi, \qquad \alpha \equiv (N+1)^{1/2}\left(\frac{P_c}{4\pi G \rho_c^2}\right)^{1/2}. \tag{24.5}$$

このような変数変換を行なうと，(24.4) 式は

$$\frac{1}{\xi^2}\frac{d}{d\xi}\left(\xi^2 \frac{d\theta}{d\xi}\right) = -\theta^N \tag{24.6}$$

と変形できる．この式は，エムデン方程式あるいは**レーン-エムデン方程式**（Lane-Emden equation）と呼ばれる．ここで，P_c は中心圧力，ρ_c は中心密度である．エムデン方程式を解けば恒星の内部構造が求まる．境界条件としては，以下の条件を課せばよい：

(1) $\xi = 0$ で $\theta = 1$　　　($r = 0$ で $\rho = \rho_c$)

(2) $\xi = 0$ で $d\theta/d\xi = 0$　　($r = 0$ で $d\rho/dr = 0$)．

問 24.2 星の中心で与える境界条件について，その物理的意味について説明せよ．

24.2 恒星の中心温度と中心圧力

ここでは近似的な手法を用いて恒星内部の中心温度や中心圧力を推定してみよう．

(1) 中心圧力

恒星の中心圧力のおおよその値は，静水圧平衡式の圧力勾配の項の微分を

$$\frac{dP}{dr} \to -\frac{P_c}{R} \tag{24.7}$$

と近似することで容易に得られる．ここで R は恒星の半径である．圧力勾配が，星の中心から表面にかけてほぼ一定とみなせる場合には，この近似は有効である．さらに，M を恒星の全質量，$\bar{\rho}$ を恒星の平均密度として，$M_r \to M$, $\rho \to \bar{\rho}$ とすると，静水圧平衡の式は，

$$\frac{P_\text{c}}{R} \sim \frac{GM\bar{\rho}}{R^2} \tag{24.8}$$

となる．ここで，$\bar{\rho} = (3M)/(4\pi R^3)$ なので，

$$P_\text{c} \sim \frac{3GM^2}{4\pi R^4} \tag{24.9}$$

となる．

(2) 中心温度

中心温度 T_c は，中心圧力 P_c と平均密度 $\bar{\rho}$ を用いて，近似的に［状態方程式 $P = (R_\text{g}/\mu)\rho T$ より］

$$T_\text{c} \sim \frac{1}{R_\text{g}/\mu}\frac{P_\text{c}}{\bar{\rho}} = \frac{1}{R_\text{g}/\mu}\frac{GM}{R} \tag{24.10}$$

となる．ここで，R_g は気体定数，μ は平均分子量である．

問 24.3 太陽中心の圧力と温度を求めよ．また，その数値を付表 12 の太陽中心の圧力，温度と比較せよ．なお，平均分子量 μ は，$\mu = 1.0 \text{ g mol}^{-1}$ とせよ．

24.3 演習：恒星の内部構造の解

エムデン方程式の解について調べてみよう．$N = 0, 1, 5$ の場合には厳密解が存在することが知られている．以下の演習問題に取り組んで，理解を深めよう．以下では，ポリトロピック指数が N の場合の解を θ_N と記す．また，星の半径（$r = R$）を ξ_N と記す．

(1) ［解析解（$N = 0$）］ポリトロープ指数 $N = 0$ のときのエムデン方程式を積分し，厳密解 $\theta_0(\xi)$ を求めよ．また，$\theta_0(\xi)$ と $\rho_0(r)$ のそれぞれについてのグラフを描け．なお，$\rho_0(r)$ は $N = 0$ の場合の密度分布である．

(2) ［解析解（$N = 1, 5$）］ポリトロープ指数 $N = 1$ および $N = 5$ のときのエムデン方程式の解は，

$$\theta_1(\xi) = \frac{\sin \xi}{\xi}, \qquad \theta_5(\xi) = \left(1 + \frac{\xi^2}{3}\right)^{-1/2} \tag{24.11}$$

である．これらをエムデン方程式に代入し，解となっていることを確かめよ．また，それぞれの場合についての星の半径 ξ_N および R_N を求めよ．さらに，$\theta_1(\xi)$ と $\theta_5(\xi)$ のそれぞれについてのグラフを描け（図 24.2）．

(3) ポリトロープガス球の全質量を求めてみよう．半径 r 内のガスの質量は，

$$M(r) = \int_0^r 4\pi x^2 \rho(x) dx \tag{24.12}$$

であるが，$r = R$（星の表面）と置き，さらに変数変換して，

$$M(\xi_N) = 4\pi \rho_\text{c} \alpha^3 \int_0^{\xi_N} \theta_N{}^N \xi^2 d\xi \tag{24.13}$$

104　第3章　恒星の世界

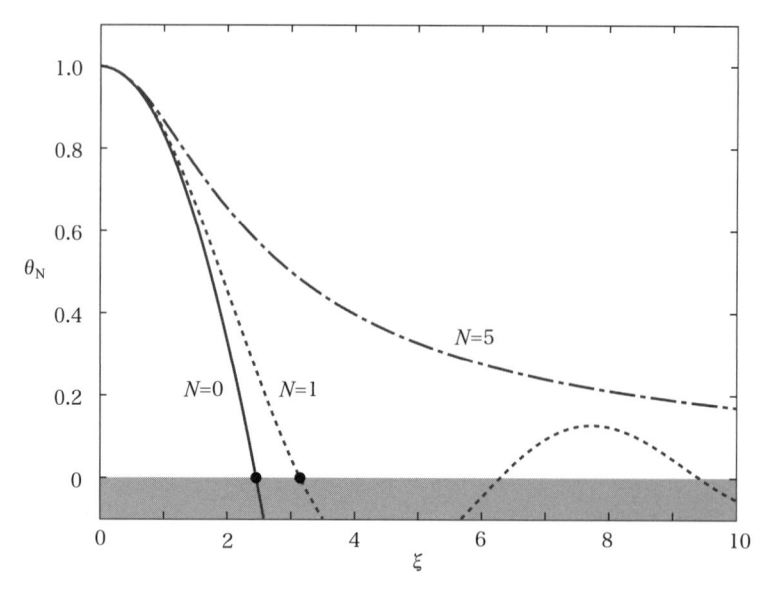

図 24.2 エムデン方程式の解析解 ($N = 0, 1, 5$). ●印は星の表面（内側から解くとき θ_N が最初にゼロになるところ）を表す.

とする．上式の $\theta_N{}^N$ にエムデン方程式の左辺を代入して積分すると，

$$M(\xi_N) = -\left[\frac{(N+1)^3}{4\pi G^3}\frac{P_c^3}{\rho_c^4}\right]^{1/2}\xi_N^2\left(\frac{d\theta_N}{d\xi}\right)_{\xi_N} \tag{24.14}$$

となる.

(4) 単位体積あたりの内部エネルギー ε をガス球の全体積で積分したもの（全内部エネルギー）を U とする．重力エネルギーを Ω_g とおくと，星の全エネルギー E は，内部エネルギー U と重力エネルギー Ω_g を合わせた $E = U + \Omega_g$ となる．さて，ポリトロープガス球においては，これらのエネルギーに関してビリアル定理と呼ばれる，

$$3(\gamma - 1)U + \Omega_g = 0 \tag{24.15}$$

という関係式が成り立つ[*7]．星の全エネルギー E を重力エネルギー Ω_g と γ を用いて表せ．また，E を内部エネルギー U と γ を用いて表せ．

問 24.4 質量 $M(\xi_N)$ についての (24.14) 式を導け．この $M(\xi_N)$ は正の値であるべきだが，(24.14) 式の右辺にはマイナス符号が付いている．この事情についても考察せよ．

問 24.5 $N = 5$ のとき星の半径は無限大 ($\xi_N = \infty$) となるが，その質量は $\lim_{\xi \to \infty} M(\xi) = 18\sqrt{2}$ となり有限となる．このことを確かめ，その理由について考察せよ．

24.4　研究 1：エムデン方程式の厳密解 ($N = 1, 5$) の導出

$N = 1$ および $N = 5$ の場合のエムデン方程式の厳密解 (24.11) 式を導け．ヒント：$N = 1$ の場合，$\theta_1 = \chi/\xi$ の変数変換を利用せよ．$N = 5$ の場合，$\xi = 1/x = e^{-t}$，$\theta_5 = (x/2)^{1/2}z = (e^t/2)^{1/2}z$ の変数変換を利用せよ．

[*7]坂下志郎，池内　了『宇宙流体力学』培風館（5-3 節参照）

24.5 研究 2：恒星の内部構造の数値解

ポリトロープ指数 N が任意の値をとるとき，エムデン方程式（微分方程式）を星の中心から外側に向かって数値的に解いてみよ．また，$N = 0, 1, 2, 3, 4, 5$ の場合の解 θ_N をグラフに示せ．数値計算は，例えばルンゲクッタ法を用いよ．なお，最初に θ の値がゼロ（すなわち $P = 0$）となった半径が星の表面である．ヒント：エムデン方程式は，星の中心 $\xi = 0$ で発散するように見える．この問題をどう解決するか？

24.6 研究 3：星の重力エネルギー

半径 r で質量 $M(r)$ のガス球星に，遠方から質量 dM の "ガス殻" を落下させる．ガス球が距離 x にある球殻に及ぼす重力の大きさは，$-GM(r)dM/x^2$ である．球殻が落下してくることでガス球が得るエネルギーは，質量 dM の球殻を無限遠方からガス球表面 r まで持ってくる仕事分ということになる．すなわち，このエネルギー増分を $d\Omega_g$ と置くと，

$$d\Omega_g \equiv \int_\infty^r \left(-\frac{GM(r)dM}{x^2}\right)(-dx) = GM(r)dM \int_\infty^r \frac{dx}{x^2} = -\frac{GM(r)dM}{r} \tag{24.16}$$

となる．$M(r)$ の値は初期には小さくとも，どんどんガスが降着して質量が M で半径 R の星になったとしよう．このとき重力がした仕事の和 Ω_g は，

$$\Omega_g \equiv \int_{r=0}^{r=R} d\Omega_g = -G \int_{r=0}^{r=R} \frac{M(r)}{r} dM \tag{24.17}$$

となり，星の**重力エネルギー**を表していることになる．

問 24.6 （24.17）式の積分を実行して，ポリトロープガス球の重力エネルギー Ω_g が，

$$\Omega_g = -\frac{3}{5-N} \frac{GM^2}{R} \tag{24.18}$$

となることを示せ．

問 24.7 ビリアル定理（24.15）式を導け．また，全運動エネルギー（星内部のガスの熱運動による運動エネルギーの総和：T_{KE} とおく）と全内部エネルギーの間に（単原子理想気体の場合）$(\gamma - 1)U = (2/3)T_{KE}$ の関係があることより，上記のビリアル定理が，

$$2T_{KE} + \Omega_g = 0 \tag{24.19}$$

と表せることを示せ．

（高橋真聡）

25 星の進化と星の最期

星はガスから生まれ，自分自身のエネルギーで輝き，そしてやがて死を迎える．この星の一生の間の物理状態の変化を総称して星の進化という．星の進化の様子は星の質量によって大きく変わり，さまざまな宇宙のドラマを生み出す．ここでは主に主系列星以後の星の進化の質量による違いと，それらの HR 図との関連を学びながら，宇宙のドラマとのかかわりを見てみよう．

25.1 主系列星の誕生

星は H を主成分とする星間ガス（H 〜 71%，He 〜 27%，その他 〜 2%）が自己重力によって集まって生まれる（39 節）．この星間ガスの収縮に伴って解放される重力エネルギーによって輝き始めた星を**原始星**（proto star）という（40 節）．この原始星の HR 図上の進化の経路を最初に明らかにしたのは，林忠四郎である．林はその経路がこれまでに考えられていたような水平なもの（光度はほぼ一定）ではなく，HR 図上の非常に光度の大きいところから図をほぼ垂直に降りてきて主系列に至るのが正しい経路であることを示した．この経路は**林の経路**（Hayashi track）と呼ばれる．

原始星の収縮に伴って中心の温度，密度，圧力は高くなる．しかし原始星の質量が $0.08 M_\odot$ より小さい場合，ガスの圧力によって収縮が止まってしまう．すると収縮によるエネルギーの解放がなくなり，ガス球のまま冷えて光を失っていく．この天体は**褐色矮星**（brown dwarf）と呼ばれ，宇宙には無数に存在すると考えられている．

原始星の質量が $0.08 M_\odot$ より大きいと，やがて中心温度が 1 千万度に達し，中心部で H が He に変わる核融合反応（**H 燃焼**[*8]）が発生する（17 節）．すると収縮は止まり，星は H 燃焼のエネルギーで安定して輝き出す．この状態の星を**主系列星**（main sequence star）という．主系列星は非常に安定で，星は，その一生の大部分を主系列星として過ごす．主系列星として過ごす期間は，$1 M_\odot$ の星（太陽）でおよそ 100 億年である．質量の大きい主系列星は重力が強く，中心温度や中心密度がより高くなる．核融合反応は温度に敏感に依存するため，H 燃焼は非常に活発となり，発生するエネルギーも莫大となる．したがって光度は大きくなり，表面温度も高くなる．これは主系列星の質量光度関係（26 節）として知られている．主系列星が HR 図上で右下がりの帯状に並ぶ（22 節）のも，質量の違いによって光度と表面温度が変わるからである．

問 25.1 主系列星のおおよその寿命 τ は，質量 M と光度 L を用いて $\tau/\tau_\odot = (M/M_\odot)/(L/L_\odot)$ によって求められる．主系列星の質量光度関係を $L/L_\odot = (M/M_\odot)^{3.5}$，$\tau_\odot = 10^{10}$ 年として，質量が 0.08, 0.46, 1, 8, $12 M_\odot$ の主系列星の寿命を求めよ．

[*8]実際に H が燃えているわけではないが，エネルギーを発生させるので，天文学では慣例的に "燃焼" という表現を用いる．これ以外にも，一般的に，元素 X の核融合反応を X 燃焼と表現する．

25.2 巨星への進化と白色矮星

主系列星の H 燃焼によって作られた He は中心部分に溜まり，He のコアがゆっくりと成長していく．ここで $M < 0.46 M_\odot$ の星では H の外層が燃え尽きるまでこの状態が続く．残った He コアは非常に高温で高密度（$\sim 10^6$ g cm^{-3}）となっているが，そこでは新しいエネルギーを生み出せないため，星としては死の状態となる．このような星を **白色矮星**（white dwarf）という．白色矮星は高温，高密度であるため，しばらくの間はその余熱で輝いているが，やがてしだいに冷えて，輝きを失った黒色矮星となる．白色矮星の冷却時間は，スペクトル型が A 型から F 型に変わるのに約 30 億年，F 型から K 型に変わるのに約 50 億年と推定されており，比較的ゆっくりである．しかし $M < 0.46 M_\odot$ の星の主系列星としての寿命は 7×10^{10} 年以上であり，宇宙の年齢（$\sim 1.38 \times 10^{10}$ 年）よりずっと長い．したがって現在も主系列星として輝いており，$M < 0.46 M_\odot$ の星がこのように進化した白色矮星はまだ存在していない．

一方，$M > 0.46 M_\odot$ の星では He コアがゆっくりと収縮を始める．すると中心部での圧力勾配が大きくなり，それをならして星全体を安定に保つために，H の外層は大きく膨張する．膨張に伴い表面温度は低下するが，星の表面積が大きくなるため，光度はやはり上昇する．**赤色巨星**（red giant）への進化である．He コアの収縮の期間（赤色巨星への進化の時間）は 10^7 年程度で，主系列星の寿命と比べるとかなり短い．

赤色巨星の半径は 100–1000 $R_\odot$ にも及ぶが，その密度は 10^{-6} g cm^{-3} 程度で極めて小さい．中心部には高密度の He コアが存在し，やがてその He が核融合反応を起こし（He 燃焼），より重い元素である C や O を合成する．He 燃焼が始まると，He コアは逆に膨張を始め，それに応じて外層は収縮し，HR 図上で右から左に水平に移動する．しかしやがて He 燃焼でできた中心部の C+O コアが収縮を始め，星は HR 図上で再び赤色巨星のより右上に移動していく．

ここで太陽を含む $M < 8 M_\odot$ の星は，外層が静かに星を離れていき，C + O のコアがむき出しとなってしまう．静かに離れていったガスは整然と広がってその星をとりまくガス状星雲を作り，**惑星状星雲**[*9]（planetary nebula）として観測される．むき出しとなった C + O のコアは白色矮星として中心部に残る．こと座の環状星雲 M57 やみずがめ座のらせん星雲 NGC7293 はこのような星が放出したガスによって作られた惑星状星雲である．これらの星雲のカラー写真を見てみると，星雲の中心部に，高温ゆえに周りの星よりひときわ白く輝いている白色矮星（中心星）の存在がわかる．

問 25.2 こと座の惑星状星雲 M57 は，距離 800 pc，大きさ $100'' \times 75''$ のリング状に見える星雲で，19 km s^{-1} の速度で膨張していることがスペクトル観測から得られている．このガスが放出されたのは，今から何年前か？ガスの膨張速度が一定であるとして求めよ．

25.3 超新星爆発

$M > 8 M_\odot$ の星では中心部でしだいに C + O のコアが成長していく．これが収縮し，やがてこの C や O が燃焼し始め（炭素燃焼），O，Ne，Mg などの元素を合成していく．その結果，中心部に O + Ne + Mg コアが形成され，成長していく．$M > 12 M_\odot$ の星ではさらに O +

[*9] 小望遠鏡で見たとき惑星と同じように丸みをおびて見えることからこの名がついたが，惑星とは全く関係がない．

108   第 3 章 恒星の世界

Ne + Mg コアが燃焼し，Si コアを，この Si コアが燃焼し，Fe コアを作るまで元素合成が進む．このように，星の内部の元素組成は球殻状（タマネギ状）の構造となっている．

　これらの星の中心部では，高温，高密度のため，やがて電子が原子核に吸収されてしまう電子捕獲という現象が起き，電子と陽子は中性子に変わっていく．また，そのとき発生するエネルギーの大部分をニュートリノが宇宙空間に持ち去ってしまう．そのため中心部の圧力が急激に減少し，中心部は重力崩壊を起こす．すると外層も中心部に向かって落下を始める．中心部はやがて中性子からなる核となって収縮は止まるが，外層の大量のガスは超音速となっており，中心部の情報が外層に伝わらないため，外層はそのまま落下を続ける．そのため，ガスは核の表面近くで急激に止められ，衝撃波が発生する．衝撃波の内側（中心核側）は高温高密度になり，そのガスの圧によって外層全体を吹き飛ばす大爆発となる．これが**重力崩壊型超新星爆発**[*10]（supernova explosion）である（41 節）．超新星爆発により，外層は宇宙空間に激しく吹き飛ばされ，$M < 40 M_\odot$ の場合は中心部には中性子星（neutron star, 半径 $sim 10$ km, 平均密度 $\sim 10^{15}$ g cm^{-3}）が残るが，$M > 40 M_\odot$ の場合はブラックホールが形成される[*11]．中性子星はパルス状の電波を発するパルサーとして観測されることが多い．おうし座の超新星残骸 M1 の中心部の"かにパルサー"は，最初期に発見された中性子星として有名である．

　重力崩壊型超新星の特徴は膨大な数のニュートリノが放出されることである．1987 年に大マゼラン雲に出現した超新星 1987A によるニュートリノ 11 個が日本の神岡宇宙素粒子研究施設の「カミオカンデ」で観測され，小柴昌俊の 2002 年ノーベル物理学賞受賞につながった．

　超新星爆発はわずか数秒間で星全体を吹き飛ばすほどの大爆発であるので，一時的にあらゆる元素が合成される．宇宙初期には H と He しかなかった星間ガスも，この星の進化と超新星爆発により**重元素**（H，He 以外の元素）をしだいに増やしていった．地球やわれわれの体を作る元素は，星によって作られたのである．

問 25.3　大マゼラン雲に出現した超新星 1987A によって放出されたニュートリノは，わずか十数秒間に 1 cm^2 あたり 10^{10} 個という膨大な割合で，われわれの体を突き抜けて行った．大マゼラン雲までの距離を 50 kpc，ニュートリノ 1 個あたりのエネルギーを 20 MeV として，発生したニュートリノ数およびニュートリノが持ち去ったエネルギーを求めよ．また，このエネルギーと重力崩壊型超新星の爆発のエネルギー 10^{44} J との大きさを比較せよ（41 節）．

25.4　星の進化のまとめ

　このように，星の進化は生まれたときの星の質量によって決まってしまう．図 25.1 は，$M = 12, 8, 5, 3, 2, 1, 0.6 M_\odot$ の星の主系列以後の進化の様子を HR 図上に描いたものである．横軸は色指数 $B - V$ で，縦軸は実視絶対等級 M_V で示してある．図中の番号は星の質量（太陽 = 1）を表す．進化の時間は星の質量により大きく変わることに注意しよう（演習を参照のこと）．また，星の進化の様子の質量による違いを，図 25.2 に，模式的にまとめておく．

[*10]観測的には **II 型超新星爆発**や Ib 型や Ic 型に対応する．この他に**核爆発型超新星爆発**（**Ia 型超新星爆発**）もある．Ia 型超新星爆発は，連星系である白色矮星に，相手の星からガスが流入し，白色矮星の限界質量（約 $1.4 M_\odot$）を超えたときに星全体が爆発する現象である（**単独縮退説 SD** と呼ばれる）．あるいは，2 つの白色矮星が合体して核爆発を起こす可能性も提唱されている（**二重縮退説 DD** と呼ばれる）．

[*11] $40 M_\odot$ という値は未確定で，30–40$M_\odot$ 程度と考えられているが，現在も論争中である．

25.5 演習

星団は同じ場所にほぼ同時に同じガスから生まれた星の集団で，さまざまな質量の星を持つ．したがって星の進化の様子を調べるには格好の天体となる．ここでは太陽と同程度の重元素を持つと考えられている散開星団の色-等級図を使って星団の年齢を推定しながら，HR 図上の星の進化の様子を調べてみよう．

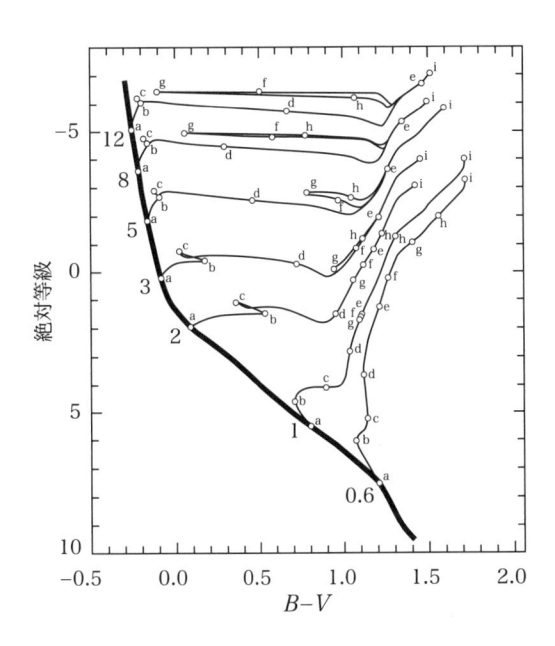

図 25.1 さまざまな質量の星の HR 図上の進化．太い実線がゼロ歳主系列を表す．図中の番号は太陽質量単位での星の質量を表し，a はゼロ歳主系列の位置である．記号 a ～ i を結ぶ実線はその質量の星の進化経路を表す．ただ，同じ記号でも質量が異なれば経過時間も異なる．点 a から点 b までの経過時間は，$M = 0.6 M_\odot$ の星で約 800 億年，$M = M_\odot$ で 100 億年，$M = 2 M_\odot$ で 14 億年，$M = 3 M_\odot$ で 4.5 億年，$M = 5 M_\odot$ で 1.2 億年，$M = 8 M_\odot$ で 4300 万年，$M = 12 M_\odot$ で 2000 万年であり，質量が大きいほど主系列星から離れる時間が短くなる．図は，A web interface dealing with stellar isochrones and their derivatives (http://stev.oapd.inaf.it/cgi-bin/cmd) のデータにより作成した．

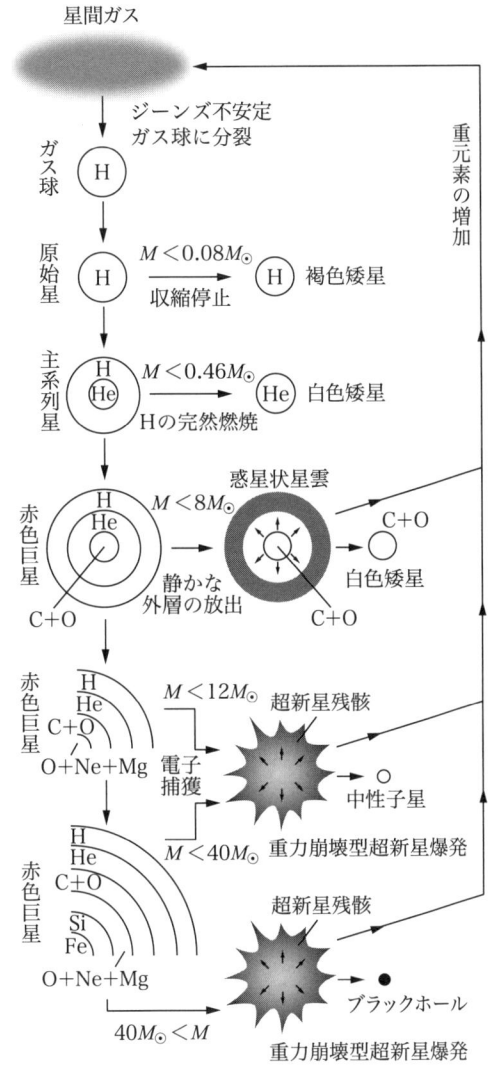

図 25.2 星の進化の模式図．質量による進化とその内部構造の違いを模式的にまとめたものである．

表 25.1 は，太陽とほぼ同じ化学組成（H 〜 71%，He 〜 27%，その他 〜 2%）を持つ星が，主系列星として輝きだした後，ある一定の進化時間 τ 後の星の絶対等級 M_V と色指数 $B - V$ の値の関係を示したものである．これを利用して，星の進化の等時線（時間が等しいときの星の HR 図上での位置の軌跡）を描き，星団の年齢を推定してみよう．なお，この表には，主系列から離れ始めた部分までしか載せていないので注意すること．

(1) 横軸に $B-V$ を,縦軸に M_V をとり,それぞれ進化時間ごとの位置を同一の図にプロットし,なめらかな曲線で結ぶ.

(2) (1)の図から,各進化時間における HR 図の転向点($B-V$ の値の最小の点;23 節)の $B-V$ の値を読み取る.

(3) 横軸に転向点の $B-V$ を,縦軸に進化時間の対数 $\log\tau$ をとり,(2)の結果をプロットし,なめらかな曲線で結ぶ.

(4) 図 25.3 の星団の色-等級図から,星団の転向点の $B-V$ の値を求め,その星団の年齢を推定する.なお,この演習では星間吸収による $B-V$ の値の変化は無視してよい.

表 25.1 進化時間ごとの絶対等級と色指数.進化時間 τ は次の通りである.A:5×10^7, B:1×10^8, C:5×10^8, D:1×10^9, E:2×10^9, F:5×10^9, G:1×10^{10} 年.なお,矢印 ← は,左側の A の列と同じ値であることを意味する(V. Castellani, A. Chieffi, and O. Straniero, 1992, ApJS, **78**, 517 による).

M_V	A	B	C	D	E	F	G
-2.00	-0.23	...	...	...	...	...	...
-1.50	-0.24	...	...	...	...	...	...
-1.00	-0.23	...	...	...	...	...	...
-0.50	-0.21	-0.08	...	...	...	...	...
0.00	-0.17	-0.09	...	...	...	...	...
0.50	-0.13	-0.07	0.07	...	...	...	...
1.00	-0.08	-0.04	0.05	...	...	...	...
1.50	-0.02	0.01	0.08	...	...	...	...
1.75	...	...	...	0.26	...	...	...
2.00	0.07	0.08	0.13	0.22	...	...	...
2.25	...	...	...	0.23	...	...	...
2.50	0.16	←	0.19	0.24	...	...	...
2.75	...	...	...	...	0.45	...	...
3.00	0.26	←	←	0.31	0.43	...	...
3.25	...	...	...	...	0.42	...	...
3.50	0.35	←	←	0.38	0.43	...	...
3.75	...	...	...	...	0.46	0.54	...
4.00	0.46	←	←	←	0.49	0.54	0.70
4.25	...	...	...	...	...	0.55	0.64
4.50	0.55	←	←	←	←	0.57	0.63
4.75	...	...	...	...	...	0.59	0.64
5.00	0.63	←	←	←	←	←	0.66
5.50	0.71	←	←	←	←	←	0.73
6.00	0.82	←	←	←	←	←	←
7.00	1.04	←	←	←	←	←	←
8.00	1.25	←	←	←	←	←	←

25.6 研究

星間吸収がないものとして,22 節の方法で各星間団までの距離を求めよ.またその結果と理科年表などに示されている星団の距離データとを比較し,星間吸収について考えてみよ.

参考文献

野本憲一ほか編『恒星』(シリーズ現代の天文学 7)日本評論社(2009 年)

(沢 武文)

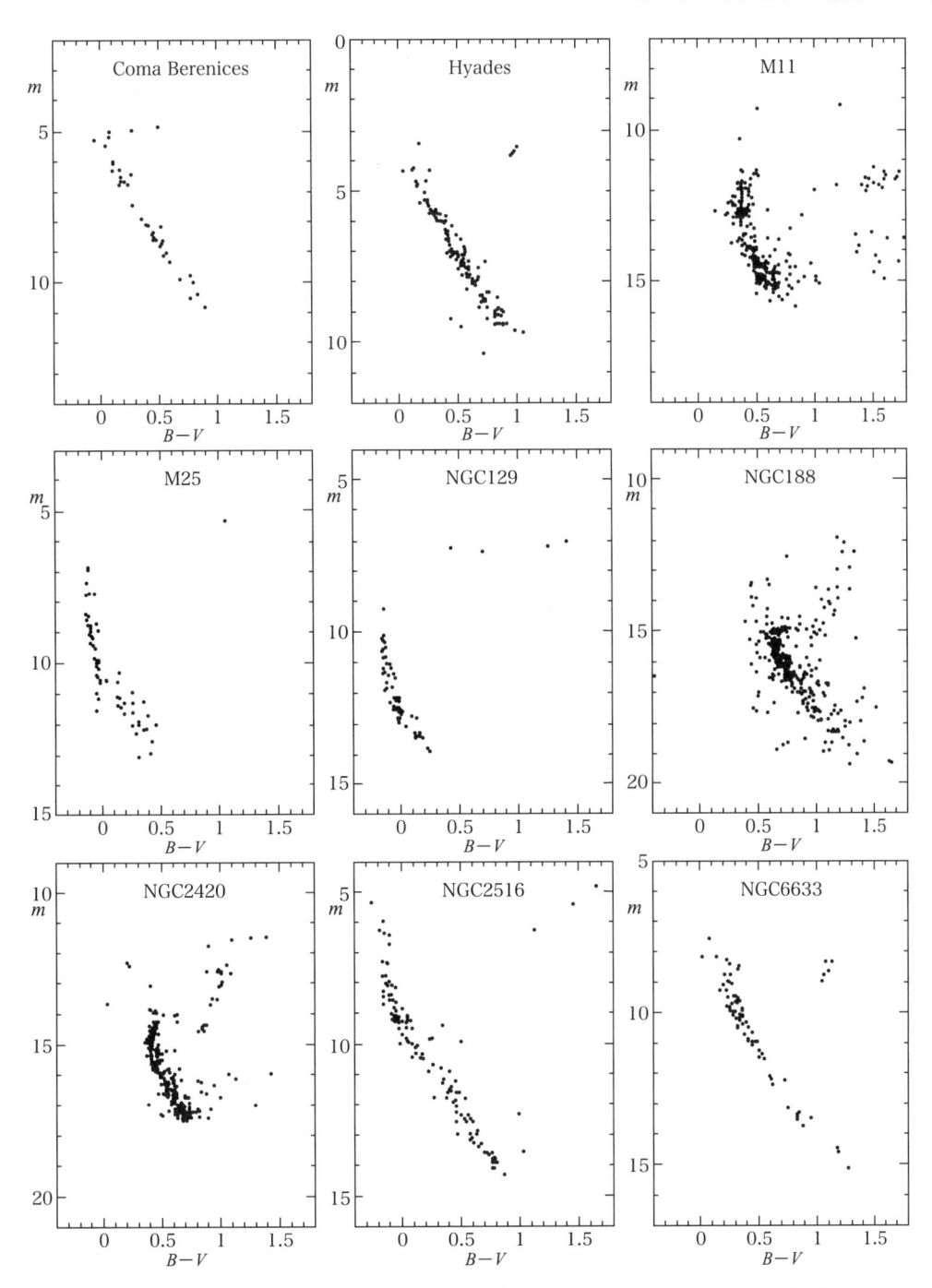

図 **25.3** さまざまな散開星団の色-等級図（データは次による．Coma Berenices : H. L. Johnson and C. F. Knuckles, 1955, ApJ, **122**, 209. Hyades : H. L. Johnson and C. F. Knuckles, 1955, ApJ, **122**, 209. M11 : H. L. Johnson, A. Sandage, and H. D. Wahlquist, 1956, ApJ, **124**, 81. M25 : A. Sandage, 1960, ApJ, **131**, 610. NGC129 : H. Arp, A. Sandage, and C. Stephens, 1959, ApJ, **130**, 80. NGC188 : A. Sandage, 1962, ApJ, **135**, 333. NGC2420 : R. D. McClure, W. T. Forrester, and J. Gibson, 1974, ApJ, **189**, 409. NGC2516 : O. J. Eggen, 1972, ApJ, **173**, 63. NGC6633 : W. A. Hiltner, B. Iriarte, and H. L. Johnson, 1958, ApJ, **127**, 539.）.

26 主系列星の質量光度関係

　HR 図から，主系列星には絶対等級（光度）と表面温度との間に，ある種の関係が存在することが読み取れるが，主系列星の光度と質量にもまた相関関係がある．光度と質量は恒星の最も基本的な物理量であり，それらの相関関係は**質量光度関係**（mass-luminosity relation）と呼ばれている．これは単なる経験則ではなく，恒星の内部構造に密接に結びついたもので，1924年にイギリスの天文学者エディントンによって理論的に示された．ここではまず，実際の観測データを用いて主系列星の質量と光度の間に成り立つ関係を調べ，さらに簡単な考察によって理論的に質量光度関係を導いてみよう．

26.1 恒星の質量と光度

(1) 恒星の質量はどうやって知るのか？

　連星系や系外惑星系などでは，ケプラーの法則を適用することによって，観測から直接求めることができる（28 節）．それができない場合は，この章で紹介している質量光度関係などを用いて推定することになる．

(2) 恒星の光度はどうやって知るのか？

　星の光度は恒星全体が単位時間あたりに放射する全エネルギーである（7 節）．観測的には以下のようにして求める（18 節）．距離がわかっている場合，見かけの等級から絶対等級を求める．見かけの等級は，ある特定の波長域（例えば可視光）で測られるが，恒星はそれ以外の波長域（例えば紫外線や赤外線）でもエネルギーを放射しているので，可視光の波長域で得られた見かけの等級や，それから算出した絶対等級（実視絶対等級）は，全波長域にわたって求めた絶対等級（輻射絶対等級）よりも，数値としては大きめになる（暗くなる）．そこで通常は，実視絶対等級に対し，他の波長域における寄与を補正して輻射絶対等級に変換する（輻射補正；18 節）．大部分のエネルギーを紫外線で放射している O 型星と，赤外線で放射している M 型星では，この輻射補正が 2 等以上にもなる（付表 14）．

　輻射絶対等級が得られれば，18 節の (18.5) 式を用いて，恒星の光度が計算できる．太陽の輻射絶対等級が +4.77 であることを用いると，光度 L と輻射絶対等級 M_{bol} の間の関係は，

$$\log\left(\frac{L}{L_\odot}\right) = 1.9 - 0.4 M_{\mathrm{bol}} \tag{26.1}$$

となる．

問 26.1　18 節の (18.5) 式から，(26.1) 式を導け．

26.2 演習

　表 26.1 および表 26.2 は，実視連星および分離型食連星の主星と伴星についての，スペクトル型，輻射絶対等級 M_{bol}，質量 M（太陽質量単位）の観測データである．これらのデータを用いて，以下の手順で，質量と光度の間に観測的に成り立つ関係を求めよ．

(1) 表 26.1 と表 26.2 のそれぞれの星について，(26.1) 式から光度 L（太陽光度単位）を計算せよ．

(2) グラフ用紙を用い，横軸に恒星の質量（太陽質量単位）の対数，縦軸に恒星の光度（太陽光度単位）の対数を取り，表 26.1 と表 26.2 のデータをプロットせよ．なお，表 26.1 と表 26.2 のデータは異なる記号で表せ．

(3) グラフの全データを一次関数 $\log(L/L_\odot) = a\log(M/M_\odot) + b$ で直線近似したときの係数 a の値を求めよ．光度は質量の約何乗に比例しているか？

(4) 表 26.1 あるいは表 26.2 のデータのみに対して (3) と同じことを行え．

表 26.1 実視連星から求めた星の質量（Allen 1976, 2000 を一部改訂）．

連星系の名前	スペクトル型 主星	スペクトル型 伴星	輻射絶対等級 主星	輻射絶対等級 伴星	質量（太陽=1）主星	質量（太陽=1）伴星
Sirius	A1	DA	0.8	–	2.28	0.98
Procyon	F5	DA	2.6	–	1.69	0.60
α Cen	G2	K0	4.4	5.6	1.08	0.88
70 Oph	K0	K4	5.6	6.8	0.90	0.65
Krüger 60	M4	M6	9.6	10.6	0.27	0.16
η Cas	G0	K7	4.4	7.6	0.94	0.58
GJ 65	M5.5	M6	12.6	13.1	0.044	0.035
GJ 234	M4	M8	10.6	15.4	0.14	0.18
ϵ Boo	K0	A2	5.2	6.8	0.85	0.75
ζ Her	G0	G7	2.8	5.3	1.07	0.78

注) DA は白色矮星を表す．

表 26.2 分光型食連星から求めた星の質量（Allen 1976 による）．

連星系の名前	スペクトル型 主星	スペクトル型 伴星	輻射絶対等級 主星	輻射絶対等級 伴星	質量（太陽=1）主星	質量（太陽=1）伴星
σ Aql	B8	B9	−1.9	−0.9	6.8	5.4
WW Aur	A7	F0	+1.7	+2.0	1.9	1.9
AR Aur	B9	A0	+0.3	+0.6	2.6	2.3

26.3 研究

質量光度関係の理論的な導出は，実際には，恒星の内部の吸収度や核反応率などさまざまな要素がからむ複雑な作業なのだが，ここでは，以下のような簡単化した考察で，比較的質量の大きな恒星（表 26.2 のデータ）に対する質量光度関係を導いてみよう．

まず最初に，主系列星の中心の温度 T_c がスペクトル型によらずほぼ一定あることを示す．

恒星の構造が力学的に安定しているためには，その内部で，中心に向いた重力と，高圧の内部と低圧の外部の圧力差に基づく外向きの圧力勾配力とが釣り合った，いわゆる静水圧平衡の状態になっていなければならない（24 節）．恒星の質量を M，半径を R，平均密度を ρ とすると，単位体積あたりの重力の強さは $GM\rho/R^2$ 程度である．一方，恒星の中心の圧力を P_c とすると，圧力勾配力は P_c/R 程度になる．これらを等しいとし，状態方程式（$P_\mathrm{c} = R_\mathrm{g}\rho T_\mathrm{c}/\mu$）を用いると，恒星の中心温度は，

$$\frac{R_\mathrm{g}}{\mu}T_\mathrm{c} = \frac{GM}{R} \tag{26.2}$$

で表せる．ただし R_g は気体定数，μ は平均分子量である（ここでは $\mu = 1\ \mathrm{g\ mol^{-1}}$ としてよい）．

問 26.2 主系列星のデータ（付表 14）を用いて，各スペクトル型の恒星の中心温度を概算せよ．

スペクトル型が異なれば，恒星の質量や半径は 10–100 倍程度も異なるが，中心温度はあまり変わらない．以下では，簡単のために，主系列星の中心温度を一定とする．

恒星の光度 L は，表面から単位面積あたりに放射されるエネルギーフラックス（放射流束）F に恒星の表面積を掛ければ得られる（7 節）．このエネルギーフラックスは，恒星の内部の温度勾配に比例すると考えてよい．温度勾配は T_c/R 程度なので，比例定数を K とすれば，光度 L はおおよそ，

$$L = 4\pi R^2 K \frac{T_c}{R} \tag{26.3}$$

程度となる．ここで比例定数 K は，熱伝導率などと同じく，エネルギーの流れやすさの程度を表すもので，一般には，恒星内部の密度や温度の関数である．質量が大きく高温の恒星では，K は密度 ρ に反比例する（直感的にも，ガスの密度が高いとエネルギーは流れにくいし，ガスがスカスカだと流れやすい）．したがって，中心温度を一定とみなせば (26.3) 式から，

$$L \propto R/\rho \tag{26.4}$$

となる．さらに中心温度 T_c が一定であると仮定すると，(26.2) 式から $R \propto M$ となる．質量と半径を使って密度を表し，$R \propto M$ であることを用いると，最終的に，

$$L \propto M^3 \tag{26.5}$$

が得られる[*12]．

問 26.3 質量が小さく低温の恒星では，K は ρ の 2 乗に反比例する．この場合，質量光度関係はどうなるか？

問 26.4 恒星が主系列星に滞在する時間（～ 恒星の寿命）τ は，恒星の中心部にある核燃料の量（恒星の質量 M に比例すると考える）に比例し，燃料の消費率（光度 L に等しい）に反比例すると考えられる．ここで導いた質量光度関係を用いると，τ は質量の何乗で表されるか．また太陽の主系列星としての寿命を 100 億年として，太陽質量の 5 倍，10 倍，20 倍の主系列星の年齢を推定せよ．

参考文献

野本憲一ほか編『恒星』（シリーズ現代の天文学 7）日本評論社（2009 年）

（福江　純，松本　桂）

[*12] ここでは簡単なモデルで計算しているが，比例定数（熱伝導率）が違うと結果も少し変わる．また観測的にはおおよそ，$L \propto M^4$ に近い．

27 セファイドの周期光度関係

　セファイド型変光星（セファイド）とは脈動変光星の一種で，変光周期と絶対等級の間に明確な関係があることが知られている．そのため，年周視差では距離を測定できない数千光年以遠から近傍銀河までの距離指標に用いられる．この節では，セファイド型変光星の基本的性質を知り，それを用いて近傍銀河の距離を推定してみよう．

27.1 脈動変光星

　時間とともに明るさを変化させる星は，**変光星**（variable star）と呼ばれる．変光する原因には外因性と内因性のさまざまなものがあり，例えば外因性の変光星としては**食連星**（eclipsing binary）が挙げられる．これは2つ以上の星からなる連星系で，公転に伴い地球から見て互いに相手を隠すことにより，見かけ上の明るさが変化する変光星である．また，黒点など恒星表面の濃淡が原因で自転とともに周期的に明るさを変える回転変光星などがある．一方，本来の明るさが変わる内因性の変光星としては，脈動変光星（本節），激変星（32節），原始星（40節），超新星（41節），爆発型変光星（本書では扱わないがフレア星，ウォルフ・ライエ星，高輝度青色変光星）などが挙げられる．

　脈動変光星（pulsating variable）とは，星の本体が膨張と収縮を繰り返すことにより，周期的に明るさを変化させる変光星である．数百日の周期で変光する赤色巨星であるミラ型変光星や，次に述べるセファイド型変光星などがある．脈動変光星の脈動周期 P と星の平均密度 ρ には，$P \propto 1/\sqrt{\rho}$ の関係がある．

27.2 セファイド型変光星

　太陽質量の約2–3倍より重い恒星が進化により主系列を離れ，HR図上においてA–K型を帯状に縦断するセファイド不安定帯（Cepheid instability strip）に滞在するとき，**セファイド型変光星**（Cepheid variable）と呼ばれる状態になる．セファイドは脈動変光星の一種で，表27.1に示すグループにわけられる．狭義には，変光周期が長いほど絶対等級が明るくなる性質——**周期光度関係**（period-luminosity relation）——を持つ，ケフェウス座δ型，おとめ座W型（**長周期セファイド**），こと座RR型（**短周期セファイド**）を指す．ケフェウス座δ型は，古典セファイドと呼ばれることもある．

　セファイドは，周期光度関係を利用して，距離推定の標準光源として利用される．すなわち，セファイドを観測し変光周期が求まれば，周期光度関係を利用することにより，絶対等級がわかり，結果として距離を推定することが可能となる．また，セファイドは進化した準巨星や超巨星なので，絶対等級が明るく，比較的遠方まで観測できる利点がある．そのためセファイドは，年周視差では距離を測定できない銀河系内の比較的遠方から，属する星が空間的に分解できる程度の近傍銀河までの距離を測定する上で有用な天体である．歴史的にも，エドウィン・ハッブルによるM31など局所銀河群内のセファイドの観測が決め手となり，系外銀河の概念が確立した経緯がある．

表 27.1 セファイド不安定帯の脈動変光星.

	変光周期	変光振幅［等］*	種族
ケフェウス座 δ 型	1.5–60 日	1–2	I
おとめ座 W 型	0.8–50 日	0.3–1.2	II
こと座 RR 型	0.4–1 日	0.2–2	II
たて座 δ 型	0.01–0.2 日	<0.9	I
ほうおう座 SX 型	0.04–0.08 日	<0.7	II
くじら座 ZZ 型	0.5–25 分	0.001–0.2	白色矮星

* V バンドでの値.

表 27.2 散開星団のセファイド.

星名	星団名	$\log P$	m_V	$B-V$	$E(B-V)$	A_V	$(m-M)_0$
EV Sct	NGC 6664	0.490	10.11	1.16	0.62	1.93	10.98
CE Cas b	NGC 7790	0.651	11.00	1.14	0.52	1.63	12.59
CF Cas	NGC 7790	0.688	11.11	1.23	0.53	1.67	12.59
CE Cas a	NGC 7790	0.711	10.92	1.21	0.52	1.64	12.59
UY Per	Czernik 8	0.730	11.27	1.28	0.99	3.12	11.78
CV Mon	C0644+013	0.731	10.30	1.20	0.74	2.32	11.35
VY Per	h+χ Per	0.743	11.23	1.16	0.99	3.12	11.78
V367 Sct	NGC 6649	0.799	11.56	1.83	1.27	3.99	11.41
U Sgr	M25	0.829	6.72	1.14	0.44	1.39	9.03
DL Cas	NGC 129	0.903	8.95	1.12	0.52	1.64	11.31
S Nor	NGC 6087	0.989	6.45	0.97	0.18	0.57	9.75
TW Nor	Lyngå 6	1.033	11.70	2.00	1.34	4.02	11.42
VX Per	h+χ Per	1.037	9.34	1.24	0.52	1.64	11.78
SZ Cas	h+χ Per	1.135	9.81	1.50	0.84	2.65	11.78
X Cyg	Rup 173	1.214	6.38	1.21	0.23	0.74	9.99
RZ Vel	Vel OB1	1.310	7.03	1.21	0.36	1.14	10.94
SW Vel	Vel OB5	1.370	8.20	1.25	0.35	1.12	11.60
T Mon	Mon OB2	1.432	6.10	1.25	0.19	0.61	10.89
KQ Sco	R103ab OB	1.458	9.82	1.98	0.84	2.72	12.05
RS Pup	Pup OB3	1.617	7.10	1.49	0.51	1.64	11.28
SV Vul	Vul OB1	1.653	7.26	1.53	0.47	1.51	11.81
GY Sge	Sge OB1	1.708	10.22	2.25	1.15	3.73	12.69
S Vul	Vul OB2	1.835	9.06	1.92	0.83	2.68	13.30

表 27.3 大マゼラン銀河のセファイド.

星名	$\log P$	m_V	$B-V$
HV 2432	1.038	14.23	0.53
HV 886	1.380	13.30	0.86
HV 1003	1.387	13.25	0.86
HV 902	1.421	13.22	0.77
HV 2251	1.447	13.10	0.82
HV 1002	1.483	12.92	0.82
HV 2294	1.563	12.69	0.85
HV 909	1.575	12.71	0.82
HV 900	1.678	12.76	0.90
HV 953	1.680	12.27	0.90
HV 2369	1.684	12.57	1.01
HV 2447	2.076	11.97	1.25
HV 883	2.127	12.12	1.27

表 27.4 スペクトル型と輻射補正（F, G 型超巨星）.

スペクトル型	有効温度	$(B-V)_0$	B.C.	M_V
F0	7700	+0.17	−0.01	−6.6
F5	6900	+0.32	−0.03	−6.6
G0	5550	+0.76	−0.15	−6.4
G5	4850	+1.02	−0.33	−6.2
K0	4420	+1.24	−0.33	−6.0
K5	3850	+1.60	−1.01	−5.8

（Schmidt-Kaler, 1982, Landolt-Börnstein Group IV Volume 2b による.）

27.3 演習1：セファイドの周期光度関係

セファイドの観測から周期光度関係を導くには，距離が既に知られているセファイドを用いる必要がある．例えば23節で見たように，星団はHR図の主系列フィットにより距離を推定することができるため，星団に属するセファイドが用いられる．表27.2に銀河系内の散開星団に属する主なセファイドの諸量を示す．$\log P$ は変光周期（日）の常用対数，m_V と $B-V$ はそれぞれ観測された V 等級および $B-V$ の平均値，$E(B-V)$ と A_V はそれぞれ星間吸収による色超過および V 等級での減光量，$(m-M)_0$ は距離指数を表す．

(1) 表27.2のそれぞれのセファイドについて，m_V と A_V から星間吸収を補正した V 等級 m_{V0} を求めよ．さらに $(m-M)_0$ を用いて絶対等級 M_V を求めよ．なお，星間吸収による見かけの等級の増分 A_V と色超過 $E(B-V)$ は，それぞれ，

$$A_V = m_V - m_{V0}, \tag{27.1}$$
$$E(B-V) = (B-V) - (B-V)_0 \tag{27.2}$$

で定義される．

(2) $\log P$ を横軸に，M_V を縦軸にとり，表27.2のセファイドをグラフ用紙にプロットせよ．またそのプロットを直線で近似した場合，傾きはいくらになるか．

(3) $E(B-V)$ を用いて，星間吸収を補正した $(B-V)_0$ を求め，M_V とともに，別のグラフ用紙に22節で作成したHR図と同じスケールで表27.2のセファイドのHR図を作成せよ．HR図上でのセファイドの分布にはどのような特徴があるだろうか．

27.4 演習2：セファイドを用いた近傍銀河の距離推定

セファイドの周期光度関係を用いることにより，近傍銀河の距離を推定することができる．大マゼラン銀河（大マゼラン雲）までの距離を実際に推定してみよう．

(1) 表27.3は大マゼラン銀河のセファイドのデータである．$\log P$ を横軸に，星間吸収を補正した等級 m_V を縦軸にとって，演習1の(2)と同じスケールでグラフ上にプロットせよ．なお大マゼラン銀河の星間吸収による色超過は $E(B-V) = 0.1$，また $A_V = 0.3$ とする．

(2) (1)のグラフと，演習1のグラフの横軸を一致させ，縦方向にスライドし，2枚のグラフ上のプロットが一本に重なるようにせよ．地球からマゼラン銀河に属する天体までの距離は，ほぼ同じとみなせるため，そのときの縦軸の目盛りの差を読み取り，大マゼラン銀河の距離指数 $(m-M)_0$ を求めよ．また大マゼラン銀河までの距離を求めよ．

(3) 1987年2月に大マゼラン銀河で超新星爆発（SN 1987A）が起こり，その極大時の等級は $m_V = 2.8$ 等であった．この超新星の絶対等級を求めよ．またそれは太陽何個分の明るさに相当するか．

27.5 演習3：セファイドの脈動の様子

セファイド型変光星の代表星であるケフェウス座 δ 星（δ Cep）の変光の様子を図27.1に示す．上から，観測された V 等級（m_V），色指数（$B-V$），および視線速度の時間変化を示

す.この星は約 5.4 日（正確には 5.366341 日）で周期的に変光しており，横軸はこの変光周期を 0.0–1.0 とする位相で表している.

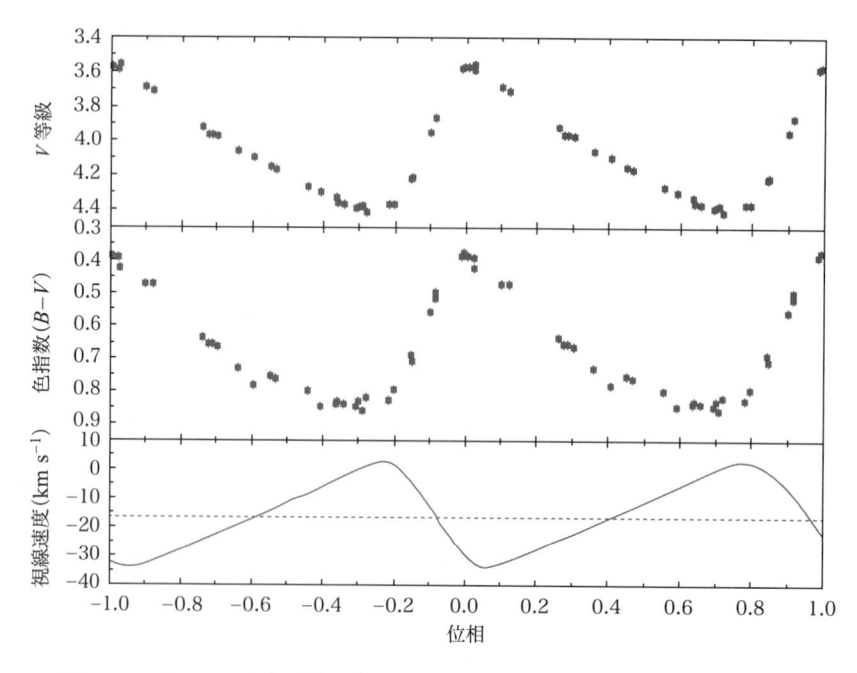

図 27.1 δ Cep の変光の様子（Kiss, L. L., 1998, MNRAS, **297**, 825 による）.

(1) δ Cep のスペクトル型はどれくらいの範囲で変化しているか.
(2) δ Cep の絶対等級および距離を推定せよ.
(3) 視線速度の変化は，星本体の膨張と収縮を反映していると考えられる．δ Cep の半径が最大および最小になる位相はそれぞれどこか.
(4) δ Cep の光度の増大および減少は，色指数の変化にほぼ対応しているように見える．それはなぜか，例えば極大時と極小時を用いて，定量的に比較してみよう．着目すべきは，星の半径が最も大きいときに最も明るくなるわけではないことである（むしろ星の半径と明るさは逆相関になっている）．これは直感に反するかもしれないが，脈動変光星の光度変化に関する誤解としてしばしば挙げられる.

（松本　桂）

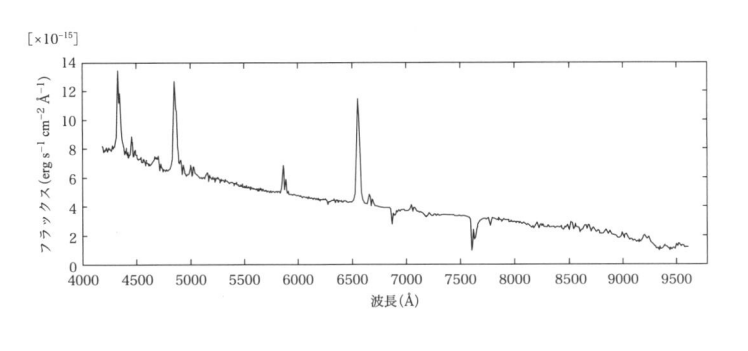

第4章
連星とブラックホール活動

28 連星の質量を求める

2つの星がお互いの周りを回り合っている天体を**連星**（binary）または**連星系**（binary system）と呼ぶ．連星はごくありふれた天体であり，おそらく星の半分程度は連星や多重連星になっているのではないかと推定されている．単独星の質量を求めることは難しいが，連星では万有引力の法則からその質量を直接求めることができる．さらに場合によっては星同士が相互作用して，激しい活動を引き起こすこともある．このような理由で連星の研究も非常に重要な分野である．ここでは，連星の基本的な性質と，質量の求め方を学ぼう．

28.1 連星の構成要素と連星の種類

最初に連星の構成要素について言えば，2つの星の間の距離を**連星間距離**（separation），2つの星の質量中心を**共通重心**（center of mass）という（図28.1）．また2つの星が公転している面を**軌道面**（orbital plane），軌道面に垂直な方向と視線方向のなす角度を**軌道傾斜角**（inclination angle），公転の周期を**公転周期**（orbital period）と呼ぶ．さらに2つの星の質量の比を**質量比**（mass ratio）という．なお，観測的に明るい方を**主星**（primary star），暗い方を**伴星**（companion star）と呼ぶ慣わしである．

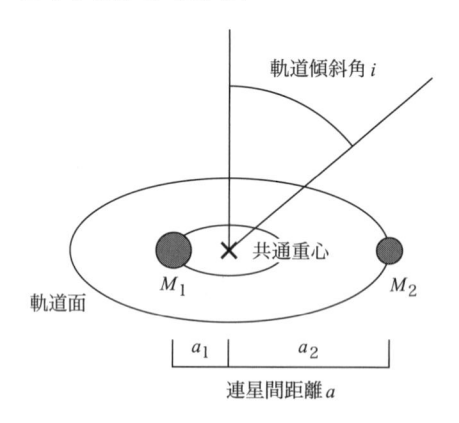

図 28.1　連星の構成要素．ここでは簡単のために，各星の軌道は円軌道とする．したがって，連星間距離も常に一定である．

さて連星の分類の仕方はいろいろあるが，まず物理的な結び付きに着目した場合，万有引力によって重力的には結び付いているが，星の大きさに比べて連星間距離が十分大きく，それぞれの星自身は単独星と同じように考えてよいものを**遠隔連星**（distant binary）という．一方，連星間距離が小さいために，質量の交換や潮汐力などの相互作用が働いているものを**近接連星**（close binary）という（30節）．

また観測的に見た場合は次の3つに分けられる．まず望遠鏡で見たときに主星と伴星が分かれて見えるものを**実視連星**（visual binary）という（例：北斗七星のミザール）．また連星の軌道面を斜め方向や真横から見ているとき（軌道傾斜角が大きいとき）には，星の軌道運動に伴ってそれぞれの星の視線速度が変化するため，星のスペクトル線がドップラー偏移を起こす．

このようなスペクトル線のドップラー偏移の周期性から連星であることがわかるものを，**分光連星**（spectroscopic binary）と呼ぶ（例：ミザール，アルゴル）．さらに軌道面をほぼ真横から見ているときには，主星と伴星が互いに相手を隠し合うことがある．これを**食**（eclipse）または**掩蔽**（occultation）と呼ぶが，食が起こると連星全体の見かけの明るさが変化する．このような食現象による変光から連星であることがわかるものを**食連星**（eclipsing binary）という（例：アルゴル）．

問 28.1 付表 16, 17 から，連星の割合を評価せよ．近距離星と明るい恒星とで連星の割合が異なるのは何故だろうか？

28.2 一般化されたケプラーの第3法則

星 1（質量 M_1）と星 2（質量 M_2）からなる連星を考えよう（図 28.1）．各星の軌道は簡単のために円軌道だとする．共通重心からの星 1 および星 2 の距離（軌道半径）をそれぞれ a_1 および a_2，連星間距離を a とする（$a_1 + a_2 = a$）．

まず共通重心の定義から，軌道半径や質量の間には以下の関係式が成り立つ：

$$a_1 : a_2 = M_2 : M_1, \tag{28.1a}$$

$$a_1 : a = M_2 : M_1 + M_2, \tag{28.1b}$$

$$a_2 : a = M_1 : M_1 + M_2 \tag{28.1c}$$

したがって，例えば連星の2つの星が望遠鏡で分解して見える実視連星の場合には，観測から軌道半径の比がわかれば，質量の比が得られる．

一方，共通重心の周りのそれぞれの星の運動について考えると，まず星1について，2つの星の間に働く重力と公転運動に伴う遠心力が釣り合っているという条件から，

$$\frac{GM_1M_2}{a^2} = M_1 a_1 \Omega^2 \tag{28.2}$$

が成り立つ．ただしここで G （$= 6.6743 \times 10^{-11}$ N m^2 kg^{-2}）は万有引力定数，Ω は公転の角速度である．公転周期 P（$= 2\pi/\Omega$）を使って整理すれば，

$$GM_2 = a_1 a^2 \left(\frac{2\pi}{P}\right)^2 \tag{28.3}$$

となる．また星2について同じようにして，

$$GM_1 = a_2 a^2 \left(\frac{2\pi}{P}\right)^2 \tag{28.4}$$

となる．上の (28.3) 式と (28.4) 式を辺々加え，$a = a_1 + a_2$ であることを使うと，

$$M_1 + M_2 = \frac{a^3}{G}\left(\frac{2\pi}{P}\right)^2 \tag{28.5}$$

が得られる．これを**一般化されたケプラーの第3法則**という（11節）．

問 28.2 M_1 に比べて M_2 が無視できるときには，(28.5) 式がケプラーの第3法則に帰着することを確かめよ．

28.3 演習

全天でもっとも明るい恒星であるシリウス（α CMa）は，シリウス A（A1V，-1.43 等の A 型主系列星）とシリウス B（DA2，8.44 等の白色矮星）からなる連星系である．シリウス A の空間運動が直線でなく波打っていることから暗い伴星を伴っていることをベッセルが予言していたが（1844 年），実際，1862 年にクラークが伴星シリウス B を発見した．シリウス系の公転周期 P は 50.0 年，年周視差 p は 0.38 秒角，連星間の見かけの距離（角距離）s は角度で測って 7.62 秒角である．また空間運動の様子を図 28.2 に示す．これらから，以下の手順でシリウス A と B の質量を求めてみよう．

(1) まず年周視差 p からシリウス系までの距離を求めよ．
(2) 連星間距離（実距離）は何天文単位になるか．
(3) 一般化されたケプラーの第 3 法則から，シリウス系の全質量はいくらになるか．
(4) 図から共通重心に対する主星 A と伴星 B の距離の比 $a_1 : a_2$ を求めよ．
(5) 主星 A と伴星 B のそれぞれの質量はいくらか．
(6) 図 28.2 で共通重心を固定して，シリウス A とシリウス B の軌道を描いてみよ．

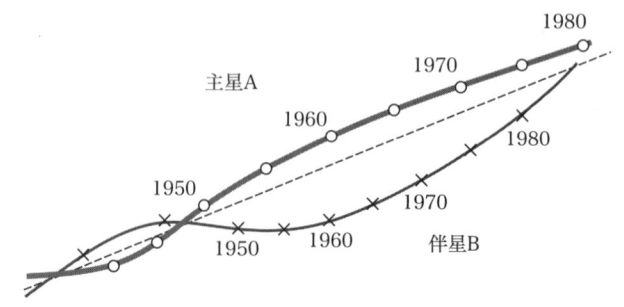

図 28.2 天球上におけるシリウス A とシリウス B の動き．破線は共通重心の軌道を表す．シリウス A とシリウス B は共通重心の周りを公転しながら共通重心とともに空間運動をしているので，それぞれの軌道はうねっている．

28.4 研究 1：分光連星の場合

星が分離して見えない場合には，上で述べたような方法は使えない．しかし，もし主星と伴星の両方のスペクトルが見えていれば，以下のようにしてそれぞれの星の質量を評価できる．

共通重心の周りを公転運動している星 1 を斜めの方向（軌道傾斜角 i）から観測しているとしよう（図 28.3）．

星 1 が（ブラックホールではなく）通常の恒星で，しかもスペクトルが観測されていたとしよう．もし星 1 の大気で生じる，例えば水素のバルマー線などの線スペクトルが十分な精度で観測されたなら，共通重心の周りの星 1 の公転運動に伴って，スペクトル線の波長は規則正しく変化するだろう．すなわち，観測者に対して，星 1 が近づくように運動しているときはスペクトル線は青い方にずれるし（青方偏移），遠ざかるように運動しているときは赤い方にずれる（赤方偏移）．ずれの程度は，視線に対する運動の大きさが大きいほど大きく，視線に対して真横方向に動いているときにはずれない（したがって，連星を真上から見ているときには，スペクトル線のずれは観測できない）．

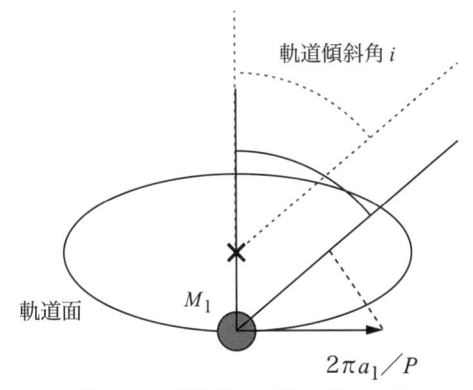

図 28.3 共通重心の周りの星1の公転運動．星2は描いていない．星1の公転速度である $2\pi a_1/P$ に，$\sin i$ を掛けたものが，星1の視線速度振幅 K_1 になる．

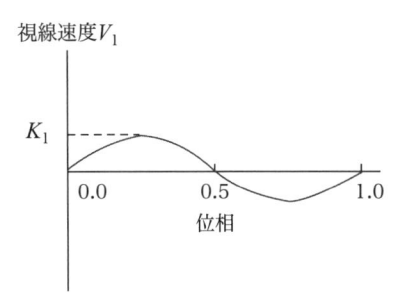

図 28.4 星1の視線速度の模式図．横軸は変動周期を 0–1 とする位相で示している．なお，星1と星2の視線速度が同時に観測される場合，K_1 と K_2 は半周期分ずれ，K_1 が正のときに K_2 が負になるように逆位相となる．

スペクトル線のずれの大きさを速度に換算したものを時間に対してプロットすれば，公転軌道が円軌道の場合には，サイン型のグラフが得られる（図 28.4）．このようにして得られたのが星1（あるいは星2）の**視線速度**（radial velocity）V のグラフで，サイン型のグラフの周期が連星の公転周期 P になるはずである．またグラフの縦方向の振幅を**視線速度振幅** K という．

これを式で表すと，星1の観測される視線速度は，公転角速度 Ω と時間 t を用いて，

$$V_1 = K_1 \sin \Omega t \tag{28.6}$$

のように変化する．ただしここで，K_1 が視線速度振幅で，星1の軌道半径 a_1 と公転周期 P および軌道傾斜角 i を用いて，

$$K_1 = \frac{2\pi a_1}{P} \sin i \tag{28.7}$$

と表される（図 28.3）．この式で $(2\pi a_1/P)$ は星1の軌道速度であり，軌道速度に軌道傾斜角のサインを掛けたものが，視線速度の最大値，すなわち視線速度振幅になっている．

星2のスペクトル線が測定されている場合は，星2についても同様の式が得られる：

$$V_2 = K_2 \sin(\Omega t + \pi), \tag{28.8}$$

$$K_2 = \frac{2\pi a_2}{P} \sin i. \tag{28.9}$$

さらに，(28.3) 式，(28.4) 式と，(28.7) 式および (28.9) 式から，

$$M_1 \sin^3 i = \frac{1}{G} K_2 (K_1 + K_2)^2 \frac{P}{2\pi}, \tag{28.10}$$

$$M_2 \sin^3 i = \frac{1}{G} K_1 (K_1 + K_2)^2 \frac{P}{2\pi} \tag{28.11}$$

が成り立つ．そしてこれらの式の比から，

$$\frac{M_2}{M_1} = \frac{K_1}{K_2} \tag{28.12}$$

となる．(28.10) 式と (28.11) 式を使うと，分光連星の観測量 (P, K_1, K_2) から，$\sin i$ の不定性は残るものの，それぞれの星の質量が求まる．

(1) (28.10) 式と (28.11) 式を導け．
(2) 1等星スピカ (α Vir) は，B1V 型の星と B3V 型の星からなる連星である．$P = 4.014$ 日，$K_1 = 120$ km s^{-1}, $K_2 = 189$ km s^{-1} であることを用いて，$M_1 \sin^3 i$, $M_2 \sin^3 i$ および M_2/M_1 を求めよ．

28.5 研究2：質量関数の方法

星1が暗かったりブラックホールだったりして，星2のスペクトル線しか観測されていない場合，分光観測からわかる観測量は，公転周期 P と星2の視線速度振幅 K_2 だけである．そのような連星に対しても何らかの情報を得るには，これらの観測量を上手に利用しなければならない．そこで，いままで出てきた式を組み合わせて，以下のような関係式を導いてみる．

まず力学的に導いた (28.4) 式と分光学的な関係式である (28.9) 式を辺々割って，a_2 を消去すると，

$$GM_1 \sin i = K_2 \frac{2\pi}{P} a^2 \tag{28.13}$$

となる．次に，(28.13) 式の両辺を3乗したものを一般化されたケプラーの第3法則 (28.5) 式の両辺を2乗したもので辺々割って，連星間距離 a を消去すると，最終的に，

$$\frac{(M_1 \sin i)^3}{(M_1 + M_2)^2} = \frac{P K_2^3}{2\pi G} \tag{28.14}$$

が得られる．

この (28.14) 式の左辺は未知の量（各星の質量と軌道傾斜角）であり，右辺は定数および既知の観測量（周期と視線速度振幅）なので，観測量から右辺の値を計算すれば，左辺の未知の量に対する制約が与えられることになる．また左辺を見てわかるように，左辺（当然右辺も）は質量の次元を持った量になっている．そこで，この関係式を，

$$f(M) \equiv \frac{(M_1 \sin i)^3}{(M_1 + M_2)^2} = \frac{P K_2^3}{2\pi G} \tag{28.15}$$

と置いて，**質量関数**（mass function）と呼んでいる．なお，上の式にそのまま観測データを代入してもいいが，連星周期 P を日で，視線速度振幅 K_2 を km s^{-1} で測ることにすれば，

$$f(M) = \frac{(M_1 \sin i)^3}{(M_1 + M_2)^2} = 10^{-7} 太陽質量 \left(\frac{P}{日}\right) \left(\frac{K_2}{\text{km s}^{-1}}\right)^3 \tag{28.16}$$

と簡単化される．

(1) 質量関数 (28.15) 式を導け．
(2) 上の (28.16) 式を導け．
(3) 2等星カストル (α Gem) は分光連星で，$P = 2.928$ 日，$K_2 = 31.88$ km s^{-1} である．質量関数 $f(M)$ はいくらか．

（福江　純）

29 コンパクト星の潮汐力

誰でも海辺に赴けば，はるかな過去よりリズミカルに続いてきた潮の満ち引きを見ることができる．この地球潮汐は月や太陽が地球海洋に及ぼす重力の作用によって起こるもので，この潮汐を引き起こす力を**潮汐力**（tidal force）と呼んでいる．天文学において潮汐力は，星と星との相互作用や，銀河同士の相互作用など，さまざまな場面で現れてくる．また人間に働く月や太陽の潮汐力は微々たるものだが，中性子星近傍などでは極めて大きなものとなる．いや，彼方の銀河の中心核では，そこに潜んでいる超巨大なブラックホールが，その潮汐力で星さえ破壊しているという．天体重力現象においては不可欠の概念の潮汐力がこの節の主題である．

29.1 潮汐力，潮汐加速度，潮汐破壊

潮汐力は，一言で言えば，物体に働く重力の強さが場所によって異なるために，物体を引き裂いたり歪めたりするように作用する力である．したがって以下すぐわかるように，潮汐力においては物体や天体の大きさのスケールが重要な因子となる．

(1) 潮汐力と潮汐加速度

さて図 29.1 のように，質量 M の天体 M の周りを，質量が m で大きさが a の物体（または天体）X が軌道運動している状況を考えよう．物体 X は自転していないとする．また M に比べ m は十分小さいとする（全系の重心は M の中心）．さらに物体 X の軌道は半径 R の円軌道とする．このとき，物体 X の各点にはどのような力が働くだろうか？

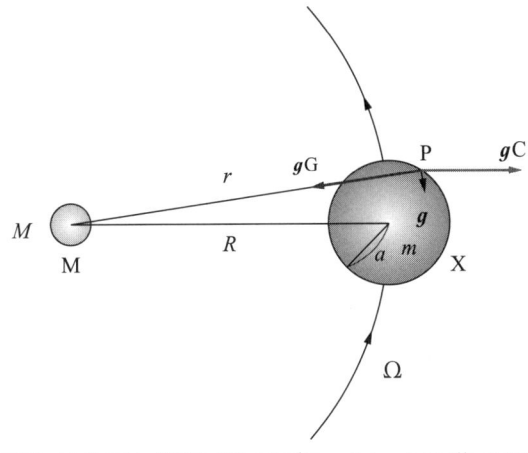

図 29.1 天体 M（地球／中性子星／銀河／超巨大ブラックホールなど）の周りを周回する物体・天体 X（人工衛星・月／小惑星／星／星団／銀河）に働く力．

図 29.1 に示したように，物体 X の各部分には，まず天体 M からの（距離の 2 乗に反比例した）重力が働いている．単位質量あたりの重力，すなわち重力加速度で考えると，物体上のある点 P に働く重力加速度 $\boldsymbol{g}_\mathrm{G}$ の大きさは GM/r^2 で，向きは天体 M の中心方向である．これをベクトル的に表せば，

$$\boldsymbol{g}_\mathrm{G} = -\frac{GM}{r^2}\frac{\boldsymbol{r}}{r} \tag{29.1}$$

となる．ここで r/r は r 方向外向きの単位ベクトルで，マイナス符号は中心向きを示す．

一方，物体 X は質量中心（今の場合は M の中心）の周りを軌道運動しているので，回転に伴う遠心力が物体の各点に働く．角速度を Ω とすれば，単位質量あたりの遠心力（遠心加速度）は，大きさが $R\Omega^2$ で，向きは天体 M と物体 X の中心を結ぶ方向外向きである．ベクトルで表せば，

$$\boldsymbol{g}_\mathrm{C} = R\Omega^2 \frac{\boldsymbol{R}}{R} \tag{29.2}$$

である．ここで $\boldsymbol{R}$ は天体 M の重心から物体 X の重心に引いた位置ベクトルであり，$\boldsymbol{R}/R$ はその方向の単位ベクトルである．角速度 Ω は重心に関するケプラーの法則から，

$$\Omega^2 = \frac{GM}{R^3} \tag{29.3}$$

と表すことができる．

結局，物体 X の各部分に働く単位質量あたりの力，すなわち加速度 $\boldsymbol{g}$ は，(29.1) 式と (29.2) 式を加えて，以下のようにまとめられる：

$$\boldsymbol{g} = -\frac{GM}{r^2}\frac{\boldsymbol{r}}{r} + R\Omega^2 \frac{\boldsymbol{R}}{R} = -\frac{GM}{r^2}\frac{\boldsymbol{r}}{r} + \frac{GM}{R^2}\frac{\boldsymbol{R}}{R}. \tag{29.4}$$

物体の重心においては，(29.4) 式右辺の第 1 項すなわち天体 M からの重力と，第 2 項すなわち軌道運動による遠心力は，大きさも向きも等しくなって打ち消し合う．その結果，**自由落下状態**（freefall）と等価な状態となり，**無重量状態**が実現される．しかし物体の重心以外の所では，一般に 0 でない成分が残る．これが**潮汐力**（この場合は潮汐加速度）である．

問 29.1 地球表面，太陽表面，白色矮星表面，中性子星表面近傍での重力加速度を求めよ．それらを地表での重力加速度（$1\,\mathrm{G} = 9.8\,\mathrm{m\,s^{-2}}$；G は文字通りジーと発音する）を単位として表せ．なお，白色矮星の質量は $1\,M_\odot$，半径は 7×10^3 km，中性子星の質量は $1.4\,M_\odot$，半径は 10 km とせよ．

問 29.2 地球表面，太陽表面，白色矮星表面，中性子星表面近傍で，人に働く潮汐加速度を求めよ．それらを地表での重力加速度（$1\,\mathrm{G} = 9.8\,\mathrm{m\,s^{-2}}$）を単位として表せ．ヒント：天体表面で考えるので，M には天体の質量を，R には天体の半径を入れる．また半径方向だけで考えれば，r には (R＋人の身長) ぐらいを入れて評価すればよい．先にも述べたように，物体の重心にかかる重力加速度は，いくら大きくても，物体を自由落下状態に置くことにより消去できる．しかし潮汐加速度を消去することはできない．

問 29.3 地球に対する太陽と月の潮汐力の比を求めよ．

(2) 潮汐加速度の成分表示

潮汐加速度 (29.4) 式は，図 29.2 のような，天体 M の中心を原点とし，M の中心と物体 X の重心を結ぶ線を x 軸とする (x, y) 直交座標系における成分で表せば，

$$g_x = -\frac{GM}{r^2}\frac{x}{r} + \frac{GM}{R^2}, \tag{29.5}$$

$$g_y = -\frac{GM}{r^2}\frac{y}{r} \tag{29.6}$$

と書くことができる．ただし，距離 r は以下で与えられる：

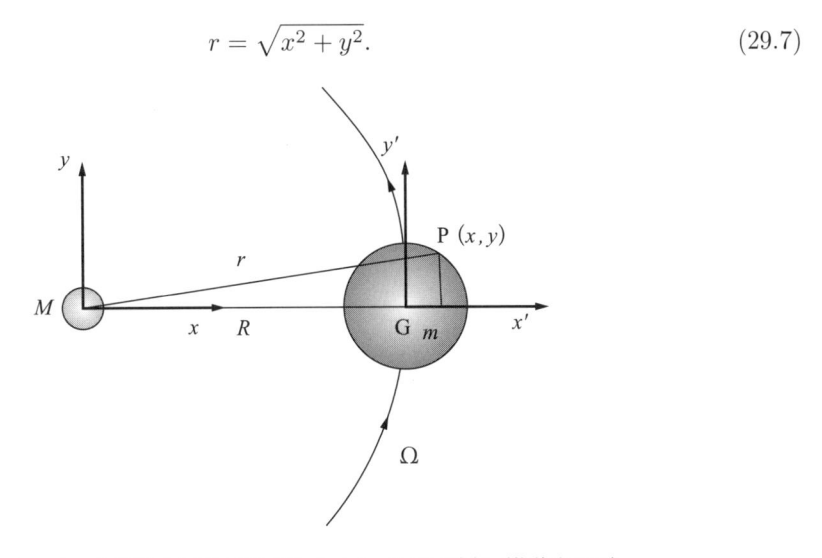

$$r = \sqrt{x^2 + y^2}. \tag{29.7}$$

図 29.2 (x,y) 座標（全系の重心系）と (x',y') 直交座標（物体中心系）．

ところで，ここでは物体近傍の潮汐加速度を考えるのだから，物体中心の座標系の方が便利である．座標の原点を物体 X の重心 G へ x 方向に R だけ平行移動した (x',y') 直交座標系（図 29.2）では，(29.5)，(29.6) 式の成分表示は，

$$g'_x = -\frac{GM}{r^2}\frac{R+x'}{r} + \frac{GM}{R^2}, \tag{29.8}$$

$$g'_y = -\frac{GM}{r^2}\frac{y'}{r} \tag{29.9}$$

となる．ただし，距離 r は以下で与えられる：

$$r = \sqrt{(R+x')^2 + y'^2}. \tag{29.10}$$

これらの式は，物体の各点の座標 x', y' を分母の r に含んでいてわかりにくいので，もう少し変形しよう．物体の大きさ a が，中心からの距離 R に比べて十分小さければ ($x', y' \ll R$)，

$$r^{-3} = [(R+x')^2 + (y')^2]^{-3/2} \sim R^{-3}\left(1 - \frac{3x'}{R}\right) \tag{29.11}$$

と近似できるので，(29.8)，(29.9) 式は x', y' の 1 次まで残せば，最終的に以下のようになる：

$$g'_x = +\frac{GM}{R^2}\frac{2x'}{R}, \tag{29.12}$$

$$g'_y = -\frac{GM}{R^2}\frac{y'}{R}. \tag{29.13}$$

ここで注意して欲しいのは，潮汐加速度（潮汐力）が物体の大きさに関する量 x', y' を含み，それらに比例するという点だ．すなわち物体の重心から離れるにしたがって潮汐力は強くなる．また R^3 に反比例するので，距離 R が遠くなると，重力よりも急速に弱くなる．

問 29.4 (29.5) – (29.13) 式を導け．

問 29.5 問 29.2 と同じ計算を，近似式 (29.12), (29.13) 式を用いて，もう一度行ってみよ．結果に違いがでたか？ ヒント：半径方向で考えれば，$x' = a = $ 人の身長 ぐらいで評価すればよい．

問 29.6 地球表面の，人ぐらいの大きさの物体に対して働く，地球による潮汐力を求めよ．また月による潮汐力や他の惑星による潮汐力はどうなるか？ あなたの人生はどの天体に左右されていると思うか？

(3) 潮汐半径と潮汐破壊

天体同士の場合の潮汐力をもう少し考えてみよう．すなわち今までの話では物体自身の重力は考慮しなかったが，潮汐力を受ける対象が重力の無視できる物体などではなく，星や星の集団の場合はどうなるだろうか？

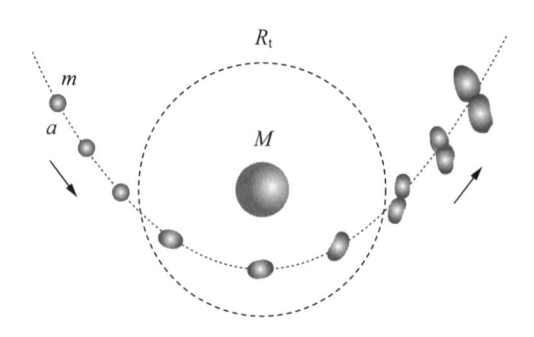

図 29.3 中心天体の潮汐力によって潮汐破壊される星．

図 29.3 のように，質量 M の天体 M の近くを，質量 m で半径 a の星（天体 m）がうろうろしているとしよう．

さて星の場合は自分自身の重力（自己重力）が自分自身を引き寄せている．この自己重力の大きさ F_s は，星の半分（質量 $m/2$）ずつがお互いに引き合っていると考えれば，

$$F_s = \frac{G(m/2)^2}{a^2} \tag{29.14}$$

くらいになる．一方 (29.12) 式から，天体 M による星への潮汐力 F_t は，以下である：

$$F_t = \frac{GMm}{R^2} \times \frac{2a}{R}. \tag{29.15}$$

天体の間の距離 R がどれくらいになれば，天体 M から天体 m に働く潮汐力と，天体 m の自己重力との大きさが同じくらいになるだろうか？ その距離 R_t は，(29.14) 式と (29.15) 式の両式が $R = R_t$ のときに等しくなると置けば容易に求まる：

$$R_t = 2a\left(\frac{M}{m}\right)^{1/3}. \tag{29.16}$$

この半径を（天体 M の）**潮汐半径**（tidal radius）と呼ぶ．もし M–m 間の距離が（天体 M の）潮汐半径より小さくなれば天体 m は破壊されてしまう（**潮汐破壊**）．

問 29.7　天体の平均密度 $\rho = m/(4\pi a^3/3)$ を用いると潮汐半径が，

$$R_\mathrm{t} = \left(\frac{6M}{\pi\rho}\right)^{1/3} \tag{29.17}$$

と表されることを示せ．

問 29.8　天体 m の潮汐半径 r_t はいくらか？　天体 M の半径を A とせよ．

問 29.9　同じ質量の星同士の場合（$M = m$）の潮汐半径は大体いくらか．

問 29.10　月はどれくらい地球に近付いたら破壊されるか（ロッシュ限界）？

問 29.11　地球の潮汐力によって人は破壊されないのだろうか？

問 29.12　活動的な銀河の中心には太陽の 1 億倍くらいの質量を持つブラックホールが存在していると考えられている．太陽のような恒星はどれくらいまで近付けるか？　超巨星（$R = 100\, R_\odot$）の場合はどうか？

29.2　演習

具体的に潮汐力の大きさなどのグラフを描いてみよう．

(1) まず，図 29.1 や図 29.2 の x 軸上だけで考えてみよう．先に導いた近似式である (29.12) 式を用いると，x 軸上では潮汐加速度の大きさはどう変化するだろうか？

(2) さらに，近似をしていない (29.4) 式を用いると，x 軸上では潮汐加速度の大きさはどう変化するだろうか？

(3) つぎに x 軸上以外の場所を考えてみよう．例えば，球状の物体の表面にはどのような潮汐力が働くか？　潮汐加速度のベクトルを矢印で表してグラフ上にプロットしてみよ．

(4) さらに球状でない物体，例えば円錐体，宇宙船，猫，人などの場合についても調べてみよ．

29.3　研究

今まで，暗黙のうちに物体 X の姿勢が，軌道運動の間，変化しないと仮定していた．

物体が公転と同期した自転をしているとすると（例えば月），物体の自転に伴う遠心力 $a\Omega^2$ が働くので，潮汐加速度は自転のない場合に比べ，少し修正されて，

$$g'_x = +\frac{GM}{R^2}\frac{3x'}{R}, \tag{29.18}$$

$$g'_y = 0 \tag{29.19}$$

となる．これを示せ．

次節では同種の問題をポテンシャルという，より重要な概念を用いて，違った角度から眺めてみよう．

（福江　純）

30 ロッシュポテンシャル

宇宙に存在する物質は，ほとんどが流体（気体）の状態で存在している．ガスでできた天体の構造を求めることは，宇宙を分析的に理解するための重要な一歩である．それは一般的にはそれほど易しいことではないが，ここではごく簡単化した場合として**ロッシュポテンシャル**（Roche potential）というものを導入し，近接連星系の構造（平衡形状）を考えてみよう．

30.1 ロッシュポテンシャル

連星系の中でも特に，2つの星が極めて接近して公転している系を**近接連星系**（close binary system）と呼んで，普通の連星系と区別している．連星間距離が大きい連星系では，各々の星の構造や進化は単独星の場合とあまり変わらないが，近接連星系の場合は，潮汐力や星間での質量交換など，2つの星は物理的に影響を及ぼし合って，その構造や進化などが単独星の場合と大きく異なってくる．例えば潮汐力のために星の構造は球形からずれてくる．

問 30.1 共に太陽程度の質量を持った2つの矮星が，太陽半径ぐらいの距離でお互いの周りを回ると，その公転周期はどれくらいになるか？

(1) 近接連星系周辺で働く力

質量 M_1 の天体（星1）と質量 M_2 の天体（星2）が，お互いの重力に引かれ合って，系の共通重心 O の周りを角速度 Ω で公転しているとしよう（図30.1）．簡単のために公転軌道は円軌道だとする．われわれの目的は，星1と星2からなるこの連星系周辺での物質の振る舞い，落ち着き方を調べることである．そのためにまず，近傍の空間に置いた質量 m（$\ll M_1, M_2$ とする）の質点，いわゆるテスト粒子にどんな力が働いているかを考えてみよう．

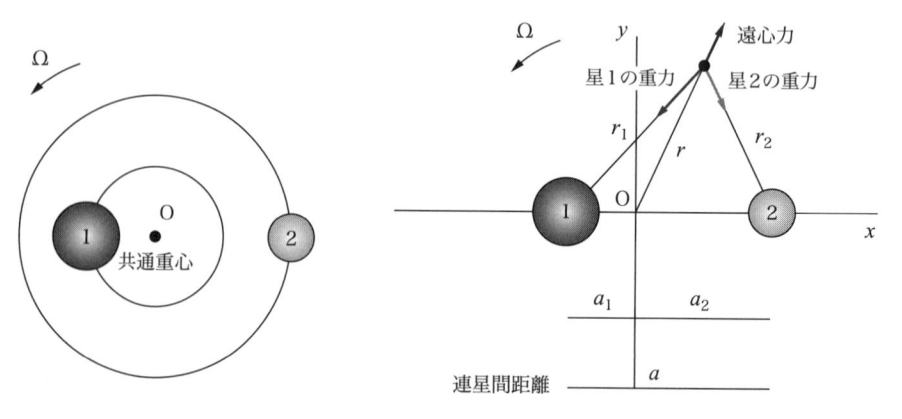

図 30.1　近接連星の軌道．　　図 30.2　回転系でテスト粒子に働く力．

星1も星2も動いているので，慣性系からみると周囲の重力場は時々刻々と変化している．そこで問題を扱いやすくするために，連星系の公転と一緒に回転する座標系に乗って考えよう（図30.2）．公転と同期した座標系では2つの星の位置は変化しない．ただし回転系に乗った

ために，テスト粒子には，2 つの星からの重力以外に，非慣性力として回転中心から外向けに遠心力が働くことになる．

(2) 力のベクトル表示

図 30.2 に示したように，星 1，星 2 の中心からテスト粒子に向かう位置ベクトルを $\bm{r}_1$, $\bm{r}_2$ とし，連星系の重心，すなわち公転の中心からテスト粒子への位置ベクトルを $\bm{r}$ とすると，テスト粒子に働く力 $\bm{F}$ は，以下のように表すことができる：

$$\bm{F} = -\frac{GM_1 m}{r_1^2}\frac{\bm{r}_1}{r_1} - \frac{GM_2 m}{r_2^2}\frac{\bm{r}_2}{r_2} + mr\Omega^2 \frac{\bm{r}}{r}. \tag{30.1}$$

働く力（30.1）式の右辺の第 1 項は星 1 による重力で，星 1 からの距離の 2 乗に反比例し，星 1 の中心方向を向いている．第 2 項は同じく星 2 による重力である．また第 3 項は遠心力を表し，回転の中心 O から外向きの力となる．

連星間距離を a として，一般化されたケプラーの第 3 法則，

$$\Omega^2 = \frac{G(M_1 + M_2)}{a^3} \tag{30.2}$$

を用いれば，(30.1) 式から公転の角速度 Ω を消去できる．

問 30.2 力の大きさではなく，加速度で考えてみよ．

(3) 力の成分表示

以上のベクトル形式で書かれた式を成分で表示するために，図 30.2 のように，連星系の軌道面内に系の重心 O を原点とし，2 つの星を結ぶ線を x 軸とするような直交座標系 (x, y) を取ろう．すると，座標 (x, y) にあるテスト粒子に働く力の成分 F_x, F_y は，それぞれ，

$$F_x = -\frac{GM_1 m}{r_1^2}\frac{x + a_1}{r_1} - \frac{GM_2 m}{r_2^2}\frac{x - a_2}{r_2} + \frac{G(M_1 + M_2)m}{a^3}x, \tag{30.3}$$

$$F_y = -\frac{GM_1 m}{r_1^2}\frac{y}{r_1} - \frac{GM_2 m}{r_2^2}\frac{y}{r_2} + \frac{G(M_1 + M_2)m}{a^3}y \tag{30.4}$$

となる．ただしここで a_1, a_2 は系の重心 O から星 1，星 2 それぞれの重心までの距離である（$a = a_1 + a_2$）．これらは**質量比**（mass ratio）を，

$$f = \frac{M_2}{M_1} \tag{30.5}$$

と置くと，重心の定義から，

$$a_1 = \frac{aM_2}{M_1 + M_2} = \frac{af}{1 + f}, \tag{30.6}$$

$$a_2 = \frac{aM_1}{M_1 + M_2} = \frac{a}{1 + f} \tag{30.7}$$

と表せる．また原点，星 1，星 2 からテスト粒子までの距離 r, r_1, r_2 は，それぞれ，以下のように表される：

$$r = \sqrt{x^2 + y^2}, \tag{30.8}$$

$$r_1 = \sqrt{(x + a_1)^2 + y^2}, \tag{30.9}$$

$$r_2 = \sqrt{(x - a_2)^2 + y^2}. \tag{30.10}$$

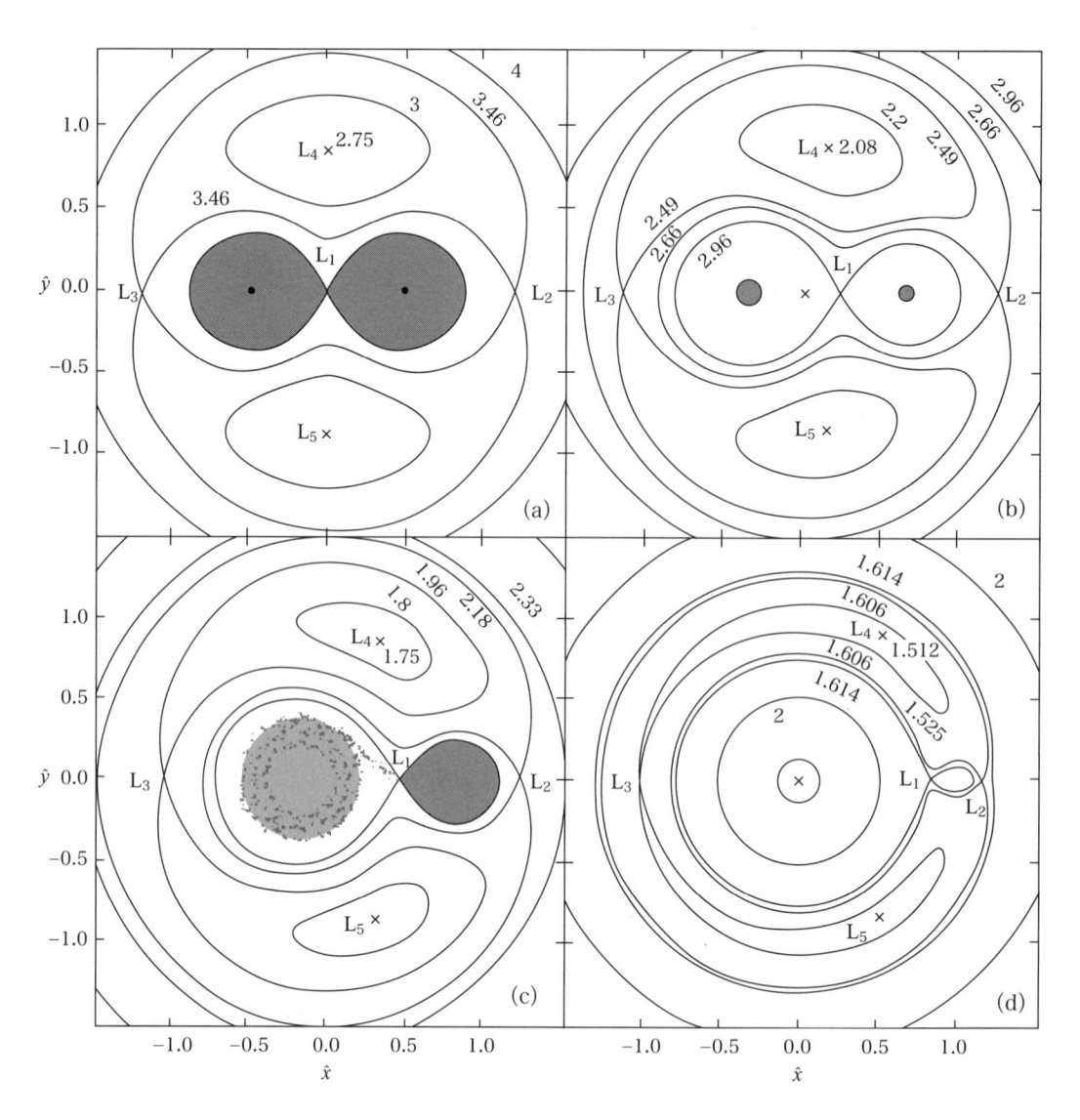

図 30.3 軌道面内のロッシュポテンシャル．(a) $f=1$（ロッシュワールド），(b) $f=0.5$, (c) $f=0.23$（うみへび座 EX 星），(d) $f=0.0123$（地球–月系）．図中の数値は $-\Phi$ の値を示す．

(4) ロッシュポテンシャル

さて，ここでいよいよ，(30.3), (30.4) 式の力の場 (F_x, F_y) を与えるようなポテンシャル $\Psi(x, y)$ を求めよう．ポテンシャルの勾配の符号を変えたものが（単位質量あたりの）力であることから，力をテスト粒子の質量で割って単位質量あたりの力（加速度）に直すと，力とポテンシャルの関係として，

$$\frac{\boldsymbol{F}}{m} = -\boldsymbol{\nabla}\Psi \tag{30.11}$$

が成り立ち，成分表示では，

$$\frac{F_x}{m} = -\frac{\partial \Psi}{\partial x}, \tag{30.12}$$

$$\frac{F_y}{m} = -\frac{\partial \Psi}{\partial y} \tag{30.13}$$

と表せる．これらの関係から，ポテンシャル Ψ は，

$$\begin{aligned}
\Psi(x,y) &= -\frac{GM_1}{r_1} - \frac{GM_2}{r_2} - \frac{\Omega^2}{2}r^2 \\
&= -\frac{GM_1}{r_1} - \frac{GM_2}{r_2} - \frac{G(M_1+M_2)}{2a^3}r^2
\end{aligned} \tag{30.14}$$

となる．

ポテンシャル Ψ の式の右辺の第1項と第2項はそれぞれ星1，星2の重力ポテンシャルであり，第3項は遠心力のポテンシャルを表す．この Ψ は一般には**有効ポテンシャル**（effective potential）と呼ばれるものだが，連星の場合には，このようなポテンシャルを最初に研究したエドワルド・ロッシュにちなんで，**ロッシュポテンシャル**（Roche potential）と呼ぶ．

問 30.3 （30.14）式を（30.11）式に代入して，（30.3），（30.4）式が得られることを確かめよ．

(5) 力とポテンシャルの無次元化

ポテンシャルの形に沿って物質は分布する．すなわちポテンシャルの等しいところ——**等ポテンシャル面**（equipotential surface）——では，物質の密度も等しい．このような等ポテンシャル面という概念は，地図などに出てくる等高線と似ている．

したがって連星の形状を求めるためには，等ポテンシャル面を求めればよいのだが，ポテンシャルを表す（30.14）式は，質量や万有引力定数などを含んでおり，いちいちそれらを与えなければならない．しかし，単位をうまく選ぶことにより，それらが見かけ上現れないようにすることができる（**無次元化／規格化**）．

例えば，長さの単位として連星間距離 a を，ポテンシャルの単位として GM_1/a を取ろう．そして無次元化した長さとして，

$$\hat{x} = \frac{x}{a}, \quad \hat{y} = \frac{y}{a}, \quad \hat{r} = \frac{r}{a}, \quad \hat{r}_1 = \frac{r_1}{a}, \quad \hat{r}_2 = \frac{r_2}{a} \tag{30.15}$$

を導入すると，

$$\hat{r} = \sqrt{\hat{x}^2 + \hat{y}^2}, \tag{30.16}$$

$$\hat{r}_1 = \sqrt{\left(\hat{x} + \frac{f}{1+f}\right)^2 + \hat{y}^2}, \tag{30.17}$$

$$\hat{r}_2 = \sqrt{\left(\hat{x} - \frac{1}{1+f}\right)^2 + \hat{y}^2} \tag{30.18}$$

となる．これらを使うと，最終的に，無次元化したポテンシャル $\Phi(\hat{x},\hat{y})$ は，

$$\Phi(\hat{x},\hat{y}) = \frac{\Psi}{GM_1/a} = -\frac{1}{\hat{r}_1} - \frac{f}{\hat{r}_2} - \frac{1+f}{2}\hat{r}^2 \tag{30.19}$$

と表せる．

このように無次元化すると，連星系での有効ポテンシャル（ロッシュポテンシャル）は，結局，質量比 f だけをパラメータとして決まる．このロッシュポテンシャルには，ポテンシャルの極値（全ての力が釣り合っている場所）が5つあり，**ラグランジュ点**（Lagrange points）と名付けられている（図 30.3 の L_1 から L_5 まで）．

2つの星の周辺でポテンシャル Φ が一定の線（等ポテンシャル面）を描くと図 30.3 のようになる．等ポテンシャル面は，星1あるいは星2のごく近傍ではほぼ同心円状（実際は球状）であり，またずっと遠方でもほぼ同心円状（実際は球状）になる．また特に，L_1 点を通り，2つの星を包む横8の字形の等ポテンシャル面を**内部臨界ロッシュ・ローブ**と呼び，もう少し外側の L_2 点を通る瓢箪形のものを**外部臨界ロッシュ・ローブ**と呼ぶ．

さてポテンシャルの勾配が力なので，力は等ポテンシャル面に垂直に働き，等ポテンシャル面に沿った方向には働かない．したがって，もしガスがテスト粒子の集まりだとすると，ガスの分布が等ポテンシャル面から歪んだ場合，それを等ポテンシャル面にならすような力が働く．その結果，ガスの分布は再び等ポテンシャル面に沿ったものになる．実際の星ではもっと複雑ではあるが，それでも近接連星系において，それぞれの星の外層は，大体ロッシュポテンシャルに沿ったものになっていると考えられている．

30.2 演習

ロッシュポテンシャルの振る舞いを x 軸上で考えてみよう．
(1) まず質量比 f を1として，x 軸（$y=0$）の上でのロッシュポテンシャルをグラフに表せ．
(2) グラフから，ラグランジュ点すなわちポテンシャルの極値を求めてみよ．x 軸上には L_1 から L_3 まで3つある．
(3) 質量比 f をいろいろ変えて同じ作業を行ってみよ．

30.3 研究

ロッシュポテンシャルの概形を描いてみよう．
(1) いろいろな質量比 f に対して，図 30.3 のようなロッシュポテンシャルの全体を描いてみよ．
(2) x 軸上以外のラグランジュ点 L_4 と L_5 を全体図から求めてみよ．また計算によって求めてみよ．ヒント：ラグランジュ点 L_4 と L_5 は x 軸上以外の力の均衡点なので，$F_x = F_y = 0$ の解のうち，$y \neq 0$ の解となる．
(3) ラグランジュ点 L_4 と L_5 が連星間距離 a を底辺とする正三角形の頂点に位置する（$r_1 = r_2 = a$ となる）ことを確かめよ．ヒント：L_4 と L_5 は，$F_x = F_y = 0; y \neq 0$ と置けば求められる．なお，ラグランジュ点のうち，L_1 から L_3 は x 軸上にあるので**ラグランジュの直線解**と，L_4 と L_5 は正三角形の位置にあるので**ラグランジュの正三角形解**と呼ばれる．

（福江　純）

31 降着円盤とは

　恒星やコンパクト天体などの周囲には，それを取り囲むように回転するガス円盤が存在することがあり，**降着円盤**（accretion disk）と呼ばれる．そのようなガス円盤は，原始惑星系円盤から近接連星系，さらに活動銀河核まで，宇宙の幅広いスケールの天体で存在し，その性質を理解することは現代の天体物理学において重要な課題である．特に高密度星のような，半径が小さいわりに質量の大きな天体が連星系となっている場合などでは，ガス円盤が存在しやすく，またそれによってさまざまな活動的現象が観測されている．この節では，そのようなガス降着円盤の基本的な特徴を概観する．

31.1 高密度天体周辺の降着円盤

　連星系における天体の形はそれぞれの等ポテンシャル面（空間）によって決まる（30節）．ところで，連星系の一方が白色矮星，中性子星，ブラックホールといった高密度天体である場合，ロッシュ・ローブの大きさは天体の質量によるため，それらのロッシュ・ローブ内の空間は，ほぼ空っぽである．そのような連星系で，もう片方の恒星が進化（巨星化）したり，連星系内の角運動量が減少して連星間距離も減少し，ロッシュ・ローブが縮小したりすると，恒星自身がロッシュ・ローブを満たすようになる．そのとき，最初に到達するラグランジュ点である L_1 を経由して，相手のロッシュ・ローブへと恒星の外層大気（主に水素ガス）が流れ出すことになる．その際に，高密度星のロッシュ・ローブへと流入したガスは連星系の公転運動により，高密度星の周囲を螺旋状に落ち込む．この流入が継続的に起こると，ガスは高密度星の周囲に円盤を形成しながら高密度星へ降着するようになる．こうして降着円盤が形成される．

図 **31.1** 　連星系と降着円盤（国立天文台）．図中左のロッシュ・ローブを満たした伴星から，図中右の白色矮星のロッシュ・ローブへガスが移動（質量移動）する際に，白色矮星の周囲にガス円盤が形成される．質量移動流が降着円盤外縁に衝突する場所は特に明るく輝き，ホットスポットと呼ばれる．

定常的に形成されている降着円盤では，中心の高密度星からの重力と，ガスの回転による遠心力がほぼ釣り合っている．すなわち円盤上の各点はケプラー回転をしているとみなせる．すると降着円盤は全体として差動回転をしているので，円盤内のガスは，動径方向に隣接するガス同士の摩擦によって減速し（角運動量を失い），少しずつ内側へ向かって移動する．また同時に，重力の勾配を少し落下した分だけのガスの位置エネルギーが熱エネルギーへ転化し，最終的に放射エネルギーとして円盤の表面から解放される．重力の勾配は中心に近いほど大きいので，円盤の温度は内側ほど高くなる．具体的には，中心からの距離を r として，ある半径での円盤の表面温度 $T(r)$ は，

$$T(r) = \left(\frac{3GM\dot{M}}{8\pi\sigma r^3}\right)^{1/4} \tag{31.1}$$

のように変化する．ここで G は万有引力定数，M は中心星の質量，$\dot{M}$ は質量降着率（相手の星から降着円盤へ流入してくるガスの単位時間あたりの質量），σ （$= 5.67 \times 10^{-8}$ W m^{-2} K^{-4}）はステファン・ボルツマンの定数である．降着円盤は，恒星内部と同様に光学的に厚く，熱力学的な平衡状態にあると近似できるので，各半径において (31.1) 式の温度に対応する黒体輻射で光っている．高密度星は，半径が極めて小さい一方で質量は恒星と同程度（あるいはそれ以上）と大きいため，その周囲の降着円盤はより中心に近い位置まで形成される．

問 31.1 白色矮星の大きさと，そのロッシュ・ローブの大きさとの比はどれくらいか？ また中性子星の場合はどうか？ ともに連星系の相手の恒星の質量は 1 太陽質量とせよ．また中性子星の半径は 10 km とせよ．

問 31.2 1 太陽質量（$M = 1\,M_\odot$）の高密度星に，1 年間あたり 10^{-7} 太陽質量のガスが降ってくる（$\dot{M} = 10^{-7}\,M_\odot$ yr^{-1}）とした場合，その降着円盤の温度分布を求めてみよ．

問 31.3 問 31.2 の降着円盤において，白色矮星および中性子星の半径における円盤の温度はそれぞれ何 K くらいになるか？ また観測するのに最適な電磁波の波長域を推定せよ．

31.2 研究

より厳密なモデルでは，降着円盤の内縁の半径（～ 中心の高密度星の半径）を r_in として，降着円盤の表面温度は，

$$T(r) = \left[\frac{3GM\dot{M}}{8\pi\sigma r^3}\left(1 - \sqrt{\frac{r_\text{in}}{r}}\right)\right]^{1/4} \tag{31.2}$$

という式で与えられる．円盤表面からの単位面積あたりの輻射流束 $F = \sigma T^4$ を表面全体にわたって積分して，降着円盤の光度 L_d が，

$$L_\text{d} = \int_{r_\text{in}}^\infty 2\sigma T^4 dr = \frac{GM\dot{M}}{2r_\text{in}} \tag{31.3}$$

となることを確かめよ．これは降着円盤の内縁に単位時間あたりに流入する降着ガスの位置エネルギーのうち，ちょうど半分が光度として解放されていることを意味する（残りの半分は回転エネルギーに費やされている）．

（松本 桂）

32 激変星の光度曲線

高密度天体の一種である白色矮星と，ロッシュ・ローブを満たした恒星からなる連星系は，**激変星**（cataclysmic variable）と総称される．恒星の外層大気が，連星系の L$_1$ 点を経由し，白色矮星のロッシュ・ローブ内に供給される結果，白色矮星の周囲に降着円盤が形成されている．前節の図 31.1 は，実のところ激変星の想像図である．激変星においては，白色矮星側を主星と呼び，質量供給源である恒星を伴星と呼ぶ．

激変星は，連星系の公転に伴う定常的な明るさの変化の他に，さまざまな要因により**アウトバースト**（outburst）と呼ばれる突発的な増光を示すことがあり，新星，矮新星，新星状変光星，磁場激変星，超軟 X 線源などに分類される．伴星が赤色巨星の場合は**共生星**（symbiotic star）とも分類される．この節では，特に新星と矮新星を題材として，激変星の光度曲線から読み取られることについていくつか紹介する．

32.1 新星

新星（nova；複数形は novae）とは，伴星から降着円盤を経由して白色矮星の表面に水素ガスが降り積もり，蓄積した水素ガスの温度や密度が臨界条件に達することによって暴走的な核燃焼が起こり，振幅が 9–14 等程度の突発的な増光（新星爆発・新星アウトバースト）を示した天体である（図 32.1）．すなわち，その名称に反し，星の誕生とは異なる現象である．新星爆発による増光が歴史上一度しか記録されていない新星は**古典新星**（classical nova）とも呼ばれ，増光が 2 回以上記録されている新星は**反復新星**（recurrent nova）と呼ばれて区別される．それらは白色矮星の質量などに違いはあるが，増光機構は同一と考えられている．つまり古典新星は，爆発の間隔が人類史と比べて非常に長い（1 万年以上）ことを特徴とする．

32.2 演習 1：新星の減光速度

新星を分類する指標のひとつとして，新星爆発の極大光度からの減光速度が用いられる．極大から 2 等減光するまでの日数（t_2）および極大から 3 等減光するまでの日数（t_3）により，表 32.1 のような**速度階級**（speed class）として分類されている．

明るい新星ほど速く減光することは比較的古くから知られており（例えば Hubble 1929 による M31 の新星の研究），その後の多くの研究によって，新星の極大時の絶対等級と減光速度との関係（MMRD：Maximum Magnitude / Rate of Decline）が得られるようになった：

$$M_V = -11.32(\pm 0.44) + 2.55(\pm 0.32)\log t_2, \tag{32.1}$$

$$M_V = -11.99(\pm 0.56) + 2.54(\pm 0.35)\log t_3 \tag{32.2}$$

（Downes & Duerbeck 2000 による）．これは，新星は極大時の絶対等級が明るいと減光速度は速く，暗ければ遅くなる傾向を基にした，観測的な経験則である．これにより絶対等級 M_V が推定できれば，下記の関係から新星までの距離を求めることができる：

$$m_V - M_V = 5\log r - 5 + A_V. \tag{32.3}$$

表 32.1 新星の速度階級.

	speed class	t_2（日）	t_3（日）
Payne-Gaposchkin, 1957	very fast	<10	<20
	fast	11–25	21–49
	moderately fast	26–80	50–140
	slow	81–150	141–264
	very slow	151–250	265–440
GCVS (Samus & Durlevich, 2009)	NA (fast)	-	<100
	NB (slow)	-	>150
	NC (very slow)	-	数年以上

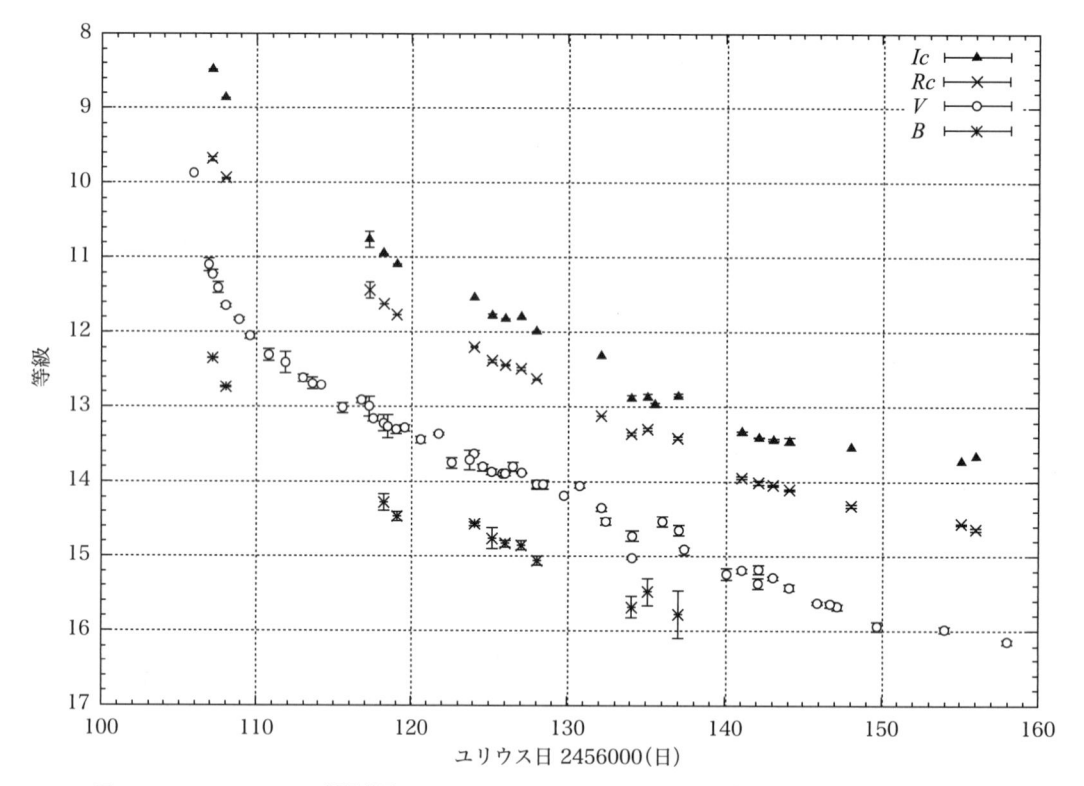

図 32.1 V5591 Sgr の新星爆発の B, V, R_c, I_c バンドでの光度曲線（大阪教育大学による観測点に，V バンドのみ AAVSO[*1] の観測点を追加）．横軸はユリウス通日で縦軸は各バンドの等級．

(1) 図 32.1 は，新星 V5591 Sgr（2012 年第 3 いて座新星）の，極大から減光する様子を示した光度曲線である．V バンドでは最初の観測点において極大を捉えている．V バンドの測光点を用いると，この新星はどの速度階級に分類されるか．

(2) 上記の MMRD から，この新星の極大時の絶対等級および距離を推定せよ．なお $A_V = 4.75$ とする（Shlegel et al., 1998 による）．

[*1] Henden, 2012, Observations from the AAVSO International Database, http://www.aavso.org/

32.3 矮新星

矮新星（dwarf nova）とは，2–8等程度の突発的増光を繰り返す激変星である．増光の規模が新星より小さいため矮新星と呼ばれるが，増光機構も新星とは異なる．矮新星は，降着円盤内の水素ガスが中性状態と電離状態を行き来することにより円盤内の質量降着率が急変し（熱的不安定性），円盤自体が突発的な重力エネルギーの開放で発熱することにより増光する．これは矮新星アウトバーストまたは**ノーマルアウトバースト**（normal outburst）と呼ばれる．その頻度は天体によりさまざまで，数週間から数十年の幅がある．

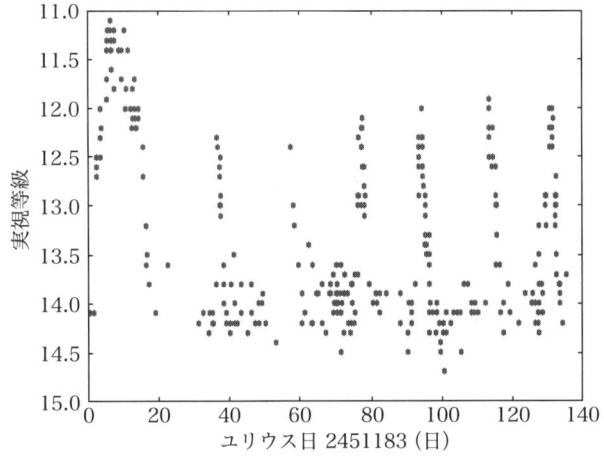

図 32.2 矮新星 SU UMa の光度曲線（AAVSO[*2]による）．横軸は1999年1月4日からの経過日数で，縦軸は実視等級．最初の増光がスーパーアウトバースト，続く6回の増光がノーマルアウトバースト，それらの間が静穏期である．

矮新星は増光の仕方により，U Gem 型, Z Cam 型, SU UMa 型の3種類に大別される．U Gem 型（SS Cyg 型とも）はノーマルアウトバーストを繰り返し，Z Cam 型はノーマルアウトバーストの繰り返しと**スタンドスティル**（standstill）と呼ばれる光度一定の期間を交互に示す．SU UMa 型は，ノーマルアウトバーストの繰り返しの途中に，**スーパーアウトバースト**（superoutburst）と呼ばれる，降着円盤の潮汐的不安定性を併発する比較的大規模な増光を起こす（図 32.2）．SU UMa 型にはさらに，スーパーアウトバーストを頻繁に起こす ER UMa 型と，スーパーアウトバーストしか起こさない WZ Sge 型に細分類されることもある．矮新星のアウトバーストは，降着円盤の物理状態の変化を短時間に直接観測できることが特徴である．

32.4 演習2：矮新星のスーパーハンプ

SU UMa 型矮新星のスーパーアウトバーストでは，その過程において，**スーパーハンプ**（superhump）と呼ばれる振幅が0.2–0.3等程度の変光が必ず現れる．スーパーハンプは，潮汐的不安定性により楕円に変形した降着円盤の歳差運動に由来すると考えられており，変光周期は連星系の軌道周期に近いが一致しない（数%長い）．それらの差異は連星系の質量比に関連していることが知られている．この性質を用いて，矮新星の伴星の質量がどれくらいであるのか見積ってみよう．

[*2]Henden, 1999, Observations from the AAVSO International Database, http://www.aavso.org/

図 32.3 は，SU UMa 型矮新星の HT Cas の，スーパーアウトバースト最初期における光度曲線である．この日の観測全体（図の右上）は約 6 時間にわたるが，その前半の約 3 時間を拡大している．全体で見ると 4 つの増光が捉えられており，これがスーパーハンプである．また HT Cas は軌道傾斜角が大きい食連星でもあり，スーパーハンプとは別に，連星系の食による鋭い減光も見られる（伴星が降着円盤を隠すことによる）．

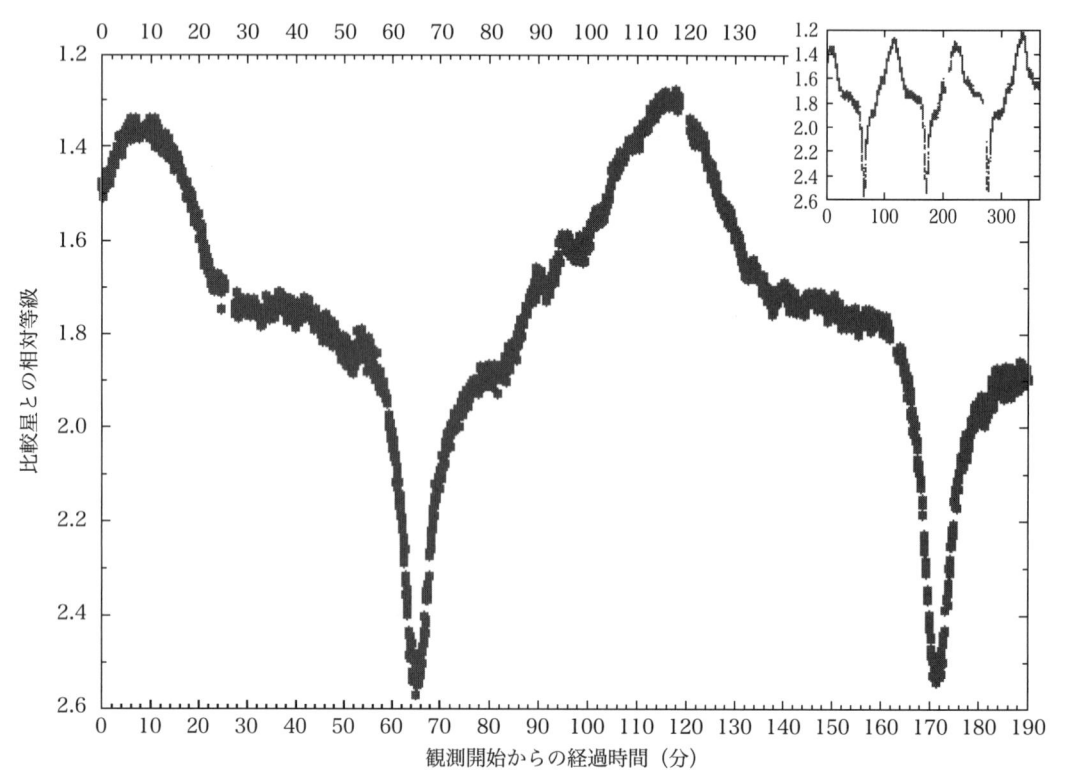

図 **32.3** スーパーアウトバースト中（2010 年 11 月 4 日）の HT Cas の光度曲線．スーパーハンプの増光と食による減光の両方が見えている．横軸は経過時間で，縦軸は相対等級．

(1) スーパーハンプの周期（P_{SH}）は増光の極大の間隔から，連星系の軌道周期（P_{orb}）は食の極小の間隔から，それぞれ得られることになる．それらを大ざっぱに見積ってみよう．図 32.3 を（なるべく透けやすい紙に，できれば拡大して）コピーし，極大の山と極小の谷の形が残るように図を分割しよう（横軸の目盛りで 40 と 150 付近で縦に切り取るとよい）．分割した紙を重ね合わせて横方向へスライドし，極大の 2 つの山が最も一致するときの，横軸の目盛りの差を 1 分以下の精度で読み取ろう（横軸の 0 を基準にするとわかりやすい）．それが P_{SH} となる．また極小も同様に一致させ，そのときの横軸の目盛りの差を読み取ろう（横軸の 190 を基準にするとわかりやすい）．それが P_{orb} となる[*3]．

(2) 白色矮星の質量を M_1，伴星の質量を M_2，連星系の質量比を $q = M_2/M_1$ とすると，スーパーアウトバースト最初期に観測されるスーパーハンプ（stage A スーパーハンプと呼ばれる）

[*3] 実際の研究ではこのようなやり方はせず，コンピュータプログラムを用いて数学的手法に基づき客観的に算出する．また周期を決める際には，精度を高めるために多数（この場合は 4 回）の変動を用いる．

について，

$$q = -0.0016 + 2.60\epsilon^* + 3.33(\epsilon^*)^2 + 79.0(\epsilon^*)^3 \tag{32.4}$$

の関係があることが知られている（Kato & Osaki 2013）[*4]．ここで $\epsilon^* = 1 - P_{\rm orb}/P_{\rm SH}$ である．HT Cas の白色矮星は，X線の観測から約 $0.6\,M_\odot$ と推定されている（Mukai et al., 1996）．伴星の質量を計算せよ．

問 32.1 31節で述べたように，降着円盤は原始惑星系円盤から活動銀河核まで，さまざまな種類の天体に存在するが，われわれに馴染み深い電磁波である可視光で観測する場合，激変星は他の降着円盤系と比較して特に適している天体である．その理由を考察せよ．

32.5 その他の激変星

新星状天体（novalike variable）は，これまでに新星爆発による増光は記録されていないが，アウトバースト終了後の新星の静穏期に似た状態を示す激変星の総称である．一時的な減光を示す VY Scl 型などの細分類がある．

強磁場激変星／ポーラー（polar）は，白色矮星が強い磁場を持つ場合に生じる激変星である．ポーラーという名称は偏光（polarization）を示すことが由来である．伴星からの質量降着流が，降着円盤を形成する前に白色矮星の磁極に流れ込むため，降着円盤の形成が阻害されている．白色矮星は約 10^7–10^9 ガウスの強い磁場を持ち，自転周期と伴星の公転周期が同期している．磁場が 10^6 ガウス程度で比較的弱いものは**弱磁場激変星／中間ポーラー**（intermediate polar）と呼ばれる．この場合，白色矮星の自転と公転は同期しておらず，また降着円盤の内側は polar と同様の理由で欠落しているが，外側は途中から形成されていると考えられている．その外側の円盤で矮新星アウトバーストを起こす系もある．

超軟X線源（supersoft X-ray source）は，紫外線に近い非常に振動数の低いX線を強く放射していることが名称の由来である．超軟X線源では，伴星からの質量降着率が $\dot{M} \sim 10^{-7}\,M_\odot\,{\rm yr}^{-1}$ と比較的高く，白色矮星の表面で定常的に核燃焼が起きており，白色矮星の数十万度の光球から超軟X線が放射されていると考えられている．なお新星爆発の減光途中においても，新星が一時的な超軟X線源の状態になることがある．

（松本　桂）

[*4] 詳細は割愛するが，stage A は成長途上のスーパーハンプであり，充分成長した後の stage B スーパーハンプの $P_{\rm SH}$ に対しては，別の関係式を用いる．

33 激変星の輝線スペクトル

前節では，いくつかの激変星の測光学的な挙動を扱った．この節では，激変星の可視光域での分光学的特徴を概観する．なお静穏時の激変星において，可視光域の放射の大部分は降着円盤に由来している．そのため，静穏時の激変星を観測することは，その降着円盤からの放射を観測することにほぼ等しい．

33.1 激変星のスペクトル

激変星における降着円盤の存在は，明るさの時間変化を表す光度曲線だけでなく，分光観測によるスペクトルにも現われている．一例として，図 33.1 に SU UMa 型の矮新星 V893 Sco の，静穏時の可視光域スペクトルを示す．V893 Sco は，約 0.5 $M_\odot$ の白色矮星と，約 0.15 $M_\odot$ の伴星からなる，公転周期 109.6 分の近接連星系である．また前節で見た HT Cas と同様に，食連星であることが知られている．すなわち連星系の軌道傾斜角が比較的大きいと考えられる．

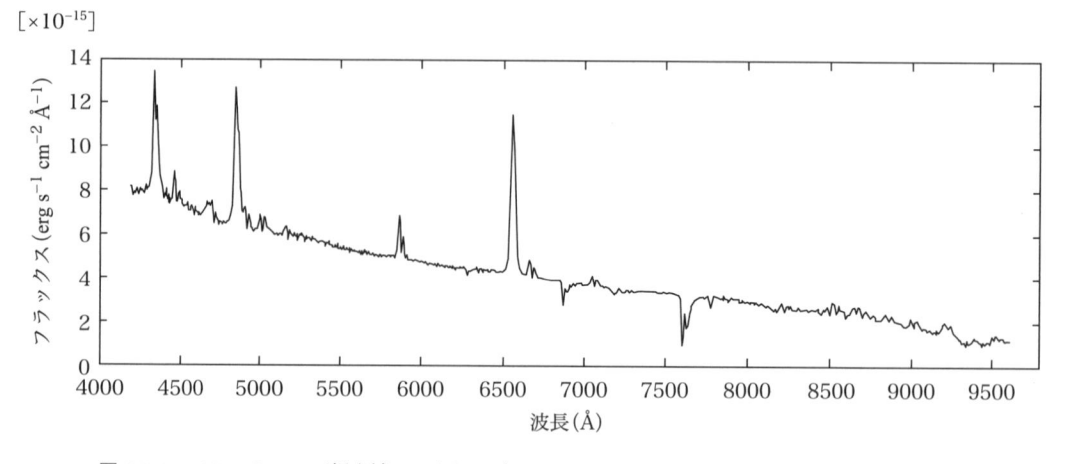

図 33.1 V893 Sco の可視光域スペクトル（Matsumoto, K. et al., 2000, A&A, **363**, 1029）．

図 33.1 から見て取れるように，激変星の可視光域スペクトルは，早期型の連続スペクトルといくつかの輝線（水素のバルマー線など）から構成されており，主系列星のスペクトルのような吸収線がほとんど見られない．また輝線は幅が広く，図 33.2 でも顕著なように，そのピークがしばしば二重になっている．輝線が見られることから，この放射は白色矮星や伴星の大気で生じたものではなく，希薄な高温のガス，すなわち降着円盤から生じたものであることがわかる．そして線幅が広い理由がドップラー効果によるものと考えると，輝線を放射しているガスは視線方向に大きな速度分散を持っていることがわかる．さらに輝線が二重のピークになっている理由は，ガスの回転運動を反映していると考えられる．すなわち，降着円盤において，回転が観測者へ向いている領域で生じる輝線は青方偏移し，遠ざかる方向へ回転している領域からの輝線は赤方偏移しているためである．この連星系は食を示すほど軌道傾斜角が大きいために，二重ピークが特に顕著となっている．

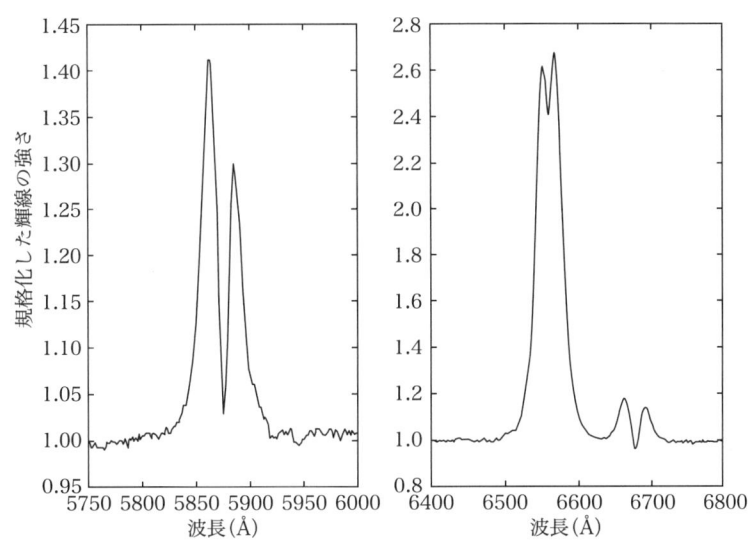

図 33.2 図 33.1 の一部の輝線の拡大図（左：5900 Å 付近，右：6600 Å 付近）（Matsumoto, K. et al., 2000, A&A, **363**, 1029）．

問 33.1 V893 Sco の連星間距離はどれくらいか？

問 33.2 図 33.1 のスペクトルについて，波長 7000 Å 以下の領域における主な輝線の波長を読み取り，全ての水素原子の輝線についてその名称を確認せよ．

問 33.3 輝線のピークが二重になる理由を，図を描いて説明せよ．

問 33.4 図 33.2 の輝線の FWZI（Full Width at Zero Intensity）を読み取り，その速度分散を見積れ．またそれは何を反映しているか，問 33.3 の図と併せて考察せよ．なお，図 33.2 左は中性ヘリウムの 5876 Å 線，右は Hα 線および中性ヘリウムの 6678 Å 線である．

33.2 演習 1：降着円盤の大きさ

線スペクトルを解析して，激変星における白色矮星周辺の降着円盤の大きさを，大ざっぱに見積ってみよう．

(1) 図 33.2 の輝線の二重ピークの波長を読み取り，その間隔 $\Delta\lambda$ を求めよ．

(2) これらのピークの分離が，降着円盤の回転に伴うドップラー偏移によって生じたものと仮定して，対応する速度幅を求めよ．なお，連星系の軌道傾斜角は 70° とする．ヒント：$\Delta\lambda/\lambda = \Delta v/c$．

(3) 降着円盤のガスは白色矮星の周囲を，中心からの距離に応じて異なる角速度でケプラー回転していると仮定して，円盤内で輝線を発している領域の，中心からの距離を推定せよ．ヒント：$\Delta v/2 \sim \sqrt{GM/r}$．

(4) 上のようにして推定した距離は，中心の白色矮星の半径と比べてどれくらいの大きさか？また白色矮星のロッシュ・ローブの大きさや，連星間距離と比べてどれくらいか？

(5) 輝線の種類によって推定した距離に違いはあるか？ もしあるならば，どのような理由が考えられるだろうか．

33.3 演習 2：超軟 X 線源の双極ジェット

降着円盤を持つ高密度星からは，しばしば物質の放出現象（アウトフロー）が観測される．特に，円盤面に対し垂直方向へ強い指向性を持ったものは双極ジェットと呼ばれる．双極ジェットのスペクトルは，波長が大きく偏移した輝線として表れ，その速度が顕著に大きい場合は中央の輝線から分離して観測される．双極ジェットは主にブラックホール降着円盤系で観測される現象で，激変星（白色矮星系）では稀である．しかし，一部の白色矮星系でもそのようなアウトフローが検出されている．一例として，図 33.3 に超軟 X 線源の QR And のスペクトルを示す．

(1) 図 33.3 には，中央の Hα 線の左右の裾野に，2 本の輝線が見られる．それら 3 本の輝線の中心波長を求めよ．また，左右 2 本の波長に対応する輝線を出す元素があるかどうかを，文献などで確認せよ．

(2) 図 33.3 の左右 2 本の輝線が，Hα 線が青方偏移および赤方偏移したものと解釈すると，その速度はどれくらいか．また，もしアウトフローが等方的であれば，Hα 線はどのように観測されるか考察し，それとの比較としてこのような独立した輝線となる理由を，図を描いて説明せよ．

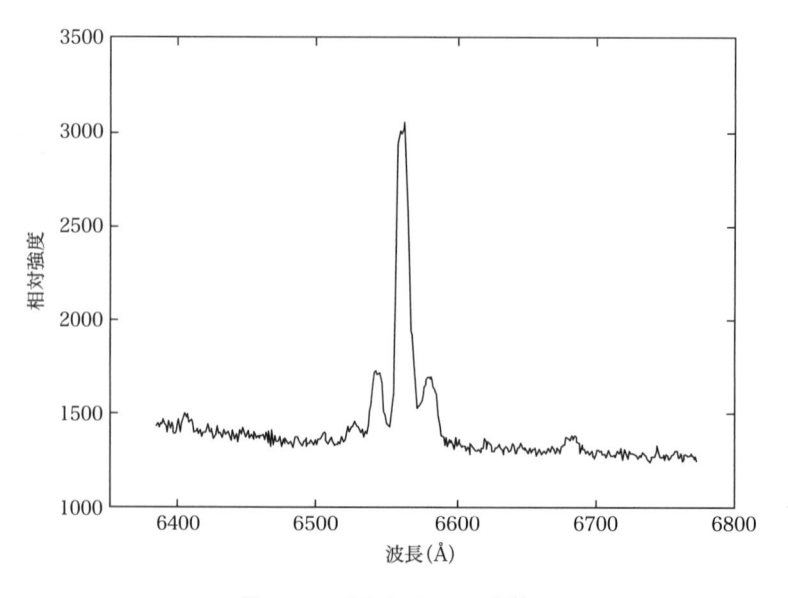

図 33.3 　QR And の Hα 輝線．

（松本　桂）

34 ブラックホール連星 Cyg X-1

宇宙には実にさまざまな天体が存在するが，その中でも，ブラックホールはもっとも奇妙でかつ単純な天体だ．なにしろ球対称なブラックホールの場合は，ブラックホールの領域と宇宙の他の領域を隔てる境界しか持たない．その境界が**事象の地平面**（event horizon）と呼ばれる理由は，その彼方で生じた現象（事象）が境界（地平面）のこちら側にまったく影響を与えないからである．ここでは，はくちょう座 X-1 を例に取り，ブラックホールを考察しよう．

34.1 ブラックホール

質量が集中したため重力場が非常に強くなり，空間の歪みが極めて大きくなって，光でさえも逃れることのできなくなった天体を**ブラックホール**（black hole）と呼んでいる．自然界に存在するブラックホールは，自転していない球対称の**シュバルツシルト・ブラックホール**（Schwarzschild black hole）と，自転している**カー・ブラックホール**（Kerr black hole）である．また星の終末にできる典型的なブラックホールの質量は $10\,M_\odot$ 程度だが，銀河の中心核に存在してさまざまな活動を引き起こしている**超大質量ブラックホール**（supermassive black hole）は $10^8\,M_\odot$ ほどの質量を持つものもある（49節）．

もっとも単純なシュバルツシルト・ブラックホールの場合，その事象の地平面の半径は，**シュバルツシルト半径**（Schwarzschild radius）と呼ばれ，ブラックホールの質量 M を用いて，

$$r_\mathrm{g} = \frac{2GM}{c^2} \tag{34.1}$$

で与えられる．ただし G は万有引力定数で，c は光速である．

問 34.1 地球，太陽，白色矮星，中性子星，並のブラックホール，超大質量ブラックホールのシュバルツシルト半径を求めよ．

問 34.2 シュバルツシルト半径の近傍で起こる変化の時間スケールの目安として，いろいろなブラックホールのシュバルツシルト半径を光速で横切る時間を求めよ．

問 34.3 横軸に天体の半径 R，縦軸に天体の質量 M をプロットした R–M 図の上にシュバルツシルト半径をプロットしてみよ．さらに，地球，太陽，白色矮星，中性子星，銀河，宇宙など，さまざまな天体をプロットしてみよ．

問 34.4 太陽が突然，同じ質量のブラックホールになったとしたら，地球はどうなるだろうか？

34.2 はくちょう座 X-1

はくちょう座 X-1（Cyg X-1）は，はくちょう座の中でもっとも強い X 線源である（図 34.1，図 34.2）．放射される X 線は数秒からミリ秒程度の非常に短いタイムスケールで時間変動する（図 34.3）．さらに X 線領域のスペクトルも，2 keV 程度の軟 X 線が強い**ソフト状態**や 100 keV 程度の硬 X 線が強い**ハード状態**などの間を大きく移り変わる（図 34.4）．

146　第4章　連星とブラックホール活動

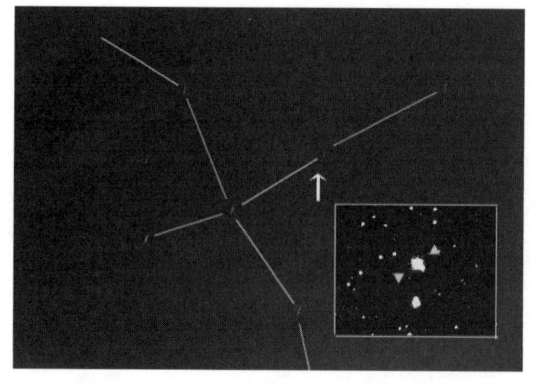

図 34.1　はくちょう座 X-1 の位置と可視画像.

図 34.2　はくちょう座 X-1 の X 線像（NASA）.

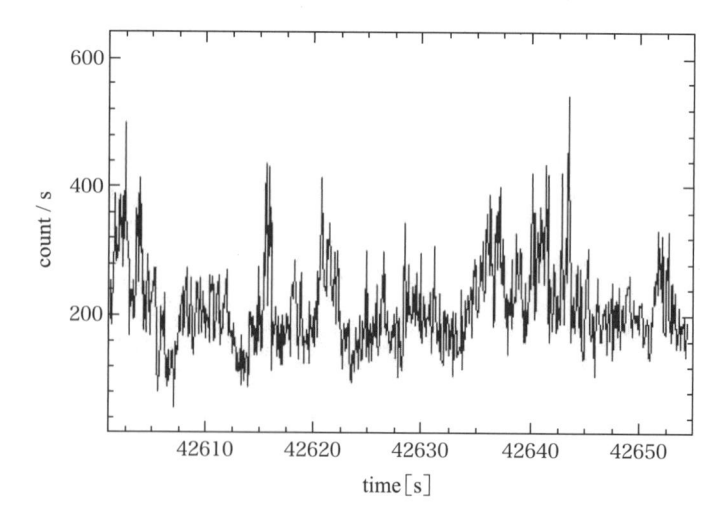

図 34.3　はくちょう座 X-1 の X 線時間変動（粟野諭美ほか『宇宙スペクトル博物館』）.

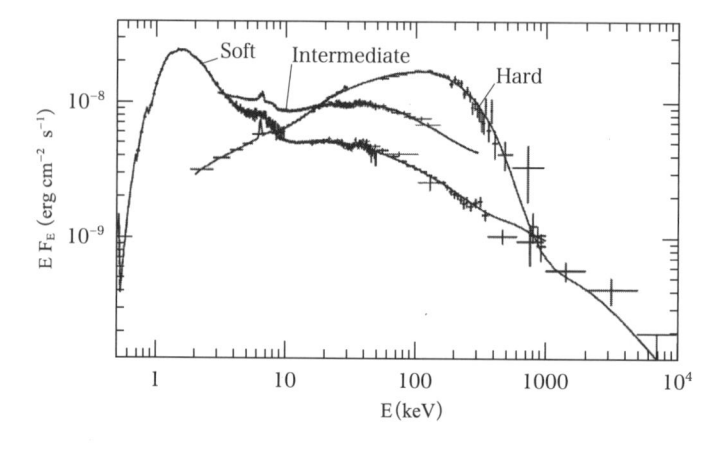

図 34.4　はくちょう座 X-1 の X 線スペクトル SED（Gierliński, M., 1999, MNRAS, **309**, 495）.

このはくちょう座X-1の実体は，$30\,M_\odot$程度の質量を持つ9等級の青白い超巨星（HD 226868）と$10\,M_\odot$程度のX線を放射しているが光では見えない天体からなる近接連星系で，光で見えない天体がブラックホールだと信じられている．その理由は，X線の時間変動などから本体が非常に小さいことがわかっており，一方で，その質量が白色矮星や中性子星の質量の上限（チャンドラセカール質量）を超えているためだ．なお，ブラックホールからX線が出ているわけではなく，X線はブラックホール近傍の高温プラズマガスから放射されている．おそらくブラックホールの周辺には降着円盤が形成されているのだろう（31節）．

34.3 演習

はくちょう座X-1が$10\,M_\odot$のブラックホールだとして，周辺の状況を考察してみよう．
(1) 情報が伝わる速度は光速度を超えることができないので，サイズがRの天体の明るさはR/cより早く変化できない．X線の時間変動がミリ秒で起こるとすると，そのサイズはどれぐらいか？　また$10\,M_\odot$のブラックホールのシュバルツシルト半径と比べてみよ．
(2) はくちょう座X-1のソフト状態では，ブラックホール近傍のプラズマガスは光学的に厚くなっており，ガスは黒体輻射を放射していると考えられている．ソフト状態のX線が黒体輻射だと仮定したとき，そのピークのエネルギーとウィーンの変位則から，黒体温度を見積ってみよ．この温度はソフト状態における周辺の高温ガスの温度である．
(3) ハード状態では，ガスは光学的に薄くなり，非常に高温になったガス中の自由電子によるコンプトン散乱によって，非常にエネルギーの高いX線になっていると考えられている．黒体輻射の法則は使えないのだが，ウィーンの変位則を使って温度を見積ってみよ．

34.4 研究：はくちょう座X-1の質量

質量関数の方法を用いて，はくちょう座X-1の質量を評価してみよう．はくちょう座X-1の場合，ブラックホールは光を出さないが（周囲の降着円盤は光っている），相手の星である青色超巨星HD 226868のスペクトルが観測されていて，視線速度の変化はわかっている．
(1) 青色超巨星HD 226868（こちらを星2とする）のスペクトル観測から，公転周期は$P=5.6$日で，星2の視線速度振幅は$K_2=75\ \mathrm{km\ s^{-1}}$である．質量関数はいくらになるか？
(2) いろいろな軌道傾斜角に対して，ブラックホールの質量M_1（横軸）と青色超巨星の質量M_2（縦軸）の間の関係をグラフに描いてみよ．
(3) はくちょう座X-1では，青色超巨星HD 226868のスペクトル型はO9型で，もし主系列星ならば，太陽の30倍程度の質量があると推定される．ブラックホールの質量は最小でもどれくらいになるか？
(4) はくちょう座X-1では食が観測されないので，軌道傾斜角はあまり大きくはない．一方，超巨星のドップラー偏移は計測されているので連星系を真上方向から見ているわけでもない．これらの事実から，はくちょう座X-1の妥当な質量を推定せよ．なお，いろいろな観測からはくちょう座X-1の軌道傾斜角は27°程度と見積もられている．

（福江　純）

35 宇宙ジェット SS 433 の謎

電波天文学や X 線天文学などの発展，観測技術の進歩などによって宇宙に関する理解が深まるにつれ，さまざまな相対論的天体現象が見つかってきている．中性子星，ブラックホール，重力レンズ現象，光速に近いスピードを持ったガスの噴流．いまや相対性理論は，最先端の宇宙現象を扱うための必須アイテムである．本節では，相対論的天体物理学の初歩的演習として，SS 433 と呼ばれる極めて奇妙な天体について考察してみよう．

35.1 SS 433 の観測と解釈

SS 433 は，ステフェンソンとサンドリークがわし座の領域を探査して 1977 年に出版した，SS カタログと呼ばれる輝線星のカタログの第 433 番登録天体である．SS 433 は 14 等級の特異星で，太陽からの距離は約 5 kpc と見積られている．同じ位置には，電波でみると W50 という名の超新星残骸があり，また A1909+04 という X 線源でもある．SS 433 の特異性が初めて強く認識されたのは詳しいスペクトルが取られた 1978 年のことであった．

(1) Hα 線スペクトル

図 35.1 に示したのが可視光から赤外線領域にかけての SS 433 のスペクトルである．横軸は光の波長（単位Å）で，縦軸は光の強さを表している．

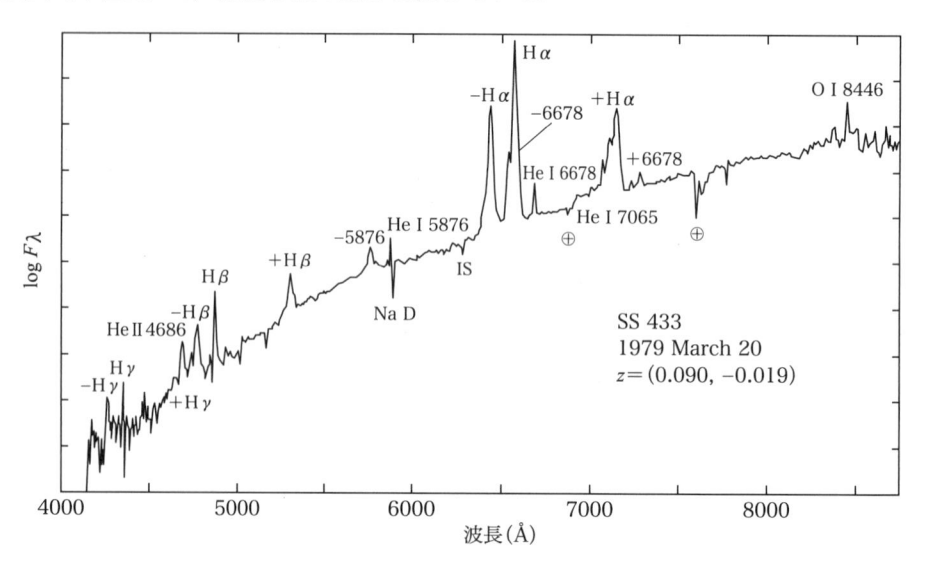

図 35.1 SS 433 のスペクトル（Margon et al., 1979）．

さて図 35.1 のスペクトルには多くの強い輝線と，いくつかの吸収線が見られる．これらの中で Hα とか Hβ というラベルを付けた強い輝線は，宇宙では最もありふれた水素原子によって生じたものである．しかし +Hα，−Hα，+Hβ，−Hβ などの波長でこれほど強い輝線を出すような原子は今まで見つかっていないのだ！　SS 433 には "未知" の輝線を出す新しい宇

宙元素が存在するのだろうか？　いや，もっと自然な考えは，ドップラー偏移で波長がずれたとするものである．

例えば，図 35.1 の輝線 +Hα は，Hα 線を出しているガスがわれわれから遠ざかっているために，放射されたときは 6563Å（656.3 nm）だったものが，赤方偏移して波長が長くなり，7154Å（715.4 nm）で観測されたと考えるわけである．同じく輝線 −Hα は，Hα 線が青方偏移を受けて 6438Å（643.8 nm）になったと考えられる．

このようなドップラー偏移による輝線の波長のずれ自体は特に珍しいものではない．ただ SS 433 の場合，少しというか物凄く異常だったのは，その偏移の大きさである．宇宙において未だかつてこのような高速の現象は直接観測されたことはなかった！

問 35.1　輝線 +Hα，輝線 −Hα の赤方偏移はそれぞれいくらか？　対応する速度はどれくらいか？

(2) 164 日周期で動くスペクトル線

さらに未知の輝線の波長の時間変化を調べていくと，SS 433 の特異性はより明らかになった．スペクトル図の上で輝線 +Hα や輝線 −Hα がさまよい歩くのである．すなわち輝線の波長が変化するのだ．さらに観測が続くと，輝線の移動にきれいな周期性が現れてきた．図 35.2 の横軸はユリウス日という過去から通算した日が単位の時間で，また縦軸は輝線の移動量を Hα の波長を速度に換算して表したものである．波長が長くなるほうを正としている．

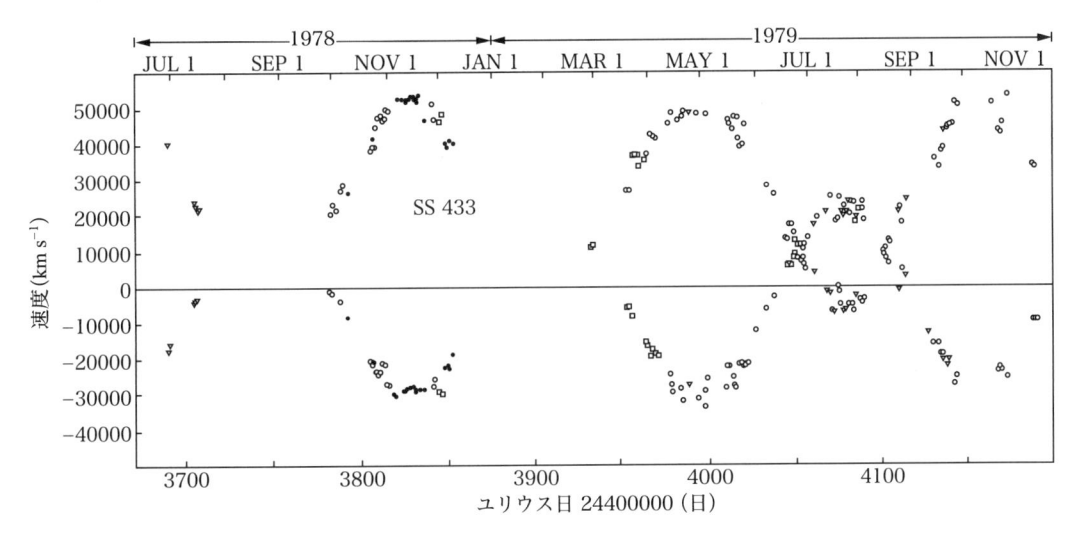

図 35.2　スペクトル線の時間変化と周期性（Margon et al., 1980）．2 つのサインカーブが交差しているようにみえるが，上側が輝線 +Hα のもので，下側が輝線 −Hα のもの．

輝線 +Hα（あるいは輝線 −Hα）に対応する測定点は，きれいなサインカーブ上に乗っている．二つの曲線の周期はともに約 163 日であり，しかも輝線 +Hα と輝線 −Hα とは全く対称的に変化している．SS 433 の示す，以上のような不思議な性質はどうやって説明されたのだろうか？

35.2 SS 433 の運動学的モデル

現在では SS 433 は図 35.3 のような状況だと信じられている．すなわち中心の天体から反対方向に二つの物質の噴流—**宇宙ジェット**（astrophysical jets）—が噴き出しており，さらにこのジェットの方向は，コマのように，ある軸（歳差軸）の周りに回転しているのだ．観測と合うためには，歳差の軸は地球に対しある角度 i（$\sim 80°$）傾いており，ジェットはその軸と ψ（$\sim 20°$）傾いて歳差運動していなければならない．また観測された 164 日の周期はこの歳差運動の周期だと考えられる．さらに大きなドップラー偏移を起こすために，ジェットのガスは約 78000 km s^{-1}，実に光速の 26% にも及ぶ速度で噴き出していなければならない！

図 35.2 の輝線 $-$Hα は図 35.3 のモデルの上側のジェットから放出され，輝線 $+$Hα は下側のジェットから出てくる．そして図 35.3 の位置の場合，上方のジェットからの輝線 $-$Hα は最も青方偏移しており，図 35.2 では $-$Hα の極小に対応する．また輝線 $+$Hα は最も赤方偏移していて，図 35.2 では $+$Hα の極大になる．一方，図 35.3 の位置と反対側では，上側のジェットは少し観測者から遠ざかるようになるのでやや赤方偏移となり（図 35.2 で $-$Hα の極大），$+$Hα の方は観測者に近付くので僅かに青方偏移となる（図 35.2 で $+$Hα の極小）．

最後に図 35.2 で 2 つのカーブが交わるところでは $+$Hα と $-$Hα からのドップラー偏移が等しい．このときジェットの位置は上側のジェットも下側のジェットもその方向が観測者に対して垂直になっている．ところでジェットの方向が観測者に対して垂直方向なら，ドップラー偏移は示さないのではないだろうか？ しかし図 35.2 で 2 つのカーブが交わるところでは，約 12000 km s^{-1} もの速度に対応する偏移がある．これは実は**横ドップラー偏移**（10 節）と呼ばれるもので純粋に特殊相対論的な現象なのだ．宇宙の天体で SS 433 のように光速に近い速度が観測されたのも初めてだが，横ドップラー偏移が見つかったのも初めてである．

図 35.3 の歳差ジェットモデル（運動学的モデルと呼ばれる）は，その後の電波観測で歳差ジェットのパターンが検出され実証された（図 35.4）．ただし，このような亜光速ジェットを噴出するメカニズムについては，まだ完全には解明されていない．

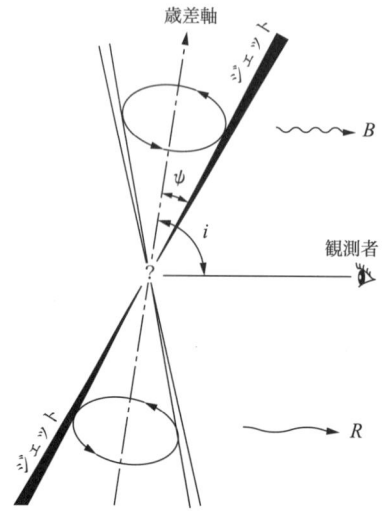

図 35.3 SS 433 の歳差ジェットモデル．

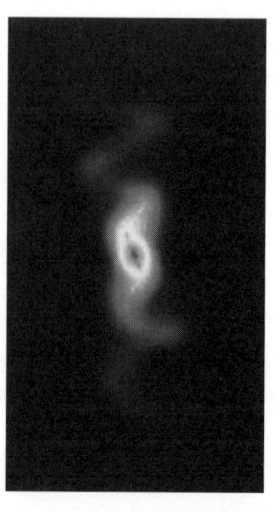

図 35.4 SS 433 の電波画像（NRAO/AUI/NSF）．

35.3 演習

先に述べたことを実際の観測データ（表 35.1）で確認してみよう．

(1) 動く輝線がドップラー偏移によるとして，表 35.1 のデータから図 35.2 を作成してみよ．
(2) 輝線 $+\mathrm{H}\alpha$ について，その赤方偏移の最大値 $z_{\max}$，最小値 $z_{\min}$，平均値 z_{mean}，そして周期 P を求めよ．輝線 $-\mathrm{H}\alpha$ について，同じことを行え．
(3) 輝線 $+\mathrm{H}\alpha$ と輝線 $-\mathrm{H}\alpha$ の交点の赤方偏移 z_+ を求めよ．
(4) $z_{\max}$, $z_{\min}$, z_{mean}, z_+ それぞれに対応する速度 v を求めよ（10 節）．

表 35.1　輝線の赤方偏移の時間変化（Collins and Newsom, 1982）．

ユリウス日 (2440000+)	輝線 $-\mathrm{H}\alpha$ の赤方偏移 z	輝線 $+\mathrm{H}\alpha$ の赤方偏移 z	ユリウス日 (2440000+)	輝線 $-\mathrm{H}\alpha$ の赤方偏移 z	輝線 $+\mathrm{H}\alpha$ の赤方偏移 z
3932.00	0.0383		4070.89		−0.0167
3933.00	0.0394		4071.88		−0.0239
3953.00	−0.0190	0.0900	4073.00		0.0070
3954.00	−0.0190	0.0900	4074.00	0.0640	−0.0040
3957.00	−0.0280		4075.00	0.0840	−0.0150
3969.00	−0.0610	0.1410	4076.86	0.0707	
3970.00	−0.0660		4077.82	0.0659	−0.0193
3976.90	−0.0820		4078.79	0.0682	−0.0217
3977.90	−0.0910	0.1530	4081.90	0.0800	−0.0150
3979.00	−0.0980	0.1630	4082.86	0.0790	−0.0220
3983.00	−0.0940	0.1550	4083.82	0.0590	
3986.50	−0.0911		4084.82	0.0631	−0.0071
3989.95		0.1618	4085.81	0.0645	
4010.90	−0.0740	0.1550	4086.85	0.0730	−0.0110
4011.90	−0.0740	0.1520	4087.81	0.0890	−0.0140
4012.50	−0.0766		4088.90	0.0740	−0.0100
4013.90	−0.0840	0.1460	4089.90	0.0630	
4014.90	−0.0930	0.1590	4110.00	−0.0023	0.0697
4016.50	−0.0706		4110.70	0.0180	0.0740
4017.50	−0.0743		4111.83	0.0135	0.0602
4017.96		0.1310	4112.78		0.0608
4018.98	−0.0700	0.1330	4114.76	0.0100	0.0819
4019.50	−0.0751		4127.74	−0.0437	
4020.00	−0.0720	0.1510	4129.70	−0.0530	0.1210
4021.00	−0.0710		4132.70	−0.0550	0.1130
4036.00	−0.0080	0.0860	4133.70	−0.0630	0.1280
4041.80	−0.0107	0.0619	4134.60	−0.0640	0.1310
4042.87		0.0555	4135.73	−0.0711	0.1492
4043.90	0.0200	0.0450	4136.73	−0.0703	0.1478
4044.80	0.0209	0.0445	4137.60		0.1510
4045.93	0.0209	0.0584	4138.70	−0.0710	0.1510
4054.00	0.0360	0.0270	4139.78	−0.0710	0.1491
4055.00	0.0440	0.0210	4140.60		0.1520
4055.90	0.0460	0.0170	4142.70	−0.0930	0.1730
4056.88	0.0615	0.0254	4143.70	−0.0840	0.1700
4057.88	0.0602	0.0166	4164.63		0.1730
4060.92	0.0584	0.0139	4168.60	−0.0820	0.1470
4062.00	0.0660		4169.50	−0.0780	0.1460
4067.78	0.0686	−0.0038	4170.60	−0.0817	0.1530
4070.00	0.0860	−0.0210	4173.60	−0.0880	0.1790
			4188.60	−0.0320	0.1130
			4189.60	−0.0320	0.1120
			4190.60	−0.0320	
			4201.58	−0.0010	0.0780
			4204.60		0.0760

35.4 研究

最後に，観測データから運動学的モデルのパラメータを導出してみよう．

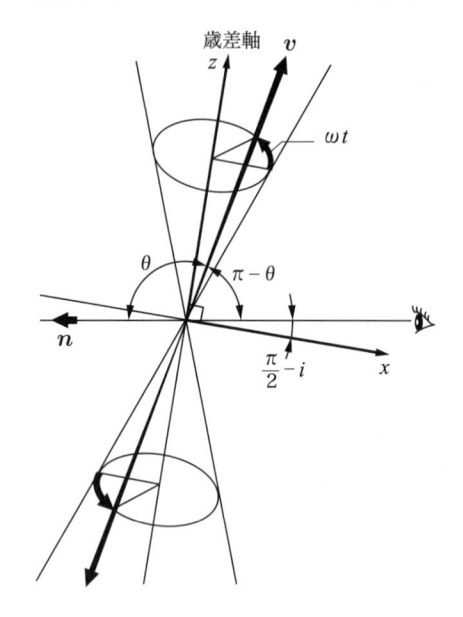

図 35.5 座標系と変数の取り方．

図 35.3 のモデルで，輝線 –Hα のジェットの速度ベクトルを v，観測者から SS 433 の中心へ向けた単位ベクトルを n とすると，輝線 –Hα の赤方偏移は，一般的に，

$$1+z = \gamma(1+v\cdot n/c), \tag{35.1}$$
$$\gamma = 1/\sqrt{1-\beta^2}, \quad \beta=v/c \tag{35.2}$$

と表される（図 35.5 および 10 節）．ここで $v\cdot n$ は v と n の内積であり，図 35.5 の角度 θ を用いれば，$v\cdot n = v\cos\theta$ となって，(35.1) 式は 10 節の (10.6) 式と一致する．

さらに図 35.5 のように，歳差の軸を z 軸，歳差の軸と n でできる平面内の手前側に x 軸を取る直交座標系 (x,y,z) で，ベクトルの成分を表すと，

$$n = (-\sin i, 0, -\cos i), \tag{35.3}$$
$$v = (v\sin\psi\cos\omega t, v\sin\psi\sin\omega t, v\cos\psi) \tag{35.4}$$

となる．ただし v の歳差の角速度を ω とし，v が x–z 平面にきたときを $t=0$ とした．

成分 (35.3) 式, (35.4) 式を (35.1) 式に代入すると，結局，赤方偏移 z として，

$$1+z = \gamma(1-\beta\sin i\sin\psi\cos\omega t - \beta\cos i\cos\psi) \tag{35.5}$$

が得られる．

(1) 歳差の周期から，歳差の角速度 ω を求めよ．

(2) 横ドップラー偏移から，ジェットの速度 v を決定せよ．ヒント：z_+ を用いる．
(3) $\cos\omega t$ が 1 になるのはいつか？ またそのときの i と ψ の関係式を求めよ．
(4) $\cos\omega t$ が 0 になるのはいつか？ またそのときの i と ψ の関係式を求めよ．
(5) (3) と (4) の結果から，i と ψ の組合せを調べよ．

いかにして光速の 26％もの速度が可能なのか？ どうしてジェットは反対方向に噴き出しているのか？ そもそもなぜこのようなジェットが形成されたのか？ また歳差を起こしているのは何か？ SS 433 の本体は何か？ これらの謎についても少しずつ答えられるようになってきているが（例えば SS 433 の本体は主系列星とブラックホールか中性子星からなる近接連星系であるなど），一つの謎がわかれば二つの謎が生まれる，というのは科学の通例であり，SS 433 は今後も多くの謎を生んでいくだろう．

参考文献

Margon, B. et al., 1979, ApJ, **230**, L41.
Margon, B. et al., 1979, ApJ, **233**, L63.
Margon, B. et al., 1980, ApJ, **241**, 306.
Collins G.W. and Newsom, G.H., 1982, Ap. Space Sci., **81**, 199.

（福江　純）

第5章
銀河系と星間物質

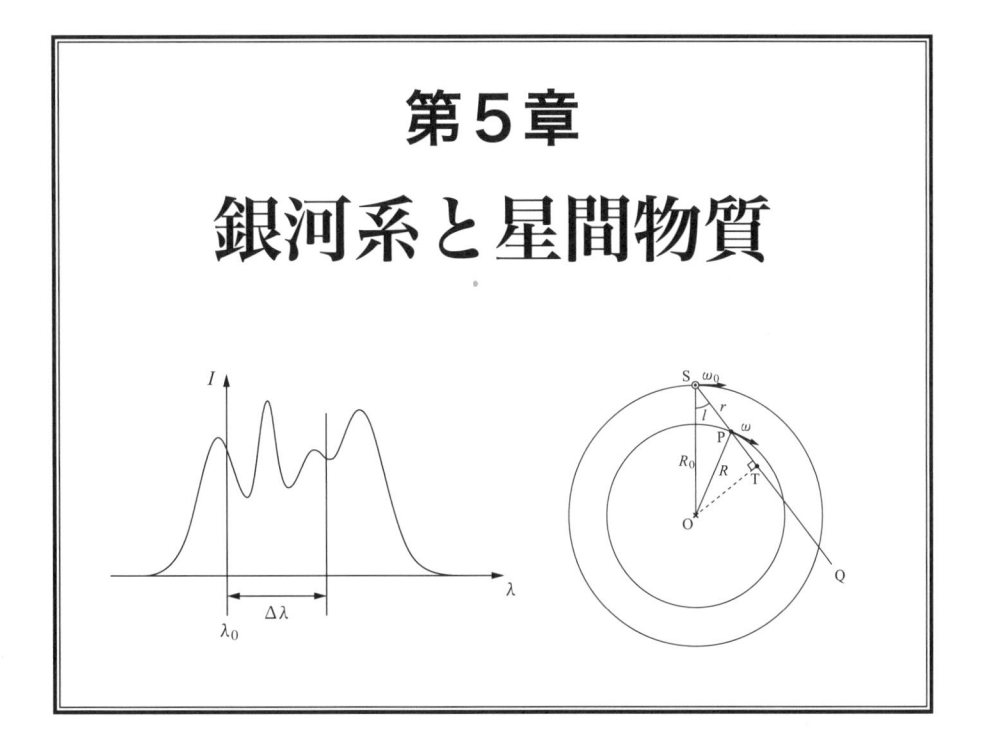

36 恒星の運動

　太陽を含む恒星は，銀河系内の空間をそれぞれの方向と速度で運動している．この運動は，銀河系中心の周りを回る平均的な回転運動（銀河回転）と，個々の恒星のランダムな運動に分けることができる．太陽もまた銀河回転運動とランダムな運動（太陽運動）を行っているため，観測から得られる恒星の運動は，銀河回転運動を差し引いた，個々の恒星のランダムな運動の太陽に対する相対運動を表す．ここではこの恒星のランダムな運動について，多数の恒星の視線速度と固有運動の観測データをもとに考察してみよう．

36.1　恒星の空間運動

　恒星の空間速度は，太陽から恒星へ向かう視線方向の成分である**視線速度**（radial velocity）と，視線に垂直な方向の成分である**接線速度**（tangential velocity）に分解できる（図 36.1）．ここでは視線速度と接線速度の測定方法について述べる．

　視線速度は，光のドップラー効果を利用して測定する．恒星のスペクトル観測を行い，本来波長 λ_0 の位置に現れるスペクトル線が波長 λ で観測されたとする．銀河系内の恒星の速度は 200 km s^{-1} 程度で，光速度 c に比べ十分小さいため相対論的効果は考慮しなくてよい．そのため視線速度 v_r は，波長のずれ $\Delta\lambda = \lambda - \lambda_0$ から，

$$v_\mathrm{r} = \frac{\Delta\lambda}{\lambda_0} c \tag{36.1}$$

によって求めることができる（ドップラー効果，10 節）．なお，v_r は，太陽から遠ざかる場合を正とする．

　恒星の天球上の位置を長期間精密に観測し続けると，恒星はある方向に一定の割合で移動していることがわかる．この恒星の位置の変化を，1 年あたりの角度で表したものを**固有運動**（proper motion）といい，通常，記号 μ で表す．角度の単位としては秒角（″）が用いられるのが一般的であるが，最近ではミリ秒角（mas）やマイクロ秒角（μas）なども用いられるようになった．また，固有運動は天球上の方向を持つので 2 つの成分が必要となる．通常は赤道座標を用いて，赤経方向 μ_α と赤緯方向 μ_δ で表すが，銀河座標を用いて銀経方向 μ_l，銀緯方向 μ_b で表すこともある．固有運動の大きさは $\mu = \sqrt{\mu_\alpha^2 + \mu_\delta^2} = \sqrt{\mu_l^2 + \mu_b^2}$ で与えられる．

　接線速度は，この固有運動と星までの距離から求めることができる．恒星の固有運動を μ [″/yr]，距離を r [pc] とすれば，恒星の接線速度 v_t [km s^{-1}] は，

$$v_\mathrm{t} = 4.74 \mu r \ [\mathrm{km \ s^{-1}}] \tag{36.2}$$

によって求められる．

　視線速度と接線速度から恒星の空間運動がわかる．多数の恒星の空間運動のデータは，銀河系における恒星の運動の特徴の他，銀河系の構造と力学に関する情報も与えてくれる．

問 36.1 図 36.2 において，PP′ は接線速度 v_t の恒星が 1 年間かかって進む距離である．このことから，接線速度と固有運動との関係式 (36.2) 式が成り立つことを示せ．

問 36.2 わし座のアルタイル (α Aql；ひこ星) の年周視差は $p = 0.198''$，固有運動は $\mu_\alpha = 0.538''\,\mathrm{yr}^{-1}$，$\mu_\delta = 0.386''\,\mathrm{yr}^{-1}$，視線速度は $v_r = -26\,\mathrm{km\,s}^{-1}$ である．アルタイルの距離 r，固有運動の大きさ $\mu = \sqrt{\mu_\alpha^2 + \mu_\delta^2}$，接線速度 v_t および空間速度 $v = \sqrt{v_r^2 + v_t^2}$ を求めよ．

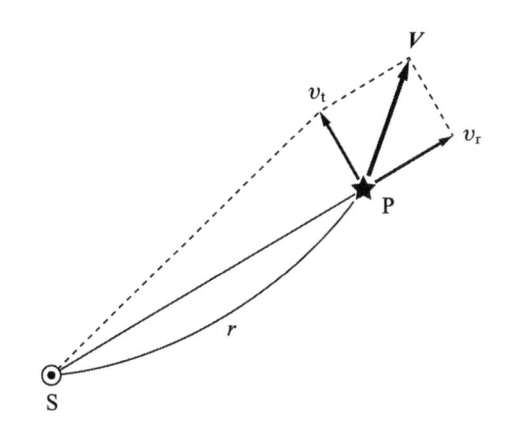

図 36.1 恒星の視線速度 v_r と接線速度 v_t．S は太陽を，P は恒星を，$\boldsymbol{V}$ は空間速度を表す．

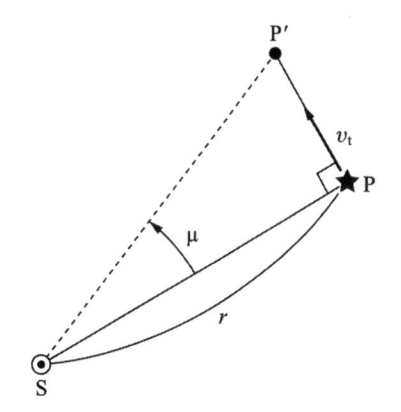

図 36.2 接線速度 v_t と固有運動 μ との関係．S は太陽を，P は恒星を，P′ は 1 年後の恒星の位置を表す．

36.2 恒星の速度分布

太陽に近い恒星の空間運動を観測するとき，得られるのは恒星の太陽に対する相対運動である．全ての恒星はランダム運動をしながら，全体として銀河系中心の周りをほぼ円軌道を描いて，約 $220\,\mathrm{km\,s}^{-1}$ の速度で銀河回転をしている．太陽も同様に銀河回転をしているので，銀河回転成分は打ち消しあい，観測される相対運動は恒星のランダム運動の成分となる．

空間運動は直交する 3 つの成分で表される．多数の恒星の空間速度のデータを用いて，空間 3 成分のうち 1 つの速度成分について，ある速度幅の速度を持つ恒星の個数をヒストグラムで表してみる．このようなグラフを**速度分布** (velocity distribution) という．他の 2 つの速度成分についても同様な速度分布が得られる．

太陽近傍の恒星について，このような速度分布は正規関数で近似できることが知られている．すなわち，N 個の恒星のうち，速度が v と $v + dv$ の間にある恒星の数 $f(v)dv$ は，

$$f(v)\,dv = \frac{N}{\sqrt{2\pi}\sigma} e^{-v^2/2\sigma^2} dv \tag{36.3}$$

で表される (図 36.3)．ここで，σ は速度の標準偏差に等しく，この値を**速度分散** (velocity dispersion) という．

もし，太陽近傍の恒星のランダムな運動の 3 成分の速度分布が同じであるとすれば，太陽から測定した恒星の視線速度のヒストグラムも，先の 1 つの速度成分のヒストグラムと同じものになる．ここでは，視線速度のデータについて，恒星の速度分布を求めてみよう．

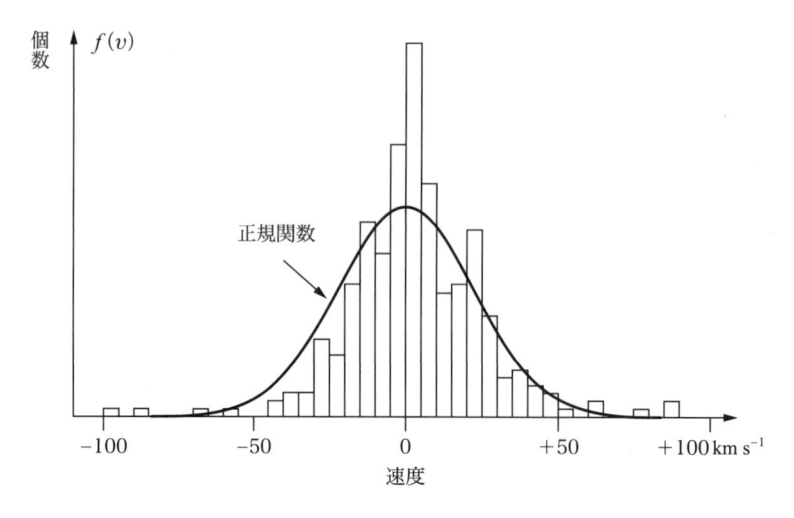

図 36.3　恒星の速度分布と正規関数.

36.3 演習

(1) 付表 17 の「明るい恒星」のデータから視線速度を取り出すこと.
(2) 視線速度を 5 km s^{-1} の幅で分類し，それぞれの速度幅に入る恒星の個数を数えて，ヒストグラムをグラフ用紙に描いてみよ.
(3) 視線速度の平均を求めよ．この値は原理的には 0 である．それは何故か？
(4) 視線速度の平均を 0 と考え，速度の標準偏差を次式により計算せよ（付録 4）．

$$\sigma = \sqrt{\frac{\sum v^2}{N}}. \tag{36.4}$$

これは，恒星のランダム運動の速度分散である.
(5) (4) で求めた標準偏差 σ と速度幅 dv ($= 5$ km s^{-1}) を用いて，恒星の総数に対応する $f(v)\,dv$ の値を (36.3) 式に基づいて計算し，正規分布のグラフを (2) のヒストグラムに描き加えよ.

36.4 研究 1

(1) 恒星ではなく，空気の気体分子について考えてみよ．統計力学の理論によれば，空気中の気体分子の運動の速度分布は, (1) 式と同じ形の関数で表すことができ，マクスウェル・ボルツマンの分布関数として知られている．気体分子がこのような速度分布を示す理由を調べてみよ.
(2) 恒星の運動と気体の運動が似ていることは興味深い．しかし，恒星の速度分布を詳しく調べてみると，方向によって速度分散が異なり，さらに，正しくはマクスウェル・ボルツマン分布に一致してないことがわかっている．その理由を調べてみよ.
(3) 恒星をスペクトル型で分類してそのスペクトル型ごとに速度分散を求めると，スペクトル型によって異なった値が得られる．スペクトル型で恒星の運動の様子が違う理由について調べてみよ.

36.5 研究 2

赤道座標 (α, δ) の位置の恒星の固有運動が μ_α, μ_δ [″/yr]，視線速度が v_r [km s^{-1}]，距離が r [pc] であるとする．このとき赤経方向，赤緯方向の接線速度成分 v_α, v_δ は，それぞれ，

$$v_\alpha = 4.74 \mu_\alpha r \; [\mathrm{km\ s^{-1}}], \tag{36.5}$$

$$v_\delta = 4.74 \mu_\delta r \; [\mathrm{km\ s^{-1}}] \tag{36.6}$$

で与えられる．太陽を原点，春分点方向を x 軸，天の赤道上で $\alpha = 6^\mathrm{h}$，$\delta = 0°$ 方向を y 軸，天の北極方向を z 軸とする赤道直交座標系 (x, y, z) を考えると，恒星の太陽に対する空間運動の x, y, z 成分 V_x, V_y, V_z はそれぞれ，

$$\begin{aligned}
V_x &= v_\mathrm{r} \cos\delta \cos\alpha - v_\alpha \sin\alpha - v_\delta \sin\delta \cos\alpha, & (36.7) \\
V_y &= v_\mathrm{r} \cos\delta \sin\alpha + v_\alpha \cos\alpha - v_\delta \sin\delta \sin\alpha, & (36.8) \\
V_z &= v_\mathrm{r} \sin\delta + v_\delta \cos\delta & (36.9)
\end{aligned}$$

と表される（付録3なども参照）．太陽近傍の多数の恒星の太陽に対する空間運動を求め，各速度成分の平均値 $\langle V_x \rangle$, $\langle V_y \rangle$, $\langle V_z \rangle$ を計算する．恒星の空間に対するランダム運動の平均は 0 であるから，これらの平均値は太陽のランダム運動，すなわち**太陽運動**（solar motion）によって生じた値となる．このとき太陽運動の速度成分 (U_x, U_y, U_z) は，

$$U_x = -\langle V_x \rangle, \quad U_y = -\langle V_y \rangle, \quad U_z = -\langle V_z \rangle, \tag{36.10}$$

によって求められる．また，太陽のランダム運動の方向を**太陽向点**（solar apex）という．太陽向点の赤道座標を $(\alpha_\odot, \delta_\odot)$，太陽運動の速さを $U_\odot$ とすると，

$$U_\odot = \sqrt{U_x^2 + U_y^2 + U_z^2}, \tag{36.11}$$

$$U_x = U_\odot \cos\delta_\odot \cos\alpha_\odot, \quad U_y = U_\odot \cos\delta_\odot \sin\alpha_\odot, \quad U_z = U_\odot \sin\delta_\odot \tag{36.12}$$

である．付表17の明るい恒星の固有運動，距離および視線速度のデータを用いて，太陽運動を求めよ．

参考文献

岡村定矩『銀河系と銀河宇宙』東京大学出版会（1999 年）
祖父江義明ほか編『銀河 II—銀河系』（シリーズ現代の天文学 5）日本評論社（2007 年）

（沢　武文）

37 銀河系の構造と星団の分布

　星団は，ほぼ同時に同じガス雲から生まれた恒星の集団であるため，その距離や年齢を比較的容易に知ることができる（23節）．そのため，星団は銀河系の構造と進化についての多くの情報を与えてくれる．星団は**散開星団**（open cluster）と**球状星団**（globular cluster）に分類される．散開星団は，数百個程度の恒星からなる比較的まばらな星の集団であり，形も不規則である．一方，球状星団は数十万個の恒星からなる星の大集団であり，いずれも中心部に恒星が集中した球状の分布を示す．両者は見かけの構造が違うだけでなく，年齢や銀河系内の分布も大きく異なる．散開星団は種族Ⅰの天体を，球状星団は種族Ⅱの天体を代表するものであり，これらは銀河系の中での星形成の歴史で全く異なった位置づけがなされている．ここでは散開星団と球状星団の空間分布から，銀河系の構造を調べることを目的とする．

37.1　散開星団

　散開星団の天球上の分布を，図37.1に銀河座標で示す．散開星団は，多数の恒星が集中している天の川の領域に分布することがわかる．これは散開星団が，大多数の恒星とともに，偏平な**銀河円盤**（galactic disk）内に分布していることを表している．銀河円盤を構成する天体を**種族Ⅰ**（population Ⅰ）といい，散開星団は種族Ⅰの典型的な天体である．ここでは，若い散開星団の空間分布を調べてみよう．現在，銀河系内の散開星団はおよそ2000個ほど知られているが，遠くの星団は星間吸収のため観測できず，発見されているのは太陽の近く（およそ

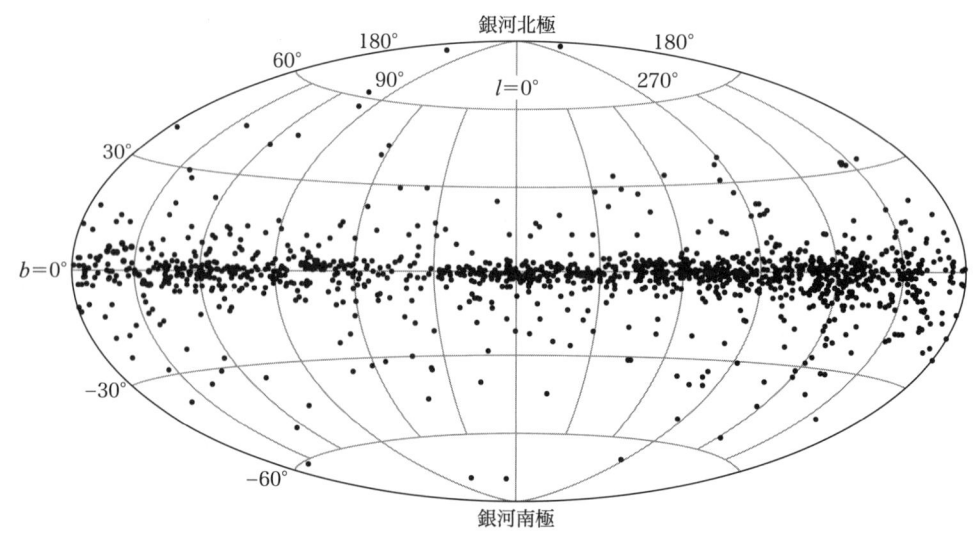

図 **37.1**　散開星団の天球上の分布．銀河座標 (l, b) をハンメル図法で示したもので，中央が銀河系中心方向，楕円の長軸が銀河面を表す．

3–4 kpc 以内）のものに限られている．渦巻銀河では，多くの恒星が銀河円盤で形成されていると考えられるので，若い散開星団の分布は，銀河円盤構造を示すことが期待できる．

37.2 演習1：散開星団と銀河円盤の厚み

(1) 表37.1は，年齢が1千万年以下の比較的年齢の若い散開星団の空間直交座標 (X, Y, Z) の値を示したものである．座標は，原点を太陽とし，X 軸を銀河中心の方向，Y 軸を銀河回転の方向，Z 軸を銀河北極方向にとっている．若い散開星団は，星形成領域を表していると考えてよい．散開星団の Z 座標の値の平均値 $\langle Z \rangle$ および標準偏差 σ を求めよ．

(2) 散開星団は，巨大な分子雲から生まれる．したがって，若い散開星団の分布は，分子雲の分布を表していると考えてよい．このことから，大部分の分子雲は，$\langle Z \rangle$ を中心として，Z 方向の厚さ 2σ の領域内に分布していると考えることができる．分子雲の Z 方向の分布の厚みを推定せよ．

表 37.1 若い散開星団の座標．

星団名	X	Y	Z	星団名	X	Y	Z
IC 1590	−1.60	2.45	−0.32	Hogg 15	1.20	−1.92	−0.01
NGC 637	−1.35	1.69	0.07	Stock 16	0.97	−1.32	0.00
Berkeley 7	−1.66	1.96	0.02	Chereul 1	−0.01	0.06	0.09
IC 1805	−1.33	1.34	0.03	Pismis 20	1.56	−1.28	−0.04
Berkeley 65	−1.63	1.58	0.01	Ruprecht 119	0.85	−0.43	−0.03
IC 1848	−1.47	1.36	0.03	NGC 6193	1.06	−0.46	−0.03
Waterloo 2	−0.56	0.11	0.03	NGC 6200	1.90	−0.77	−0.04
Collinder 70	−0.33	−0.16	−0.12	Hogg 22	1.13	−0.44	−0.02
NGC 2175	−1.60	−0.28	0.01	NGC 6231	1.19	−0.35	0.03
Bochum 1	−2.73	−0.60	0.17	Lynga 14	0.83	−0.29	−0.02
NGC 2244	−1.29	−0.64	−0.05	Trumpler 24	1.10	−0.3	0.03
NGC 2264	−0.61	−0.26	0.03	NGC 6318	2.25	−0.48	−0.03
Bochum 2	−2.25	−1.42	−0.02	Bochum 13	1.06	−0.16	0.03
NGC 2362	−0.73	−1.17	−0.13	Havlen-Moffat 1	2.84	−0.57	−0.04
NGC 2367	−1.13	−1.65	−0.13	NGC 6383	0.98	−0.07	0.00
NGC 2384	−1.20	−1.74	−0.09	Bochum 14	0.57	0.06	−0.01
Waterloo 7	−1.79	−2.15	0.03	NGC 6530	1.32	0.14	−0.03
Bochum 15	−1.05	−2.59	−0.27	Markarian 38	1.44	0.31	−0.02
Mamajek 1	0.03	−0.08	−0.04	NGC 6604	1.61	0.53	0.05
NGC 2659	−0.17	−1.70	−0.05	NGC 6611	1.67	0.51	0.02
Turner 5	−0.21	−2.25	0.44	NGC 6618	1.26	0.34	−0.02
NGC 3324	0.65	−2.22	−0.01	Ruprecht 147	0.16	0.06	−0.04
Collinder 228	0.66	−2.10	−0.04	Stock 1	0.16	0.28	0.01
Bochum 10	0.59	−1.94	−0.01	NGC 6823	0.96	1.63	0.00
Trumpler 14	0.82	−2.61	−0.03	NGC 6871	0.47	1.50	0.06
Trumpler 15	0.55	−1.77	−0.01	IC 4996	0.44	1.68	0.04
Trumpler 16	0.81	−2.55	−0.03	Chereul 3	0.04	0.06	−0.05
Collinder 232	0.90	−2.86	−0.03	Chereul 2	0.04	0.07	−0.05
Bochum 11	0.75	−2.29	−0.04	IC 1442	−0.46	2.30	−0.09
NGC 3572	0.71	−1.87	0.01	Pismis-Moreno 1	−0.26	0.86	0.08
Hogg 10	0.63	−1.66	0.00	Berkeley 94	−0.60	2.56	−0.05
IC 2944	0.75	−1.63	−0.05	Stock 17	−0.92	1.94	0.01

注：太陽を中心とする座標で，X 軸を銀河系の中心方向 ($l = 0°, b = 0°$)，Y 軸を太陽の銀河回転方向 ($l = 90°, b = 0°$)，z 軸を銀北極方向 ($b = 90°$) とする．太陽から 4 kpc 以内の星団を選んでいる（データは，Dias et al., 2002, A&A, **389**, 871 による）．

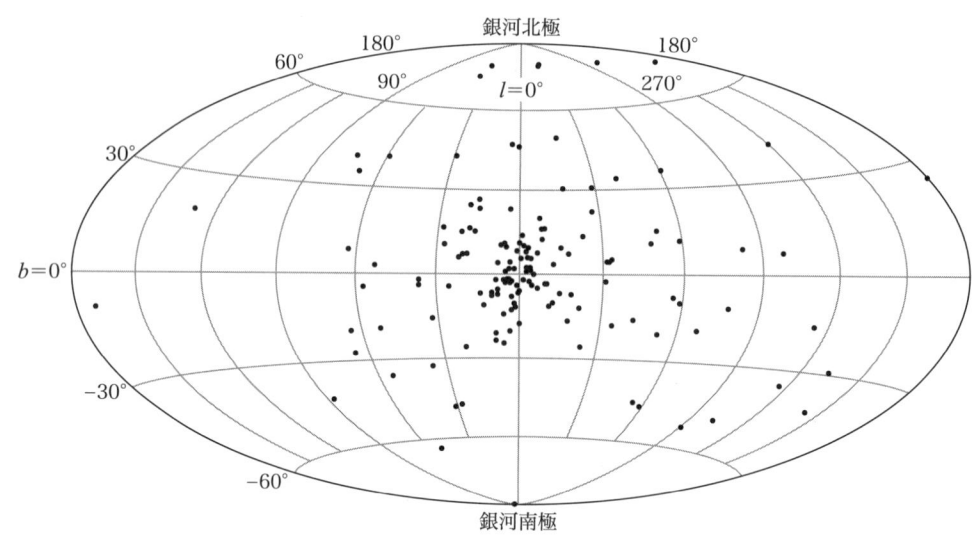

図 37.2 球状星団の天球上の分布．銀河座標 (l, b) をハンメル図法で示したもので，中央が銀河系中心方向，楕円の長軸が銀河面を表す．

37.3 球状星団

銀河系には，現在約 150 個の球状星団が発見されている．天球上の見かけの位置は，図 37.2 に示すように散開星団とは大きく異なっており，全天に見いだされるが，特に銀河系中心の方向に集中している．これは，球状星団が，銀河系全体を包み込む巨大な**ハロー**（halo）を構成しているからである．ハローに含まれる天体を**種族 II**（population II）といい，銀河系誕生のときに生まれた第 1 世代の星である．球状星団は典型的な種族 II の天体で，いずれも年齢が約 10^{10} 年と老齢であり，また，その化学組成は種族 I の天体と比較して重元素量が非常に少ないことがわかっている．球状星団は数万–数十万個の恒星からなるため明るく，また多くは銀河面から離れた場所にあるため，星間吸収の影響をほとんど受けず，遠くの星団まで観測される．1935 年，シャープレイは球状星団の空間分布を調べ，その分布の中心が銀河系の中心であることを示し，銀河系の規模を初めて明らかにした．ここでは，シャープレイの研究と同等な作業を行い，銀河ハローの構造を探るとともに，太陽の銀河系中心からの距離を求めてみよう．

37.4 演習 2：球状星団の空間分布と太陽の銀河系中心からの距離

(1) 表 37.2 に，絶対等級が -7.5 等より明るい球状星団を選び，その空間座標 (X, Y, Z) を示す．座標は太陽を原点とし，座標軸の取り方は演習 1 の散開星団の場合と同じである．それぞれの座標値の絶対値の最も大きなものを調べよ．これらの値が銀河系の規模を示す．

(2) すべての球状星団の位置を X–Y 面，X–Z 面，Y–Z 面に投影した図を作成せよ．この図から，球状星団がほぼ球対称に分布していることを確認せよ．球状星団の分布が銀河系のハローの構造を示していると考えてよい．また，球状星団の分布の中心の座標を図から読み取れ．

表 37.2 絶対等級の明るい球状星団の太陽を中心とした座標（データは Harris, 1996, AJ, **112**, 1487 による）．

星団名	絶対等級	X	Y	Z	星団名	絶対等級	X	Y	Z
47 Tuc	−9.4	1.79	−2.47	−3.03	M 9	−8.0	8.12	0.79	1.54
NGC 362	−8.3	3.00	−4.89	−6.00	NGC 6356	−8.5	14.27	1.68	2.59
NGC 1261	−7.8	0.09	−9.82	−12.63	Liller 1	−7.6	10.46	−0.94	−0.03
Pal 2	−7.9	−26.20	4.37	−4.24	NGC 6388	−9.8	11.06	−2.85	−1.35
NGC 1851	−8.3	−4.30	−9.02	−7.00	M 14	−9.0	7.84	3.06	2.22
M 79	−7.8	−7.46	−8.06	−6.18	NGC 6401	−7.6	7.47	0.45	0.52
NGC 2419	−9.5	−74.44	−0.48	35.09	Terzan 5	−7.9	7.98	0.53	0.23
NGC 2808	−9.3	1.93	−8.92	−1.81	NGC 6440	−8.7	7.91	1.07	0.53
NGC 4372	−7.5	2.49	−4.14	−0.84	NGC 6441	−9.2	9.60	−1.09	−0.85
NGC 4833	−8.0	3.23	−4.87	−0.82	E456-SC38	−8.9	13.77	0.66	−0.60
M 53	−8.7	2.91	−1.49	18.11	NGC 6517	−8.2	9.85	3.43	1.24
ω Cen	−10.2	3.11	−3.82	1.32	Terzan 10	−7.8	8.37	0.65	−0.27
M 3	−8.8	1.45	1.32	9.81	NGC 6522	−7.5	6.98	0.12	−0.48
NGC 5286	−8.6	6.98	−7.86	1.96	NGC 6539	−8.2	7.33	2.79	0.93
NGC 5634	−7.7	15.72	−5.04	19.17	NGC 6541	−8.4	7.13	−1.35	−1.43
NGC 5694	−7.8	25.60	−14.15	17.13	NGC 6553	−7.7	4.67	0.43	−0.25
NGC 5824	−8.8	25.74	−13.37	11.76	NGC 6569	−7.8	8.44	0.07	−0.99
M 5	−8.8	4.99	0.34	5.32	NGC 6584	−7.6	11.87	−3.82	−3.67
NGC 5927	−7.8	6.16	−4.06	0.63	M 28	−8.3	5.62	0.77	−0.55
NGC 5946	−7.5	10.36	−6.58	0.90	M 69	−7.5	8.06	0.24	−1.46
NGC 5986	−8.4	9.23	−3.91	2.36	M 22	−8.4	3.13	0.54	−0.42
M 80	−7.9	8.14	−1.05	2.90	M 54	−10.0	25.29	2.48	−6.38
NGC 6139	−8.4	9.93	−3.16	1.27	NGC 6723	−7.8	8.21	0.01	−2.56
M 13	−8.5	2.72	4.54	4.58	NGC 6752	−7.7	3.22	−1.40	−1.69
NGC 6229	−8.0	6.29	21.44	18.95	NGC 6760	−7.8	5.88	4.29	−0.50
M 62	−9.1	6.60	−0.74	0.85	M 55	−7.5	4.81	0.74	−2.09
M 19	−9.0	8.37	−0.46	1.39	M 75	−8.3	15.54	5.75	−7.99
NGC 6284	−7.8	14.08	−0.41	2.47	NGC 7006	−7.6	16.97	34.43	−13.53
NGC 6293	−7.7	8.71	−0.36	1.20	M 15	−9.1	3.83	8.21	−4.68
NGC 6316	−8.6	11.43	−0.56	1.15	M 2	−9.0	5.52	7.42	−6.67
M 92	−8.1	2.45	6.18	4.63					

(3) 表 37.2 のすべての球状星団について，その座標の平均値 $\langle X \rangle$, $\langle Y \rangle$, $\langle Z \rangle$ を求めよ．この座標が分布の中心，すなわち太陽を原点とした銀河系中心の座標を表し，$\langle X \rangle$ の値が太陽の銀河系中心からの距離を表す．（原理的には $\langle Y \rangle$, $\langle Z \rangle$ は 0 となる）．太陽の銀河系中心からの距離を求めよ．

37.5 研究

演習 2 の (3) で平均値を計算するとき，同時に平均値の確率誤差を計算せよ（付録 4）．現在，銀河系中心の距離は 8.5 kpc の値が採用されており，確率誤差を考慮しても，演習 2 の方法で求めた値より大きな値となっている．この違いの原因を考察してみよ．

参考文献

岡村定矩『銀河系と銀河宇宙』東京大学出版会（1999 年）
祖父江義明ほか編『銀河 II―銀河系』（シリーズ現代の天文学 5）日本評論社（2007 年）

（沢　武文）

38 星間ガスの種類と性質

星々の間の**星間空間**（interstellar space）には，非常に希薄だがガスや塵などの**星間物質**（interstellar matter；ISM）が存在する．星間空間はきわめて広大なので，銀河全体の星間物質の総量は，星の総質量の1割ぐらいにもなる．この星間物質こそが星の原材料で，星間物質の濃い場所で星々は生まれるのだ．ここでは星間物質の性質とその観測方法について学ぼう．

38.1 星間物質

星間物質は，気体の**ガス**（gas）と固体微粒子からなる**塵・ダスト**（dust）に大別される．前者のガスは大部分が水素であり，1割程度のヘリウムと微量の他の元素を含む．後者のダストには，炭素を主成分とする**グラファイト**やケイ素を主成分とする**シリケイト**などがある．また量は少ないものの，超高速で飛び回る**宇宙線粒子**や，物質ではないが磁場なども星間空間には存在している．以下，ガス成分について，もう少し細かく説明しよう．

(1) 星間ガスの諸相

気体成分である星間ガスは，温度や密度の状態によっていくつかの**相**（phase）に分類される（図38.1）．非常に希薄で約100万Kの温度を持つ**高温ガス**（コロナルガス），温度が1万K前後の**中性水素ガス**（暖かいHIガス），同じく温度は1万K程度だが電離している**電離水素領域・HII領域**（HII region），温度が100 Kほどでやや密度が高くなったHIガスからなる**星間雲**（interstellar cloud），そして10–30 Kほどで星間ガスとしては比較的密度が高い**分子雲**（molecular cloud）などにわけられる．恒星は分子雲の中で誕生するが，星形成のメカニズムは，完全には理解されていない（40節）．

問 38.1 温度200 K，粒子数密度 $1\ \mathrm{cm}^{-3}$ のガスの相は何か．

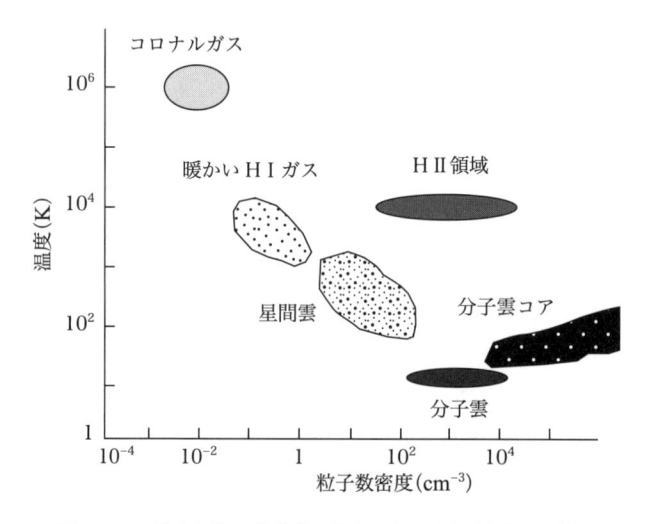

図 38.1 温度と粒子数密度の状態でわけた星間ガスの諸相．

(2) 分子ガス

粒子数密度が 10^2 cm^{-3} 以上あるような密度の高い星間ガスは，分子雲（分子ガス）と呼ばれる．分子雲は温度が 10 K 程度という極低温で，大きさが 1–100 pc，質量が 10^2–10^5 太陽質量程度のガス雲として存在している．これら分子雲の中には粒子数密度が 10^4 cm^{-3} を超えるような**分子雲コア**（molecular core）と呼ばれる高密度領域が存在し，そういった領域で今まさに星が誕生している，あるいはこれから新しい星が誕生してくると考えられている．

問 38.2 分子雲の典型的な大きさと密度を用いて，その質量を算出せよ．

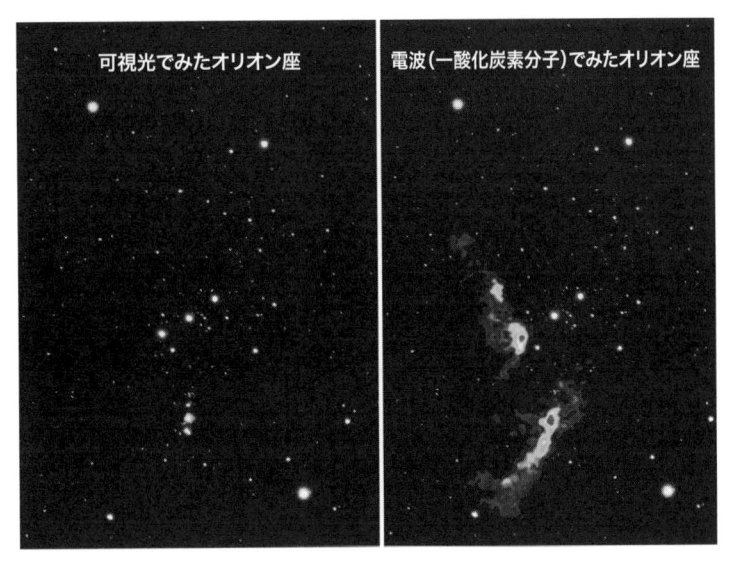

図 38.2 可視光で見たオリオン座（左）と CO 電波輝線で見たオリオン座（右）（阪本成一＆粟野諭美ほか『宇宙スペクトル博物館』より）．CO では主に分子雲が見えている．

38.2 分子ガスの電波輝線観測

低温の分子雲は可視光では観測しにくいが，分子が電波輝線を放射するため，電波によって観測が可能になる（図 38.2）．星形成の誕生の場を探り，そのメカニズムを明らかにするためには，電波観測は重要な手法となる．電波輝線の放射とそこから導かれる物理量について説明しよう．

(1) 分子輝線

原子の場合と同様，分子は高いエネルギー準位から低いエネルギー準位へ遷移するとき，そのエネルギー差に相当するエネルギーの光子を放出する（9 節）．分子のエネルギー準位には，電子の励起状態，分子の内部振動による励起状態，分子の回転による励起状態があるが，電波領域では主に回転エネルギー準位間の遷移が重要である．

分子雲は電波を出すと同時に，同じ波長の電波を吸収する．吸収の割合は**光学的深さ・光学的厚み**（optical depth）という量で表される．単位質量あたりの電磁波の吸収率を κ，物質密度を ρ，実距離を ds とすると，光学的深さ $d\tau$ は，次式で定義される．

$$d\tau \equiv \kappa \rho ds. \tag{38.1}$$

このとき，輻射強度 I の光が吸収される割合 dI は，

$$dI = -\kappa\rho ds I = -I d\tau \tag{38.2}$$

で表される．この式を電磁波の経路に沿って積分すると，例えば，最初に I_0 という強度を持った電波が光学的深さ τ の分子雲を通過した後には，その強度は次式のように減衰する（図 38.3）：

$$I = I_0 e^{-\tau}. \tag{38.3}$$

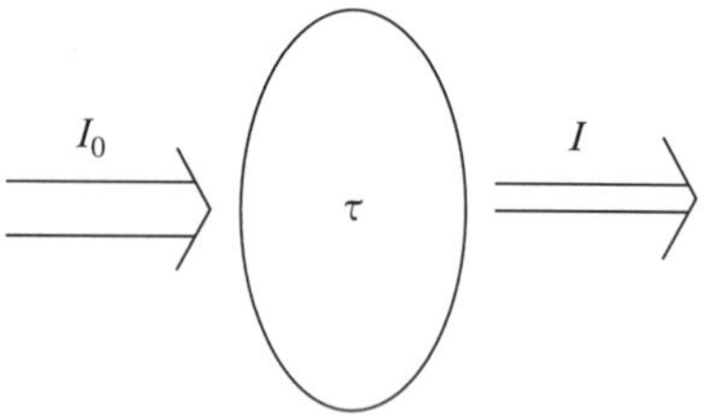

図 38.3 強度 I_0 の電波が光学的深さ τ の分子雲を通過して I に減衰する．

実際に観測される分子雲の電波強度（相当するアンテナ温度を用いて ΔT_A^* と表す）は，分子ガスの温度 T と，分子雲の背景からの電波強度の温度 $T_{\rm bg}$，そして光学的深さ τ を用いて，

$$\Delta T_A^* = \eta_{\rm mb}\Phi(T - T_{\rm bg})(1 - e^{-\tau}) \tag{38.4}$$

と表される．ここで，$\eta_{\rm mb}$ はアンテナ主ビーム能率（main beam efficiency）で，1 より小さい定数である．また，Φ は分子ガスの広がりがアンテナの受信ビーム内で占める割合（beam filling factor）で，分子雲の広がりよりビームサイズが小さければ 1，逆にビームサイズより分子雲の広がりが小さければ 1 より小さい量になる．

問 38.3 光学的深さが 1 より十分に大きい（光学的に厚い）場合と 1 より十分に小さい（光学的に薄い）場合，観測されるアンテナ温度は各々何に比例するか？

38.3 アンモニア分子輝線

アンモニア分子（NH$_3$）は，星間空間で最初に（1968 年）検出された多原子分子で，周波数 23–24 GHz の電波領域に多くの輝線を持つ．そのため，アンモニア分子輝線を使ってガスの温度や光学的深さを求めることができ，星間物質の性質を調べる重要な手段として使われている．

アンモニア分子は，同じ回転エネルギー準位でも，窒素原子が 3 つの水素原子の作る面を通り抜け反対側へ移動する**反転遷移**が起きるため，各エネルギー準位が 2 つに分かれている．回転エネルギー準位は，さらに 4 重極超微細構造に分かれ，選択則（$\Delta F = 0, \pm 1$）に従って，それぞれの準位間の遷移が生じる．その結果，観測されるスペクトルは 5 本のピークが存在可能になる（光学的深さや観測精度などにより，常に見られるとは限らない）．それらの中で，中央の最も強いピークが，$\Delta F = 0$ の遷移によるメイン成分であり，その両脇に見られる 4 つのピークは $\Delta F = \pm 1$ の遷移によるサブ成分である（図 38.4）．

ここでは分子ガスが熱平衡にあるものとして，光学的深さや温度等を導出するための大まかな解析方法を述べる．

まず，観測された NH_3 輝線の各成分の強度に (38.4) 式を適用し，回転エネルギー準位 (J,K) $(J=1,2,\cdots; K=1,2,\cdots)$ でのメイン成分とサブ成分の強度比を作ると，アンテナなどに依存する共通部分が消えて，

$$\frac{\Delta T_A^*(J,K,m)}{\Delta T_A^*(J,K,s)} = \frac{1-e^{-\tau(J,K,m)}}{1-e^{-\tau(J,K,s)}} \tag{38.5}$$

が得られる．ここで，$\Delta T_A^*(J,K,m)$ と $\Delta T_A^*(J,K,s)$ は各々 (J,K) のエネルギー準位でのメイン成分と $\Delta F = \pm 1$ のサブ成分の観測されたアンテナ温度である．また，$\tau(J,K,m)$ と $\tau(J,K,s)$ はメイン成分および $\Delta F = \pm 1$ のサブ成分の光学的深さである．これらは未知量であるが，$(J,K)=(1,1)$ の場合，メインの成分の光学的深さと内側2つのピークでは $\tau(1,1,s) = 0.28\tau(1,1,m)$，外側とでは $\tau(1,1,s) = 0.22\tau(1,1,m)$ の関係にあることが理論的に知られている．したがって，観測されたアンテナ温度を (38.5) 式に代入して解くと，$\tau(1,1,m)$ および $\tau(1,1,s)$ を求めることができる．

次に，各エネルギー準位にどれだけの分子が存在するかは，ボルツマンの式（21節）で表される：

$$\frac{N(2,2)}{N(1,1)} = \frac{g(2,2)}{g(1,1)} \exp\left(-\frac{\Delta E}{kT}\right) = \frac{5}{3} \exp\left(-\frac{41.5}{T}\right) \tag{38.6}$$

ここで，$N(J,K)$ はエネルギー準位 (J,K) にある分子の柱密度，$g(J,K)$ はエネルギー準位 (J,K) における統計的重み（＝縮退度），ΔE（= 0.00358 eV）は $(J,K)=(2,2)$ と $(J,K)=(1,1)$ のエネルギー準位とのエネルギー差である．

一方，光学的深さと柱密度の間には次のような関係が成り立つ．

$$\tau(J,K) = 6.1295 \times 10^{-24} \frac{K^2}{J(J+1)} \frac{\nu}{\Delta V} N(J,K) \frac{1}{T}. \tag{38.7}$$

ここで ν は観測周波数，ΔV は速度幅，$\tau(J,K)$ はメインと $\Delta F = \pm 1$ のサブ成分の光学的深さの和である．例えば，$(J,K)=(1,1)$ の場合，$\tau(J,K) = (1 + 0.28 \times 2 + 0.22 \times 2)\tau(1,1,m) = 2.0\tau(1,1,m)$ となる．(38.3)，(38.4)，(38.5) 式を用いて，

$$T = -\frac{41.5}{\ln\left\{-\dfrac{0.282}{\tau(1,1,m)} \ln\left[1 - \dfrac{\Delta T_A^*(2,2,m)}{\Delta T_A^*(1,1,m)} \times (1-e^{-\tau(1,1,m)})\right]\right\}} \tag{38.8}$$

が導かれ，これから分子ガスの温度を求めることができる．この (38.8) 式では，$\tau(1,1,m)$ 以外の他の値は観測量もしくは定数であり，$\tau(1,1,m)$ を求めれば温度 T を求めることができる．

38.4 演習

これまで述べたことを実際の観測データで確認してみよう．ここでは，はくちょう座方向にある 距離 1700 pc の分子雲 DR 21 領域での観測を例として，物理量を導出してみる．図のスペクトルで，$NH_3(1,1)$ のメインピークアンテナ温度は 1.6 K，$\Delta F = \pm 1$ は 0.76 K と

0.74 K，NH$_3$(2,2) のメインピークアンテナ温度は 1.1 K である．また，ピークの速度幅は 3.4 km s^{-1} である．光学的深さの（38.3）式は，未知の変数は 1 個であるが，解析的にこの解を得ることはできないため，右辺の τ にさまざまな値を代入して左辺の I の値を計算し，観測から得られた I の値に最も近い値を与える τ を見つけることで求めてみよう．

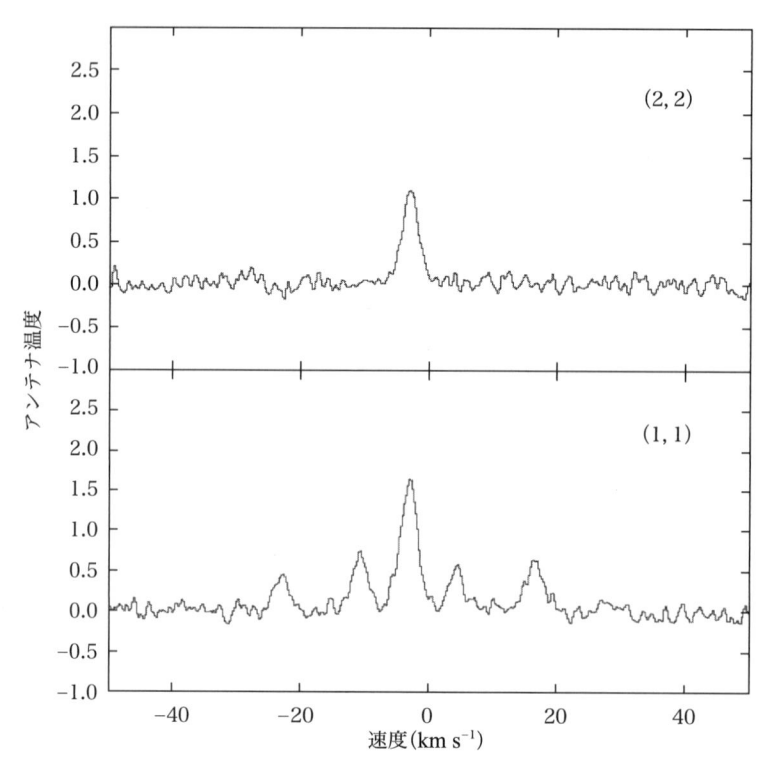

図 38.4　DR21 のスペクトル例．

（1）光学的深さ

（38.3）式の左辺に NH$_3$(1,1) のメインピークアンテナ温度とサブピークアンテナ温度の平均値を代入し，さまざまな値を τ を代入して右辺の I の値を求め，両者を比較する．それらの中で左辺の値に最も近くなる τ を求める．

（2）温度と柱密度

（38.6）式に（1）で求めた τ と NH$_3$(1,1) および NH$_3$(2,2) のメインピークアンテナ温度を代入して温度 T を求める．求めた温度と τ，ピークの速度幅を用いて（38.6）式から柱密度 N を計算する．

（濤崎智佳，福江　純）

39 星の形成

　生物は生まれて成長し死を迎えるが，星も恒久的に光り輝くわけではなく，あるとき誕生して，成長（変化）し，終末期を迎える．この過程を**星の進化**（stellar evolution）と呼び，その進化過程でさまざまな姿に移り変わる．星は，生まれたときに持つ質量によって，その星のたどる一生の過程が決定される．では，どのような過程で星が形成されるのだろうか．本節では，星間ガスが自分自身の重力（自己重力）による重力崩壊によって収縮し，星形成に至るまでの過程を学ぶことにしよう．

39.1 恒星誕生と惑星誕生

　恒星は，主に水素や一酸化炭素などの分子からなる分子雲が，自己重力によって重力収縮を起こし，中心部に質量が降着して，**原始星**（protostar）として誕生する．誕生したばかりの原始星は，周りにガスと塵からなる円盤や小さな星雲を伴っており，**Tタウリ型星**（T Tauri star）と呼ばれる．質量降着が進むと原始星の両極方向にガスの一部が高速で吹き飛ばされ，**双極分子流**（bipolar outflow）や**ジェット**（jet）が形成される（40節）．やがて円盤が薄くなっていくとともに，原始星の中心温度が上昇して水素の核融合反応を起こす主系列星に至る．誕生してから主系列星まで成長する段階で，双極分子流やジェットなどさまざまな活動をひき起こすため，星の誕生現場は色彩豊かに彩られる．この重力収縮は自発的に起きる場合の他，周囲のOB型星や超新星爆発などの外力によって誘発的に起こる場合もある．一方，惑星は，恒星が誕生する段階に伴って恒星の周りに形成される**原始惑星系円盤**（protoplanetary disk）から誕生する．恒星より軽い**褐色矮星**（brown dwarf）は近年の観測から，恒星と同様に分子雲で形成されると考えられつつあるが，さらに軽い**惑星質量天体**（planetary mass object）の形成過程はまだ明らかではない．

39.2 ジーンズ不安定と重力収縮

　太陽の平均粒子数密度は約 10^{24} 個 cm^{-3} であるのに対し，星間ガスの粒子数密度は約 1 個 cm^{-3} である．ここからも，星は，星間ガスがいかに小さく圧縮されたものであるかがわかる．このことは，別の見方をすれば，星間ガスから星形成に至る過程に非常に激しい現象が存在することを意味している．

問 39.1　太陽のもとになった星間ガスはどれくらいのサイズの空間に広がっていたか？　また，その空間を一辺 100 m の立方体の空間に例えると，太陽の大きさはどれくらいになるか？

　ここでは，星形成のメカニズムを考えるため，無限に広がった一様（密度 ρ および圧力 p が一定）で静止しているガスの安定性を議論してみよう．一様に広がっているため，ガスの自己重力は互いに打ち消し合い，ガスは平衡状態にある．ここで，半径 r の球内に含まれるガスを考える．このガス球の半径 r が図 39.1 のように微小量 δr だけ断熱的に縮んだとき，ガス球の

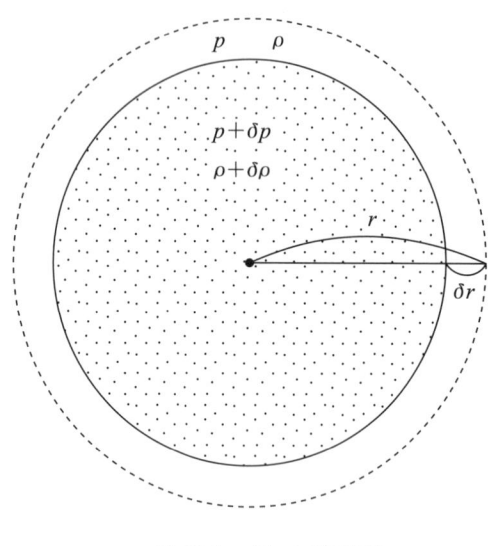

図 39.1 ジーンズ不安定.

密度および圧力がそれぞれ $\delta\rho$, δp だけ変化したとすると，ガス球内の全質量 $M = (4\pi/3)r^3\rho$ は一定であるので，

$$\frac{\delta\rho}{\rho} - 3\frac{\delta r}{r} = 0 \tag{39.1}$$

となる．また，ガスを断熱的に変化させることから $p/\rho^\gamma = $ 一定 であり，

$$\frac{\delta p}{p} - \gamma\frac{\delta\rho}{\rho} = 0 \tag{39.2}$$

となる．ここで γ はガスの比熱比を表す．このときガス球表面の単位体積に働く自己重力は

$$\begin{aligned}\delta F_{\rm G} &= \frac{GM(\rho+\delta\rho)}{(r-\delta r)^2} - \frac{GM\rho}{r^2} \\ &\simeq \frac{5GM\rho\delta r}{r^3}\end{aligned} \tag{39.3}$$

だけ増加する．他方，圧力は半径 r の距離で δp 増加したとみなせるので，ガス球表面の単位体積に働く圧力勾配による反発力の増加量は $\delta F_{\rm p} \simeq \delta p/r$ と近似できる．これに (39.1) 式と (39.2) 式の関係を用いると，$c_{\rm s} = \sqrt{\gamma p/\rho}$ をガスの音速として，以下のように表せる：

$$\delta F_{\rm p} \simeq \frac{\delta p}{r} = \frac{3c_{\rm s}^2\rho\delta r}{r^2}. \tag{39.4}$$

ここで $\delta F_{\rm G} < \delta F_{\rm p}$ のときは，ガス球を圧縮しても圧力の増加による反発力が重力より強くなるため，ガス球はもとに戻って安定となる．しかし $\delta F_{\rm G} > \delta F_{\rm p}$ のときは，ガス球を圧縮すると，ガス球の自己重力が圧力の増加による反発力より強くなってしまう．これはガス球が自己重力を支えきれなくなり，**重力収縮**（gravitational contraction）を起こすことを意味する．つまり，ガス球は圧縮に対して不安定となる．この不安定を**ジーンズ不安定**（Jeans instability）と呼ぶ．$\delta F_{\rm G} > \delta F_{\rm p}$ の関係は (39.3), (39.4) 式および $M = (4\pi/3)r^3\rho$ の関係を用いると，

$$r > r_{\rm J} \equiv \sqrt{\frac{9c_{\rm s}^2}{20\pi G\rho}} \tag{39.5}$$

と変形できる．これはガス球の半径が (39.5) 式の右辺で定義される $r_{\rm J}$ より大きいとジーンズ不安定を起こすことを意味する．この半径の 2 倍（直径）を**ジーンズ波長**（Jeans wave length）といい，$\lambda_{\rm J}$ で表す．

以上の解析は近似計算を用いている．厳密な解析はこの節の研究で示すが，ジーンズ波長は，

$$\lambda_{\rm J} = \sqrt{\frac{\pi c_{\rm s}^2}{G\rho}} \tag{39.6}$$

で与えられる．また，半径 $\lambda_{\rm J}/2$ の球内に含まれる質量を**ジーンズ質量** $M_{\rm J}$ といい，

$$M_{\rm J} = \frac{4\pi}{3}\left(\frac{\lambda_{\rm J}}{2}\right)^3\rho = \frac{\pi}{6}\left(\frac{\pi c_{\rm s}^2}{G}\right)^{3/2}\frac{1}{\sqrt{\rho}} \tag{39.7}$$

で与えられる．星間ガスが何らかの擾乱（例えば超新星爆発による衝撃波や他の星間ガス雲との衝突など）を受けると，星間ガスはこのジーンズ質量程度のガス球に分裂し，重力収縮を始める．ジーンズ質量は密度の平方根に反比例するので，収縮によりガス球の密度が増加すると，ジーンズ質量はさらに小さくなり，より小さなガス球に分裂する．この収縮過程を繰り返しながら最終的に星が形成される．したがって星は群れをなして**星団**（cluster）として形成されることが多い．

問 39.2 (39.1) – (39.5) 式および (39.7) 式を導け．

問 39.3 星間ガス（$\rho = 10^{-24}$ g cm^3, $c_s = 10$ km s^{-1}），分子雲（$\rho = 10^{-21}$ g cm^3, $c_s = 1$ km s^{-1}）のジーンズ波長 λ_J とジーンズ質量 M_J を求めよ．

問 39.4 $M_J = M_\odot$ となるガスの密度 ρ を求めよ．ただし，$c_s = 1$ km s^{-1} とする

39.3 重力崩壊

ガス球の半径 r が δr だけ圧縮されたときの自己重力の変化は r^{-3} に比例するのに対し，圧力の増加による反発力の変化は r^{-2} に比例する．したがって，ジーンズ不安定のためガス球が重力収縮を始めると，自己重力がますます強くなり，ガス球は限りなく収縮を続けることになる．星間ガスの重力収縮の場合，圧縮は断熱的というよりは，むしろ等温的となる．これは，圧縮によって増加したガスの熱エネルギーが，ガス球からの電磁波の放射という輻射エネルギーとして宇宙空間に放出され，ガス球の温度が上がらないためである（図40.1）．したがって，重力収縮を止める反発力がほとんど働かず，ガスは球の中心に向かう**自由落下**（freefall；重力以外の力が全く働かない場合の物体の落下）の状態となる．これをガス球の**重力崩壊**（gravitational collapse）という．この重力崩壊によって星間ガスの密度から一気に星の密度（40節の原始星コアの密度）までガス球を圧縮できるのである．このことから，ガスの**自由落下時間**（freefall time；自由落下によってガス球の中心に達するまでの時間）を星形成までの時間とみなすことができる．このガス球の自由落下時間を，次の演習で実際に求めてみよう．

39.4 演習

質量 M の物体 A から距離 r_0 のところに質量 m（$m \ll M$）の物体 B を初速度 0 で置くと，B は A の重力によって A に落下していく（図 39.2）．このとき，B が A に到達する（距離が 0 となる）までの時間が自由落下時間だ．

(1) A, B 間の距離が r_0，速度が 0 のときの物体 B の全エネルギー E_0 を求めよ．

(2) A, B 間の距離が r，B の速度が v となったときの B の全エネルギー E を求めよ．

(3) エネルギー保存則より $E = E_0$ が成り立つ．この関係から，速度 v が，

$$v \equiv \frac{dr}{dt} = -\sqrt{\frac{2GM(r_0 - r)}{r_0 r}} \quad (39.8)$$

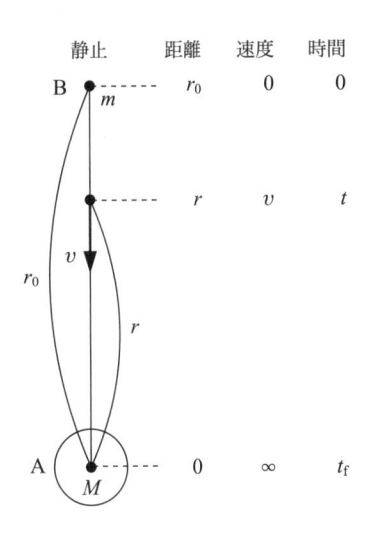

図 **39.2** 自由落下．

で与えられることを示せ．なお B は落下しているので $v<0$ である．

(4) 自由落下時間 t_f は（39.8）式の逆数を r について r_0 から 0 まで積分したもの，

$$t_\mathrm{f} = \int_{r_0}^0 \left(\frac{dt}{dr}\right) dr = -\int_{r_0}^0 \sqrt{\frac{r_0 r}{2GM(r_0-r)}} dr \tag{39.9}$$

で与えられる．$r = r_0 \cos^2\theta$ と置いて積分を実行し，

$$t_\mathrm{f} = \pi\sqrt{\frac{r_0^3}{8GM}} \tag{39.10}$$

となることを示せ．

(5) ガス球が重力崩壊するときは，B はガス球の表面，A はガス球の中心と考えてよい．ガス球の初期の半径を r_0，ガスの初期の平均密度を ρ とすると，$M=(4\pi/3)r_0^3\rho$ である．したがって，ガス球の自由落下時間はガス球の初期の平均密度 ρ だけで決まり，

$$t_\mathrm{f} = \sqrt{\frac{3\pi}{32G\rho}} \tag{39.11}$$

と表される．これを示せ．

(6) 地球の公転運動が止まった場合，地球が太陽の中心に落下するまでの時間を求めよ．また，銀河回転運動が止まった場合，太陽が銀河中心に落下するまでの時間を求めよ．

(7) 星間ガス（$\rho = 10^{-24}$ g cm^{-3}），分子雲（$\rho = 10^{-21}$ g cm^{-3}）の自由落下時間を求めよ．

39.5 研究

ジーンズ波長の厳密な式である（39.6）式を導いてみよう．星間ガスの収縮など自己重力系においては，ガスの密度 ρ と重力ポテンシャル ϕ の間には，

$$\nabla^2\phi = \frac{\partial^2\phi}{\partial x^2} + \frac{\partial^2\phi}{\partial y^2} + \frac{\partial^2\phi}{\partial z^2} = 4\pi G\rho \tag{39.12}$$

の関係が成り立つ．これを**ポアッソン方程式**（Poisson equation）という．

一様で静止した，無限に広がったガスを考える．このガスに x 軸方向にわずかなゆらぎを与えたとき，密度，圧力，x 方向の速度，重力ポテンシャルが，それぞれ，

$$\rho = \rho_0 + \rho_1, \tag{39.13}$$
$$p = p_0 + p_1, \tag{39.14}$$
$$v = 0 + v_1, \tag{39.15}$$
$$\phi = \phi_0 + \phi_1 \tag{39.16}$$

に変化したとする．ここで添え字 0 の物理量は一様で静止している場合の値，添え字 1 はその物理量の微小なゆらぎを表す．ガスのゆらぎは微小であるため，変化は断熱的と考えてよい．

(1) ガスの満たす連続の式，運動方程式，およびポアッソン方程式は，微小量の 1 次までを残せば，

$$\frac{\partial \rho_1}{\partial t} + \rho_0 \frac{\partial v}{\partial x} = 0, \tag{39.17}$$

$$\rho_0 \frac{\partial v}{\partial t} = -\frac{\partial p_1}{\partial x} - \rho_0 \frac{\partial \phi_1}{\partial x}, \tag{39.18}$$

$$\frac{\partial^2 \phi_1}{\partial x^2} = 4\pi G \rho_1 \tag{39.19}$$

と表せる．(39.17) – (39.19) 式を導け．

(2) (39.17) – (39.19) 式および断熱変化の関係式 $p_1 = c_s^2 \rho_1$ から p_1, v_1, ϕ_1 を消去すると，ρ_1 の満たす方程式

$$\frac{\partial^2 \rho_1}{\partial t^2} - c_s^2 \frac{\partial^2 \rho_1}{\partial x^2} - 4\pi G \rho_0 \rho_1 = 0 \tag{39.20}$$

が導かれる．これを示せ．

(3) 密度のゆらぎを $\rho_1 = A e^{i(\omega t - kx)}$ の平面波で与えるとき（A は定数），(39.20) 式から，

$$\omega^2 = c_s^2 k^2 - 4\pi G \rho_0 \tag{39.21}$$

の関係が成り立つことを示せ．これは**分散関係式**（dispersion relation）と呼ばれ，振動数 ω と波数 k が独立ではなく，一定の関係があることを意味する．

(4) (39.21) 式において，

$$k > k_\mathrm{J} \equiv \sqrt{\frac{4\pi G \rho_0}{c_s^2}} \tag{39.22}$$

であれば ω は実数となり，密度のゆらぎは有限の振幅で振動し，ガスはゆらぎに対して安定となる．この k_J を**ジーンズ波数**（Jeans wavenumber）という．しかし，$k < k_\mathrm{J}$ になると，ω^2 の値が負となり，ω は純虚数になる．このことは，密度のゆらぎ $\rho_1 = A e^{i(\omega t - kx)}$ が時間とともに指数関数的に急激に増加することを意味する．これがジーンズ不安定である．波数 k と波長 λ には，$\lambda = 2\pi/k$ の関係がある．これらのことから，

$$\lambda > \lambda_\mathrm{J} \equiv \frac{2\pi}{k_\mathrm{J}} = \sqrt{\frac{\pi c_s^2}{G \rho_0}} \tag{39.23}$$

のときにジーンズ不安定が起こることを示せ．なお，λ_J は (39.6) 式で与えられるジーンズ波長であり，ジーンズ波長の厳密な式が導けたことになる．

参考文献

Spitzer, L., Jr., 高窪啓弥訳『星間物理学』第 13 章，共立出版（1980 年）
福井康雄ほか編『星間物質と星形成』（シリーズ現代の天文学 6）日本評論社（2008 年）
Binney, J. and Tremaine, S., 1987, "Galactic Dynamics", Chapter 5, Princeton University Press

（沢　武文，大朝由美子）

40 原始星から主系列星へ

星はその一生を終えるまでに，何百万年から何百億年もかかる．寿命が非常に長いため，一つの星の進化過程を観測から直接調べることは不可能である．しかし，多種多様な進化段階の星の観測結果と理論計算から予測される姿とを比較することで，星の形成・進化過程を類推することができる．本節では，主に近年の光赤外線・電波観測から明らかになってきた星誕生の過程を学ぼう．

40.1 分子雲

恒星と恒星の間の空間には，水素を主成分とする星間ガスと，水素とヘリウム以外の元素（重元素），水・氷を主成分とする固体微粒子（星間ダスト）からなる星間物質が存在している（38節）．これらの星間物質は，星間ガスでは 1 cm^3 あたりに水素原子が1個，星間ダストでは 100 m^3 中に 0.1 μm の粒子が1個存在する程度で，非常に希薄である．星間物質は銀河系の中で一様に分布しているわけではなく，大半は周囲よりも高密度のガス塊の星間雲として漂っている．

星間雲は星間物質に比べると密度が高いが，まだ星を作るもととしては希薄で低温である．これが何らかの原因で，自己重力による収縮を始めると，密度が上昇し，水素分子（H$_2$）や一酸化炭素分子（CO）などさまざまな分子が主成分となる分子雲が形成される．分子雲は 1 cm^3

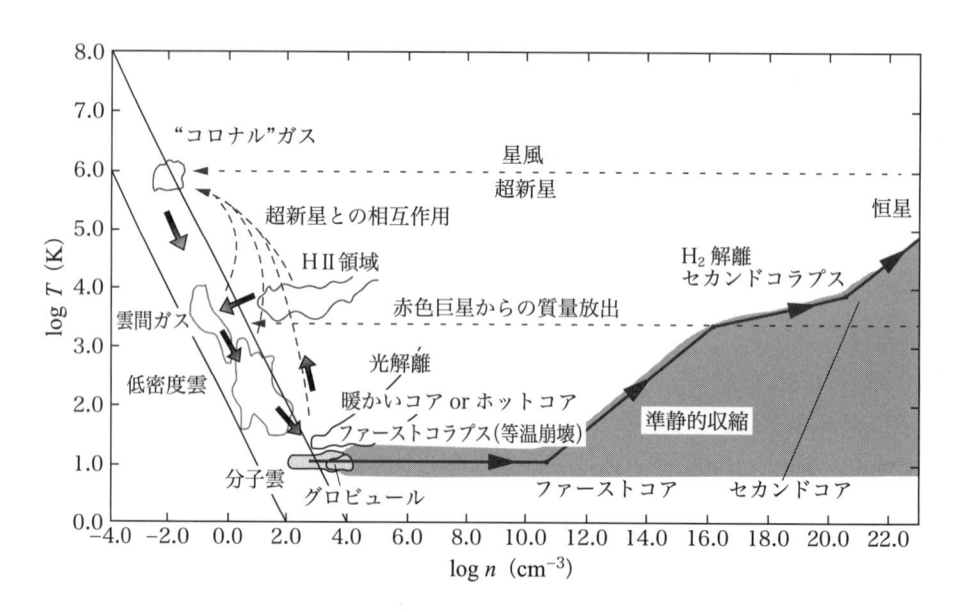

図 40.1 われわれの銀河系の星間物質の温度-数密度図．冷たい星間物質が，温度 ～10 K の分子雲や ～100 K の拡散した雲を形成する．その他に，銀河系に広く分布する $10^3 - 10^4$ K の暖かい星間物質や，近傍の OB 型星により電離された HII 領域，超新星残骸の衝撃波面により加熱された高温で希薄なコロナルガスもある．分子雲コアから星へと至る道筋を見ると，温度とともに数密度が著しく上昇することがわかる（西合一矢，2000年，名古屋大学博士論文より改変）．

あたり水素原子が100個以上，温度は10–100 K，質量は太陽の約1万–10万倍程度である．最近の研究から分子雲は一般に細長く伸びたフィラメント状の構造を持ち，それが収縮・分裂をくりかえして（39節）分子雲コアと呼ばれる高密度（$n \geq 10^5$ cm^{-3}）の塊が形成されることがわかってきた．この分子雲コアが星の形成母体である．図40.1に，さまざまな形態を持つ星間ガスの温度-数密度図と，その中で星が誕生するまでの進化経路を示す．

問 40.1 分子雲の典型的な密度は，10^2–10^3 H atoms cm^{-3} である．地球の大気密度と比べると何倍となるか？

40.2 分子雲コアから主系列星へ

図40.2は，分子雲コアから主系列星への進化の過程を模式的に示した図である．分子雲コアは，自己重力と熱運動や乱流，磁場などによる内部圧力がほぼ釣り合ったビリアル平衡（50節）にある．このコアが何らかの原因で重力的に不安定になると，中心に向かって自由落下（39節）を始める（図40.2a）．するとコアの中心部の密度が上昇し，収縮で解放される重力エネルギーによって輝く**原始星**（protostar）が誕生する．収縮するガスの一部は角運動量を持つため原始星に直接落下できず，原始星の周囲にガスと塵からなるエンベロープや円盤を形成する（図40.2b）．この円盤は**原始惑星系円盤**（protoplanetary disk）と呼ばれ，将来の惑星を形成する現場となる．この段階では，原始星はまだ低温であり，星からの放射は周りを取り囲むダストによって吸収されるため可視光ではほとんど見えず，赤外線で明るく輝く．また，原始星に落下したガスの一部は極方向（円盤に垂直な方向）に高速（数–数百 km s^{-1}）で流出していることがわかっており，このガスの流出を**双極分子流**（bipolar outflow）や**ジェット**（jet）と呼ぶ．図40.3に，双極分子流を伴う若い星の画像を示す．

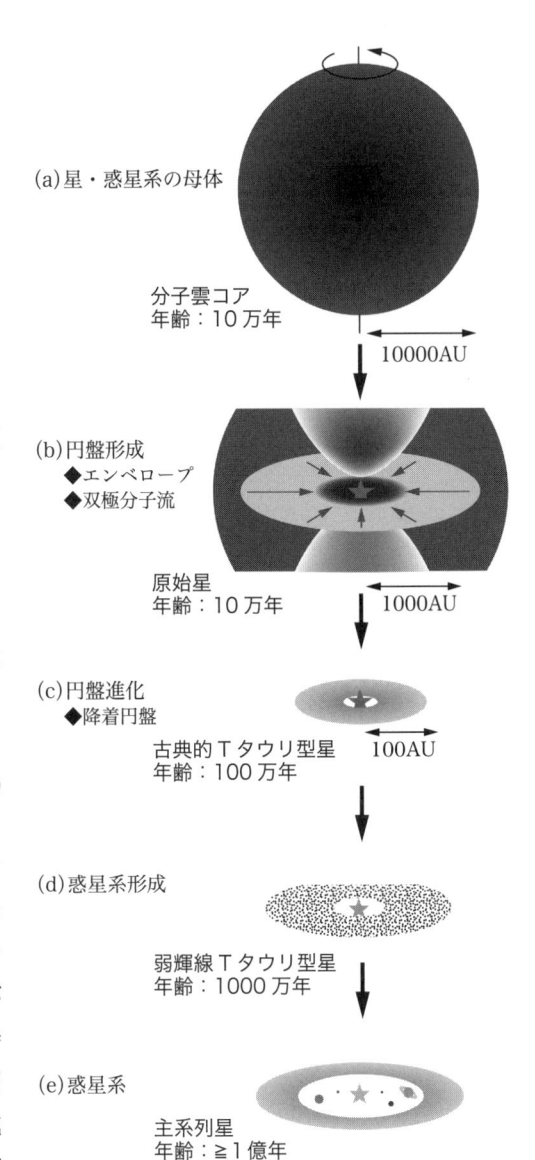

図40.2　低質量の単独星の進化段階の模式図．(a) 分子雲コア，(b) エンベロープを伴う原始星，(c) 双極流や円盤を伴う古典的Tタウリ型星，(d) 円盤が薄くなる弱輝線Tタウリ型星，(e) 主系列星の順に進化する．なお，星形成領域のスペクトルエネルギー分布図から，これらの進化段階を分類することができる．

図 40.3 双極流を伴う若い星周辺の星形成領域 S106．中心部で太陽の 20 倍ほどの（O 型）星が誕生し，中心星からの紫外線や双極分子流によってガスが電離して明るく輝く HII 領域（中央の明るい部分）と，それを取り巻く周囲のダストによる反射星雲（全体を囲むリング状の淡い部分）が見て取れる．中心星の周囲には，将来，恒星，褐色矮星，惑星質量天体となる天体が数百個誕生している（写真提供　国立天文台；Oasa, Y. et al., 2006, ApJ, **131**, 1608 による）．

エンベロープのガスやダストが，原始星や円盤部への落下や双極分子流による流出によってなくなってくると，だんだんと可視光でも中心星が見えるようになる（図 40.2c）．この段階は **T タウリ型星**（T Tauri star）もしくは**前主系列星**（pre-main-sequence star）と呼ばれ，主系列段階に比べて非常に明るく輝いている．例えば太陽の場合，現在の約 1000 倍明るく輝き，中心温度は 10–100 万 K，表面温度は ∼4000 K であったと推定されている．T タウリ型星は，質量降着などによる変光や Hα 輝線，赤外超過，X 線放射などの特徴を持つ．Hα 輝線強度（厳密には等価幅）によって，古典的 T タウリ型星と弱輝線 T タウリ型星に分類されるが，多くの弱輝線 T タウリ型星は，質量降着が弱くなり，周囲の円盤がだんだんと消失していった段階（図 40.2d）であると考えられている．

その後さらに収縮を続け，中心温度が 1000 万 K 程度になると水素の核融合反応が始まり，力学的およびエネルギー的平衡状態になって収縮は止まる．それまでの重力エネルギーにかわり，核エネルギーで輝くようになり，光度や半径の安定した主系列星となる（図 40.2e）．

分子雲コアの収縮開始から主系列までの時間は，最初（原始星）の質量によって異なり，質量の大きい星ほど寿命が短いのと同じく，質量の大きい星ほど早く主系列星となる．太陽質量程度の星の場合は約 4000 万年と見積られている．重力収縮とは別に，周囲からのガスの落下がいつ止まるかが星の質量を決める重要な問題であるが，これについてはまだはっきりしていない．原始星の質量が太陽の約 0.08 倍以下の場合は，中心温度が約 1000 万 K に達しないために，水素の核融合反応が安定して起こらず，低温の暗い天体（褐色矮星）になると考えられている．

問 40.2　温度が ∼10 K の分子雲，∼300 K の原始惑星系円盤，∼4000 K の T タウリ型星は，どの波長で最も明るく輝くか？これらの天体が黒体輻射（8 節）をしていると考えて，波長および電磁波の種類を述べよ．

40.3 原始惑星系円盤から惑星へ

　原始惑星系円盤は，原始星から主系列星へと至る過程で必然的に形成され，その円盤内で惑星が誕生すると考えられている．太陽系の惑星も，原始惑星系円盤から誕生したと考えられており，その形成を説明する標準モデルのシナリオは次のようになっている（図 40.4）．まず，原始太陽の周りに太陽質量の約 1% のガスとダストからなる原始太陽系円盤が形成される．その中に含まれる 1% 程度の μm サイズのダスト微粒子が集まり，km サイズ（10^{15}–10^{18} kg）の無数の**微惑星**（planetesimal）ができる．微惑星は衝突・合体を繰り返して成長していく．1000 km サイズ（10^{24}–10^{26} kg）になった**原始惑星**（protoplanet）はさらに巨大な衝突を起こし，最終的に，地球や金星のような主に岩石でできた**地球型惑星・岩石惑星**（terrestrial planet）が誕生する．

　太陽から遠い惑星は，太陽からのエネルギー放射が弱く，水や二酸化炭素などが固体（氷）として大量に存在していたことと，太陽の潮汐力の影響が弱く，より多くの微惑星を集めることができたため，巨大な原始惑星に成長することができた．この巨大な原始惑星の重力によって原始惑星系円盤のガスを引き付けて大量のガスをまとったのが，木星と土星の**木星型惑星・巨大ガス惑星**（gas giant）である．

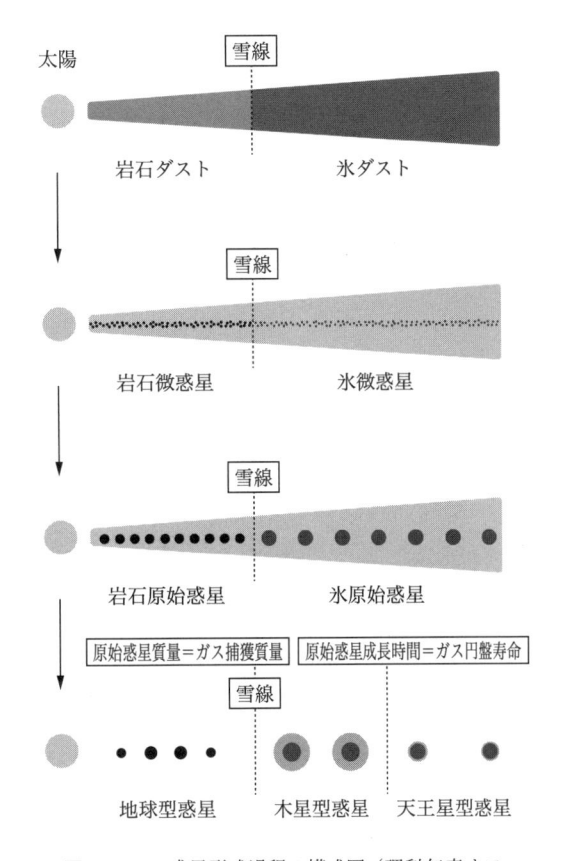

図 40.4　惑星形成過程の模式図（理科年表オフィシャルサイト，国立天文台・丸善）．図中の**雪線**（snow line）というのは，それより外側だと水が固体の氷になる境界を表す．太陽系を想定した図であり，地球型（岩石）惑星，木星型（巨大ガス）惑星，天王星型（巨大氷）惑星の 3 種類の惑星形成メカニズムが異なることがわかる．

　他方，太陽から遠いほど公転周期が長く，微惑星の空間密度が小さくなるため，天王星以遠の領域では，巨大な原始惑星が形成される前に円盤のガスがなくなり，木星のように大量のガスを捕獲することができなかった．したがって，天王星と海王星の**天王星型惑星・巨大氷惑星**（ice giant）は，質量のほとんどが水やメタンなどの氷であり，ガスは質量の 10% ほどしかない．このようなシナリオによって，小惑星や太陽系外縁天体などの小天体の起源も解明されつつある．

　原始惑星系円盤の物理量は，半径が約 100 AU，質量が 0.001–0.1 $M_\odot$，1 AU における温度は約 100 K と観測的に見積られているが，最近の光赤外・電波の高空間分解能観測から

178　第5章　銀河系と星間物質

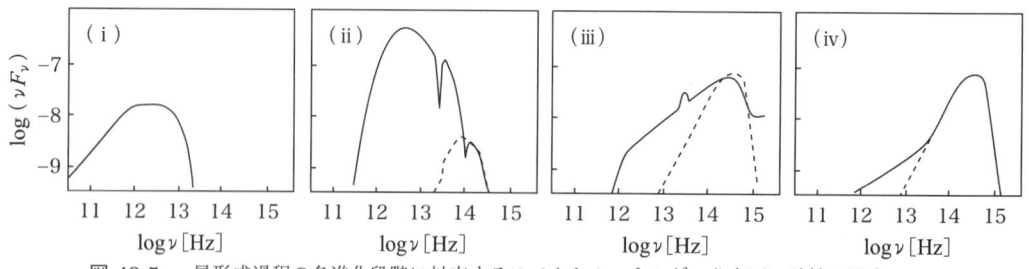

図40.5　星形成過程の各進化段階に対応するスペクトルエネルギー分布図．破線は温度4000 Kの黒体輻射（原始星）のスペクトルである．

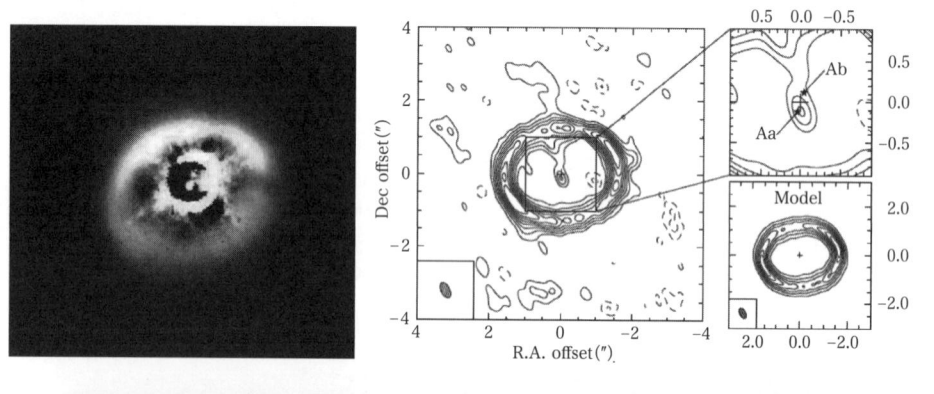

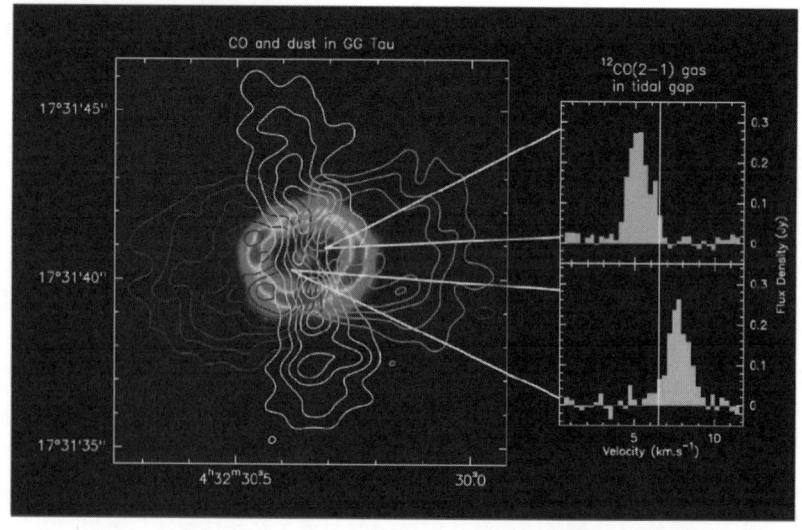

図40.6　おうし座のTタウリ型星GG Tauの，すばる望遠鏡近赤外画像（左上; 視野は$10.16'' \times 9.79''$; 国立天文台; Itoh et al., 2002, PASJ, **54**, 963），IRAM電波分子輝線（右上; Pietu et al., 2011, A&A, **528**, A81）と（下; Guilloteau et al., 1999, A&A, **348**, 570）．可視赤外域では円盤は光学的に厚くなるため，主に形状と温度の情報が得られる．一方，電波観測は円盤全体を見通せるため，質量を導出できる．近赤外散乱光と分子ガス，ダストにより見事に円盤が捉えられている．また，電波観測（下画像）からは，COガスの視線速度のデータには赤方偏移と青方偏移の2成分が分離して捉えられており，ケプラー回転をしていることが示されている．

さらにさまざまな円盤が見つかっている．その中には，円盤温度が，中心星からの輻射によって決まる値よりも高く，円盤が降着期にあり，円盤自体が輝いているものもあることがわかっている．さらに，誕生したばかりのTタウリ段階にある褐色矮星周囲にも円盤があることがわかってきた．原始惑星系円盤の形状は中心星が単独星か連星かで異なり，連星の場合は，その軌道も円盤の形状に影響をおよぼす．今後も多数の原始惑星系円盤を観測することによって，多様な太陽系外惑星の形成段階が徐々に明らかになるであろう．

問 40.3 ほぼ全ての原始惑星系円盤は，ケプラー回転をしている降着円盤であると考えられている．中心星からの距離 r とその点での回転速度 V の関係を表す両対数グラフを作成せよ．それはどのような関数で表されるグラフとなるか．

40.4 演習 1

(1) 分子雲から誕生した星は，図 40.2 のような過程を経て主系列星へと至る．温度が約 300 K の原始惑星系円盤を周囲に伴う約 4000 K の T タウリ型星は，約 4000 K の主系列星と比べてどのようにスペクトルが異なるか？8 節をもとにそれぞれのスペクトルエネルギー分布図を，波長，周波数それぞれについて作成せよ．

(2) (1) の結果をもとに，図 40.2 と，図 40.5 の観測されたスペクトルエネルギー分布図の進化段階をそれぞれ対応させよ．また，それぞれの進化段階に最も適した観測波長をあげよ．

40.5 演習 2

(1) 図 40.6 の T タウリ型星 GG Tau の近赤外／電波画像から原始惑星系円盤の大きさを見積ってみよう．まず，それぞれの波長の観測画像から円盤の内径と外径は何秒角となるか？おうし座分子雲の距離は約 140 pc である．この値を使って，この円盤の実際の大きさが何 AU となるか求めよ．

(2) GG Tau の円盤は，近赤外／電波画像両方ともに楕円形をしていることがわかる．これは，実際に円盤が楕円形であるのではなく，円盤が視線方向に対して傾いているからと考えられている．長軸と短軸の比から円盤の傾き角 i を求めよ．なお，傾き角 i は，円盤に垂直な軸と視線方向とのなす角で定義される（46 節）．

(3) 図 40.6 の IRAM の電波観測から，ガスの回転運動が捉えられており，中心から 100 AU でのガスの回転速度は 3.4 km s^{-1} と求められている．ガスがケプラー回転していると考えて，中心星の質量を求めよ．

（大朝由美子，沢　武文）

41 超新星爆発のなごり

"新星"（nova）とは，天空に突如明るい星が出現する天体現象だが，1885年にアンドロメダ銀河において，従来に比して極めて明るく輝く新星（−13〜−19等級）が出現した．この規模の"新星"は，銀河系においては100年から200年に一度の割合で発生していて，**超新星**（supernova）と呼ばれるようになった．新星が輝く原因は白色矮星表面での核融合爆発である（32節）．一方，超新星の原因は，星全体の爆発である．超新星爆発によって星のガスは周辺の星間に撒き散らされるのだが，われわれ人類の起源とも深い関わりがある．爆発によって掃き集められたガスは高密度になり，次世代の星を形成する．このガスには恒星内部で合成された重元素が含まれるが，次世代の星の周りに惑星系を生み出す原料になるし，生命の起源にもなりうる．本節では，超新星爆発のしくみと爆発によって撒き散らされるガスが形成する超新星残骸の進化について学ぼう．

41.1 超新星爆発

超新星は，そのスペクトルに水素の吸収線が見られないI型（Ia型，Ib型，Ic型に細分類される）と見られるII型（II-P型，II-L型などに細分類される）に分類される．この爆発により放出されるガスの持つ運動エネルギーは，I型，II型ともに10^{44} Jもの莫大な量である．

II型（およびIb型とIc型）超新星は，太陽質量の8倍程度以上の恒星が**重力崩壊**（gravitational collapse）を起こすことで生じると考えられており，**重力崩壊型超新星**と呼ばれる．大質量の星の中心では，核融合反応によって鉄までの重い元素が生成されるようになるのだが，中心コアがほとんど鉄になってしまうと，鉄が光分解してエネルギーを吸収し，コアは一気に潰れる（重力崩壊）．この重力崩壊の反動による衝撃波によって，星の外層は吹き飛び，中心には**中性子星**やブラックホールが残る．

一方，Ia型超新星は，白色矮星にガスが降り積ってくることで生じる（32節）．ガスが降り積ることで質量が増大するが，その結果，白色矮星の質量が約$1.4M_\odot$の**チャンドラセカール限界**（Chandrasekhar limit）を超えると，白色矮星が爆発的な核融合反応を起こし，星の物質は一気に飛び散ってしまう（**核爆発型超新星**と呼ぶ）．後には何も残らない．

問 41.1 重力崩壊型超新星爆発のエネルギー源は，鉄のコアの重力崩壊のときに解放された重力エネルギーである．コアの半径を10^4 km，最終状態（中性子星の半径を）10 km，コアの質量を1太陽質量として，解放された重力エネルギーを計算せよ．また，解放されたエネルギーのうちのどのくらいの割合が放出されるガスの運動エネルギーになるか求めよ（残りのエネルギーはニュートリノが持ち去ることになる）．

問 41.2 超新星から可視光線で放出される全エネルギーは，爆発エネルギーの1/10（10^{43} J）であったとする．このエネルギーが100日間一定の光度で放出されていたとすると，この超新星の絶対等級はどの程度になるか？ また，この超新星がプレアデス星団（距離408光年）で起こったとすると，見かけの等級はいくらになるか？

41 超新星爆発のなごり   181

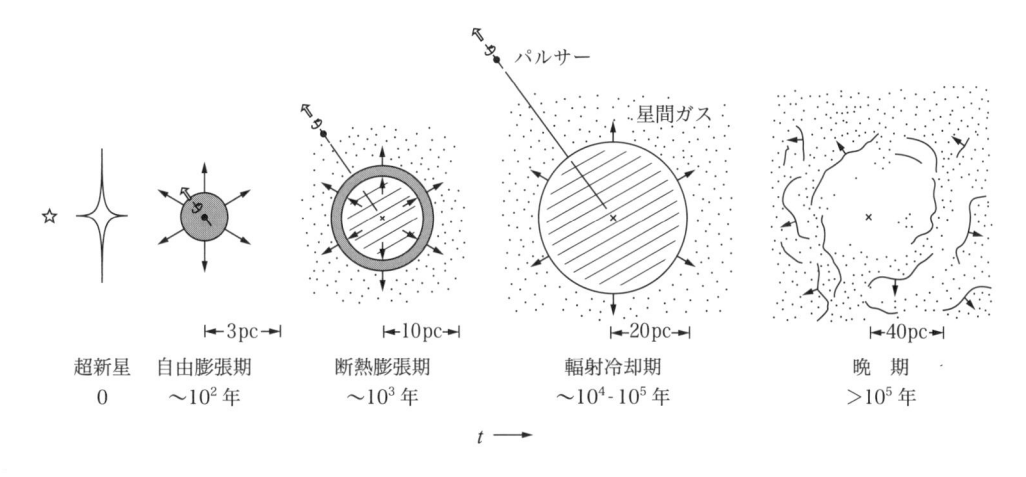

図 41.1 超新星残骸の進化の模式図.

問 41.3 問 41.2 の超新星が大マゼラン雲（距離 15 万光年）に出現したとすると，見かけの等級はいくらになるか？ また，この結果は 1987 年に大マゼラン雲に現れた超新星（SN1987A）の最大光度時の見かけの等級（2.8 等級）を説明できるか考察せよ．

41.2 超新星残骸の進化

超新星爆発によって吹き飛ばされた星外層のガスは，爆発前に先立って放出されていた星周ガスや星間ガスとも混じり合いながら膨張していく．超新星爆発後の長い年月を経ても，そのガスは超新星の "残骸" ——**超新星残骸**（supernova remnant）——として観測されることになる．超新星残骸としての進化は，次の 4 段階に分けられる（図 41.1）．

(1) 自由膨張期（$t = 0$–10^2 年）：超新星から放出された直後なので，放出ガスの運動量はきわめて大きく，超新星の周りのガスとの衝突による減速はあまり大きくない．この時期の膨張速度は 4000–10000 km s^{-1} ほどである．

(2) 断熱膨張期（$t = \sim 10^3$ 年）：この時期になると，超新星から放出されたガスは周りのガスと衝突して減速されるようになる．超新星からの衝撃波面に飲み込まれた星間物質は熱化し，衝撃波面を追いかけるような運動の成分を持つことになるが，最初に星が放出したガスの質量に比べて，飲み込んだ星間物質の質量の方が大きくなると，爆発時のエネルギーが取り込んだ星間物質のエネルギーにも配分されるため，ガスの運動エネルギーが減少し，衝撃波面の伝播速度も減速していく．輻射による冷却はまだ有効ではなく，全エネルギーを保存したまま，ガスは断熱的に膨張する．この時期は，演習で示すセドフ解でよく近似できる．

(3) 輻射冷却期（$t = \sim 10^4$–10^5 年）：この時期以降，衝撃波によって圧縮されたガスの輻射冷却が効き始め，超新星残骸の一番外側には密度の高い高密度殻が形成されるようになる．もはや，残骸の全エネルギーは保存されず，セドフ解は適用できない．

(4) 晩期（$t > 10^5$ 年）：星間ガスの乱流運動などの影響で，残骸の形状は球殻構造から崩れ始め，衝撃波は音波や電磁流体波となる．残骸はやがて拡散して消滅する．

41.3 演習：セドフ解の近似解

爆発現象の本質を理解するため，**セドフ解**（Sedov solution）と呼ばれるものの近似解について考察しよう[*1]．爆発は，密度 ρ_0 ($\neq 0$)，圧力ゼロの一様な気体中のある一点で生じ，瞬間的にエネルギー E が放出されると考える．磁場や輻射，放射線などの複雑な物理過程は無視しよう．爆発により高圧となったガスは周囲に広がっていくが，点源からの爆発なので，その衝撃波面は球形となる．その半径を R とする．爆発直後の高圧領域内の圧力 P を一定と仮定しよう．そうすると，高圧領域の内部に含まれている全内部エネルギーは，(3.7) 式を用いて，$(4\pi R^3/3)[P/(\gamma-1)]$ となる．一方，高圧領域内の密度 ρ とガスの運動速度 v を一定と仮定すると，領域内に含まれている全運動エネルギーは，$(4\pi R^3/3)(\rho v^2/2)$ である．全内部エネルギーと全運動エネルギーの和（= 全エネルギー）が保存されるとすると，それは爆発で解放されたエネルギー E に等しいことになるから，

$$E = \frac{4\pi R^3}{3}\left(\frac{P}{\gamma-1} + \frac{\rho v^2}{2}\right) \tag{41.1}$$

となる．また (41.1) 式は，高圧領域内の音速を $c_{\rm s}$ として $P = \rho c_{\rm s}^2/\gamma$ なので，

$$E = \frac{4\pi R^3}{3}\rho\left[\frac{c_{\rm s}^2}{\gamma(\gamma-1)} + \frac{v^2}{2}\right] \tag{41.2}$$

とも表せる．この場合，ガスの運動速度は亜音速となり，ガス中の音速より遅くなるが，これらをほぼ等しい ($v \sim c_{\rm s}$) とみなす．さらに $\gamma = 5/3$ とすると，

$$E \sim \frac{4\pi R^3}{3}\left(\frac{7}{5}\rho v^2\right) \tag{41.3}$$

が得られる．さらに，v は高圧領域の半径が増大する速度と同程度と考えられるので，(41.3) 式より，

$$v \sim \frac{dR}{dt} \sim \left(\frac{15}{28\pi}\right)^{1/2}\left(\frac{E}{\rho R^3}\right)^{1/2} \tag{41.4}$$

が得られる．これより，高圧領域の半径 R が時間とともにどのように変化するかが理解できる．
(1) 爆発が発生してから経過した時間を t とすると，v と R の間には大ざっぱに言って $v = R/t$ の関係が成り立つ．高圧領域の半径 R が時間 t の経過に伴いどのように変化するか調べよ．また，$\rho =$ 一定として，(41.4) 式を積分することで R の時間変化を求め，前者の結果と比較してみよ．
(2) 上記問題では，セドフ解の R–t 関係を簡単な物理的考察から導いたが，同様の関係式はより単純に，次元解析から得ることもできる．エネルギー E，密度 ρ，半径 R を使って時間 t の次元をつくると，$t = E^{-1/2}\rho^{1/2}R^{5/2}$ が得られることを示せ．また，半径 R については，$R = E^{1/5}\rho^{-1/5}t^{2/5}$ が得られることを示せ．
(3) $E = 10^{44}$ J で $\rho = 10^{-21}$ kg m^{-3} の場合，高圧領域の半径が 10 光年まで広がるのに要する時間はどれくらいか．

[*1] 厳密解などは，坂下志郎，池内 了『宇宙流体力学』培風館（1996 年）；福江 純ほか『宇宙流体力学の基礎』日本評論社（2014 年）など参照．

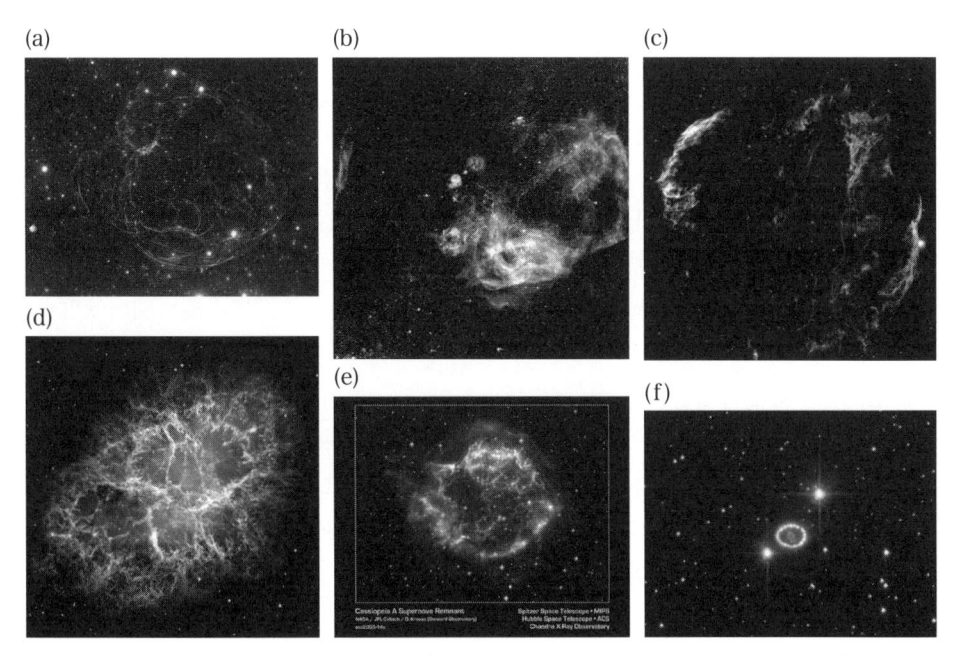

図 41.2 いろいろな超新星残骸．(a) シメイズ 147 (D.D.Martin & ESA/ESO/NASA)，(b) ほ座超新星残骸（NOAO/CTIO），(c) はくちょう座網状星雲（T.A. Rector & WIYN/NOAO/AURA/NSF），(d) かに星雲（J. Hester & NASA/ESA），(e) カシオペヤ座 A（O. Krause & NASA/JPL-Caltech），(f) SN1987A（ESA/NASA）．

41.4　演習：超新星残骸の解析

図 41.2 と表 41.1 に代表的な超新星残骸の画像とデータを示す．

表 41.1　超新星残骸の諸元．

名前	見かけの角度	距離	観測時期
(a) シメイズ 147	約 3°	3000 光年	10 万年前
(b) ほ座超新星残骸	約 8°	815 光年	11000–12300 年前
(c) はくちょう座網状星雲	約 3°	1600 光年	紀元前 3600 年
(d) かに星雲	$420'' \times 290''$	6500 光年	1054 年 7 月 4 日
(e) カシオペヤ座 A	$5'$	11,000 光年	300 年前
(f) SN1987A	$1.2''$	168,000 光年	1987 年 2 月 24 日

(1)　(a) から (f) の超新星残骸について，実際の半径を見積もってみよ．

(2)　(a) から (f) の超新星残骸に対してセドフ解が適用できると仮定して，超新星残骸の年齢を計算せよ．また，その値を実際の年齢（表 41.1 の観測時期）と比較し考察せよ．

上記 (2) の年齢の計算からもわかるように，ここで示す超新星残骸は必ずしもセドフ解が適用できる進化の段階にあるとは限らない．セドフ解に基づいた年齢の推定は正確ではないものの，真の年齢から何桁も異なるものでもない．なお，SN1987A の超新星残骸（図 f）は，非球対称的に膨張し，3 重リング構造（明るいリングと薄い 8 の字ループ）を持つ星雲状の天体として観測されている．明るいリングのサイズは約 1 光年である．

（高橋真聡）

42 銀河系の運動とオールト定数

　銀河系の恒星は，銀河系中心からの距離によって回転角速度が異なる差動回転をしながら，銀河系中心の周りをほぼ円運動している．この差動回転による恒星の運動の差によって，太陽近傍の恒星の空間運動に系統的なパターンが現れる．ここでは，その空間運動の系統的なパターンに対してオールト定数という概念を導入し，太陽軌道の位置での銀河回転速度と，銀河回転速度の距離による変化率を求める方法を学ぼう．

42.1 銀河回転と恒星の運動

　銀河系の銀河円盤内の恒星は，銀河系の重力と銀河回転による遠心力が釣り合った状態で，銀河系中心の周りを，ほぼ円軌道で運動している．この恒星の空間運動 $\boldsymbol{u}$ を詳しく見ると，銀河系中心の周りを回る銀河回転運動 $\boldsymbol{V}$ と，恒星のランダム運動 $\boldsymbol{v}$ にわけることができ，

$$\boldsymbol{u} = \boldsymbol{V} + \boldsymbol{v} \tag{42.1}$$

と表される．太陽の空間運動 $\boldsymbol{u}_\odot$ も同様に表されるが，太陽のランダム運動を特に太陽運動と呼び，$\boldsymbol{v}_\odot$ と表す（38 節）．したがって，太陽に対する恒星の相対運動 $\boldsymbol{w} = \boldsymbol{u} - \boldsymbol{u}_\odot$ は，太陽の銀河回転速度を $\boldsymbol{V}_0$ とおけば，

$$\boldsymbol{w} = (\boldsymbol{V} - \boldsymbol{V}_0) + (\boldsymbol{v} - \boldsymbol{v}_\odot) \tag{42.2}$$

と書き直すことができる．太陽近傍の多くの恒星を統計的に扱えば，恒星のランダム運動の影響は実質的に相殺されるので，(42.2) 式は，

$$\boldsymbol{w} + \boldsymbol{v}_\odot = \boldsymbol{V} - \boldsymbol{V}_0 \tag{42.3}$$

と表される．このことは，太陽近傍の銀河回転の様子は，恒星の太陽に対する相対運動のうち，太陽運動による相対運動の影響を取り除く補正を行った空間運動 $\boldsymbol{w} + \boldsymbol{v}_\odot$ の中に隠されていることを意味する．なお，太陽運動の補正を行った座標系を**局所静止基準**（local standard of rest；略して LSR）という．局所静止基準は，銀河系中心の周りを，太陽の位置で銀河回転している座標系のことである．以後，恒星の視線速度 v_r，接線速度 v_t，固有運動 μ は，すべてこの局所静止基準に対する値とする．

42.2 銀河回転による視線速度と接線速度

　まず，簡単化のため，図 42.1 に示すように，全ての恒星が銀河円盤内にあり，銀河系中心からの距離 R に位置する恒星は，銀河系中心の周りを銀河回転速度 $V(R)$ で円運動しているとする．また，太陽の銀河系中心からの距離を R_0，$R = R_0$ での銀河回転速度を V_0 とする．

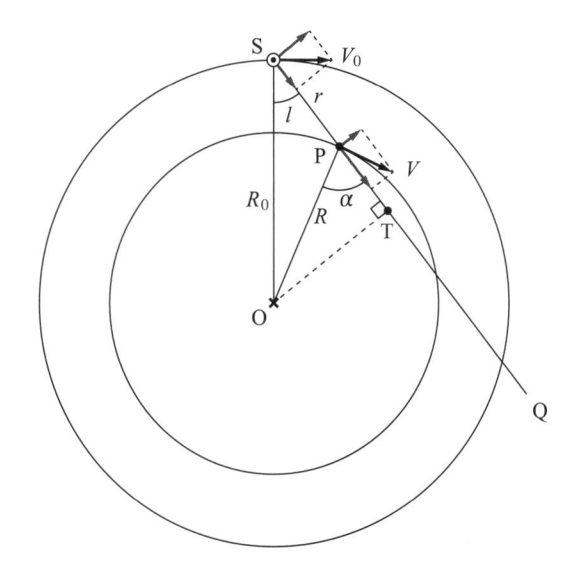

図 42.1 銀河回転による視線速度と接線速度.

いま，図 42.1 のように，銀経 l，太陽 S からの距離 r，銀河系中心 O からの距離 R に位置する恒星 P の，銀河回転速度を $V(R)$ とする．また，恒星 P の視線の延長方向を Q，銀河系中心から線分 SQ に下ろした垂線と線分 SQ との交点を T とし，補助角 $\alpha = \angle$QPO を導入する．このとき，図 42.1 より明らかに，$R\sin\alpha = R_0 \sin l$, $R\cos\alpha = R_0 \cos l - r$ の関係が成り立つ．

ここで，恒星 P の視線速度 v_r と銀経方向の接線速度 v_l は，恒星 P と太陽の銀河回転角速度 $\omega(R) = V(R)/R$, $\omega_0 = V_0/R_0$ を用いると，

$$v_\mathrm{r} = V(R)\sin\alpha - V_0 \sin l = [\omega(R) - \omega_0]R_0 \sin l, \tag{42.4}$$

$$v_l = V(R)\cos\alpha - V_0 \cos l = [\omega(R) - \omega_0]R_0 \cos l - r\omega(R) \tag{42.5}$$

と表せる．これは，銀河回転が円運動の場合，恒星 P がどの位置にあっても成り立つ一般的な関係式である．

問 42.1 $R\sin\alpha = R_0 \sin l$, $R\cos\alpha = R_0 \cos l - r$ の関係が成り立つことを示せ．

問 42.2 (42.4) 式，(42.5) 式を導け．

42.3 オールトの解析

ここで，太陽近傍（$r \ll R_0$ を満たす領域）を考える．このとき，

$$R = \sqrt{R_0^2 + r^2 - 2R_0 r \cos l} \simeq R_0 - r\cos l \tag{42.6}$$

と近似できる．また，$\omega(R)$ を $R = R_0$ の位置でテイラー展開して r の 1 次の項まで残せば，

$$\omega(R) = \omega(R_0 - r\cos l) \simeq \omega_0 - \left(\frac{d\omega}{dR}\right)_0 r\cos l \tag{42.7}$$

となる．ここで，添え字 0 は，$R = R_0$ での値を表す．このとき視線速度 v_r と接線速度 v_l は，r の 1 次の項まで残せば，それぞれ

$$v_r = Ar\sin 2l, \tag{42.8}$$

$$v_l = Ar\cos 2l + Br \tag{42.9}$$

と与えられる．ここで，

$$A = -\frac{R_0}{2}\left(\frac{d\omega}{dR}\right)_0, \tag{42.10}$$

$$B = -\frac{R_0}{2}\left(\frac{d\omega}{dR}\right)_0 - \omega_0 \tag{42.11}$$

である．この A，B は太陽軌道 $R = R_0$ の位置での銀河回転角速度によって決まる定数であり，**オールト定数**（Oort constants）と呼ばれる．

問 42.3 太陽近傍では近似式（42.6）式が成り立つことを示せ．

問 42.4 （42.8）式，（42.9）式を導け．

42.4 オールト定数と銀河回転

ここで，オールト定数 A，B と銀河回転の関係を調べてみよう．$\omega = V/R$ であるから，

$$\left(\frac{d\omega}{dR}\right)_0 = \frac{1}{R_0}\left(\frac{dV}{dR}\right)_0 - \frac{V_0}{R_0^2} \tag{42.12}$$

と表せる．このとき，オールト定数は，

$$A = -\frac{1}{2}\left(\frac{dV}{dR}\right)_0 + \frac{1}{2}\frac{V_0}{R_0}, \tag{42.13}$$

$$B = -\frac{1}{2}\left(\frac{dV}{dR}\right)_0 - \frac{1}{2}\frac{V_0}{R_0} \tag{42.14}$$

と書き直せる．これから，

$$\omega_0 = \frac{V_0}{R_0} = A - B, \tag{42.15}$$

$$\left(\frac{dV}{dR}\right)_0 = -(A + B) \tag{42.16}$$

を得る．したがって，$A - B$ は太陽の位置（$R = R_0$）での銀河回転角速度 ω_0 を，$-(A+B)$ は太陽の位置での銀河回転速度の変化率 $(dV/dR)_0$ を与える．つまり，オールト定数 A，B は，太陽近傍の銀河回転の情報を与えてくれる．

（42.8）式，（42.9）式から，太陽近傍の恒星の視線速度および接線速度は，銀経 l に対して，ダブルサイン，ダブルコサインの振動で変化し，その振幅は太陽からの距離 r に比例する．このことから，太陽近傍の恒星の視線速度および接線速度のデータを解析することにより，オールト定数 A，B を決定することができる．

現在，オールト定数は，

$$A = 14 \text{ km s}^{-1} \text{ kpc}^{-1}, \tag{42.17}$$

$$B = -12 \text{ km s}^{-1} \text{ kpc}^{-1} \tag{42.18}$$

の値が採用されている．これらから，太陽の銀河回転角速度は $\omega_0 = 26$ km s^{-1} kpc^{-1} となる．また，$R_0 = 8.5$ kpc の値を用いると（37節），太陽の銀河回転速度は $V_0 = 220$ km s^{-1} となる．また，太陽の位置での銀河回転速度の変化率は，$(dV/dR)_0 = -2$ km s^{-1} kpc^{-1} となり，これは銀河系中心からの距離が 1 kpc 増えると，速度が 2 km s^{-1} の割合で減少していることを表す．このように，オールト定数から太陽近傍の銀河回転の情報を得ることができる．

42.5 演習

太陽近傍の恒星の銀経方向の接線速度 v_l からオールト定数 A, B を決定できる．ここでは脈動変光星セファイドについて，ヒッパルコス衛星による固有運動のデータと，セファイドの周期光度関係から求めた距離のデータを用いて，オールト定数 A, B を求めてみよう．

$$x \equiv \cos 2l, \quad y \equiv \frac{v_l}{r} \tag{42.19}$$

と置けば，(42.9) 式は，

$$y = Ax + B \tag{42.20}$$

と書くことができる．したがって，セファイドの銀経 l と，接線速度 v_l と銀河面内の距離 r の比 v_l/r のデータから，最小2乗法（付録5）を用いて，オールト定数 A, B を決定できる．

表 42.1 は，太陽からの空間距離 d が $1.5 \le d \le 2.5$ kpc の範囲にある 80 個のセファイドのデータを示したものである．第1列はセファイド名，第2列は銀経 l [°]，第3列は銀緯 b [°]，第4列は太陽からの距離 d [kpc]，第5列は LSR に対する銀経方向の接線速度 v_l [km s^{-1}] を銀河面内の距離 $r \equiv d \cos b$ [kpc] で割った値 [km s^{-1} kpc^{-1}] である．

(1) 表 42.1 の第2列の l を横軸に，第5列の v_l/r を縦軸にとり，セファイドのデータをグラフにプロットせよ．

(2) セファイドのデータから，データ数を $n = 80$ として，下の各項の総和を計算する．

$$a_{11} = \sum_{i=1}^{n} x_i^2 = \sum_{i=1}^{n} \cos^2 2l_i, \qquad a_{12} = \sum_{i=1}^{n} x_i = \sum_{i=1}^{n} \cos 2l_i \tag{42.21}$$

$$a_{21} = a_{12}, \qquad a_{22} = n, \tag{42.22}$$

$$b_1 = \sum_{i=1}^{n} x_i y_i = \sum_{i=1}^{n} \left(\frac{v_l}{r}\right)_i \cos 2l_i, \qquad b_2 = \sum_{i=1}^{n} y_i = \sum_{i=1}^{n} \left(\frac{v_l}{r}\right)_i. \tag{42.23}$$

(3) このときオールト定数 A, B は

$$A = \frac{a_{22} b_1 - a_{12} b_2}{a_{11} a_{22} - a_{12} a_{21}}, \qquad B = \frac{a_{11} b_2 - a_{21} b_1}{a_{11} a_{22} - a_{12} a_{21}} \tag{42.24}$$

で与えられる（付録5）．オールト定数 A, B の値を決定せよ．

188   第 5 章　銀河系と星間物質

表 42.1　太陽からの距離 d が $1.5 \leq d \leq 2.5$ kpc の範囲にあるセファイドのデータ.

星名	l	b	d	v_l/r	星名	l	b	d	v_l/r
WZ Sgr	12.1	−1.3	2.16	14.3	SY Aur	164.8	2.1	2.28	−6.2
AY Sgr	13.3	−2.4	1.8	24.7	RX Aur	165.8	−1.3	1.65	3.5
CR Ser	16.2	2.8	1.60	−9.4	Y Aur	166.8	4.3	1.82	8.1
X Sct	19.0	−1.6	1.66	−13.7	RZ Gem	187.7	−0.1	2.09	24.0
EV Sct	24.0	−0.5	1.66	−5.1	RS Ori	196.6	0.4	1.55	−3.5
Y Sct	24.0	−0.9	1.76	−5.1	CV Mon	208.6	−1.8	1.91	6.1
CK Sct	26.3	−0.5	2.35	2.8	RZ CMa	231.2	−1.1	1.81	−1.9
CM Sct	27.2	−0.4	2.12	3.6	RS Pup	252.4	−0.2	1.96	−13.1
TY Sct	28.1	0.1	2.42	−10.6	AT Pup	254.3	−1.6	1.57	−18.0
RU Sct	28.2	0.2	1.96	−7.9	RZ Vel	262.9	−1.9	1.62	−34.1
V493 Aql	33.0	−1.7	2.02	−12.0	AP Vel	263.0	−1.4	1.63	−29.4
V336 Aql	34.2	−2.1	2.05	−2.8	SX Vel	265.5	−2.2	2.02	−13.7
SZ Aql	35.6	−2.3	1.90	−9.3	DR Vel	273.2	1.3	2.13	−28.7
V600 Aql	43.9	−2.6	1.62	−1.5	AE Vel	276.1	−0.6	2.37	−27.3
SV Vul	64.0	0.3	1.59	−34.7	GX Car	281.6	−3.1	2.29	−18.0
GH Cyg	66.5	−0.1	2.15	−35.8	GZ Car	284.7	−1.9	2.47	−32.6
V402 Cyg	74.2	2.3	2.13	−23.6	UW Car	285.6	−1.8	1.84	−30.2
VY Cyg	82.9	−4.6	1.88	−30.5	VY Car	286.6	1.2	2.09	−25.6
V459 Cyg	90.5	0.7	2.32	−10.0	SX Car	286.7	1.3	1.80	−27.6
VZ Cyg	91.5	−8.5	1.79	−38.3	EY Car	288.0	−2.1	2.25	−31.7
BG Lac	93.0	−9.3	1.70	−38.0	WW Car	288.2	0.0	2.15	−26.3
V538 Cyg	95.3	−0.4	2.35	−37.4	U Car	289.1	0.0	1.75	−20.3
Y Lac	98.7	−4.0	2.02	−27.9	CY Car	289.5	−0.9	2.10	−14.5
RR Lac	105.6	−2.0	1.82	−27.7	GI Car	290.3	2.5	1.83	−29.7
Z Lac	105.8	−1.6	1.88	−29.3	GH Car	290.9	−0.2	2.25	−37.4
V Lac	106.5	−2.6	1.63	−21.5	IT Car	291.5	−1.1	1.78	−26.5
SW Cas	109.7	−1.6	2.01	−42.8	V419 Cen	292.1	4.3	1.95	−24.6
DW Cas	113.8	−2.2	2.09	−25.1	AY Cen	292.6	0.4	1.72	−26.0
FM Cas	117.8	−6.2	1.60	−14.8	AZ Cen	292.8	−0.2	1.79	−28.6
SY Cas	118.2	−4.1	1.91	−27.4	BK Cen	296	−1.0	2.14	−39.8
DL Cas	120.3	−2.5	1.69	−20.7	V496 Cen	304.4	2.0	1.81	−11.1
XY Cas	122.7	−2.7	1.82	−13.4	V378 Cen	306.1	0.3	1.78	−12.0
BP Cas	125.4	2.8	2.00	−14.6	XX Cen	309.5	4.6	1.76	−9.6
BY Cas	129.6	−0.7	1.6	−3.4	V339 Cen	313.5	−0.5	1.96	−6.3
VX Per	132.8	−3.0	2.43	−9.2	IQ Nor	322.5	2.7	1.86	−13.0
SZ Cas	134.8	−1.2	2.31	−7.2	SY Nor	327.5	−0.7	1.95	−15.3
DF Cas	136.0	1.5	2.39	−15.6	RS Nor	329.1	−1.2	2.22	1.0
RW Cam	144.9	3.8	1.91	−0.3	TW Nor	330.4	0.3	2.25	−51.4
BK Aur	159.0	5.9	2.36	−26.7	GU Nor	330.5	−1.7	1.62	−19.7
SV Per	162.6	−1.5	2.42	−7.0	V500 Sco	359.0	−1.4	1.51	5.2

(4)（3）で求めたオールト定数 A, B の値を用いて，(1) で作成したグラフに，$y = A\cos 2l + B$ のグラフを書き込め．

(5)（42.18）式で示された値と，演習で得られたオールト定数の値を比較し，考察せよ．

参考文献

岡村定矩『銀河系と銀河宇宙』東京大学出版会（1999 年）

祖父江義明ほか編『銀河 II—銀河系』（シリーズ現代の天文学 5）日本評論社（2007 年）

van Leeuwen F., 2007, A&A, **474**, 653

Database of Galactic Classical Cepheids.
　　　http://www.astro.utoronto.ca/DDO/research/cepheids/

（沢　武文）

43 銀河系の回転曲線とガスの分布

　星間ガスのほとんどは水素であり，その中の中性水素（HI）ガスの放射する波長 21 cm の電波（中性水素の 21 cm 線）は星間吸収をほとんど受けないため，銀河系のあらゆる場所からの電波を観測することができる．ここでは，銀河面で観測された中性水素の 21 cm 線のデータを解析することにより，銀河系の銀河回転の様子とガスの分布を調べよう．

43.1　中性水素の 21 cm 線

　電波も光と同様に，連続スペクトルと輝線や吸収線となる線スペクトルに分けられる．宇宙電波の大部分は連続スペクトルであり，磁場中の高エネルギー電子の出すシンクロトロン放射や熱電子がイオンと衝突して出す熱放射などがその例である．線スペクトルは，原子や電子が，あるエネルギー状態から別のエネルギー状態に遷移するとき，そのエネルギーの差に対応する波長の電波が放射，または吸収されるため生じる．特に，星間ガスの大部分を占める**中性水素（HI）**（neutral hydrogen）原子の陽子と電子のスピンの向きが，同じ方向である励起状態から逆向きである基底状態に遷移するときに放射される波長 21.1 cm の電波輝線は，**中性水素の 21 cm 線**と呼ばれ，銀河系の構造や運動に関する情報を与えてくれる．

　いま，電波源の視線速度 v が光速度 c に比べて十分に小さいとき，その電波源から放射された波長 λ_0 の電波は，ドップラー効果のため

$$\frac{\Delta\lambda}{\lambda_0} = \frac{v}{c} \tag{43.1}$$

の関係によって波長がずれ，波長 $\lambda = \lambda_0 + \Delta\lambda$ の電波として観測される（10 節）．したがって，互いに異なる視線速度を持つ複数個の電波源が同一視線上に存在する場合，波長 λ に対する電波強度 $I(\lambda)$ の分布を示した図（電波スペクトル図）は，図 43.1 のように，複数個のピークを持つ．このようなスペクトル図を**スペクトル線輪郭**（spectral line profile）という[*2]．

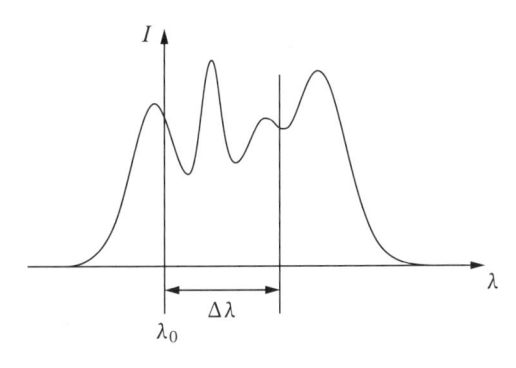

図 43.1　電波のスペクトル線輪郭．ドップラー効果により波長がずれるので，そのずれから視線速度を求めることができる．

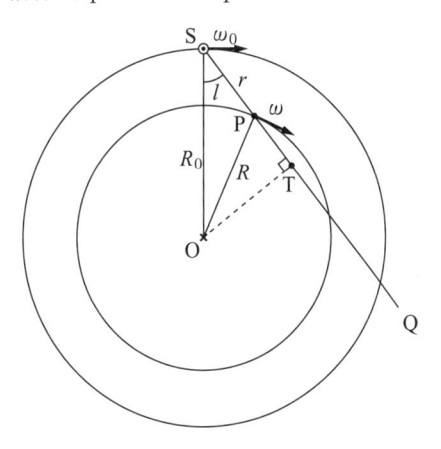

図 43.2　銀河回転と視線速度の変化．

[*2] スペクトル線輪郭の横軸は，波長 λ の代わりに，(43.1) 式で求まる視線速度 v で表すことが多い．

43.2 銀河系と銀河回転

銀河系の大部分の恒星は，中心部のバルジの部分を除けば，半径約 13 kpc，厚さ約 1 kpc の偏平な銀河円盤内に分布し，銀河系中心の周りをほぼ円軌道を描きながら銀河回転運動を行っている．銀河系には，恒星の他にも，恒星の全質量のおよそ 10%の質量を占める大量の星間ガスが存在する．この星間ガスは銀河面に集中して存在し，厚さ約 0.1 kpc の非常に薄いガス円盤を形成しているが，このガス円盤の半径は，恒星の円盤のおよそ 2 倍の約 25 kpc にもなる．ガス円盤中の星間ガスも，恒星と同じように，銀河系中心の周りを，ほぼ円軌道で銀河回転運動を行っている．一般に，このような銀河中心の周りの恒星やガスの公転運動を**銀河回転**（galactic rotation）といい，銀河回転の速度 V を銀河中心からの距離 R の関数として表したものを銀河の**回転曲線**（rotation curve）という．ここでは観測された 21 cm 線の電波強度分布から，銀河系の回転曲線を求めることを考えてみよう．

ここで図 43.2 のように，銀河円盤内の点 P に位置するガスが，銀河系中心の周りを円運動している場合を考える．点 P の銀経を l，銀河系中心 O からの距離を R，銀河回転角速度を $\omega(R)$ すると，(42.4) 式より，点 P の視線速度 v は，

$$v = [\omega(R) - \omega_0] R_0 \sin l \tag{43.2}$$

で与えられる．なお，R_0 は太陽 S の銀河系中心からの距離，ω_0 は太陽の銀河回転角速度を表す．

太陽の周りの惑星の運動と同様，銀河回転も銀河の重力と回転による遠心力が釣り合っているので，一般に内側の方が回転角速度が大きい**差動回転**（differential rotation）となる．したがって $\omega(R)$ は R の単調減少関数となり，$R_1 < R_2$ のとき $\omega(R_1) > \omega(R_2)$ の関係を満たす．

点 P を，点 S から無限遠まで視線上を移動させたときの視線速度 v の変化を調べてみよう．銀経 l が第 1 象限（$0° < l < 90°$），または第 4 象限（$270° < l < 230°$）の範囲の場合は，図 43.2 に示すように，OP が最小 $D \equiv R_0|\sin l|$（$D < R_0$）となる点 T が存在する．このときの視線速度 v は，第 1 象限では $\sin l > 0$ であるから最大値をとり，第 4 象限では $\sin l < 0$ であるから最小値をとる．この点 T における視線速度を**終端速度**（terminal velocity）といい，v_{term} で表すことにする．

このとき，v_{term} は，

$$v_{\text{term}} = [\omega(D) - \omega_0] R_0 \sin l \tag{43.3}$$

と表される．これから，点 T における銀河回転角速度 $\omega(D)$ と銀河回転速度 $V(D)$ は

$$\omega(D) = \frac{v_{\text{term}}}{D} + \omega_0, \tag{43.4}$$

$$V(D) = D\omega(D) \tag{43.5}$$

となる．銀経 l 方向の電波強度の観測から v_{term} を求めることができれば，(43.4)，(43.5) 式からその銀経における T 点，すなわち銀河系中心から D（$= R_0|\sin l|$）の距離における銀河系の回転角速度 ω，回転速度 V を求めることができる．銀経 l を次々と変えて v_{term} の値を観

測から求めれば，D は $0 < D < R_0$ の範囲で変化するので，結局，太陽軌道の内側（$R < R_0$）における銀河系の回転曲線を求めることができる．

43.3 演習

図 43.5, 図 43.6 に示す中性水素の 21 cm 線のスペクトル線輪郭のデータのうち，$15° < l < 75°$ および $285° < l < 345°$ のデータから各銀経の終端速度を読みとり，(43.4) 式，(43.5) 式を用いて太陽軌道の内側の銀河系の回転曲線 $V(R)$ を求め，グラフに表せ．なお，終端速度 v_term は，図中の電波強度 $I = 10$ K 対応する視線速度のうち，$15° < l < 75°$ では最大のものを v_m（図中の矢印の部分）として $v_\text{term} = v_\text{m} - \sigma$ によって，$285° < l < 345°$ では最小のものを v_m（図中の矢印の部分）として $v_\text{term} = v_\text{m} + \sigma$ によって求めよ．ここで，σ はガスのランダム運動の速度分散を表し，$\sigma = 10$ km s^{-1} とせよ．$\pm\sigma$ の項が加わるのは，星間雲のランダム運動によって，終端速度が円運動の場合より $\pm\sigma$ だけずれるのを補正するためである．なお，計算においては $R_0 = 8.5$ kpc（37 節），$\omega_0 = 26$ km s^{-1} kpc^{-1}（42 節）の値を用いよ．

43.4 研究：銀河系のガスの分布と渦巻構造

上記の方法では，太陽軌道より内側（$R < R_0$）の回転速度しか求めることができない．太陽軌道より外側（$R > R_0$）の回転速度は，若い散開星団や電離水素領域（HII 領域）などの星形成領域内に存在する分子雲の視線速度 v を CO 分子の放射する波長 2.6 mm の電波輝線から求め，星団の主系列星などを用いて求められた太陽からの距離 r と組み合わせることで求めることができる．その結果，$3 < R < 15$ kpc の範囲では，銀河回転速度 $V(R)$ は太陽の回転速度 $V_0 = 220$ km s^{-1} とほぼ等しく，この傾向はもっと外側まで続くらしいということがわかってきた．このように，銀河系の回転曲線 $V(R)$ が求まると，これと電波のデータを用いて，銀河系の中性水素ガスの分布を調べることができる．ここでは，銀河系の回転速度が距離によらずどこでも一定のフラットローテーション $V(R) = V_0 = 220$ km s^{-1} であるとして（46 節），太陽軌道より外側（$R_0 < R$）のガスの分布を調べてみよう．

いま，銀経 l 方向で，視線速度 v に対応するガスの電波強度が $I(l, v)$ であったとする．このとき，その視線速度を持つガスの回転角速度 $\omega(R)$ は，(43.2) 式より，

$$\omega(R) = \frac{v}{R_0 \sin l} + \omega_0 \tag{43.6}$$

となる．ここで $V(R) = R\omega(R) = V_0$ であるので，そのガスの銀河系中心からの距離 R は，(43.6) 式を用いて $R = V_0/\omega(R)$ と表され，太陽からガスまでの距離 r は，

$$r = R_0 \cos l \pm \sqrt{R^2 - R_0^2 \sin^2 l} \tag{43.7}$$

で与えられる．ここで r は距離なので $r > 0$ である．$R < R_0$ の場合，(43.7) 式の解は 2 つ存在し，この視線速度の電波を放射するガスの位置は 2 カ所存在することになる．しかし，ガスがこのどちらの位置にあるのかは，この電波強度分布からだけでは判断できない（距離の不確定性）．これに対して，$R > R_0$ の場合，$r > 0$ となる (43.7) 式の解は，

$$r = R_0 \cos l + \sqrt{R^2 - R_0^2 \sin^2 l} \tag{43.8}$$

のみとなり，ガスの銀河面内の位置が求まる．したがって，ここではこのような距離の不確定性のない $R > R_0$（太陽軌道の外側）の領域のみを考えることにする．これは，図43.3の電波のスペクトル線輪郭では，

条件（i）$0° < l < 180°$ に対しては $v < 0$ の部分

条件（ii）$180° < l < 360°$ に対しては $v > 0$ の部分

に対応する．太陽からの距離 r が求まると，視線上のその距離の位置に $I(l, v)$ の電波を出すガスが存在することになる．電波強度はガスの密度に比例すると考えてよいので，その位置のガスの相対密度を求めることができる．このようにして，さまざまな l と v について，その位置の相対密度を求めていけば，太陽軌道の外側（$R > R_0$）の銀河系のガスの分布を求めることができる．この方法を用いて，図43.3のスペクトル線輪郭から，$R > R_0$ の領域のHI ガスの密度分布図を，$V(R) = V_0 = 220 \text{ km s}^{-1}$，$R_0 = 8.5 \text{ kpc}$ として，以下の手順で作成せよ．

(1) 資料のスペクトル線輪郭のグラフにおいて，条件（i）または（ii）を満たす部分について，図43.3のように $T = 25, 50, 75$ K の強度に対応する部分の視線速度 v を求める．

(2) 求めた v とその方向の銀経 l から，(43.6) 式を用いて ω を求める．

(3) $R = V_0/\omega$ によって R を求める．

(4) (43.8) 式により r を求める．これが銀経 l，電波強度 I のガスの位置である（図43.4）．I と l を変えて，それぞれの電波強度に対するガスの位置を求め，等しい電波強度の部分をなめらかな曲線で結ぶ．以上のことをすべてのデータについて行えば，太陽軌道の外側のガスの等密度線が描け，銀河系のガスの分布が求まる．第1象限から第2象限にかけて，銀河系の渦巻構造の一部が見えるはずである．

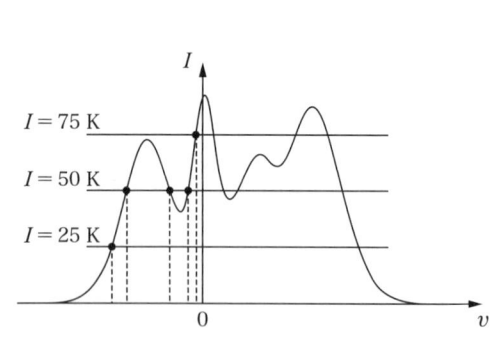

図 43.3　視線速度の読み取り方．$0° < l < 180°$ の場合，$v < 0$ 領域で，$I = 25$ K, 50 K, 75 K, 100 K の線と電波強度分布図の交わる点の視線速度をそれぞれ読み取る．

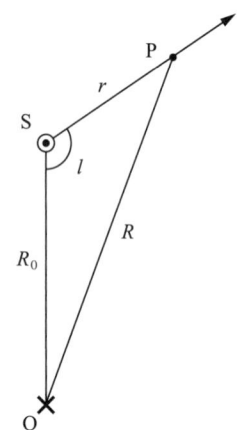

図 43.4　ガス P の位置．太陽 S からの距離 r が求まれば，銀経 l，距離 r の位置にガスが存在することになる．

参考文献

岡村定矩『銀河系と銀河宇宙』東京大学出版会（1999年）

祖父江義明ほか編『銀河II―銀河系』（シリーズ現代の天文学5）日本評論社（2007年）

（沢　武文）

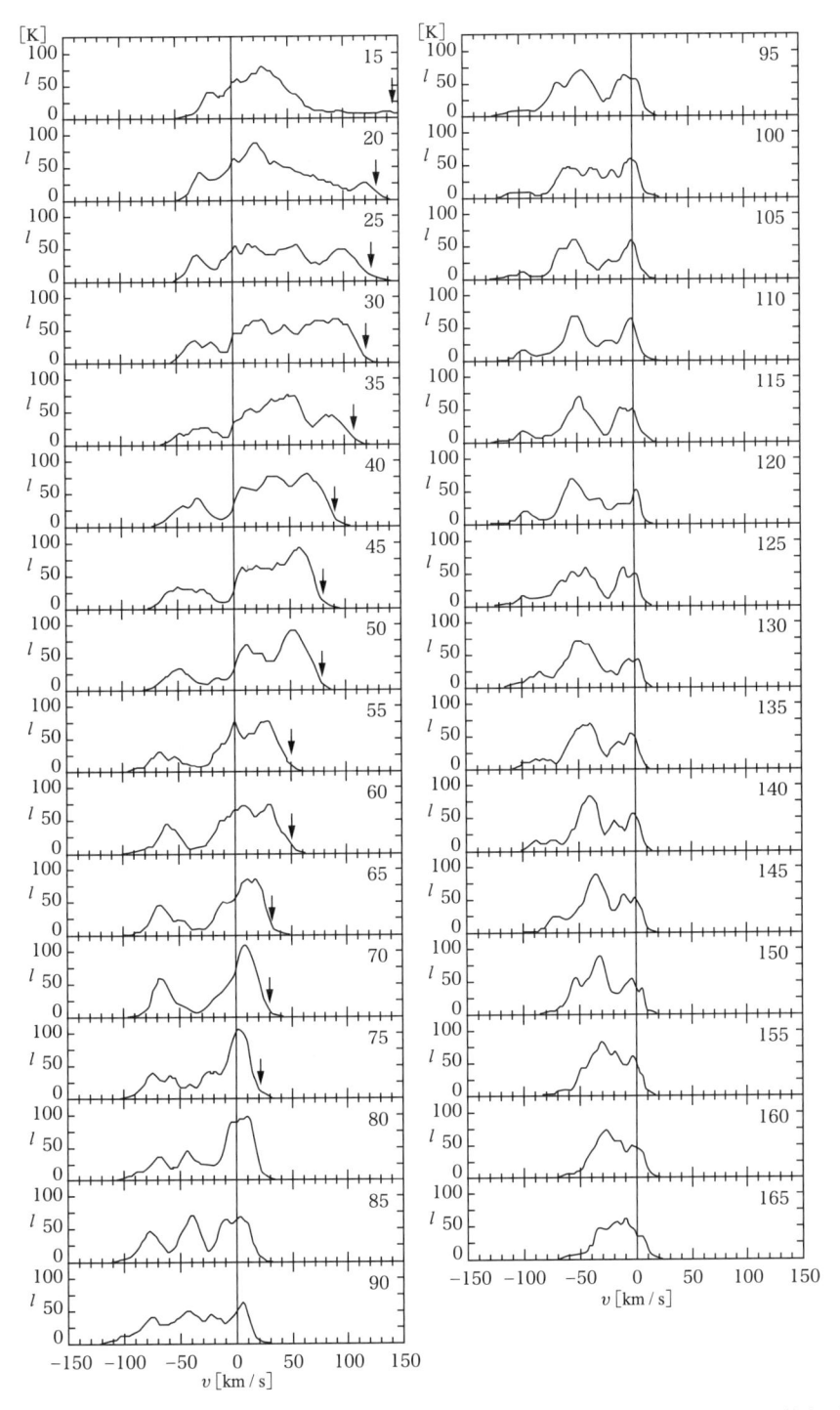

43 銀河系の回転曲線とガスの分布　　193

図 43.5　$15° \leq l \leq 165°$ の範囲の銀河面における 21 cm 線の電波強度分布．図の右上の数字は銀経 l [°] を表す．また，$15° \leq l \leq 75°$ の図に示された矢印は v_{m} の位置を表す．なお，視線速度が 0 に近くなる $l = 0°$ と $l = 180°$ の近くの電波強度図は，この方法では距離の精度が著しく悪くなるので省いてある．データは H. Weaver and D. R. Williams (1974, Astron. Astrophys. Suppl., **17**, 1) の電波強度分布図より作成した．

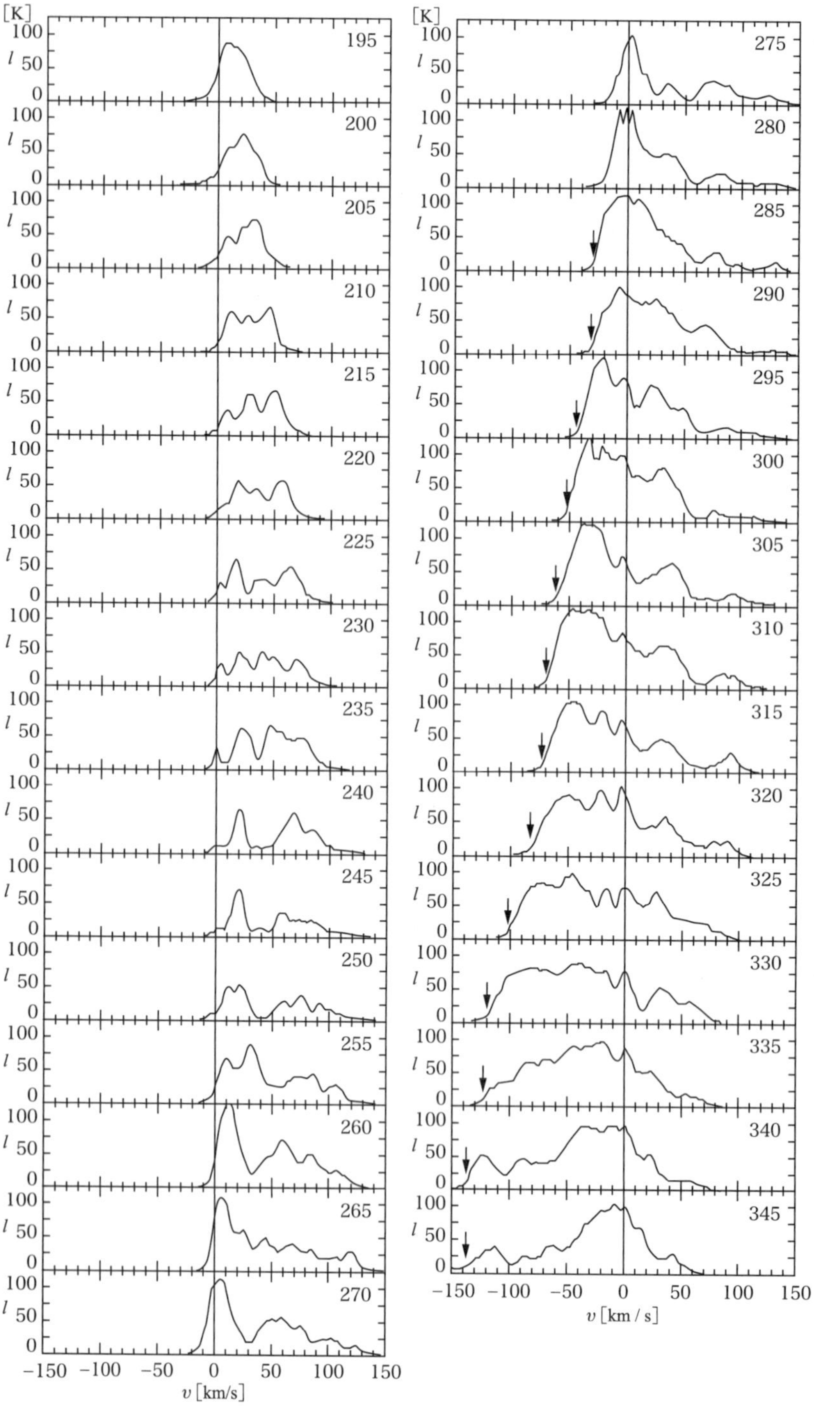

図 **43.6**　$195° \leq l \leq 345°$ の範囲の銀河面における 21 cm 線の電波強度分布．$285° \leq l \leq 345°$ の図に示された矢印は v_m の位置を表す．$l \leq 250°$ のデータは H. Weaver and D. R. Williams（1974, Astron. Astrophys. Suppl., **17**, 1）の電波強度分布図より，$l > 250°$ のデータは，F. J. Kerr et al.（1986, Astron. Astrophys. Suppl., **66**, 373）の電波強度分布図より作成した．他は図 43.5 と同じである．

44 銀河系の中心を探る

われわれの銀河系の中心領域では，さまざまな活動現象が観測され，中心核領域には巨大ブラックホールの存在が示唆されている．銀河系中心は最も近くに位置する銀河中心なので，この活動性を理解し，銀河系中心領域の構造を明らかにすることは，遠方の他の銀河中心の理解にも繋がると期待できる．本節では，これらの銀河中心領域での活動性やその姿について調べてみよう．

44.1 銀河系の中心領域：いて座 A

銀河系の中心領域（銀河中心から 10 pc 以内）は，円盤部の濃い塵（暗黒星雲）のため可視光線では観測することができない．その一方で，電波や赤外線，X 線やガンマ線の波長域に対しては吸収を受けにくく，観測が可能である．この中心領域には，それらの波長域において非常に明るい中心核領域（いて座 A（Sgr A）と呼ばれる），そこから噴出しているように見えるジェット状ガス流，いくつもの超新星残骸，リング状の分子雲などが観測されている．また，X 線による観測により，約 1° に広がった低密度の超高温プラズマ（約 10^8 K）が分布していることがわかっている．

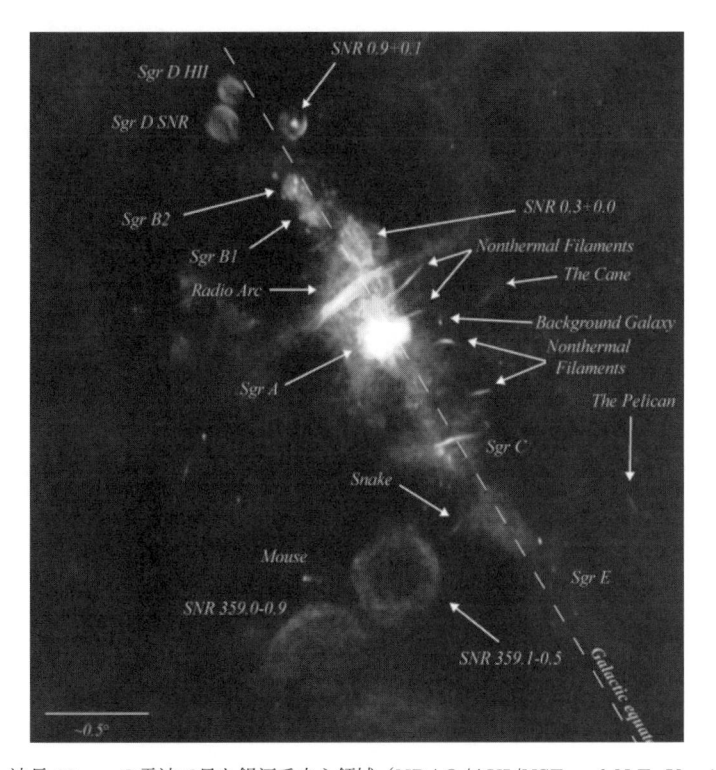

図 **44.1** 波長 90 cm の電波で見た銀河系中心領域（NRAO/AUI/NSF and N.E. Kassim, Naval Research Laboratory より部分）．

問 44.1 いて座 A の大きさはどのくらいか．図 44.1 から角度を読み取り，銀河系中心までの距離を 8.1 kpc として計算せよ．また，もしも，いて座 A の電波で明るい領域が肉眼でも見ることができるとしたら，天空上にどのくらいの広がりをもって見えることになるだろうか．満月のサイズ（30′）と比べてみよ．

問 44.2 いて座 A の電波強度（輝度）は 10 GHz だと 2×10^{-19} W m^{-2} Hz^{-1} sr^{-1} 程度である．この電波の振動数域での，いて座 A の電波光度 [W Hz^{-1}] を求めよ．

問 44.3 X 線の強度から，いて座 A を取り巻く約 1° 内に広がる高温プラズマの電子密度は $n = 0.05$ cm^{-3} 程度である．この領域に含まれる高温プラズマのエネルギー総量を推定せよ．ヒント：温度 T のプラズマは，一粒子あたり $3kT/2$ のエネルギーを持つとして計算せよ．

電波強度が最大の場所が銀河系の中心で，**いて座 A 電波源**（Sgr A radio source）と呼ばれる．いて座 A から 40 pc 程度離れたところには銀河面を横切る電離ガスからなるフィラメント状の構造（**電波アーク**と呼ばれる）が見られる．この電波は，磁場と高エネルギー電子によって放出されている．磁場の強さはおよそ 1 mG で，太陽近傍の磁場（数 μG）に比べて 10^3 倍ほどの強さにもなる．電波アークの付け根は，銀河面に分布し回転円盤を構成する分子雲に繋がるが，円盤の回転によってねじられ，銀河面の上空に延びた Ω 状の構造（**電波ローブ**と呼ばれる）をつくっている．

44.2 銀河系の中心核：いて座 A*

銀河系の中心核は Sgr A の西側に位置する（いて座 A West：サイズは 2 pc 程）．そこにはきわめてコンパクトな電波源**いて座 A***（エー・スター）があり（0.001 秒角以下），巨大ブラックホールの存在が示唆される．いて座 A* の周辺には，3 本の渦巻き状の電離ガス（**ミニスパイラル**という）が存在しているが，視線速度の観測により，この領域のガスはいて座 A* に向って落下していることがわかっている（図 44.2）．ミニスパイラルの外側には，半径 1.5 pc 程の分子雲リングが取り囲んでいる．いて座 A West から中心核に向っては，年間 $0.03 M_\odot$ の質量降着があると推定されている．

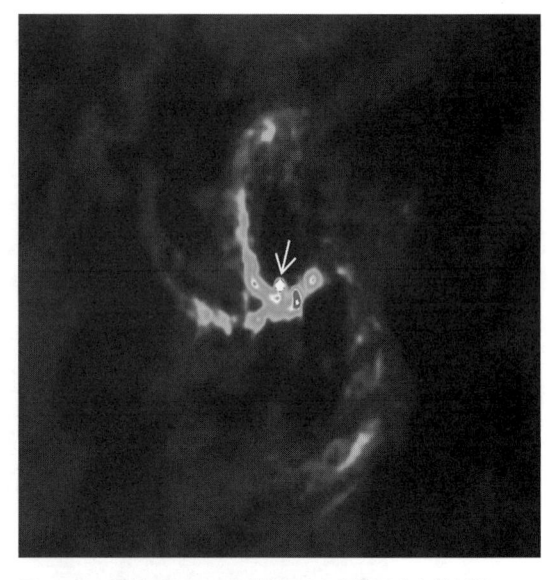

図 44.2 波長 3.6 cm の電波でみた銀河系中心核領域：いて座 A West（NRAO/AUI/NSF）．数秒角の広がりを持つ．矢印先の点光源がいて座 A*（矢印は著者による）．

44.3 Sgr A* を公転する恒星たち

いて座 A* 周辺には，中心からわずか 0.005 pc のあたりを公転する恒星の群れが存在する（図 44.3）．現在見つかっている中で，もっとも中心まで接近する恒星は S2 と呼ばれるものである．その公転周期は 16 年，最近点（いて座 A* に最接近する地点）は 17 光時，最遠点

は 11 光日であり，楕円軌道で運動している．ここで，1 光時および 1 光日はそれぞれ，光が 1 時間および 1 日かかって進む距離を表す．この軌道運動から中心天体（いて座 A*）の質量を求めると，$4 \times 10^6 M_\odot$ となり，超大質量ブラックホールであると考えられている．

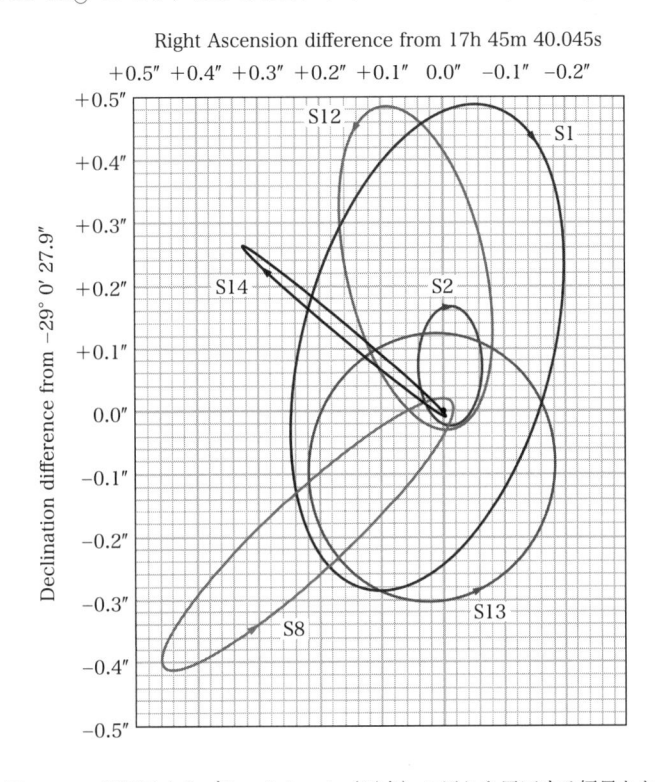

図 44.3　銀河系中心ブラックホール（原点）の周りを周回する恒星たち．

問 44.4　もっとも中心に近い星の速度は 5000 km s^{-1}（光速の 1.6 %）にも達する．この星は，近年，中心天体の周りを楕円運動することがわかってきたのだが，2002 年に近日点を通過したあと，2018 年に楕円軌道上の同じ位置に戻ってくる．中心天体の質量が太陽質量の 400 万倍ほどであることを確かめよ．また，この中心天体の候補として，巨大ブラックホールが妥当であることについて考察せよ（星の集団では説明できないのか？）．

問 44.5　銀河系中心天体が巨大ブラックホールであるとして，そのシュバルツシルト半径は何天文単位になるか求めよ．さらに，その値を太陽半径および水星の軌道半径と比較せよ．

問 44.6　この巨大ブラックホールに太陽程度の恒星が落下していくとして，その潮汐半径を求めよ（29 節）．さらに，その値を水星の軌道半径と比較せよ．

問 44.7　ブラックホール地平面の内部（シュバルツシルト半径の内側）について，その平均密度を求めよ．また，Sgr A* 領域の平均密度をそれぞれ求め，それぞれを比較せよ．

44.4　銀河系中心ブラックホール

通常の活動銀河核と比べると，いて座 A* の活動性は極端に弱い．これは，ブラックホール周辺のガス密度が低く，ガスの降着率も低いからと推定される．恒星風や他のガス流の観測

からは，中心のブラックホールへの降着率は $10^{-6} M_\odot$ yr^{-1} の程度と推定されている．もしも他のブラックホール候補天体のようにブラックホールの周りに"標準円盤"が形成されていて，ここからガスが上記の降着率でブラックホールに降着していると考えると，10^{40} erg s^{-1} になる．しかしながら，実際の観測によると 10^{37} erg s^{-1} と，とても暗くなっている．私たちの銀河系中心のブラックホールは，非常に暗い銀河中心核ということになる．

銀河中心領域には若い大質量星や超新星残骸が多数見つかっているが，超新星爆発に伴う衝撃波面がいて座 A* を通過する際には，大量のガスがブラックホールに落ち込み強力な X 線を放出すると考えられる．実際，そのような X 線が周囲のガス雲を照らしている証拠も見つかっている．衝撃波がいて座 A* を通過した後には密度の薄いガスが取り巻くことになるため，現在のような不活発な状態になっていると考えられる．

問 44.8 銀河系中心ブラックホールのシュバルツシルト半径を，地球から見たみかけの大きさ（秒角）に換算するとどの程度になるか．なお，これを実際に観測できたとすると，重力レンズ効果（51 節）により，ブラックホール周りに生じる暗い影領域（ブラックホール影）は，シュバルツシルト半径の 5 倍程度の大きさになる．

問 44.9 $1 M_\odot$ の質量のブラックホールが 4 光年先にあったとして，その見かけの大きさはどのくらいになるか．

44.5 演習

銀河系の中心領域には，幅広いスケールレンジ（数 1000 万 km–数 100 pc）について多様な構造が観測されている．これらの構造や物理量についてまとめ，模式的な図を描いてみよ．また，それらの構造は，どの波長によるどのような観測によって明らかにされたか調べよ．

参考文献

坪井昌人「銀河系中心は爆発したか？」，天文月報，1988 年，12 月号，332-337

特集「銀河中心 Sgr A* とブラックホール時空（1）〜（3）」，天文月報，2009 年，11 月号，12 月号，2010 年，1 月号

祖父江義明『銀河物理学入門』講談社（2008 年）

祖父江義明ほか編『銀河 II–銀河系』第 3 章，日本評論社（2007 年）

（高橋真聡）

第6章
銀河と宇宙

45　銀河の分類

　銀河についての先駆的な研究を行ったハッブルは，銀河の形態学的な分類法を提案している．その分類法は簡潔でわかりやすく，しかも銀河の構造の本質的な特徴を正しく捉えているため，現在でもよく用いられている．ここでは，多数の銀河の画像を観察して，特に渦巻銀河の形態分類をある程度定量的に行う方法を見いだし，それぞれの銀河の分類を行ってみよう．

45.1　ハッブル分類

　ハッブルは，銀河の見かけの形状から，図 45.1 のように，銀河を**楕円銀河**（E 型：elliptical galaxy の E），**渦巻銀河**（S 型：spiral galaxy の S），**棒渦巻銀河**（SB 型：barred spiral galaxy の B と S），**不規則銀河**（I 型：irregular galaxy の I）の 4 つに大別し，それぞれを細分類している．現在は楕円銀河と渦巻銀河の間を埋めるものとして**レンズ状銀河**（S0：lenticular galaxy．S0 は渦巻銀河の渦を持たないものという意味）を追加して，5 つに分類するのが一般的である．ここではそれらの銀河のタイプの特徴を述べておく．

　E 型：多数の星が球状または楕円体状に分布している．星の個数密度は全体として滑らかで，中心に向かうほど大きくなる．見かけの楕円率で細分類し，En と表す．ただし添え字 n は 0〜7 の整数で，楕円銀河の長軸と短軸の長さをそれぞれ a，b として，

$$n = \frac{10(a-b)}{a} \tag{45.1}$$

の値から決める．a と b が等しいとき（円形に見えるとき）n は 0 となる．

　S 型：中心には星が高密度に集中している**バルジ**（bulge）と呼ばれる部分を持ち，そこは E 型銀河とよく似た性質を持っている．その周りに星とガスの集合体が薄い円盤状に分布し，**銀河円盤**（galactic disk；**ディスク**ともいう）を形成している．銀河円盤内には**渦巻構造**（spiral structure）が見られる．明るい星や散光星雲などのガスが濃密で，明るく渦状に連なった部分を**渦状腕**（spiral arm）と呼ぶ．腕の巻き付きの度合いが大きく，きつく巻き付いているものから緩やかなものの順に Sa, Sb, Sc に細分類される．また，Sa から Sc になるにしたがって，バルジの銀河円盤に対する大きさが，小さくなる傾向も見られる．

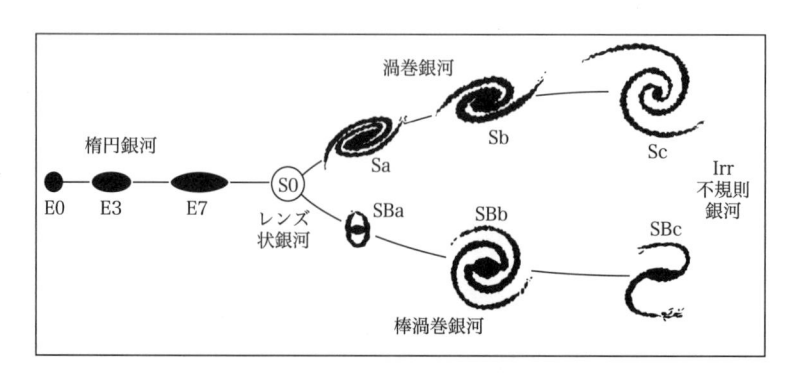

図 45.1　銀河のハッブル分類．

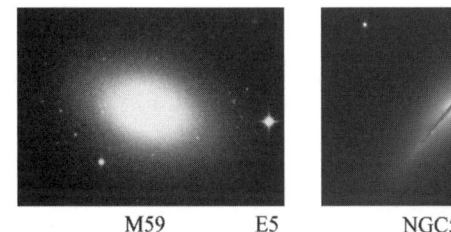

図 45.2 銀河のハッブル分類の例. 左から順に，E5, S0, SBc に分類されている.

SB 型：S 型銀河と同様に銀河円盤を持ち，そこに渦巻構造が見られるが，中心のバルジにあたる部分が球状ではなく細長い楕円体をなしている．その楕円体の部分をバー（棒；bar）と呼ぶ．S 型と同様に，腕の巻き付きの度合いから SBa, SBb, SBc と細分類する．

S0 型：S 型銀河と同様，銀河円盤を持つが，銀河円盤内に渦巻構造がほとんど見られない．楕円銀河と渦巻銀河の間を埋める中間的な銀河である．

I 型：上記の分類に当てはまらない形状の銀河を I 型としている．

図 45.2 に，さまざまな形の銀河の例を示す．なお，渦巻銀河は演習で示す．

楕円銀河，渦巻銀河のバルジ成分，そして棒渦巻銀河のバーを構成する星は，一般に赤色巨星と暗い主系列星であり，銀河の年齢と同じくらい古い星である．それに対し，銀河円盤は青く明るい若い星を含む多くの恒星と多量の星間物質（水素を主体とするガスと塵）からなっていて，

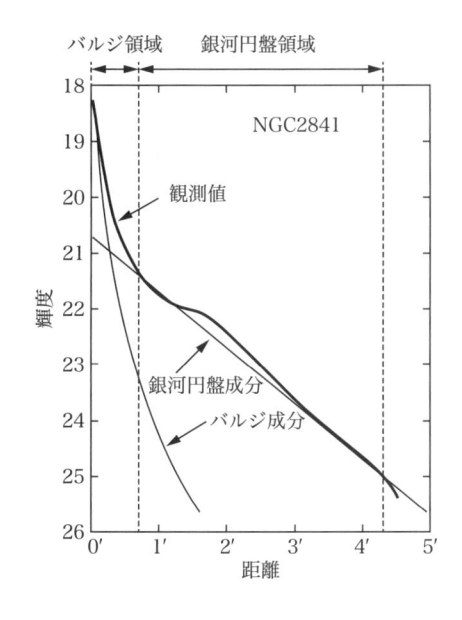

図 45.3 渦巻銀河 NGC 2841 の輝度分布．輝度は 1 平方秒角あたりの等級，距離は，銀河中心から長軸に沿って測った角度（角距離）である．

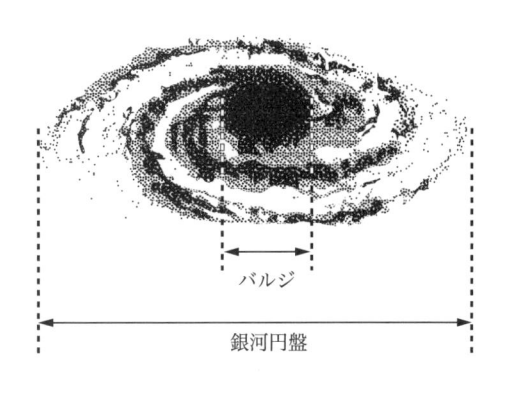

図 45.4 渦巻銀河のバルジと銀河円盤の大きさの読み取り方.

202　第6章　銀河と宇宙

NGC1302 Sa	NGC3898 Sa	M104 Sa
NGC6814 Sb	NGC2841 Sb	NGC4565 Sb
NGC628 Sc	NGC5962 Sc	NGC253 Sc

図 **45.5**　渦巻銀河の画像その 1.

| NGC4216 | NGC2811 | NGC615 |
| NGC3672 | NGC4274 | NGC2775 |

図 **45.6**　渦巻銀河の画像その 2.

星の形成が継続的に行われている領域である．銀河円盤を構成する星を**種族 I**（population I），バルジを構成する古い星を**種族 II**（population II）と呼ぶ．

45.2 渦巻銀河のバルジと銀河円盤

S 型銀河を Sa，Sb，Sc に細分類するには，主に渦状腕の巻き付き方の度合で判定するが，渦状腕の巻き付き方の度合は，銀河円盤の大きさに対するバルジの大きさの比とも密接に関係していることがわかっている．ここでは後者に注目して，銀河円盤の大きさに対するバルジの大きさの比という定量的な値を用いて，S 型銀河の細分類の判定基準を捜すことにしよう．

銀河の画像から銀河の輝度分布を測定すると，いずれの S 型銀河についても，銀河円盤成分もバルジ成分も図 45.3 に示すように，それぞれに特有な関数で近似される輝度分布を示す．多くの S 型銀河について，銀河円盤成分とバルジ成分の光量の比を求めてみると，バルジ成分の相対的な光量の大きさがハッブル分類と良い相関を持つことがわかる．

ここでは，銀河円盤成分とバルジ成分の光量の比を銀河円盤の大きさとバルジの大きさの比で代用するという，より単純な計測で求めることにする．ハッブル分類がすでにわかっているS 型銀河の画像を見てみよう．銀河の対称軸（銀河中心を通り，銀河円盤に垂直な軸）に対して斜めの方向から見た場合，バルジは球体であるからいつも円形に見えるのに対し，偏平な銀河円盤は一般に楕円形に見える．定規で銀河円盤の長軸の長さとバルジの直径を測り，その比を求める（図 45.4）．すなわち，銀河円盤成分とバルジ成分の光量ではなく，大きさの比を求める．ハッブル分類がすでにわかっている多数の S 型銀河についてこの測定を行い，それらの銀河の銀河円盤とバルジの大きさの比が，銀河の形態によってどのように違うかを見てみよう．

45.3 演習

(1) 図 45.5 の銀河の画像を見よう．また，銀河の画像が多数掲載されている天体写真集も見よう．これらと図 45.1 を見比べよう．

(2) 図 45.5 の S 型銀河に定規をあてて，図 45.4 のように銀河全体の直径とバルジの直径を測り，その比を計算する．

(3) (2) の作業を多数の S 型銀河について行い，写真に付記されている Sa，Sb，Sc の分類にしたがって，それぞれの型とディスク/バルジ比の関係を示すグラフを描く．

(4) 図 45.6 の渦巻銀河全体の直径とバルジの直径を測り，(3) の結果をもとに，これらの銀河の分類を行え．また，これらの銀河は，実際にはどのように分類されているかを調べ，各自の分類と比較して自分の結果を考察せよ．

参考文献

岡村定矩『銀河系と銀河宇宙』東京大学出版会（1999 年）

谷口義明ほか編『銀河 I』（シリーズ現代の天文学 4）日本評論社（2007 年）

銀河の画像は http://astronote.org/note/files/objects/ngc01.htm ～ /ngc08.htm；NGC4565(c)Bruce Hugo and Leslie Gaul, Adam Block (KPNO Vistor Program) NOAO, AURA, NSF；NGC5866(c) 国立天文台

（沢　武文）

46 銀河回転とダークマター

渦巻銀河の回転速度から，渦巻銀河の質量分布や全質量を求めることができる．観測される多くの渦巻銀河の回転速度は，中心部を除けばほぼ一定となる**フラットローテーション**である．ここでは，渦巻銀河の質量分布や全質量を求める方法を学ぶとともに，渦巻銀河の回転曲線がフラットローテーションであることから，銀河に大量に存在すると考えられるダークマターについても学ぶ．

46.1 銀河回転

渦巻銀河は，大ざっぱに言えば，中心部に球状に星が分布している**バルジ**（bulge）と，大部分の星が薄い円盤状に分布する**銀河円盤**（galactic disk）によって構成され，銀河円盤内には**渦巻構造**（spiral structure）が見られる．銀河円盤が扁平な形状となっているのは，銀河円盤内の星やガスが，銀河中心の周りを，同じ方向に回転運動しているためである．この銀河円盤の回転を**銀河回転**（galactic rotation）という．これに対して，バルジの部分が膨らんでいるのは，バルジを構成する星のランダム運動が大きく，個々の星は銀河中心の周りを，銀河円盤に対して大きな傾きを持つランダムな軌道で運動しているからである．ここでは，銀河円盤内の恒星の回転運動に着目する．

銀河が全体としては収縮も膨張もしていないことから，銀河回転は円運動であるということができる．このことは銀河のある場所での恒星や星間ガスの速度の空間平均が円運動であることを意味しており，個々の恒星や星間ガスが円運動している必要はない．言い換えると，銀河回転とは，その場所での恒星や星間ガスの平均の回転速度を表す．

銀河回転速度は，銀河の重力と回転による遠心力が釣り合う速度となる．そのため，太陽系の惑星の運動と同様，銀河回転角速度は銀河中心から遠いほど小さくなる．このように，中心からの距離によって回転角速度が変化する回転を**差動回転**（differential rotation）という．これに対して，CD や DVD のディスクのように，回転角速度がどこでも一定の回転を**剛体回転**（rigid rotation）という．渦巻銀河の場合，銀河回転は銀河中心付近では剛体回転に近いが，全体では差動回転となっている．また，銀河の回転速度 V を銀河中心からの距離 r の関数として表したものを，銀河の**回転曲線**（rotation curve）という．

46.2 渦巻銀河の傾き角

渦巻銀河を斜めから見ると，一般に図 46.1 のように楕円状に見える．これは円形の銀河円盤を斜めから見ているためである．銀河の**傾き角**（inclination angle）i は，図 46.2 に示すように，銀河の回転軸（銀河円盤に垂直な軸）と視線とのなす角で定義される．銀河円盤を真上から，すなわち，銀河円盤に垂直な方向から見たときの状態を正面向き（face on）といい，$i = 0°$ となる．また，銀河円盤を真横から見た状態を横向き（edge on）といい，$i = 90°$ と

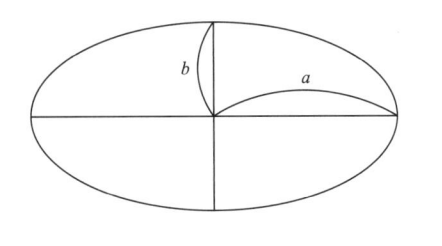

図 46.1 天球上での渦巻銀河の形状．一般に楕円の形状を示す．

図 46.2 銀河の傾き角．

なる．このことから，楕円状に見える渦巻銀河の円盤部の長半径を a，短半径を b とすれば，銀河の傾き角 i は，

$$\cos i = \frac{b}{a} \tag{46.1}$$

で与えられる．

問 46.1 アンドロメダ銀河（M 31，NGC 224）は光で見ると長半径が $90'$，短半径が $20'$ である．アンドロメダ銀河の傾き角を求めよ．

問 46.2 アンドロメダ銀河までの距離は 770 kpc，中性水素の 21 cm 線の電波で見たときの長半径は $150'$ である．光で見たときと電波で見たときのアンドロメダ銀河の半径を求めよ．

46.3 渦巻銀河の回転曲線

さて，銀河のある点の視線速度は，その点の光や電波のスペクトル線（Hα 線や 21 cm 線など）のドップラー偏移を観測することによって求めることができる．銀河円盤の長軸上のさまざまな位置で視線速度を観測してプロットすると，図 46.3 のように，銀河中心に対してほぼ点対称となる図が得られる．銀河中心の視線速度（対称点の視線速度）は，銀河全体の視線速度 v_0 を表している．また，銀河円盤は銀河中心の周りを回転しているので，図 46.3 では左側

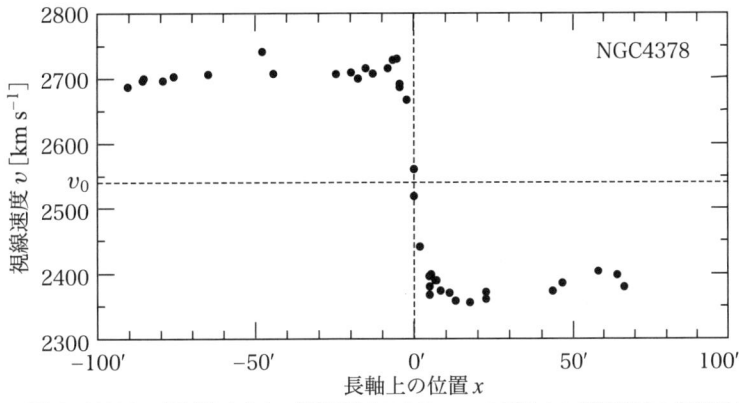

図 46.3 銀河の長軸上の視線速度分布．渦巻銀河 NGC4378 の長軸上の視線速度の観測値を示す．観測値が銀河中心の位置（$0'$）とその視線速度 v_0 の点に対して点対称に分布していることがわかる．なお，この銀河全体の視線速度は $v_0 = 2540$ km s^{-1} である（V. C. Rubin et al., 1979, ApJ, **224**, 782 による）．

（視線速度が大きい側）がわれわれから遠ざかるように，右側（視線速度が小さい側）がわれわれに近づくように運動している．そのため，長軸に沿った視線速度が銀河中心に対して点対称となる．

ここで，銀河の長軸上のある点（中心を原点とし，長軸に沿った座標を x，距離を $r = |x|$ とする）の視線速度を $v(r)$，銀河の傾き角を i，銀河全体の視線速度（銀河中心の視線速度）を v_0 とすると，銀河の回転速度 $V(r)$ は，

$$V(r) = \frac{|v(r) - v_0|}{\sin i} \tag{46.2}$$

で与えられる．長軸上のさまざまな点で銀河の視線速度を測定すれば，その銀河の回転曲線を求めることができる．

問 46.3 アンドロメダ銀河の長軸上で，銀河中心からの距離が 20 kpc の位置の視線速度を，中性水素の 21 cm 線を用いて測定したところ，-520 km s^{-1} であった．アンドロメダ銀河全体の視線速度は $v_0 = -300$ km s^{-1} である．アンドロメダ銀河の $r = 20$ kpc における回転速度を求めよ．なお，アンドロメダ銀河の傾き角 i は，問 46.1 の結果を用いよ．

46.4 銀河の回転速度と質量分布

渦巻銀河が偏平な形状を保っているのは，回転による遠心力と銀河の重力が釣り合っているからである．銀河中心から距離 r の位置にある質量 m の恒星が速度 V で銀河回転していたとすると，この恒星に働く銀河回転による遠心力 f は，外向きを正とすれば，

$$f = \frac{mV^2}{r} \tag{46.3}$$

で与えられる．この恒星に働く銀河の重力 F は，銀河中心を中心とする半径 r の球内に含まれる全質量 $M(r)$ によって，

$$F = -\frac{GmM(r)}{r^2} \tag{46.4}$$

で与えられる．銀河回転は円運動であるので，この 2 つの力は釣り合っている．したがって，$f + F = 0$ の関係より，

$$M(r) = \frac{V^2}{G} r \tag{46.5}$$

を得る．このように，銀河中心から距離 r の位置における回転速度 V がわかれば，その内側に含まれる銀河の全質量 $M(r)$ が求まる．したがって銀河の回転曲線が得られれば，銀河の質量分布を求めることができる．

問 46.4 問 46.3 の値を用いて，アンドロメダ銀河の 20 kpc より内側の質量を求めよ．

46.5 渦巻銀河の回転曲線とダークマター

図 46.4 に，観測から得られたいくつかの渦巻銀河の回転曲線を示す．全体的な特徴としては，銀河中心付近では回転速度は距離にほぼ比例しており（剛体回転），その増加が止まった

後は，回転速度がほぼ一定になるもの（$V =$ 一定）と，徐々に減少するものの2つのタイプに分けられよう．これらの特徴を理論的に調べてみよう．

銀河の密度分布が球対称（r だけの関数）であるとする．このとき半径 r の内側の全質量 $M(r)$ と密度分布 $\rho(r)$ の間には，

$$M(r) = \int_0^r 4\pi\xi^2 \rho(\xi) d\xi \qquad (46.6)$$

の関係がある（2節）．

ここで $\rho(r) =$ 一定 $= \rho_0$（一様密度）の場合は，$M(r) = 4\pi r^3 \rho_0/3$ となる．(46.6) 式の関係を用いて V を求めると，$V = (4\pi G\rho_0/3)^{1/2} r$ となり，V は r に比例することがわかる．これは剛体回転を表す．銀河の中心部分の回転曲線は直線に近いことから，銀河の中心部分では密度はほぼ一定であるといえる．

次に，銀河の半径より十分遠い場所での回転速度を求めてみよう．このとき，その内側の球内に入る全質量 $M(r)$ は，銀河の全質量 M_G に等しい．ゆえに，(46.5) 式の $M(r)$ を M_G で置き換え，V を求める

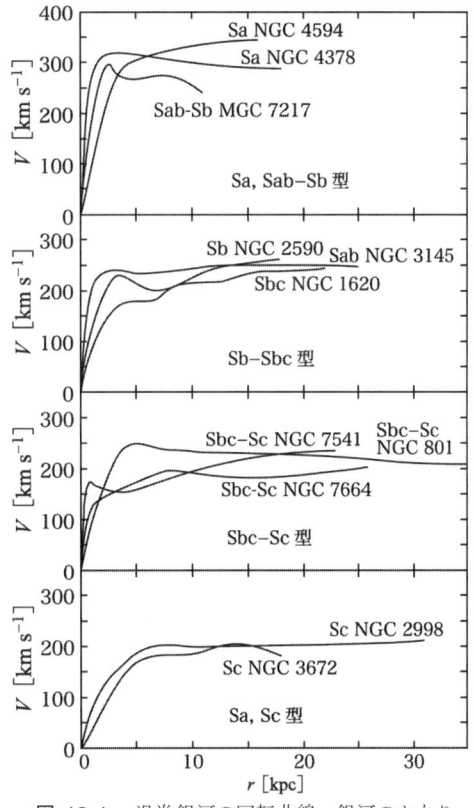

図 46.4 渦巻銀河の回転曲線．銀河のかなり外側まで回転速度はほぼ一定であるものが多い（Rubin, V.C. et al., 1978, ApJ, **225**, L107による）．

と，$V = (GM_\mathrm{G}/r)^{1/2}$ となり，V は $r^{-1/2}$ で減少する．これは太陽の周りの惑星の運動の回転速度と同じで，**ケプラー回転**（Keplar rotation）と呼ばれる．銀河の回転速度が徐々に減少するのは，銀河の外側（物質が存在しない場所）であることを示している．

では，図 46.4 に示す NGC2998 のように，$V =$ 一定 の回転速度—**フラットローテーション**（flat rotation）という—は，どのような密度分布から得られるのであろうか．(46.5) 式で，$V =$ 一定 $= V_0$ とおくと，$M(r) = V_0^2 r/G$ となり，$M(r)$ は r に比例することがわかる．一方，(46.6) 式で $M(r)$ が r に比例するためには，$r^2 \rho(r) =$ 一定 であればよい．つまり密度 $\rho(r)$ が r^2 に反比例していればよい．銀河の大部分の領域で $V =$ 一定 であることは，$V =$ 一定 となっている領域での銀河の密度分布が r^2 に反比例していることを示す．

図 46.4 に示す NGC2998 のように，銀河の回転曲線が $r = 35$ kpc までフラットローテーションの銀河では，光や電波，X線といった電磁波を用いて観測できる恒星やガスの全質量は，ダストなどによる吸収の影響を補正しても，銀河の回転速度から求まる質量の数分の1–1/10 程度である．このことは，渦巻銀河には，恒星やガス以外に重力を担う物質が大量に存在することを意味する．光や電波では直接観測できないが，銀河の重力の大部分を担ってい

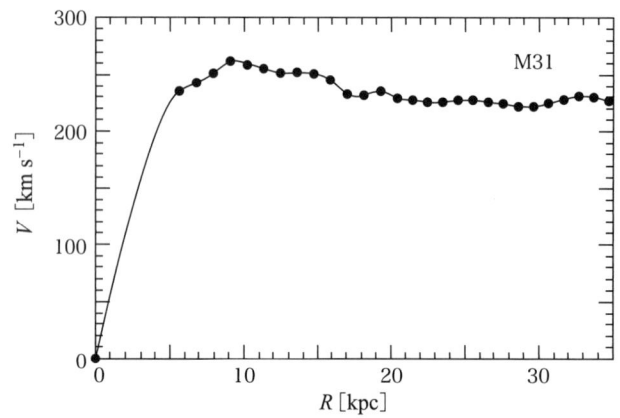

図 46.5　アンドロメダ銀河の回転曲線（Carignan et al., 2006, ApJL, **641**, L109, 2006）．

る未知の物質を**ダークマター**（**暗黒物質**；dark matter）と呼ぶ．このダークマターの正体については，ニュートリノ，未知の素粒子，ブラックホール，暗い小天体（中性子星，白色矮星，褐色矮星，惑星）など，いくつかの候補があがって来たが，そのほとんどが否定的な結果しか得られておらず，現在もまだ謎のままである．

　渦巻銀河のダークマターは，銀河のハロー部分を大きく取り囲むように，ほぼ球対称に分布していると考えられている．また，銀河の大規模構造の形成や，宇宙背景放射の詳細な観測結果から，宇宙全体では，星や銀河を作る水素やヘリウム，炭素，酸素，鉄といった，われわれが直接知ることのできる物質のおよそ 5 倍のダークマターが存在すると推定されており，このダークマターと物質とが重力で集まり，銀河を構成していると考えられる．われわれが星やガスとして直接観測できるのは，そのうちの物質のみである．

46.6　演習

　図 46.5 は中性水素の 21 cm のデータから求めたアンドロメダ銀河の回転曲線である．
（1）この図から，各距離における回転速度を読み取り，それを用いて，その距離より内側に存在するアンドロメダ銀河の質量 $M(r)$ を求め，そのグラフを描け．
（2）この図の外側では物質は存在しないとして，アンドロメダ銀河の全質量 M_G を求めよ．この値は，アンドロメダ銀河の全質量の下限となる．
（3）もし，$r > 35$ kpc において，$V = 220$ km s^{-1} = 一定 であり，それが $r = 60$ kpc まで続いているとしたら，アンドロメダ銀河の全質量はいくらになるか計算せよ．

46.7　研究

　ダークマターの候補として考えられるものを，他の教科書などによって調べてみよ．

参考文献
岡村定矩『銀河系と銀河宇宙』東京大学出版会（1999 年）
谷口義明ほか編『銀河 I』（シリーズ現代の天文学 4）日本評論社（2007 年）

（沢　武文）

47 活動する銀河

クェーサーをはじめとする銀河の活動現象の発見は，20世紀後半の天文学の最大の成果の一つだろう．ここでは，驚異に満ちた銀河活動について紹介し，その正体に迫ろう．

47.1 活動銀河

(1) 活動銀河とは

約1000億個の星の集合体である普通の銀河は，星の明るさを合わせた程度の明るさで光っているが，強い電波やX線は出しておらず，明るさが急激に変化したりすることもない．一方，このような**通常銀河**（normal galaxy）に対して，中心核がきわめて特異な活動を示している一群の銀河を，**活動銀河**（active galaxy）と総称している（図47.1）．活動銀河の一般的な特徴は，次の5つがあげられる．

 i) 通常銀河に比べてその中心核が100倍から1万倍も明るい．
 ii) 電波やX線領域で「非」星起源の放射を出している．
 iii) 数十日から数百日のタイムスケールで急激に変光する．
 iv) ジェット（48節）などしばしば特異な形状をしている．
 v) 超光速現象（48節）など，ときとして相対論的な現象を示す．

このような活動銀河は少し前まで現代天文学の大いなる謎であった．

問 47.1 明るい活動銀河の光度は，10^{39} W から 10^{41} W にも達する．太陽の光度の何倍になるか？ また典型的な銀河の明るさが太陽光度の1000億倍としたら，その何倍になるか？

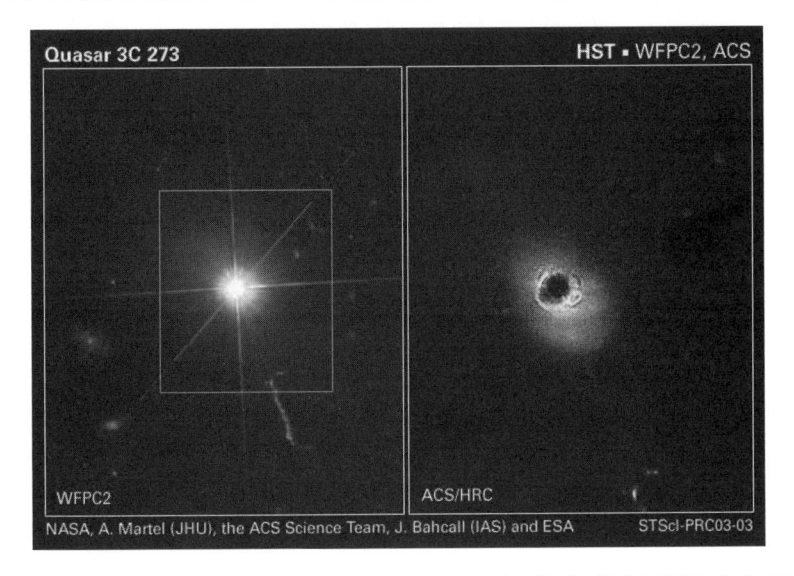

図 **47.1** クェーサー 3C 273 と母銀河（NASA/STScI）．左の写真では中心が明るすぎて母銀河はわからないが，右下にジェットが出ている．ハッブル宇宙望遠鏡が撮像した右側の写真では母銀河が鮮明に写っている．

（2）活動銀河の種類

一口に活動銀河と言っても，現象論的には，いくつかの種類に分類される．

セイファート銀河（Seyfert galaxy）は，1943年にカール・K・セイファートが初めて分類したタイプの銀河だが，コンパクトで明るい中心核を持ち，しかも幅の広い輝線スペクトルを示す（後の図47.3）．輝線スペクトルの特徴から，**1型セイファート**と**2型セイファート**に亜分類される．銀河本体は渦状銀河であることが多い．

電波銀河（radio galaxy）は，第2次世界大戦後，電波天文学の発展に伴って発見されてきたものだが，通常銀河に比べて非常に強い電波を放射している銀河であり（図47.2），活動期間中に放射する全電波エネルギーが10^{53} Jほどもある．電波の領域で電波強度の等高線図を作成してみると，中心の銀河を挟んで対称な位置に二つの電波源（二つ目玉電波源）を持つものも多く，さらにしばしば中心の銀河と二つ目玉電波源を結ぶ電波ジェットも発見されている（48節）．また一方，電波の構造が頭部と尾部からなるヘッド・テイル構造を持つものもある．スペクトル的には，1型セイファートに似た**広輝線電波銀河**と2型セイファートに似た**狭輝線電波銀河**に分かれる．銀河本体は楕円銀河であることが多い．

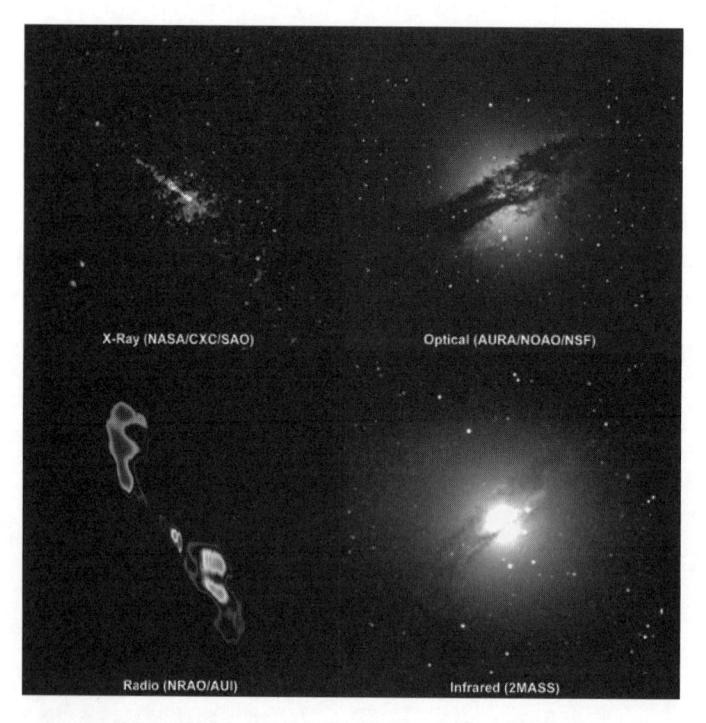

図47.2 さまざまな波長で見た電波銀河ケンタウルス座A/NGC5128（http://physics.gmu.edu/rms/astro113/myimages/cenacomp.jpg）．右上：可視光では，赤道面が塵の多いガスで隠された楕円銀河である．右下：赤外線では，塵の帯を通して中心部が非常に明るく輝いているのがわかる．左下：電波では，塵の帯に垂直方向に拡がる二つ目玉がわかる．左上：X線では，二つ目玉の方向に細く伸びるジェットが写っている．各画像のスケールは，それぞれ一辺が約$10'$である．

クェーサー（quasar）は，マーチン・シュミットが1963年に最初に同定した天体だが，光で観るとまるで星のような点状の天体として観測されるのに，しばしば数日から数十日のタイムスケールで変光する天体である（図47.1）．しかもスペクトルには，幅の広い輝線スペクト

ルが存在し，それらのスペクトル線が大きく赤方偏移している（図10.1）．発見当初は星のような見かけから準恒星状天体と呼ばれたこともあるが，星とは似ても似つかぬその実体から，クェーサーという名前が新造された．クェーサーの実体は，きわめて遠方の活動銀河の明るい中心核なのだが，遠方にあるために発見当初は中心核の周りの銀河本体が暗くてよく見えなかったのである．現在ではCCDの導入や画像処理技術の向上により，クェーサーの衣，すなわち銀河本体も観測されている（図47.1）．

なおクェーサーに似てきわめて明るく，変光および偏光しているが，強い輝線を持たない**BL Lac銀河**（BL Lac object）と呼ばれる天体もある．またクェーサーの中でも変光・偏光の強いものとBL Lac銀河を合わせて，最近では激光銀河**ブレーザー**（blazar）と称することも多い．クェーサーやブレーザーの一部は電波銀河でもある．

問47.2 電波銀河ケンタウルス座A（NGC 5128）の電波の領域は，図47.2に示す領域のはるか外側まで拡がっており，角度にして約$10°$もある．満月がいくつくらい並ぶか？ また赤方偏移は$z = 0.0009$である．広がりの実際の長さは何pcぐらいか？ ヒント：距離の求め方については52節のハッブルの法則を参照せよ．

(3) 活動銀河のエネルギー源

以上のような活動銀河の観測事実，特に膨大な放出エネルギーは，重力エネルギーの解放によって説明されている．すなわち活動銀河の中心には**超大質量ブラックホール**（supermassive black hole）が存在していて，その周辺に降着円盤（31節）が形成されていると信じられている．降着円盤中をガスが回転しながら落下していく間に，ガスの重力エネルギーが熱エネルギーに変わり，最終的には光のエネルギーとして放射されるのである．超大質量ブラックホールの質量は典型的には太陽の約1億倍と考えられている．また降着円盤のサイズは1 pc程度，中心近傍の温度は10万K程度だと見積られている．

問47.3 太陽の1億倍の質量を持つ超大質量ブラックホールの半径はどれくらいか？ ヒント：ブラックホールの半径については34節を参照せよ．

問47.4 単位時間あたりに落下するガスの量—**質量降着率**（mass accretion rate）と呼ぶ—を$\dot{M}$で表すと，毎秒落下するガスが潜在的に有するエネルギーは$\dot{M}c^2$である（アインシュタインの式：$E = Mc^2$を単位時間あたりにしたと考えればよい）．降着円盤の内部で放射エネルギーに変換される割合が1割だとすると（ブラックホール降着円盤では典型的にそれぐらいになる），光度はだいたい$L = 0.1\dot{M}c^2$ぐらいになる．活動銀河の光度を説明するためには，質量降着率はどれぐらい必要か．

47.2 活動銀河のスペクトル

クェーサー3C 273の全波長域のスペクトルは6節の図6.4と図6.5にあり，輝線スペクトルは10節の図10.1に示してある．またセイファート銀河の可視領域のスペクトルを図47.3に示す．これらのスペクトル図からどれだけ多くのことがわかるかを以下で考えていこう．

(1) 連続スペクトル

まず電波からX線にかけてスペクトル全体を眺めてみると（図6.4），連続スペクトルは大ざっぱには，べき乗型をしている．このべき乗型スペクトルはシンクロトロン放射，あるいは

逆コンプトン過程で形成されていると考えられている（6節）．

　また6節の図6.4や図6.5を見ると，紫外線の領域に膨らみがあるが（3000Åのバンプと呼ばれる），このコブは黒体輻射的であり，降着円盤からの放射によって説明されている．

問47.5 3000Åのピークを持つためには，降着円盤のガスの温度はどれくらいになるか？ヒント：ウィーンの変位則（8節）を用いよ．

(2) 輝線スペクトル

　図47.3や10節の図10.1に示したように，活動銀河のスペクトルにはしばしば強い輝線が存在する．図47.3の輝線のうち，HβやHγは水素のバルマー輝線（9節）であり，またHeIはヘリウムの輝線だが，これらの輝線は水素ガスやヘリウムガスが電離した後にふたたび電子と結合するときに出る輝線なので，**再結合線**（recombination line）と呼ばれる．一方，[OIII]（2回電離酸素）のように [ ] の付いた輝線は，**禁制線**（forbidden line）と呼ばれる非常に希薄なガスから放射される輝線である．図47.3の左は典型的な1型セイファートのスペクトルで右は2型セイファートのスペクトルである．1型セイファートのスペクトルでは再結合線の幅が広く（~ 1000 km s^{-1}），禁制線の幅は比較的狭い（~ 500 km s^{-1}）．一方，2型セイファートのスペクトルでは，再結合線も禁制線もともに 500 km s^{-1} 程度の幅しかない．

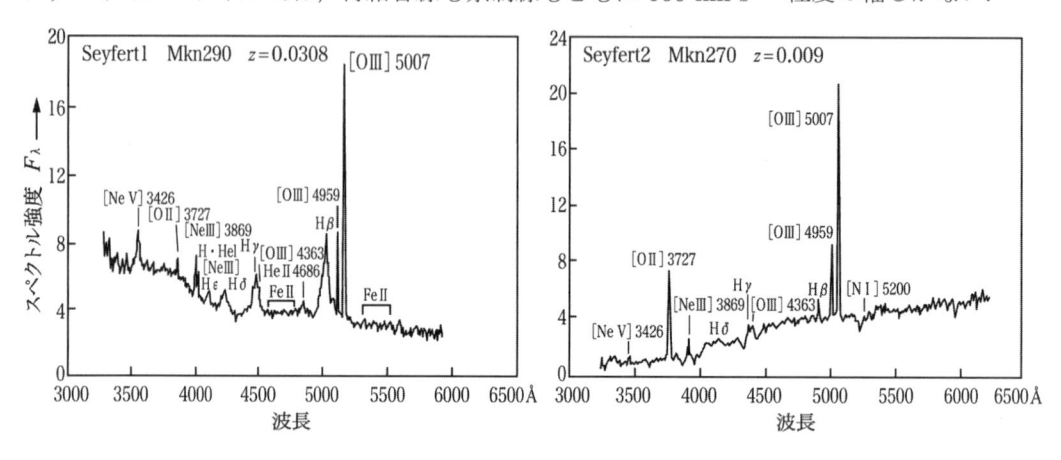

図47.3　セイファート銀河のスペクトル（Blandford et al., 1990）．

　これらの輝線の生じる機構であるが，まず幅の広い再結合線は，活動銀河の中心から 0.1–1 pc ほどの領域に分布した比較的密度の高い数多くのガス雲から放射されていると考えられている．ガス雲中の原子は中心からの紫外線放射などによって電離され（**光電離**と呼ぶ），電子が再び結合するときに再結合線が生じる．またガス雲は中心の周りを激しく運動しており，そのため輝線にドップラー幅ができる．この幅の広い再結合線を放出している領域を**広輝線領域**（BLR；broad line region）と呼ぶ．それに対し，幅の狭い再結合線や禁制線は，中心からずっと遠い領域（100 pc ぐらい）に広がった希薄なガス雲から生じている．中心から離れているためにガスの運動はそれほど激しくなく，輝線のドップラー幅も比較的狭いのだろう．この幅の狭い輝線を放出している領域を**狭輝線領域**（NLR；narrow line region）と呼ぶ．

問47.6 図47.3の輝線の幅 $\Delta\lambda$ を定規で測って，対応するドップラー速度幅を求めよ．ヒント：$\Delta\lambda/\lambda \sim v/c$ を用いる．

問 47.7 10 節の図 10.1（クェーサー 3C 273 のスペクトル）の輝線の速度幅を求めよ．

問 47.8 X 線の観測から，活動銀河では $h\nu = 7$ keV 付近に輝線が発見されている．この輝線は鉄の蛍光輝線と呼ばれるものらしい．すなわち鉄原子を含む低温のガス中に高エネルギーの光子が飛び込んで来て，鉄原子の内殻の電子を弾き飛ばし，電子の抜けた準位に上の準位から電子が遷移して放出される輝線なのだ．9 節のリュードベリの公式を用いて，鉄原子（$Z = 26$）について，第 1 励起状態から基底状態に遷移する際に放射される輝線の振動数を，eV を単位として求めよ．なおこのような蛍光輝線が放射されるためには，高エネルギーの光子の発生源（おそらく降着円盤の内部領域）と比較的低温のガス領域（おそらく降着円盤の外部領域）が必要である．

47.3 活動銀河の統一モデル

活動銀河には多くの種類や亜種があるが，最近それらを統一的に理解する試みが進んでいる．

まずセイファート銀河に関して，1 型セイファートは BLR も NLR も持つが，2 型セイファートには NLR しかない，というのが従来の考え方だった．ところが偏光分光観測などから 2 型セイファートにも BLR が存在することがわかってきた．どうやらセイファート銀河では，中心から 10 pc ほどのところに輝線を吸収するガスのトーラスが存在しているらしい．そしてトーラスの軸の方からのぞき込んだ格好で BLR も NLR も見えるのが 1 型で，トーラスの赤道面方向から見た格好で中心付近の BLR がトーラスに隠されたのが 2 型というのが現在の描像である．このように見る方向によって 1 型と 2 型に分かれて見えるというのを，セイファート銀河の**統一モデル**という．

さらに活動銀河では中心から銀河間の空間に細長いプラズマの噴流—ジェット—が吹き出ているが，ジェットからも幅広いスペクトルの電磁波が放射されている．重要な点は，ジェットからの光は相対論的効果（光行差とドップラー効果，56 節）のために，ジェットの進行方向に集中している—**相対論的ビーミング**（relativistic beaming）と呼ばれる—ことだ．そしてクェーサーなどではこのジェットからの光が卓越しており，またブレーザーに至っては相対論的ジェットを真正面から見ているのではないかと想像されている（このようなタイプを **0 型活動銀河**と呼ぶ）．このように活動銀河全体を統合するのが活動銀河の**大統一モデル**である．

問 47.9 セイファート銀河などで想像されている掩蔽ガストーラスの成因はまだ明らかでない．もし $10^6\ M_\odot$ 程度で半径 20 pc ぐらいの巨大分子雲が $10^7\ M_\odot$ 程度の超大質量ブラックホールによって潮汐破壊されてガストーラスができたとしたら，潮汐半径（29 節）はどれくらいになるか？

47.4 演習 1：活動銀河のスケッチ

この節で述べられているさまざまな情報を元にして，活動銀河中心核のスケッチを描け．スケッチには構造の名前などとともに，大体のスケールも記入せよ．また，より定量的に眺めるために，対数スケールで全体像を描いてみよ．

47.5 演習 2：エディントン光度

　クェーサーをはじめとする活動銀河の強烈な輝きは，中心の超大質量ブラックホールへ周辺からガスが落下する際の，ガスの重力エネルギーの解放（降着円盤からのエネルギー放射）で説明できる．ところで，エネルギー放射があまりに大きいと，ブラックホールの重力よりもガスの輻射圧（8 節）の方が強くなり，ガスは吹き飛ばされてしまう．その限界光度—**エディントン光度**（Eddington luminosity）と呼ぶ—を求め，観測に当てはめてみよう．

(1) 質量が M で光度が L の天体のエディントン光度を以下の手順で求めよ．

　i) 中心から距離 r のところで単位時間，単位面積あたりに流れる輻射エネルギー，すなわち輻射流束 f は，$f = L/(4\pi r^2)$ である（7 節）．

　ii) 光子のエネルギー E と運動量 p の間には，$E = pc$ の関係があるので，上記の輻射流束が運ぶ運動量は f/c になる．

　iii) 光子との衝突断面積が σ の粒子が単位時間に受ける運動量は $\sigma f/c$ となる．

　iv) ブラックホールの質量を M とし，粒子の質量を m とすると，粒子にかかるブラックホールの重力は，GMm/r^2 である．

　v) 粒子が受ける光子の運動量とブラックホールの重力を等しいと置くと，そのときの光度は，

$$L = \frac{4\pi cGMm}{\sigma} \equiv L_{\mathrm{E}} \tag{47.1}$$

となる．この光度がエディントン光度 L_{E} である．

(2) ブラックホール周辺の高エネルギー環境では，ガス（水素が主成分）は電離した状態（プラズマ）になっている．そのようなプラズマでは，輻射圧は主に電子が受けるので，上記の断面積はトムソン散乱の断面積になる．一方，重力は主に陽子が受けるので，粒子の質量には陽子の質量が入る（電子と陽子は電磁力で結びついているので，ほぼ一体となって振る舞う）．これらの数値を入れると，エディントン光度が，

$$L_{\mathrm{E}} = 1.25 \times 10^{39} \left(\frac{M}{10^8 M_\odot}\right) \mathrm{W} \tag{47.2}$$

となることを示せ．

(3) もし活動銀河の典型的な光度がエディントン光度になっているとすると，超大質量ブラックホールの質量はどれくらいになるか．

参考文献

Blandford, R.D., Netzer, H., Woltjer, L., 1990, "Active Galactic Nuclei", Springer-Verlag, p. 59.

（福江　純）

48 電波ジェットと超光速運動

アインシュタインの相対性理論によれば，いかなる物体の速度も光速を超えることはできないはずである．ところが1970年代初頭，少なくとも見かけの上では超光速で移動しているとしか思えない現象が発見されて，天体物理学者を驚かせた．この**超光速運動**（superluminal motion）は今では，光速がいくら大きいとはいえ有限であるために生じた見かけ上の現象だと考えられているが，そのような幻影が起こるにはきわめて光速に近い速度の運動が必要なことも確かである．ここでは，活動銀河の中心から吹き出すプラズマガスの噴流──**宇宙ジェット**（astrophysical jet）──と，相対論的ジェットが引き起こす超光速運動を紹介しよう．

48.1 活動銀河の電波ジェット

すでに47節にも出てきたが，クェーサーなど活動銀河の中心からは，しばしば双方向に細長く延びるプラズマガスのジェットが吹き出している（片側しか見えないことも少なくない）（図48.1）．これらジェットはしばしば電波で観測されるので**電波ジェット**（radio jet）とも呼ばれるが，銀河系内の天体SS 433などでも観測されるもので，宇宙ジェットと総称されている．活動銀河では，ジェットは中心の超大質量ブラックホール近傍から噴出していると推測されているが，ジェット形成のメカニズムなどはまだ完全には解明されていない．

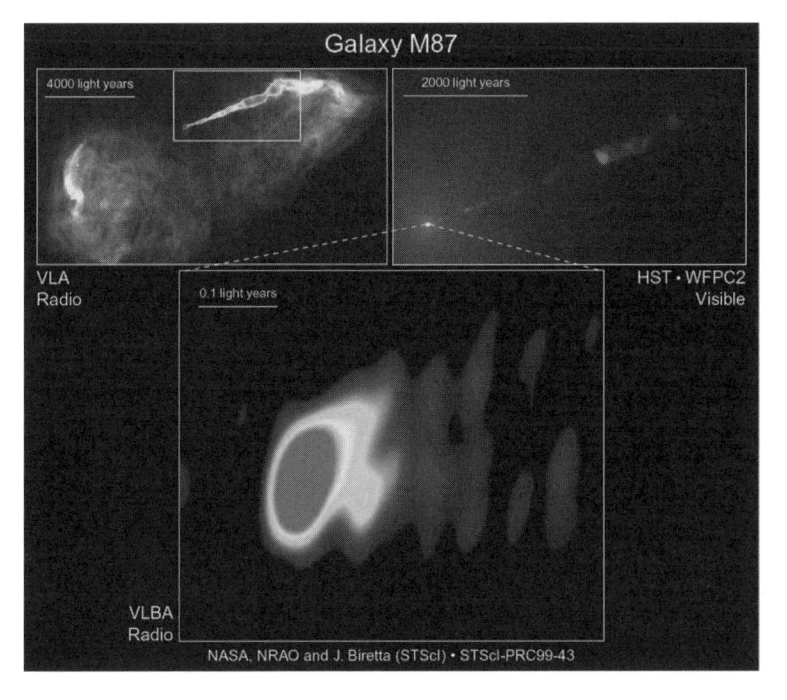

図 **48.1** 電波銀河 M87 のジェット（NASA/NRAO/STScI）．左上は電波干渉計 VLA で観測した電波の全体像，右上はハッブル宇宙望遠鏡で観測したジェットの可視画像（左上の長方形部分），下は電波干渉計 VLBA で観測した中心部分の拡大電波画像．

問 48.1 M87 中心の超大質量ブラックホールの質量は，太陽の約 30 億倍と見積もられている．図 48.1 下図にあるメモリ（0.1 光年）は，ブラックホール半径の何倍くらいになるか．

48.2 超光速運動の観測

まず図 48.2 を見て欲しい．図 48.2 は VLBI（超長基線電波干渉計）と呼ばれる電波望遠鏡干渉システムを用いて作成した，クェーサー 3C 273 の中心部分の電波等高線地図である（電波の振動数は 10.65 GHz）．横軸縦軸の目盛りは実際の距離ではなく，天球上の角距離である．異なった 5 つの時期のものが上から順に並べてあり，電波構造が時間的に変化しているのが図から見て取れる．すなわち，一番明るい部分（等高線の密な部分の中心部）から右寄りやや下の方向に，明るい塊が飛び出して行っているように見える．

観測事実は単純の一語に尽きる．すなわち 3C 273 までの距離を考えて，角度の変化から明るい塊の見かけ上の移動速度を求めてみると，それは光速をはるかに超えているのだ．

問 48.2 クェーサー 3C 273 は 13 等級の天体で，極めて遠方の銀河の活動的な中心核だ．その赤方偏移は $z = 0.158$ である．ハッブル定数を $H = 72$ km s^{-1} Mpc^{-1} とすると，3C 273 までの距離 d はいくらか？　さしあたって宇宙膨張の効果などは考えなくてよい．すなわち光速を c とすると，距離 d は $d = cz/H$ として計算できる．

問 48.3 図 48.2 の縦軸および横軸の 1 目盛りは，2 ミリ秒角（1 ミリ秒角 = 0.001 秒角）である．3C 273 までの距離 d を考えると，1 目盛りの実距離は何 pc に相当するか？

48.3 相対論的運動モデル

超光速運動に対しては，まるでパズルを解くようにさまざまなモデルが考えられた．例えば，i) 赤方偏移は宇宙論的なものではなく，クェーサーは比較的近くにある（距離が近ければ角度の変化から導かれる移動

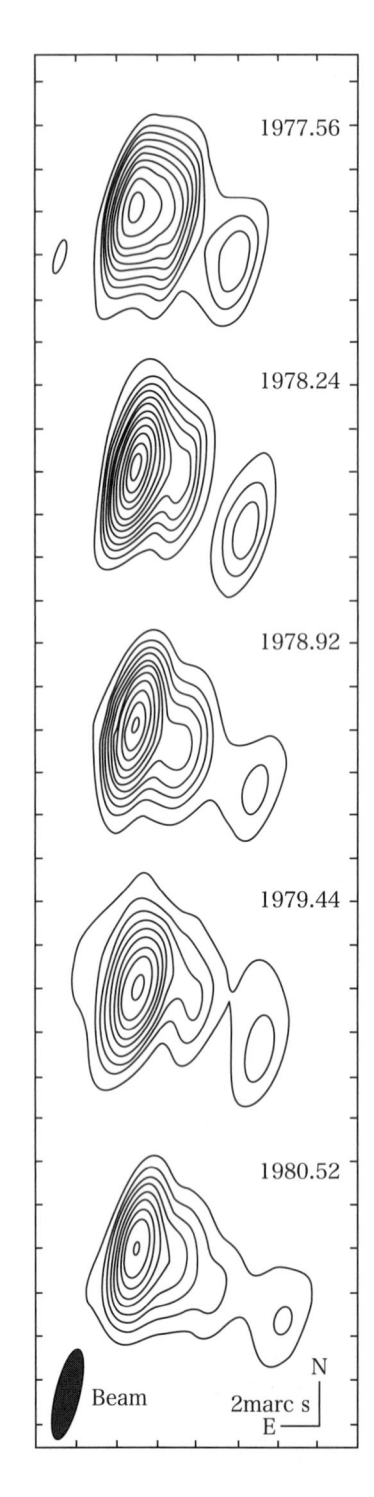

図 48.2　3C 273 の電波地図 (Pearson et al., 1981).

48 電波ジェットと超光速運動

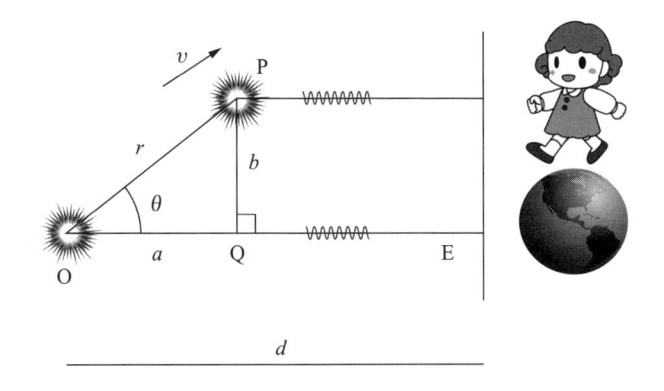

図 48.3 相対論的運動モデル.

速度も小さくなる). ii) 離れた点が無関係に（因果関係なしに）次々と順番に光っている（クリスマスツリーモデルと呼ばれた). iii) 例えば中心の爆発か何かの影響で，ある球状のスクリーンがピカッと光る（スクリーンモデル). iv) 超光速粒子タキオン説．などなどだ．現在広く受け入れているのは，相対論的な運動による見かけの現象だという解釈である．図 48.3 を参照しながら説明しよう.

点 O をクェーサーの明るい中心核として，そこから明るい点 P が（真の）速度 v で，観測者に対し角度 θ の方向に飛び出したとしよう．それをずっと離れた場所 E で見ているとする．中心核 O と視点 E の間の距離を d，OP 間の距離を r，さらに点 P から OE に下ろした垂線と OE との交点を Q として，OQ を a，PQ を b とする．以下は簡単な幾何学の問題である．

さて中心核 O から輝点 P が飛び出した時刻を $t=0$ とすると，その瞬間に中心核 O から発した光が視点 E に届く時刻 t_1 は，距離 d を光速 c で割って，

$$t_1 = \frac{d}{c} \tag{48.1}$$

である．一方，$t=0$ から計って，輝点 P から発した光が視点 E に届く時刻 t_2 は，輝点 P が中心核 O から速度 v で距離 r 移動するのに要する時間 r/v と，輝点 P と視点 E 間を光が進む時間の和となる．クェーサーは非常に遠方にあるから輝点 P からの光線は OE と平行と思ってよい．したがって PE は $d-a = d - r\cos\theta$ となり，時刻 t_2 は，以下の式で表せる：

$$t_2 = \frac{r}{v} + \frac{d - r\cos\theta}{c}. \tag{48.2}$$

ところで観測者に見えるのは（例えば図 48.2 のような場合），OE に垂直方向の面上に投影された動きである．すなわち見かけ上は，観測者は t_1 と t_2 の間に明るい点 P が距離 QP $= b$ だけ移動したように見える．したがって視点 E で観測する見かけ上の速度 $v_{見かけ}$ は結局，

$$v_{見かけ} = \frac{b}{t_2 - t_1} = \frac{r\sin\theta}{r/v - r\cos\theta/c} = \frac{\sin\theta}{1 - (v/c)\cos\theta} v \tag{48.3}$$

となる.

もし光速 c が無限であれば，$v_{見かけ} = v\sin\theta$ となり，$v_{見かけ}$ は決して真の速度 v を超えることはない．しかし c が有限であるために，v が c に比べて無視できなくなると，$v_{見かけ}$ は v

をそしてさらには c を超える場合がでてくるのだ．すなわち超光速現象の原因は，光速 c の有限性と幾何学的な投影の効果である．

問 48.4 いろいろな真の速度 v に対し，角度 θ の関数として見かけの速度 $v_{見かけ}$ をグラフに表してみよ．

問 48.5 見かけの速度の最大値を与える角度 θ_{max} が，$\theta_{max} = \cos^{-1}(v/c) = \sin^{-1}(1/\gamma)$ となることを示せ．またそのときの見かけの速度が，$v_{見かけ\ max} \sim \gamma c$ となることを示せ．ただし，$\gamma = 1/\sqrt{1-v^2/c^2}$ とする．

48.4 演習

相対論的な運動モデルにしたがって，図 48.2 の観測を解析してみよう．

(1) 観測の整約

　i) 図 48.2 から秒角単位で表したピークの距離を読み取って，各観測時点でのピークの距離を表にせよ．

　ii) 上で求めたデータを，横軸を時刻，縦軸を秒角としてグラフ上にプロットせよ．

　iii) 上の ii) でプロットされた点を直線で近似し，その傾きから角距離の大まかな時間変化を見積れ（できれば最小二乗法を用いて計算せよ）．

　iv) 3C 273 までの距離を考慮して，見かけの速度を求めよ．

　v) 速度が一定だとしたら，中心から輝点が飛び出したのは，いつか？

(2) モデルの適用

先に挙げた相対論的な運動モデルを適用した場合，真の速度 v と角度 θ の間の関係を求めよ．もし真の速度が光速を超えないとしたら，角度の上限はいくらになるか？　また角度が何度のときに真の速度は最小になるか？

48.5 研究

空間の曲率が 0 の平坦な宇宙モデルの場合，天体までの距離は赤方偏移 z を用いて，

$$d = \frac{2c}{H}\left(1 - \frac{1}{\sqrt{1+z}}\right) \tag{48.4}$$

と表される．

この関係から 3C 273 までの距離をもう一度求め，さらに見かけの速度を求め直してみよ．

参考文献

Pearson. T.J. et al., 1981, Nature, **290**, 365.

（福江　純）

49 超大質量ブラックホールの質量

すでにいくつかの節で触れたように，現在では，活動銀河はもちろん，多くの銀河の中心に**超大質量ブラックホール**（supermassive black hole ; SMBH）が存在していると信じられている．ここでは超大質量ブラックホールの統計的性質と，質量導出方法の一例を学ぼう．

49.1 銀河中心の超大質量ブラックホール

可視光や電波や X 線などさまざまな観測から，多くの銀河の中心核には，太陽質量の数 100 万倍から数十億倍もあるような超大質量ブラックホールが存在することが明らかにされた．そしてしばしば，これら巨大ブラックホールへ周囲からガス物質が降着することによって，銀河中心核の極めて小さい領域から莫大な放射が生じ，活動銀河として観測されている（47 節）．一方で，アンドロメダ銀河のように，とくに活動性を示さない銀河の中心にも，多くの場合，超大質量ブラックホールが存在していることが知られている（図 49.1）．またいろいろな方法で算出した超大質量ブラックホールの一覧を表 49.1 に示す．

図 49.1 アンドロメダ銀河 M 31 と渦状銀河 NGC 4258 / M 106（大阪教育大学）．

49.2 超大質量ブラックホールと銀河の共進化

多くの観測的証拠が集まるに伴い，超大質量ブラックホールの質量は，母銀河のバルジの質量にほぼ比例することがわかってきた（図 49.2）．すなわち，超大質量ブラックホールの質量を $M_\bullet$，バルジの質量を M_bulge とすると，

$$M_\bullet = 0.001 \sim 0.01 M_\mathrm{bulge} \tag{49.1}$$

ほどになる．この事実は，超大質量ブラックホールとバルジが密接に影響しあって進化してきたことを強く示唆しており，**共進化**（coevolution）と呼ばれる．銀河はしばしば他の銀河と

衝突・合体することがあり，その過程で，銀河のバルジは中心のブラックホールとともに成長してきたのだろうが，その形成過程はまだ明らかになっていない．

問 49.1 太陽の 10 億倍の質量を持つ巨大ブラックホールが発見された銀河のバルジの質量はどのくらいか．

49.3 超大質量ブラックホールの発見

近傍の銀河 NGC4258／M106（図 49.1 右）では，1995 年，45 m 電波望遠鏡と超長基線電波干渉計 VLBI の電波観測によって，超大質量ブラックホールが確認された．水メーザー現

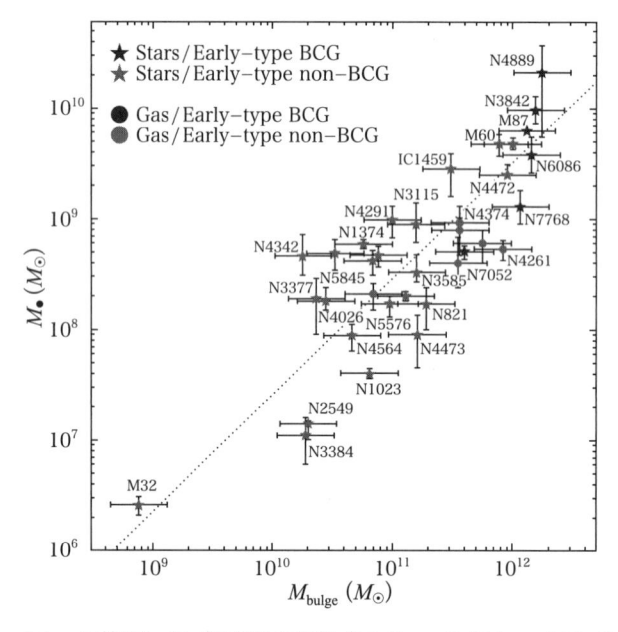

図 **49.2** ブラックホール質量とバルジの質量の相関（McConnell, N.J. and M, C.-P., 2013, ApJ, **764**, 184）．

表 **49.1** 超大質量ブラックホールの一覧

名前	銀河の種類	距離 [Mpc]	質量 [太陽質量]
恒星系力学			
Sgr A*／The Galaxy	Sbc	0.0085	3.7×10^6
M 31	Sb	0.7	3×10^7
M 32	dE	0.7	2×10^6
NGC 3115	S0	8.4	1×10^9
NGC 4594	Sa	9.2	5×10^8
NGC 3377	E	9.9	8×10^7
ガス円盤の回転			
M 87	cD	15.3	3×10^9
NGC 4261	E	31.6	5×10^8
水メーザーの観測			
NGC 4258／M 106	Sbc	7.5	4×10^7
NGC 1068	Sy	16	2×10^7
NGC 4258	Sy	7.2	4×10^7
IC 2560	Sy	38	3×10^6

象から放射される電波のドップラー効果によって，水メーザー源の銀河中心部での運動を調べたところ，非常に小さい領域で約 1000 km s^{-1} で回転する円盤が発見されたのだ（図 49.3）．このような回転運動は，非常に大質量の天体が銀河中心部に存在しなければ説明できない．この観測は，超大質量ブラックホールの最も確からしい証拠となった．

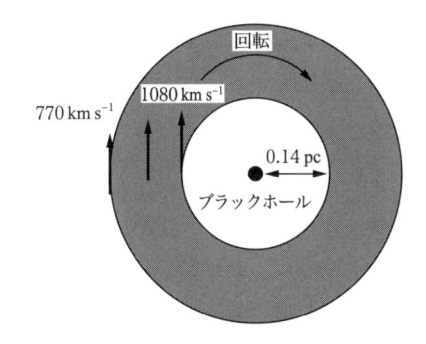

図 49.3 NGC4258 で観測された水メーザーによる回転円盤を上から見た図．

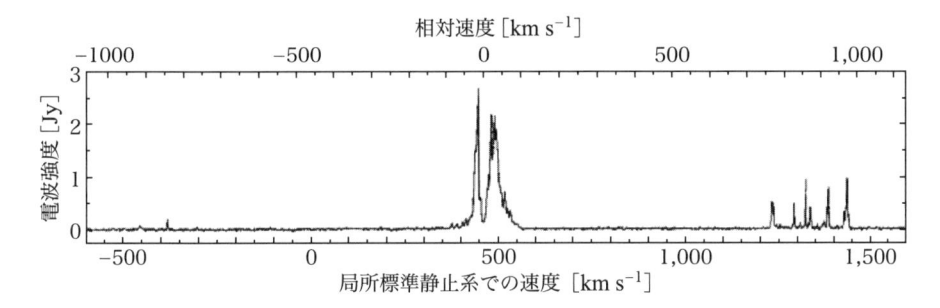

図 49.4 NGC4258 で観測された水メーザーのスペクトル（Miyoshi et al., 1995）．

水メーザー電波の具体的なスペクトル例を図 49.4 に示す．図 49.4 の横軸は，水メーザー電波のドップラー効果から算出した運動速度で，下側の目盛りは太陽系に対する速度，上側の目盛りは銀河中心核に対する相対速度である．また縦軸は電波強度である．図の中央部に大きなピークが 2 つあり，右の方には小さなピークが 5 つほど見て取れる．後者が中心から離れたところを回転している水メーザー源の電波である．

49.4 演習

銀河中心からの位置の関数として水メーザー源の速度をプロットしたものが図 49.5 である．この観測データを用いて，M106 銀河中心の超大質量ブラックホールの質量を求めてみよう．

(1) 実距離への変換

図 49.5 の横軸は，M106 銀河中心とメーザー源のなす角度で，単位は 1 ミリ秒角（1 mas）．M106 銀河までの距離が 7.5 Mpc であることを使って，横軸の 1 mas を実際の距離に換算せよ．

(2) 質量の算出

半径 r に含まれる全質量を $M(r)$ としたとき，物質の分布が球状ならば，中心から距離 r にある質量 m の物体に働く重力は $GM(r)m/r^2$ であり（2 節），これが物体が速度 v で回転

しているときの遠心力 mv^2/r と釣り合っているとすると，

$$M(r) = \frac{rv^2}{G} \tag{49.2}$$

が成り立つ．この式に，図 49.5 の観測値を代入して（例えば，中心から 0.1 pc 離れた位置で，速度 1080 km s^{-1} など），質量を求め，3900 万太陽質量となることを確認せよ．この質量が，半径 0.1 pc 以内に存在していることになり，これは恒星の集合体では説明のつかない密度の高さであり，ブラックホール以外に考えられない．

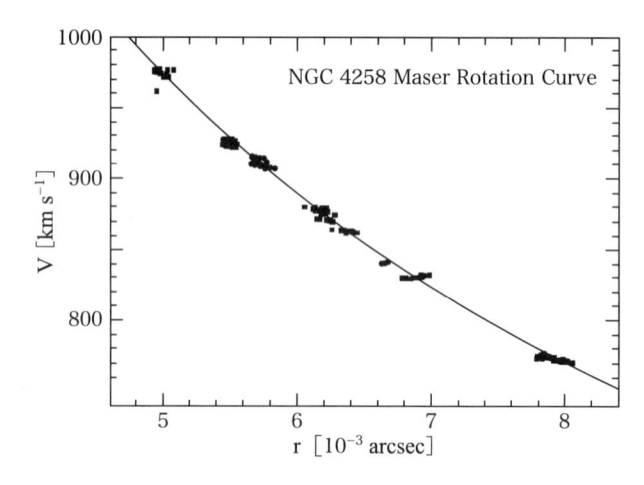

図 49.5 NGC4258 で観測された水メーザーから得られた回転曲線（Miyoshi et al., 1995）．

49.5 研究

1 点だけの観測であれば，M106 銀河以前にも，M87 銀河その他で観測があったが（表 49.1），M106 銀河が画期的だったのは，図 49.5 のように多数の観測点が得られ，それらが綺麗なケプラー回転のカーブに乗ったことである．図 49.5 の多数の観測値を読み取り，実距離に変換して，対数値でプロットしてみよ．さらに最小二乗法を用いて対数グラフの傾きを求め，ケプラー回転になっていることを確かめよ．また同時に中心の質量を求めてみよ．

参考文献

Miyoshi, et al., 1995, Nature, **373**, 127

（濤崎智佳，福江　純）

50 銀河団と大規模構造

　銀河の空間分布を見ると，特に多数の銀河が密集している領域と銀河がほとんど存在しない領域がまだらに入り乱れていることがわかる．銀河が密集している部分を銀河団，ほとんど銀河が存在しない空間をボイドという．これらが入り乱れて分布している状態を，宇宙の大規模構造という．ここでは観測で明らかになってきた宇宙の大規模構造について見ていくとともに，その中に多数存在する銀河団の構造や性質を，かみのけ座銀河団に注目して調べることにする．

50.1 銀河の空間分布

　銀河のスペクトル観測による赤方偏移から，ハッブルの法則にもとづき，銀河までの距離を推定することができる（52節）．銀河のスペクトル観測は，遠くの暗い銀河ほど難しくなるのため，観測できる範囲は距離が限られることになる．現在，専用の光学望遠鏡を用いて銀河やクェーサーの位置，明るさ，距離を精密に測定することによって宇宙の詳細な3次元地図を作ることを目的としたスローン・デジタルスカイサーベイ（Sloan Digital Sky Survey；SDSS）プロジェクトが進行中である．図50.1は，このSDSSによって得られた，天の赤道付近（$-1.25° \leq \delta \leq 1.25°$ の領域）で，赤方偏移 z が0.15以内の空間内の銀河の分布を示したものである．銀河系は図50.1の中央に位置し，点は銀河を表す．赤経が $4^h < \alpha < 8^h$ と $16^h < \alpha < 20^h$ 付近の空白領域は，天の川近辺に存在するダストによる光の吸収の影響で遠方の暗い銀河が観測できないため，観測領域から外してある領域である．上半分の扇形の部分が銀河の北半球側，下半分の扇形の部分が銀河の南半球側にあたる．

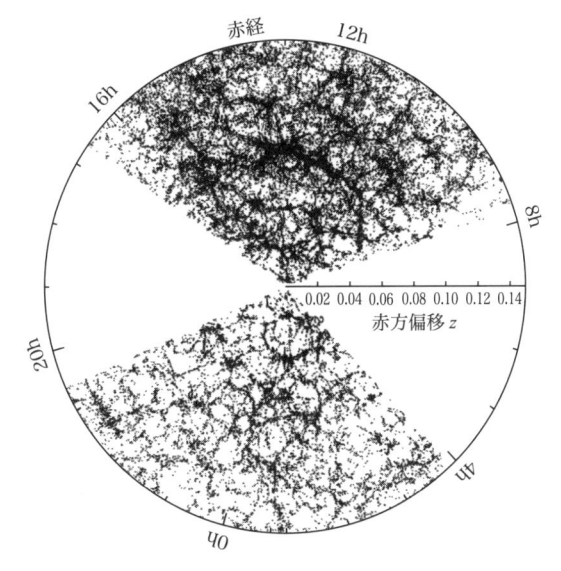

図 **50.1**　およそ20億光年内の銀河の分布．M. Blanton and the Sloan Digital Sky Survey（http://www.sdss.org/includes/sideimages/sdss_pie2.html）による．

この図 50.1 から，銀河の空間分布が一様ではないことは明らかである．銀河がフィラメント状につながって分布し．フィラメント同士が交わっている部分には銀河が密集している．この銀河の密集部分が**銀河団**（cluster of galaxies）である．フィラメント状に見える部分は，立体的に見ると，線状ではなくシート状であり，銀河の少ない楕円体状の領域をとり囲んでいるように見える．この銀河の少ない領域を**ボイド**（**超空洞**；void）という．また，北半球側の $z \simeq 0.06$, $11^h < \alpha < 14^h$ の範囲付近に，特に銀河の多い帯状の構造が見られる．これは**グレートウォール**（The Great Wall）と呼ばれる銀河の密集地である．このように，宇宙における銀河の分布は一様ではなく，銀河団とボイドが入り乱れて分布している．このような銀河の分布を宇宙の**大規模構造**と呼び，宇宙の創世期に銀河や銀河団がどのようにして形成されたかを探る上で，重要な鍵を持つ構造と考えられている．

問 50.1 図 50.1 の外側の円周は $z = 0.15$ となる位置である．ハッブル定数を $H = 72$ km s^{-1} Mpc^{-1} として，円周までの距離を Mpc 単位，および光年単位で求めよ．また，この距離は宇宙の地平線までの距離の何分の 1 に相当するか．

問 50.2 グレートウォールを構成する銀河の赤方偏移はおよそ $z = 0.08$ である．グレートウォールまでの距離を Mpc 単位，および光年単位で求めよ．

問 50.3 図 50.1 に示すグレートウォールは天の赤道面内にあると考えてよい．グレートウォールの横幅が赤経で $11^h \sim 14^h$ までだとするとき，グレートウォールの横幅の長さを Mpc 単位，および光年単位で求めよ．

50.2　銀河団

銀河団は多数の銀河が力学的に結びついた集団である．おとめ座銀河団やかみのけ座銀河団をはじめとして，多数の銀河団が認められており，いずれも直径 1 Mpc 程度の範囲に，数百から数千個の銀河が集合したものである．われわれの銀河系は，アンドロメダ銀河 M31 やさんかく座の渦巻銀河 M33，それに大小マゼラン雲等の伴銀河を含め，約 60 個ほどの銀河が**局部銀河群**（local group of galaxies）と呼ばれる群れを作っている．このような小規模な集団を一般に**銀河群**（group of galaxies）と呼ぶ．

銀河団の中では，銀河の数密度が高いため銀河同士が接近する確率が高い．銀河が接近すると，銀河の変形や物質のやりとりなど，お互いに影響を及ぼし合う．接近距離が小さいと銀河同士の衝突となり，場合によっては 2 つの銀河が 1 つの銀河に合体することもある．このため，特に密度の高い銀河団の中心付近の銀河は，孤立した銀河とは異なった銀河進化の道を歩むことがあると考えられている．実際に，銀河団の中心に cD 銀河と呼ばれる巨大な楕円銀河があることが多く，それらの銀河は中心核の活動を示す銀河であるなど，特異な性質を持っていることが知られている．おそらく，多くの銀河が合体し，巨大な楕円銀河に成長したものであろう．

50.3 ビリアル定理

銀河団は，お互いの重力で結ばれた力学的に安定な系であると考えられている．ここでは多数の銀河からなる集団が安定であるための巨視的な条件を考える．いま銀河団の全質量を M，半径を R，構成する銀河のランダム運動の2乗平均を $\langle V^2 \rangle$ であるとしよう．銀河をお互いに結びつける全位置エネルギーは，

$$\Omega \sim -\frac{GM^2}{R} \tag{50.1}$$

と表される．ここで，G は万有引力定数である．一方，銀河が集団から脱出しようとする全運動エネルギーは

$$T \sim \frac{1}{2} M \langle V^2 \rangle \tag{50.2}$$

となる．銀河団がバラバラにならず，一つの集団を成すためには全エネルギーが，

$$T + \Omega < 0 \tag{50.3}$$

であることが必要である．しかしこの条件だけでは，全ての銀河が中心に落ち込んで潰れてしまう場合（崩壊）も含まれる．銀河団が長い期間にわたって，大きさなどの巨視的な状態を変えないための，より強い条件として，

$$2T + \Omega = 0 \tag{50.4}$$

の関係があることが知られている．この条件を**ビリアル定理**（Virial theorem）という．この条件をごく大ざっぱに言えば，銀河団中心の周りを銀河が平均的に円運動しているという条件となる（問 2.4）．

銀河団が安定であり，この条件を満たしていれば，(50.1) – (50.3) 式より，

$$M \sim \frac{\langle V^2 \rangle R}{G} \tag{50.5}$$

の関係が得られ，銀河団の半径 R と銀河のランダム運動がわかれば，銀河団の総質量を推定することができる．

50.4 かみのけ座銀河団

典型的な銀河団として，かみのけ座銀河団（A1656, $\alpha = 13^{\text{h}}$, $\delta = 28°$）に注目し，アーベルの研究（Abell, 1977）にもとづいて，この銀河団の成り立ちを見てみよう．

(1) 銀河の分布：図 50.2 は，かみのけ座銀河団領域の銀河の分布を示している．この図 50.2 には，銀河団に属する銀河だけでなく，一般の銀河（フィールド銀河）も含まれている．周囲より密度が高くなっているところが銀河団の領域である．銀河の分布は球状星団の星の分布のように対称的ではないが，中心に銀河が集中し，外側に行くほど密度が小さくなる構造が認められる．

(2) 銀河団の明るさ：アーベルは見かけの等級 m_{v} が 18.3 等より明るい銀河を観測し，1525 個の銀河を認めた．それぞれの明るさの銀河の数を計数した結果，暗い銀河ほど数が多くなる傾

向が認められた．その結果によれば，$m_v = 14.5$ 等より明るい銀河の明るさを総計した全等級は $m_v = 8.0$ 等であり，観測にかからない銀河も総計に入れると，銀河団の明るさは $m_v = 7.2$ であると見積られる．14.5 等より明るい銀河は，わずか 184 個であるが，全体の明るさの約半分を占めていることになる．

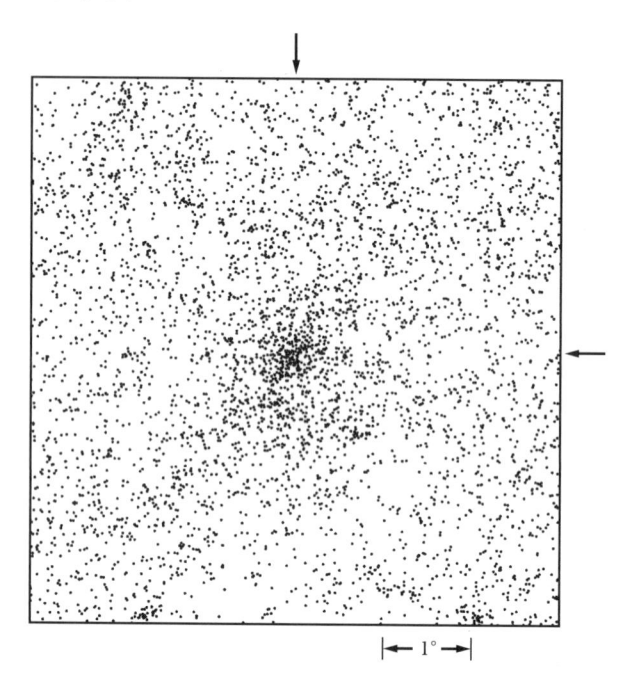

図 50.2 かみのけ座銀河団付近の銀河の分布．矢印で示す位置が，かみのけ座銀河団の中心部である（データは，Odewahn S.C. and Aldering G., 1995, AJ, **110**, 2009 による）．

(3) 銀河の視線速度：銀河団に含まれる銀河のスペクトル観測により，それぞれの銀河の視線速度が測定される．この視線速度には，銀河団がハッブルの法則に従う赤方偏移と，銀河団の中での銀河のランダム運動の成分が含まれている．系統的な赤方偏移は測定値を平均して得られる．ランダム運動は個々の測定値から平均値を差し引いた値 V_r の 2 乗平均 $\sqrt{\langle V_r^2 \rangle}$ から求まる．ロッド達による観測によれば，かみのけ座銀河団の系統的な赤方偏移は $z = 0.0232$，$V_r = 6888$ km s^{-1} であり，ランダム運動の成分は $\sqrt{\langle V_r^2 \rangle} = 86$ km s^{-1} である．

50.5 演習

かみのけ座銀河団について，次の諸量を求めよ．

(1) 距離：かみのけ座銀河団の距離を，その赤方偏移から，ハッブルの法則にもとづいて推定せよ．ハッブル定数は $H = 72$ km s^{-1} Mpc^{-1} として計算せよ．
(2) 半径：図 50.2 から，銀河団の見かけの半径のおよその値を角度の単位で読み取れ．(1) で求めた距離を用いると，銀河団の実半径は何 Mpc になるか？
(3) 総質量：ビリアル定理にもとづいて，かみのけ座銀河団の総質量を推定せよ．ただし質量は太陽単位とし，太陽質量は 2×10^{30} kg とする．このとき，銀河団の半径は，(2) の値を m

の単位に換算して用いる．ランダム速度は前項（3）で述べた銀河の視線速度から求めた$\langle V^2 \rangle$を用いる．ただし，視線速度は1次元の成分であるので，空間速度は$\langle V^2 \rangle \sim 3\langle V_r^2 \rangle$として計算しなければならない．

（4）全光度：銀河団の距離と見かけの等級から絶対等級を求めよ．絶対等級を光度に換算せよ．ただし，光度は太陽光度を単位とし，太陽の絶対等級は4.8等とする．

（5）質量光度比：銀河団の総質量をM，総光度をLとしたとき，$(M/M_\odot)/(L/L_\odot)$を太陽単位で表した質量光度比という．この銀河団の質量光度比を求めよ．この値を主系列星の質量光度比と比較せよ（付表14）．

（6）ダークマターの存在：銀河の平均的な質量光度比は約10太陽単位であるとして，かみのけ座銀河団の総光度から推定される全質量を計算せよ．(3)で力学的に求めた銀河団の総質量と，ここで光学的に推定した総質量の差は，いわば眼に見えない物質が存在していることを意味する．この見えない物質をダークマター（暗黒物質）と呼ぶ（46節）．かみのけ座銀河団に含まれるダークマターの総質量は，銀河団の総質量の何％にあたるか？

50.6 研究

（50.4）式で表されるビリアル定理を導出してみよう．多数の粒子がそれらの重力と内部運動によって安定した系を保っているとする．粒子の共通重心を原点とする座標系において，粒子数をn，i番目の粒子の質量をm_i，位置ベクトルを$\boldsymbol{r}_i$，速度を$\boldsymbol{v}_i$とする．ここで

$$I = \sum_{i=1}^n m_i \boldsymbol{r}_i \cdot \boldsymbol{v}_i \tag{50.6}$$

なる物理量Iを考える．これを時間tで微分すると

$$\frac{dI}{dt} = \sum_{i=1}^n m_i \frac{d\boldsymbol{r}_i}{dt} \cdot \boldsymbol{v}_i + \sum_{i=1}^n m_i \boldsymbol{r}_i \cdot \frac{d\boldsymbol{v}_i}{dt} = \sum_{i=1}^n m_i \boldsymbol{v}_i^2 + \sum_{i=1}^n \boldsymbol{r}_i \cdot \boldsymbol{F}_i \tag{50.7}$$

と表せる．ここで$\boldsymbol{F}_i$はi番目の粒子に働く全粒子からの重力である．系全体の運動エネルギーをTとすれば，(50.7)式は

$$\frac{dI}{dt} = 2T + \sum_{i=1}^n \boldsymbol{r}_i \cdot \boldsymbol{F}_i \tag{50.8}$$

と表される．

（50.8）式の両辺を0から時間tまでの時間平均を求めて$t \to \infty$の極限をとる．粒子は系内に留まっているため$\boldsymbol{r}_i$や$\boldsymbol{v}_i$は有限の値となる．したがって，Iの長時間平均を求めると，

$$\lim_{t \to \infty} \frac{1}{t} \int_0^t \frac{dI}{dt} dt = \lim_{t \to \infty} \frac{I(t) - I(0)}{t} = 0 \tag{50.9}$$

となる．時間平均を$\langle \ \rangle$の記号で表せば，(50.8)式の時間平均から，以下の式を得る：

$$2\langle T \rangle + \left\langle \sum_{i=1}^n \boldsymbol{r}_i \cdot \boldsymbol{F}_i \right\rangle = 0. \tag{50.10}$$

重力 $\boldsymbol{F}_i$ は

$$\boldsymbol{F}_i = -\sum_{\substack{j=1 \\ i \neq j}}^{n} \frac{Gm_i m_j (\boldsymbol{r}_i - \boldsymbol{r}_j)}{|\boldsymbol{r}_i - \boldsymbol{r}_j|^3} \equiv \sum_{\substack{j=1 \\ i \neq j}}^{n} \boldsymbol{F}_{ij} \tag{50.11}$$

と表すことができる．ここで $\boldsymbol{F}_{ij}$ は i 番目の粒子に働く j 番目の粒子の重力を表す．これを (50.10) 式の左辺第 2 項に代入して，

$$2 \langle T \rangle + \left\langle \sum_{\substack{i,j=1 \\ i \neq j}}^{n} \boldsymbol{r}_i \cdot \boldsymbol{F}_{ij} \right\rangle = 0 \tag{50.12}$$

を得る．ここで (50.12) 式の左辺第 2 項の和は，$i=1,2,\cdots,n$，$j=1,2,\cdots,n$，$i \neq j$ の 2 重和であるので，この和を $i<j$ と $j<i$ の 2 つの部分に分け，$j<i$ の項の添え字 i と j を入れ替えると，

$$\sum_{\substack{i,j=1 \\ i \neq j}}^{n} \boldsymbol{r}_i \cdot \boldsymbol{F}_{ij} = \sum_{\substack{i=1 \\ i<j}}^{n} \boldsymbol{r}_i \cdot \boldsymbol{F}_{ij} + \sum_{\substack{j=1 \\ j<i}}^{n} \boldsymbol{r}_i \cdot \boldsymbol{F}_{ij} = \sum_{\substack{i=1 \\ i<j}}^{n} \boldsymbol{r}_i \cdot \boldsymbol{F}_{ij} + \sum_{\substack{i=1 \\ i<j}}^{n} \boldsymbol{r}_j \cdot \boldsymbol{F}_{ji}. \tag{50.13}$$

(50.13) 式の右辺第 2 項で $\boldsymbol{F}_{ji} = -\boldsymbol{F}_{ij}$ であることを用いると，結局

$$\begin{aligned}
\sum_{\substack{i,j=1 \\ i \neq j}}^{n} \boldsymbol{r}_i \cdot \boldsymbol{F}_{ij} &= \sum_{\substack{i=1 \\ i<j}}^{n} \boldsymbol{r}_i \cdot \boldsymbol{F}_{ij} - \sum_{\substack{i=1 \\ i<j}}^{n} \boldsymbol{r}_j \cdot \boldsymbol{F}_{ij} \\
&= \sum_{\substack{i=1 \\ i<j}}^{n} (\boldsymbol{r}_i - \boldsymbol{r}_j) \cdot \boldsymbol{F}_{ij} \\
&= \sum_{\substack{i=1 \\ i<j}}^{n} (\boldsymbol{r}_i - \boldsymbol{r}_j) \cdot \left\{ -\frac{Gm_i m_j (\boldsymbol{r}_i - \boldsymbol{r}_j)}{|\boldsymbol{r}_i - \boldsymbol{r}_j|^3} \right\} \\
&= -\sum_{\substack{i=1 \\ i<j}}^{n} \frac{Gm_i m_j}{|\boldsymbol{r}_i - \boldsymbol{r}_j|} = \sum_{\substack{i=1 \\ i<j}}^{n} \phi_{ij} = \Omega
\end{aligned} \tag{50.14}$$

と表せる．ここで ϕ_{ij} は i 番目の粒子と j 番目の粒子による位置エネルギーを表し，それらの総和である Ω は系の全位置エネルギーを表す．これを (50.12) 式に代入して

$$2 \langle T \rangle + \langle \Omega \rangle = 0 \tag{50.15}$$

の関係が得られる．これが (50.4) 式で示したビリアル定理の一般形である．

(50.6) 式から出発し，ビリアル定理 (50.15) 式を導け．

参考文献

岡村定矩『銀河系と銀河宇宙』東京大学出版会（1999 年）

祖父江義明ほか編『銀河 II—銀河系』（シリーズ現代の天文学 5）日本評論社（2007 年）

谷口義明ほか編『銀河 I—銀河と宇宙の階層構造』（シリーズ現代の天文学 4）日本評論社（2007 年）

二間瀬敏史ほか編『宇宙論 II—宇宙の進化』（シリーズ現代の天文学 3）日本評論社（2007 年）

（沢　武文）

51 重力レンズ

重力場は"時空を歪め"，そこを通過する光線の進路を曲げてしまう．例えば遠方天体とわれわれの間に強大な重力場を持つ天体が位置していると，その天体近傍を通過する光線が曲げられることより，われわれから見た遠方天体は"ある種のレンズ"を通して見たように観測することになる．この現象を**重力レンズ**（gravitational lens）という．この重力レンズについて調べることで，レンズ天体の重力場（物質の分布）について知ることができる．また重力レンズを用いて遠方天体を調べたり，さらには宇宙の構造を探ろうとする試みも進められている．この節では，宇宙に架かる壮大な蜃気楼—重力レンズ—について学ぼう（図 51.1）．

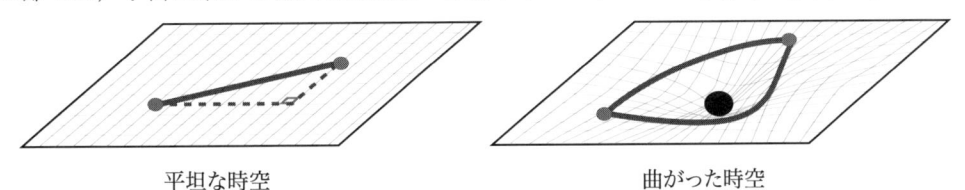

図 51.1 平坦な時空では光線は直進するが（左図），時空が歪んでいると光線は湾曲する（右図）．

51.1 光線の湾曲

アインシュタインによって 1916 年に最終的に定式化された「一般相対論」は，重力場中を通過する光線が曲げられることを予言していた．例えば，太陽の縁近くを通過してくる遠方からの星の光は，本来の位置から角度 δ（ラジアン単位）曲げられることになる．ここで

$$\delta = \frac{4GM}{c^2 a} = \frac{2r_\mathrm{g}}{a} \tag{51.1}$$

である．G は万有引力定数，M は天体（ここでは太陽）の質量，c は光速度，a は光線がもっとも天体に近づくときの距離，$r_\mathrm{g} \equiv 2GM/c^2$ は天体（ここでは太陽）のシュバルツシルト半径である．この光線の曲がりは，太陽の縁近くに見える星のずれ角として，実際に 1919 年の皆既日食の際に，エディントンによって組織された観測隊によって確かめられた．その値は 2 カ所の観測地点で得られていて，それぞれ 1.98 秒角と 1.61 秒角というものだった．この日食観測は，一般相対論の予言を検証するものとして歴史的に重要であり，またアインシュタインの名を一躍世界に知らしめたものとして有名である．

問 51.1 （51.1）式の角度は，天体が質点と近似できて，さらに $r_\mathrm{g} \ll a$ のとき（弱い重力場のとき）に有効な公式である．太陽の場合にこの近似が妥当であることを確認し，太陽の縁に見える星の位置のずれを計算せよ．

51.2 重力レンズの観測

日食観測において光線の湾曲が示されたとはいえ，アインシュタインも含めて当時の研究者たちは，実際に重力レンズ効果が宇宙で発見される見込みは極めて小さいと信じていた．しかしながら，1979 年に双子のクェーサー 0957+561A, B が発見され，以来さまざまな重力レンズ天体が発見されている．

230　第 6 章　銀河と宇宙

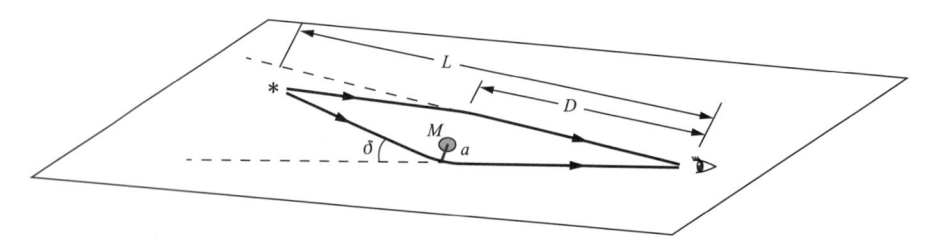

図 51.2　重力レンズシステム．遠方天体（＊印）からの光線は重力場により曲げられてから観測者に到達する．その結果，観測者側からみた遠方天体は，破線方向の二つの像として観測される．

(1) 双子のクェーサー

　クェーサー 0957+561A，B はおおぐま座に位置し，明るさ 17 等級，赤方偏移 $z = 1.41$ の天体である．成分 A と B の間の角距離は 5.7 秒角であるが，1979 年のウォルシュらによる分光観測によると，これらはあたかも双子のように全く同じスペクトルを示していた．素直に考えると，A と B は遠くはなれた全く独立のクェーサーで "たまたま" 同じスペクトルになっていた，と思える．しかし，実は別のクェーサーではなく，遠方のクェーサーからの像が，途中に位置する銀河の重力場によって曲げられ，図 51.2 のように 2 つの重力レンズ像として観測されていたのだ．

　レンズ天体としては，$z = 0.39$ の地点に位置する楕円銀河が発見されている．いまでは，この銀河を含む銀河団全体が重力レンズシステムとして振る舞っていることがわかっている．重力レンズには，像を増光させる作用もあるのだが，像 A は 7.5 倍，像 B は 5.6 倍に明るくなっていると見積られている．なお，遠方の天体からの光線は，空間的に異なる経路を通ってわれわれに至るため，到着に要する時間にもズレが生じる．つまり，異なる時期に発せられた光を見ていることになる．

問 51.2　クェーサー 0957+561A，B までの距離 L を求めよ．また 像 A と 像 B は，"見かけ上" どれだけの距離離れていることになるか．

問 51.3　レンズ銀河までの距離 D を求め，距離 a を推定せよ．ヒント：多少荒っぽい近似ではあるが，a の値は距離 D に像 A，B 間の角距離をかけた程度とみなして計算せよ．

問 51.4　距離 D と L の値（$D, L \gg a$）を用いて屈折角 δ を求め，レンズ銀河の質量 M を推定せよ．

(2) アインシュタイン・リング

　遠方天体，重力源，観測者の三者が "一直線上" に並んだ場合には，その対称性からして "リング状" に歪められた像が見えるだろう．そのような像は**アインシュタイン・リング**と呼ばれる．三者の位置関係が一直線上からズレたり，重力源が無視できないほどの広がりを持つと，その程度により弧状の像やゆがんだ複数の像が見える（図 51.3）．

51.3　重力レンズの性質

(a) 中心天体に近い所を通る光線ほど屈曲角 δ が大きい．レンズ像を作ると言っても，焦点があるわけではなく，その像は大きく歪んだものとなる．天球面上に重力源を原点とする極座標 (r, ϕ) を設定すると，像は r 方向に縮み，ϕ 方向に引き伸ばされる．

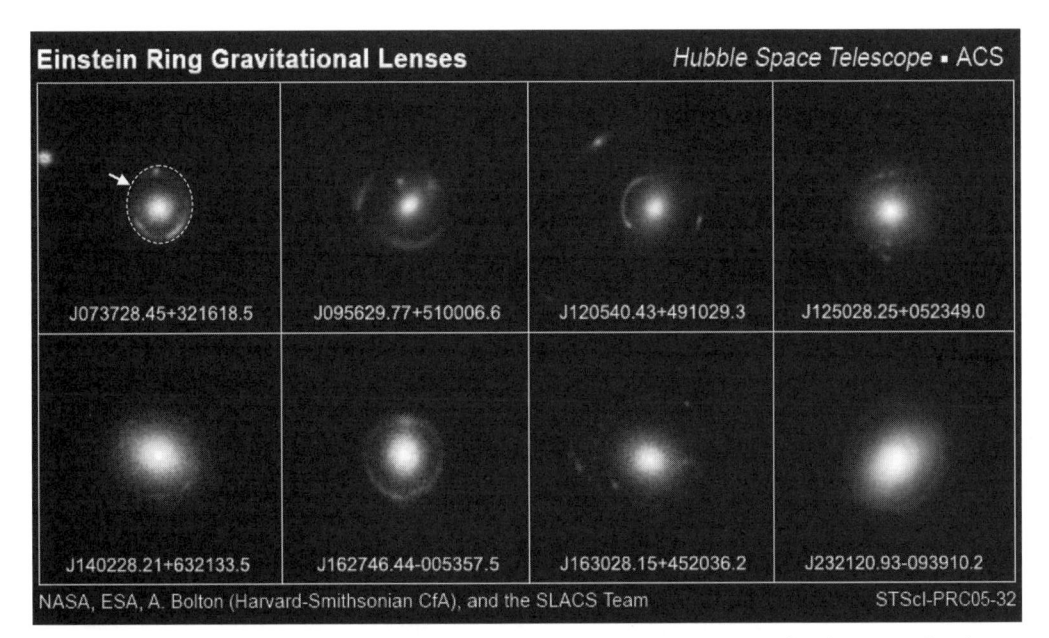

図 51.3 アインシュタイン・リング（NASA/ESA/A.Bolton/SLACS Team）．左上：→の先の点線楕円に沿って遠方銀河のリング像が見える．中央の明るい天体はレンズ銀河．他の画像にも楕円銀河（レンズ天体）を取り巻くように弧状の重力レンズ像が複数個ずつ観測されている．この弧状の像を作る銀河は，手前の楕円銀河までの距離の2倍ほど遠方に位置する．

(b) 屈曲角 δ は，光の波長にはよらない．
(c) 天体の見かけの明るさは，重力レンズ効果がなかった場合に比べて，"像の大きさの拡大倍率" 倍となる[*1]．重力レンズの2つの像の明るさの和は，常に光源の明るさよりも大きい．
(d) レンズ天体が点状ではなく，広がりをもっているときには，レンズ天体中を通過してくる光線も存在しうる．この場合，レンズ像の個数は3つ，レンズ天体の質量分布によってはそれ以上の個数のレンズ像も可能となる．

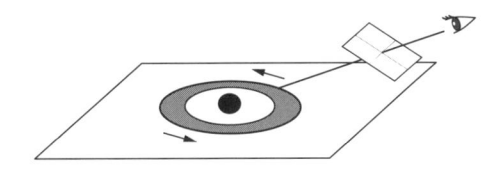

図 51.4　ブラックホールの周りを回転するリング．

問 51.5 図 51.4 のように，ブラックホール（黒丸）の周りを高速で回転しているリングがあるとする．このリングを遠方から眺めると，どのように見えるだろうか？　ブラックホールが存在しない場合と比べて，リングの形状や色，明るさがどのように変化するかについて考察せよ．ヒント：重力赤方偏移の効果（10節）と相対論的ドップラー効果（10節）について考えてみよう．

[*1] 江沢洋『科学』を参照．

51.4 そもそも，なぜ曲がる？

　球対称重力源（質量 M）の周りの時空は，シュバルツシルト計量で記述されるが，重力源の近くの曲がった時空を通過する光線の経過時間（固有時間）$\Delta\tau$ に対し，遠方のわれわれにとっての経過時間（座標時間）を Δt とすると，「時間の遅れの効果」を受けて，$\Delta t = (1-r_\mathrm{g}/r)^{-1/2}\Delta\tau$ となる（10 節）．ここで r は重力源の中心からの距離で，$r_\mathrm{g}\,(=2GM/c^2)$ は重力レンズ天体のシュバルツシルト半径である．重力源に近いところを通過してきた光線ほどゆっくりと進むことがわかるが，それゆえ重力源に近いほど大きな角度で曲がることが理解できる．

問 51.6 遠方天体からの光線が途中に位置する重力源によって重力レンズ効果を受けている．このとき観測される重力赤方偏移について考察せよ．

問 51.7 ブラックホールの周りの降着円盤近傍からの光線について，どのような重力赤方偏移が観測されるか考察せよ．

51.5 重力レンズからわかる天文学・宇宙論

(a) 重力レンズが光源の光を集めたり拡大する性質を利用して，暗すぎたり小さすぎたりする天体に関する情報を収集できる．このことを利用して，太陽系外惑星の探索が行われている．巨大惑星を伴う恒星が遠方の光源天体の前を横切ると，その増光の様子が前半と後半で非対称になるが，その様子より，恒星以外の天体（＝惑星）についての情報を得ることができる．

(b) 重力レンズ像の解析より，もともとの天体の属性のみならず，レンズ物体の特性（重力場の性質）がわかる．また，一般に遠方に位置する天体を扱うことになるので，光線の道筋全体に渡る宇宙の大域的な（時空の歪みの）様子も扱うことになる．例えば，銀河団による重力レンズ効果を観測することで，銀河団自体の質量分布（ダークマターを含む）を測定することが可能である．

(c) 遠方の天体＝原始的天体の観点から，天体の進化についての研究を担うことになる．例えば，もしもレンズ銀河の重力場が"完全に"理解できれば，レンズ銀河と遠方天体との両方の絶対距離が推定可能となる（H の推定に繋がる）．また，レンズ銀河の"平均的な"特性が推定されれば，レンズ効果を受けた像についての統計的解析により，時空の大域的特性を調べることができる．

参考文献

江沢 洋『科学』岩波書店，**53**，587（1983 年）
福江 純『パリティ』丸善出版，**6**，20（1991 年）
福江 純『天文月報』日本天文学会，3 月号，64（1989 年）
Walsh, D. et al., 1979, Nature, **279**, 381
Refsdal, S., 1964, MNRAS, **128**, 295
Young, Y., 1980, ApJ, **241**, 507

（高橋真聡）

52 ハッブルの法則

宇宙において遠くを観るということは，とりもなおさず過去を観ることでもある．遠方宇宙の観測から，宇宙の進化を知ることができる．この節では，宇宙が膨張しているという現代的宇宙像の観測的基盤の一つとして，ハッブルの法則をみておこう．

52.1 ハッブルの法則

1920 年代，遠方の銀河の性質を調べていたアリゾナ州ローウェル天文台のヴェスト・メルビン・スライファーは，次の事実に気づいた．
(1) 遠方の銀河の大部分は赤方偏移を示す．

もし赤方偏移が**ドップラー効果**（Doppler effect）によるものだとしたら，それらの銀河が銀河系から遠ざかっていることを意味している（10 節）．もちろん中には例外もあって，例えば近くのアンドロメダ銀河 M31 などは銀河系に近づいているのだが，遠くの銀河はほぼすべて，銀河系から遠ざかるように運動しているというのだ．この銀河の遠ざかる速度を**後退速度**（recession velocity）と呼んでいる．

1920 年代初頭から，ウィルソン山天文台で銀河の距離や運動を調べていたエドウィン・ハッブルとミルトン・ハマーソンらは，スライファーの発見を詳しく数量化した．そしてその結果，次の事実がわかった．1929 年，いっそう詳しい報告がなされた．
(2) 遠方の銀河ほど後退速度が大きい．
(3) そしてこれらの性質は方向によらない．

この，遠方の銀河の赤方偏移 z が距離 r に比例するという観測事実：

$$z = \frac{H}{c} r \quad \text{もしくは} \quad v = Hr \tag{52.1}$$

を今日，**ハッブルの法則**（Hubble law）と呼んでいる（赤方偏移が 1 より十分小さい範囲では，$v/c = z$ の関係がある）．ここで c は光速，H は**ハッブル定数**と呼ばれる定数で，現在は，

$$H = 72 \text{ km s}^{-1} \text{ Mpc}^{-1} \tag{52.2}$$

と見積られている[*2]．ハッブル定数の値が意味するところは，現在の宇宙では，1 Mpc の彼方での銀河の後退速度（宇宙の膨張速度）が，だいたい 72 km s^{-1} ということなのだ．

ハッブルの法則の真の意味は，ビッグバン宇宙論によって初めて明らかになったが（54 節），ここでは，実際の観測データからハッブルの法則を追認してみよう．

問 52.1 ハッブル定数の逆数 $1/H$ は，宇宙の大ざっぱな年齢を与える．その理由を説明せよ．また (52.2) 式の値を用いると，宇宙の年齢はおよそいくらぐらいになるか？

[*2] 最新のプランク衛星による探査結果では，
$$H = 67.15 \pm 1.2 \text{ km s}^{-1} \text{ Mpc}^{-1}$$
と改訂されているが，まだ最終結果ではないので，本書では従来の値を用いておく．プランク衛星の値を用いて，さまざまな計算をしてみるのも面白いだろう．

表 **52.1** 銀河団中の 10 番目に明るい銀河の等級と赤方偏移および距離（国立天文台編『理科年表』平成 25 年版）

銀河団名	等級	赤方偏移	距離（億光年）
おとめ座	9.4	0.0039	0.59
ろ座	10.3	0.0046	0.63
ポンプ座	13.4	0.0087	1.2
ケンタウルス座	13.2	0.0110	1.5
うみへび座 I	12.7	0.0114	1.6
くじゃく座 II	14.7	0.0139	1.9
かに座	13.4	0.0160	2.2
ペルセウス座	12.5	0.0183	2.5
A1367	13.5	0.0215	3.0
かみのけ座	13.5	0.0232	3.2
A2199	13.9	0.0309	4.2
ヘルクレス座	13.8	0.0371	5.1
A85	15.7	0.0518	7.0
かんむり座	15.6	0.0721	9.6
A1132	17.0	0.136	17
A520	17.4	0.203	25
A370	17.8	0.373	41

52.2 演習

表 52.1 は，17 個の銀河団中で 10 番目に明るい銀河の，見かけの実視等級 m（簡単のためにこの節では添え字 V を付けない）と赤方偏移 z，および距離 r である．

まず，単純な観測量の間の関係を求めてみよう．

(1) 横軸に見かけの実視等級 m，縦軸に赤方偏移に光速をかけた値の対数（$\log cz$）を取ったグラフ上に，表 52.1 のデータをプロットせよ．なお観測事実として最初に得られるのは，このような m–z 関係である．

(2) 等級 m と赤方偏移 z の対数の間に，線形の関係：

$$m = a \log cz + b \tag{52.3}$$

が成り立つことを確かめよ．また，係数 a, b を最小二乗法で求めよ．

次に等級が距離に換算されたとしてハッブルの法則を導いてみよう．

(3) 横軸に距離 r，縦軸に赤方偏移に光速をかけた後退速度（$v = cz$）を取ったグラフ上に，表 52.1 のデータをプロットせよ．

(4) 距離 r と赤方偏移 v の間に，おおむね，線形関係：$v = Hr$ が成り立つことを確かめよ．また，係数 H を最小二乗法で求めよ．

52.3 研究

赤方偏移が 0.05 を超えると，$v/c = z$ の近似は精度が悪くなる．相対論的な関係式：

$$\frac{v}{c} = \frac{2z + z^2}{2 + 2z + z^2} \tag{52.4}$$

を用いて，表 52.1 のデータを検討してみよ．

（福江　純）

53 宇宙背景輻射

　原始火の玉宇宙（ビッグバン）の名残が今も宇宙のあらゆる空間に充満し，あらゆる方向から地球に降り注いでおり，われわれはそれを**宇宙背景輻射**（cosmic background radiation）と呼んでいる．放射スペクトルが絶対温度 3 K（より正確には 2.728 K）の黒体スペクトルに近いことから，3 K 宇宙輻射とか宇宙黒体輻射と呼ぶこともある．この節では，現代膨張宇宙論の大きな根拠の一つである，宇宙背景輻射に関連する問題を 2，3 挙げよう．

53.1 宇宙背景輻射

(1) 宇宙の進化

　現在のビッグバン宇宙論によれば，今から約 138 億年の昔，宇宙は熱い火の玉として生まれ，すぐに爆発的膨張を開始した．最初の 1 秒ほどは，非常に高エネルギーの素粒子のスープだったが，宇宙が膨張するにしたがい，ほとんどの素粒子はその反粒子と対消滅して，やがてわれわれにもなじみ深い電子や陽子のみが残った．

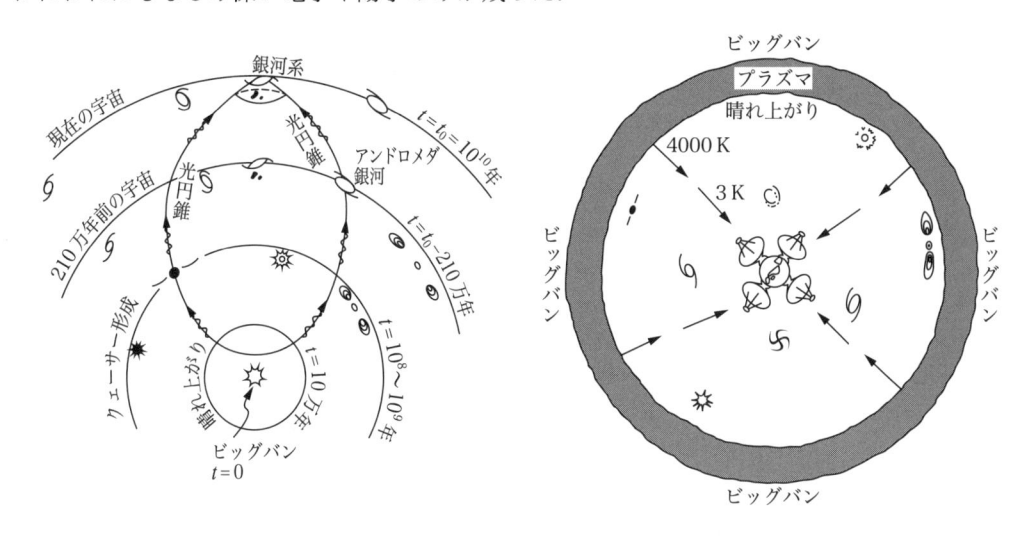

図 53.1　宇宙の進化（左）と今見えている宇宙（右）．

　しかしながらそれでもしばらくの間，誕生後 38 万年くらいの間は，宇宙の温度は高く，物質はプラズマ状態のままで，光子は原子核に捕らわれていない自由電子に邪魔されてまっすぐに進むことができなかった．すなわち宇宙は不透明だった．

　やがて宇宙膨張による断熱冷却でプラズマの温度が 4000 K ぐらいまで下がると，電子は陽子と結合して水素原子になり（中性化），光子の行く手を阻むものはなくなって，宇宙の視界は開けた．これを**宇宙の晴れ上がり**と呼んでいる．このときの光子のスペクトルがいま宇宙背景輻射として見えているものである．一方，輻射と袂を分かった物質は，超銀河団，銀河団，銀河，星，生命などへと構造化していくことになる．

以上のような宇宙の進化・構造化を模式的に表せば，図53.1左のようになるだろう．実際の宇宙は空間的に3次元だが，図53.1左では次元を一つ減らして，球の表面（2次元）が宇宙の空間だと考えている．また図53.1左で一つの球面がある時刻の宇宙を表しており，時間は宇宙膨張とともに，中心のビッグバンから外側へ進んでいる．

光の進む速度 c は有限であるために，今の時点で，現在と"同じ時刻"の宇宙（図53.1左の一番外側の球面）を見ることはできない．遠くの天体は，その天体から光が届くのに要する時間だけ過去の姿を見ているわけだ．すなわち4次元時空（図53.1左では3次元時空）における光の道筋は，図53.1左で（過去）光円錐と書かれたようなものになるだろう．"今"見ているのは，この光円錐上の出来事である！

以上の結果，"今"見ている宇宙の姿は，図53.1右のようなものになるだろう．そしてこのようにして，遠くを，すなわち宇宙の過去を見ていくと，やがて宇宙の晴れ上がり自体も見えてくる．これが宇宙背景輻射に他ならない．

問 53.1 一定速度 v で，ノンストップで走る列車のダイヤグラムと光円錐の類推について述べよ．

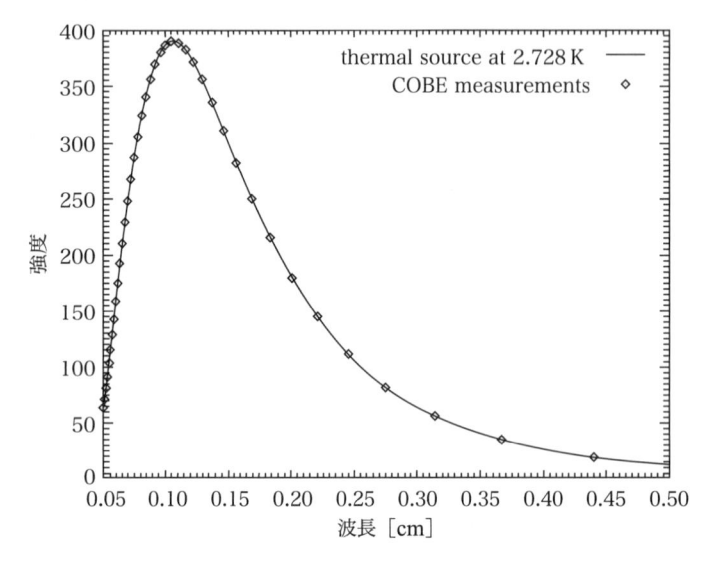

図 53.2　COBE衛星で得られた宇宙背景輻射のスペクトル（Strobel, N., http://www.astronomynotes.com）．

(2) 宇宙背景輻射

宇宙背景輻射はわれわれにさまざまなことを教えてくれる．まず黒体輻射のスペクトルとなっているということから（図53.2），先に述べたように，かつて物質と輻射が熱平衡にあったことがわかる．またこの宇宙背景輻射がきわめて等方的で，かつ一様なことから，この輻射が生まれたときの宇宙もやはり一様で等方だったと思われる（図53.3）．さらに観測される温度が3Kにまで下がっていることから，その時代から現在までの宇宙膨張の割合もわかる．

53.2　演習：宇宙背景輻射のスペクトルと温度

ここでは宇宙背景輻射のスペクトルの実測値から，その温度を求めてみよう．

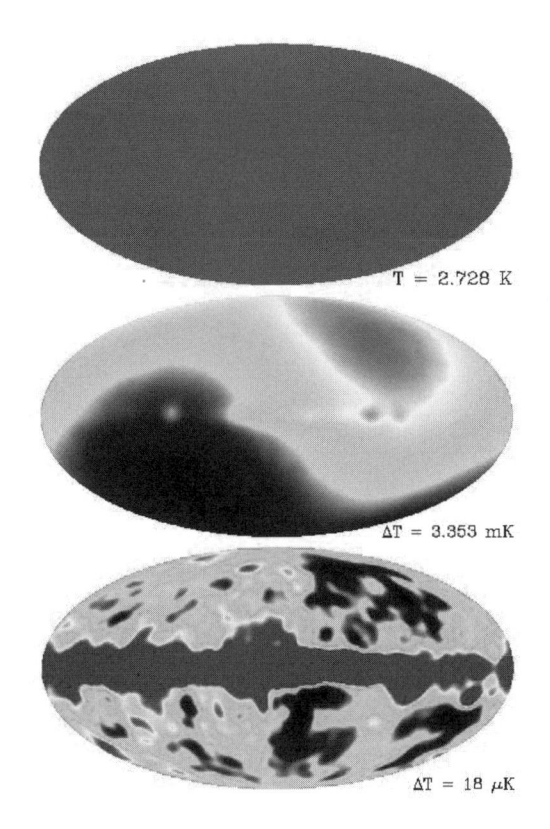

図 53.3 COBE衛星で得られた宇宙背景輻射の温度ゆらぎ（NASA;http://casa.colorado.edu/ajsh/cosmo04/cobemap.html）．（上）全天どの方向も一様で，約 2.7 K の黒体輻射になっている．（中）2.728 K からのずれを約 1/1000 の精度で表すと，双極子成分が残る（研究 2）．（下）双極子成分を差し引くと，約 10 万分の 1 程度のムラムラが見えてくる．

表 53.1 宇宙背景輻射のスペクトル（Smoot, G.F. et al., 1987, ApJ, **317**, L45）

波長（cm）	振動数（GHz）	スペクトル強度（erg s^{-1} cm^{-2} sr^{-1} Hz^{-1}）
50.0	0.6	$(2.69 \pm 0.77) \times 10^{-19}$
21.2	1.41	$(1.33 \pm 0.34) \times 10^{-18}$
12.0	2.5	$(5.22 \pm 0.25) \times 10^{-18}$
8.2	3.66	$(1.03 \pm 0.058) \times 10^{-17}$
6.3	4.75	$(1.79 \pm 0.048) \times 10^{-17}$
3.0	10.0	$(7.29 \pm 0.184) \times 10^{-17}$
1.2	24.8	$(4.21 \pm 0.046) \times 10^{-16}$
0.909	33.0	$(6.99 \pm 0.39) \times 10^{-16}$
0.351	85.5	$(2.76 \pm 0.30) \times 10^{-15}$
0.333	90.0	$(2.52 \pm 0.20) \times 10^{-15}$
0.264	113.6	$(3.42 \pm 0.14) \times 10^{-15}$
0.198	151	$(4.75 + 0.48 - 0.51) \times 10^{-15}$
0.148	203	$(4.54 + 0.55 - 0.52) \times 10^{-15}$
0.132	227.3	$(3.34 + 1.28 - 1.26) \times 10^{-15}$
0.114	264	$(2.29 \pm 0.39) \times 10^{-15}$
0.100	299	$(1.42 + 0.49 - 0.50) \times 10^{-15}$

（1）表 53.1 はミリ波からセンチ波にかけての宇宙背景輻射のスペクトル強度の観測値である．± は測定誤差を表す．これらの観測データを，横軸を振動数の対数，縦軸を強度の対数としたグラフの上に小円でプロットせよ．また測定誤差は上下の短い棒（誤差棒）で示せ．

(2) 太陽スペクトル（13節）の場合と同じようにして，温度を見積ってみよう．すなわち，
i) まずウィーンの変位則（8節）を適用して，スペクトルのピークから，温度 T_w を求めよ．
ii) 得られた温度 T_w 付近の温度の黒体輻射のグラフを描き，データとフィットするものを選べ．
ヒント：レイリー・ジーンズの領域で合わせるとよい．場合によっては最小二乗法を用いよ．

53.3 研究1：赤方偏移と見かけの温度

温度 T_0 の黒体輻射が赤方偏移すると，波長が赤方偏移すると同時に，各波長でのスペクトル強度も変化するので，結果的にはスペクトル全体はやはり黒体輻射になる．ただし観測される温度 T はもとの温度 T_0 と異なり，

$$T = \frac{1}{1+z} T_0 \tag{53.1}$$

となる．(53.1) 式は，赤方偏移の種類によらず成り立つ．もし宇宙背景輻射が放射されたときの温度が $T_0 = 4000$ K ならば，赤方偏移はいくらになるか？　さらにその原因が宇宙膨張だとすれば，そのときの宇宙と現在の宇宙の大きさの比はいくらか？

53.4 研究2：宇宙背景輻射の非等方性

"等方性"は，宇宙背景輻射のキャッチフレーズの一つである．が，実はこれはもちろんある意味では正しいのだが，ある意味では正しくない！　というのは背景輻射の温度を精密に測定してみると，全天で大きなパターンで 1/1000 程度の非等方性がある（図 53.3 中）．この等方性からのずれには規則性があり，背景輻射の温度は，天球上の赤経・赤緯がおよそ，

$$(\alpha, \delta) = (11.2^{\text{h}}, -6°.0) \tag{53.2}$$

の方向で ΔT だけ高く，サイン的に変化して，天球上で 180° 離れた反対方向で ΔT 低くなる（規則性が双極的なものであるためダイポール非等方性と呼ばれている）．この宇宙背景輻射の平均的な温度からのずれの最大幅 ΔT は，

$$\Delta T = 3.44 \pm 0.17 \text{ mK} \tag{53.3}$$

ほどである．ここで 1 mK は 0.001 K を表す．
(1) ダイポール非等方性の原因を考察してみよ．
(2) 赤方偏移の原因が運動によるものである場合，赤方偏移が小さいときは，

$$\frac{\Delta T}{T_0} = \frac{v}{c} \tag{53.4}$$

となることを示せ．ヒント：(53.1) 式と 52 節参照．
(3) 対応する速度を求めよ．この速度で銀河系が (53.2) 式の方向に運動している．

参考文献

Lubin, P. et al., 1985, ApJ, **298**, L1.
Smoot, G.F. et al., 1987, ApJ, **317**, L45.

（福江　純）

54 宇宙膨張とダークエネルギー

ハッブルの法則や宇宙背景放射の発見によって，現代のビッグバン膨張宇宙の描像が確立した．さらに近年の精密な観測によって，宇宙の年齢が約 138 億年であることや，数十億年前から宇宙の膨張が加速し始めていることがわかってきた．この節では，ビッグバン膨張宇宙や宇宙の加速膨張の根幹をなすフリードマン＝ルメートル方程式を紹介し，ビッグバン減速膨張解や加速膨張解などについて，簡単化した場合の導出を試みよう．

54.1 フリードマン＝ルメートル方程式

アインシュタインが導いた時空構造と物質・エネルギー分布を関連づける基本方程式がアインシュタイン方程式で，状況設定に応じて，ブラックホールや宇宙構造などさまざまな問題に適用できる．アインシュタイン方程式を宇宙構造に適用したものが，**フリードマン＝ルメートル方程式**（Friedman-Lemaitre equation）である[*3]．

(1) フリードマン＝ルメートル方程式

もとのアインシュタイン方程式は多数の成分を持つ複雑なテンソル微分方程式だが，宇宙が一様で等方であるという**宇宙原理**（cosmological principle）などの仮定を置いて単純化すると，アインシュタイン方程式から導かれる独立な式は，たったの 2 本になってしまう:

$$\frac{\dot{a}^2}{a^2} + \frac{kc^2}{a^2} - \frac{\Lambda c^2}{3} = \frac{8\pi G}{3}\rho, \tag{54.1}$$

$$\frac{2\ddot{a}}{a} + \frac{\dot{a}^2}{a^2} + \frac{kc^2}{a^2} - \Lambda c^2 = -\frac{8\pi G}{c^2}p. \tag{54.2}$$

これら (54.1) 式と (54.2) 式は，変数 a の時間 t に関する微分方程式の形になっている．変数 $a(t)$ は**スケールファクター**（scale factor）と呼ばれる宇宙の大きさを表す因子で，遠くの銀河同士の間の距離に比例する物理量である．また変数 a の上についている"・（ドット）"が時間微分 d/dt を表していて，a の時間に関する 1 階微分（$\dot{a}$）は宇宙膨張の速度に相当し，2 階微分（$\ddot{a}$）は宇宙膨張の加速度（減速度）に相当する．

さらに，ρ は物質密度（通常物質と暗黒物質を含む），p は圧力（ガス圧と輻射圧を含む）で，ともに時間の関数である[*4]．また Λ は**宇宙項・宇宙定数**（cosmological constant）で，ここでは定数とみなす．最後に k は，宇宙の曲率を決めるパラメータで，$k = 1$（閉じた宇宙），$k = 0$（平坦な宇宙），$k = -1$（開いた宇宙）という値を取る．

問 54.1 重要なのは k の値ではなく，符号だけであることを確かめてみよう．例えば，k を 25 にしたとき，$a \to 5a$ と置き換えれば，k が 1 の場合と同等になることを示せ．

問 54.2 宇宙が静的で（$\dot{a} = \ddot{a} = 0$）閉じている場合（$k = 1$）について，(54.1) 式と (54.2) 式を解いてみよ（**アインシュタインの静止宇宙**）．ただし，$p = \rho = 0$ とする．

[*3] 1922 年に宇宙項なしのアインシュタイン方程式を解いたのがソ連の数学者フリードマンで，1927 年に宇宙項ありのアインシュタイン方程式を解いたのがベルギーの宇宙論学者ルメートル．

[*4] 宇宙のダイナミクスをきちんと解くには，密度 ρ や圧力 p に関する状態方程式が必要だが，本節では省略する．

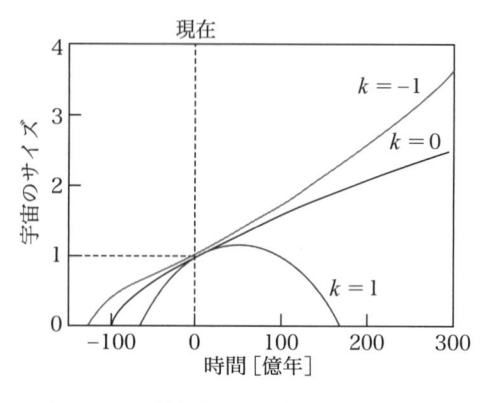

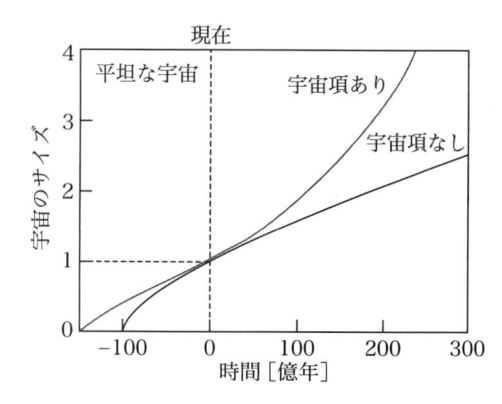

図 54.1 （左）閉じた宇宙（$k=1$）と開いた宇宙（$k=-1$）と平坦な宇宙（$k=0$）の膨張の様子．（右）平坦な宇宙で宇宙項がない場合とある場合の膨張の様子．

(2) 加速度方程式，物質保存の式，エネルギー保存の式

上の (54.2) 式から (54.1) 式を差し引くと，

$$\frac{\ddot{a}}{a} = -\frac{4\pi G}{3c^2}\left(\rho c^2 + 3p\right) + \frac{\Lambda c^2}{3} \tag{54.3}$$

が得られる．左辺に a の 2 階微分だけがあるので，**加速度方程式**と呼ばれる．この式は，宇宙膨張に関する"運動方程式"に相当している．

すなわち，右辺の第 1 項は静止質量エネルギーや圧力が入っているが，相対論ではエネルギーも圧力（熱エネルギー）も質量として作用するので，マイナスの付いたこの第 1 項は，宇宙に存在する物質／エネルギーによって宇宙膨張を減速させる引力としての働きをもっている．一方，宇宙項に関する第 2 項は宇宙膨張を加速させる斥力として働く．宇宙項は重力と反対の作用を及ぼす宇宙斥力として働き，あるいはまたそのような作用を持つ**ダークエネルギー**（dark energy）として解釈することができる．

さらに (54.1) 式に a^3 を掛けて時間微分を行い，(54.2) 式を代入し整理すると，

$$\frac{d}{dt}\left(\rho c^2 a^3\right) + p\frac{d}{dt}(a^3) = 0 \tag{54.4}$$

が得られる．もし圧力が非常に小さく第 2 項を無視すれば，この式は積分できて，

$$\frac{4\pi}{3}a^3\rho = M \text{（一定）} \tag{54.5}$$

となる．この (54.5) 式の意味するところは明らかで，圧力が無視できれば，宇宙の体積に密度を掛けたものが宇宙全体の質量 M（$=$ 一定）になることを表している．その意味で，**宇宙の物質保存の式**と呼べる．

最後に，この (54.5) 式を (54.1) 式へ代入して密度 ρ を消去すると，

$$\frac{1}{2}\dot{a}^2 - \frac{GM}{a} - \frac{\Lambda c^2}{6}a^2 = -\frac{1}{2}kc^2 \tag{54.6}$$

が得られる[5]．すなわち，(54.6) 式の左辺第 1 項は宇宙膨張の運動エネルギーに相当するもので，第 2 項は宇宙の重力ポテンシャルに相当するものである．宇宙項を含む第 3 項は，ポ

---

[5] $$\frac{1}{2}\dot{a}^2 - \frac{GM}{a} = -\frac{1}{2}kc^2 + \frac{\Lambda c^2}{6}a^2$$

54 宇宙膨張とダークエネルギー 241

テンシャルと考えれば，遠心力のポテンシャルやバネのポテンシャルと同じ形をしていることから，ある種の斥力のポテンシャルであることがわかる．それらの和が一定（右辺）なので，この式は**宇宙のエネルギー保存の式**となる．

54.2 演習：フリードマン＝ルメートル方程式を解く

宇宙項のない古典的な解と，宇宙項のある現代的な解について，フリードマン＝ルメートル方程式を代表的な場合について解いてみよう．

(1) 宇宙項のない場合，(54.6) 式は，

$$\frac{1}{2}\dot{a}^2 - \frac{GM}{a} = -\frac{1}{2}kc^2 \tag{54.7}$$

となり，重力場中でのエネルギー保存の式によく似た式になる．平坦な場合（$k=0$）には，$\dot{a} = da/dt = \sqrt{2GM/a}$ と変形できるので，変数分離法で解けて，

$$a(t) = (9GM/2)^{1/3} t^{2/3} \tag{54.8}$$

という解を持つ．このことを示せ．また $a(t)$ をグラフに描いてみよ．これが平坦な宇宙での**ビッグバン減速膨張解**の主要部分である．

(2) 宇宙項のある場合，物質と比べて宇宙項（ダークエネルギー）が卓越した状況を考えると，(54.6) 式は，

$$\frac{1}{2}\dot{a}^2 - \frac{\Lambda c^2}{6}a^2 = -\frac{1}{2}kc^2 \tag{54.9}$$

となる．これも平坦な場合（$k=0$）には簡単に解けて，

$$a(t) \propto e^{\sqrt{\Lambda c^2/3}\, t} \tag{54.10}$$

という指数的に膨張する解を持つ．このことを示せ．また $a(t)$ をグラフに描いてみよ．これが宇宙初期の**インフレーション**（inflation）解であり，また数十億年前から始まっている**宇宙の加速膨張**（accelerating universe）を表す解の主要部分でもある．

(3) 積分定数などを適当に調整して，138 億年前から 46 億年前まではビッグバン減速膨張解，46 億年前から現在までを加速膨張解とする $a(t)$ のグラフを描いてみよ．

54.3 研究1：ドジッター宇宙

物質はない（$\rho = 0$）が，宇宙項 Λ はあるモデル（ドジッター宇宙）を考察してみよう．このとき (54.1) 式は以下のようになる：

$$\frac{\dot{a}^2}{a^2} + \frac{kc^2}{a^2} - \frac{\Lambda c^2}{3} = 0. \tag{54.11}$$

この (54.11) 式を書き直すと以下のような変数分離型になることを確かめよ．

$$ct = \int \frac{da}{\sqrt{\frac{\Lambda}{3}a^2 - k}}. \tag{54.12}$$

のように，左辺の宇宙項を右辺に移し，右辺が宇宙の全エネルギーを表していると考えれば，宇宙項が存在すると宇宙空間の膨張とともに宇宙の全エネルギーが増加することを意味する．

さらに，$\alpha \equiv \sqrt{\Lambda c^2/3}$ と置くと，k の値によって，

$$k=1 \quad a(t) = \frac{c}{\alpha}\cosh\alpha t = \frac{c}{\alpha}\frac{e^{\alpha t}+e^{-\alpha t}}{2} \tag{54.13}$$

$$k=0 \quad a(t) \propto e^{\alpha t} \tag{54.14}$$

$$k=-1 \quad a(t) = \frac{c}{\alpha}\sinh\alpha t = \frac{c}{\alpha}\frac{e^{\alpha t}-e^{-\alpha t}}{2} \tag{54.15}$$

という解が得られることを確かめよ．

54.4 研究2：閉じた宇宙と開いた宇宙

宇宙項のない (54.7) 式について，閉じた宇宙（$k=1$）と開いた宇宙（$k=-1$）の解を考察してみよう．

前者については，θ を媒介変数として，

$$a(\theta) \propto 1-\cos\theta, \tag{54.16}$$

$$t(\theta) \propto \theta-\sin\theta \tag{54.17}$$

というサイクロイド型の解を持つことを確認せよ．また比例定数を求め，解を描いてみよ．

一方，後者については，ξ を媒介変数として，

$$a(\xi) \propto \cosh\xi-1, \tag{54.18}$$

$$t(\xi) \propto \sinh\xi-\xi \tag{54.19}$$

という解を持つことを確認せよ．また比例定数を求め，解を描いてみよ．

（福江　純）

55 系外惑星の観測と特徴

古来人々は，太陽以外の星の周りにも惑星が存在するのではないかという疑問を抱いてきた．そして実際に20世紀の末になって，太陽系以外の恒星系で惑星が続々と見つかり始めた．これらの太陽系外の惑星のことを現在では**系外惑星**（exoplanet）と総称している．ここでは，系外惑星の発見と観測方法を紹介し，観測データから惑星の諸量を導いてみよう．

55.1 系外惑星の発見

系外惑星の科学的探査は，1940年代から行なわれ，観測技術が発展した1980年代から本格的になった．1990年代前半，最も精力的に進めていたチームは「系外惑星はない」と結論付けた．しかし皮肉にも数年後の1995年，ジュネーブ天文台のミッシェル・マイヨールとディディエ・キュエローズたちは，ペガスス座51番星の周囲を公転している巨大惑星を発見した．

ペガスス座51番星は42光年の距離にある5.5等のG5型主系列星だ．主星（母星）の光のドップラー効果の変動から，主星が約4.2日の周期でふらつく運動をしていることがわかった．これは木星の半分ほどの質量の惑星が51番星から約700万kmの距離を4.2日の周期で公転していることで説明がつく．この700万kmは太陽半径の10倍，もしくは地球太陽間の距離の20分の1にすぎない．つまりペガスス座51番星で見つかった惑星は，主星のすぐそばを公転しているのだ．したがって主星に照らされて高温状態になっていると想像される．そのため，このようなタイプの系外惑星は**灼熱木星／ホットジュピター**（hot Jupiter）と呼ばれる．また発見当初は木星クラスの系外惑星の発見が多かったが，最近では地球よりやや重い惑星も見つかり始めており，**超地球／スーパーアース**（super-earth）などと呼ばれている（図55.1）．

問55.1 密度が一定なら，質量と半径の間にはどのような関係が成り立つか．また図55.1の右図ではどのようなグラフになるか．図55.1の右図からはどのようなことが示唆されるか．

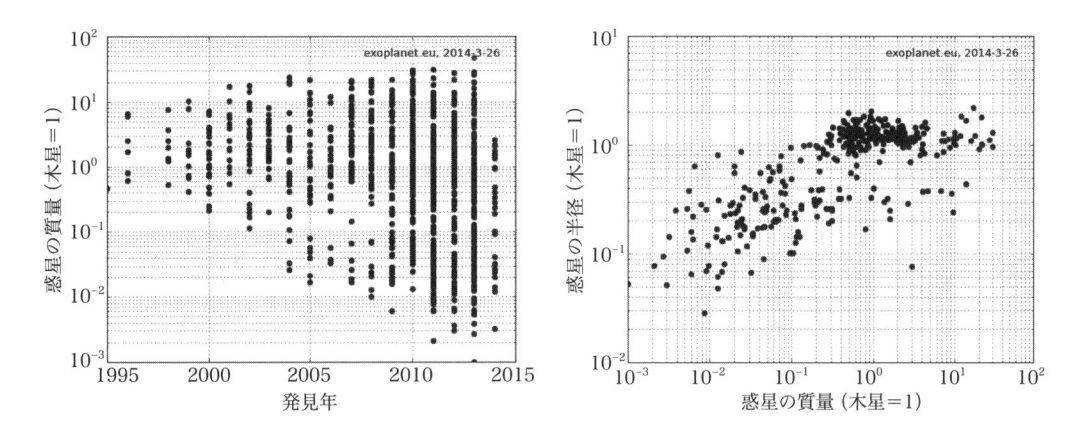

図55.1 （左）系外惑星の発見年と木星質量を単位とした系外惑星の質量．（右）系外惑星の質量と半径（ともに木星が単位）．近年になるほど小さな質量の系外惑星が見つかり始めている．データは2014年3月26日現在のもの（http://exoplanet.eu/）．

系外惑星の観測データを集約した数例を図55.1と図55.2に示す．ともに系外惑星データベース（exoplanet encyclopedia；http://exoplanet.eu/，exoplanets.org；http://exoplanets.org）に集約されたデータをもとに作成したもので，ウェブ上でさまざまなグラフを作成できる．

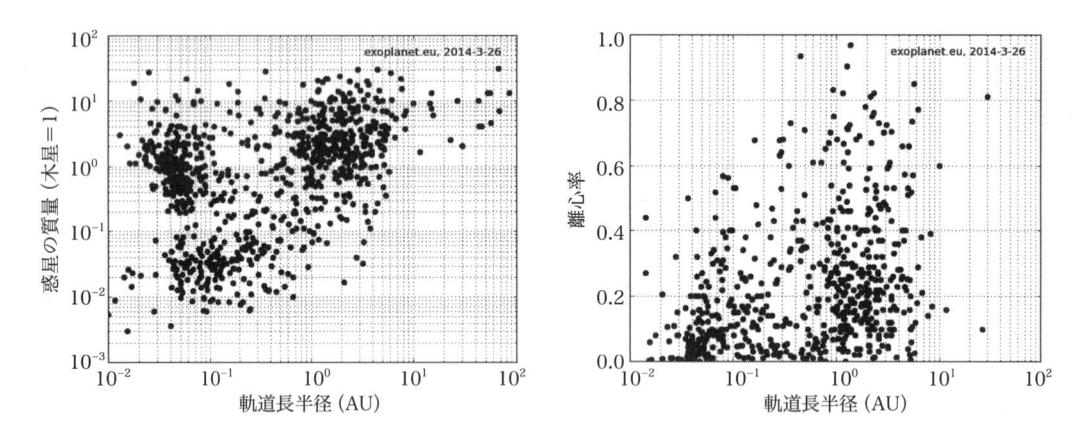

図 55.2 （左）系外惑星の軌道長半径（天文単位）と質量（木星質量単位）の関係．（右）系外惑星の軌道長半径（天文単位）と離心率の関係（http://exoplanet.eu/）．

図55.2の左図の右下の領域が空白域となっており，軌道長半径が大きくて質量の小さい系外惑星が少ないように見えるが，これは見かけの現象である．視線速度法では，主星から遠くて質量の小さな惑星ほど検出しにくいためだ．一方，右図の左上の領域が空白域となっており，軌道長半径が小さくて離心率が大きな系外惑星はないように見える．これは実際の分布だろう．すなわち，主星の近くを通る長円軌道の系外惑星は，主星の潮汐力によって，円軌道化され離心率が小さくなるのだ．

問 55.2 図55.2の左図のプロットは大ざっぱに3つのグループに分かれているが，ホットジュピターはどのグループになるか．

55.2 系外惑星の探査方法

暗く微かな系外惑星は非常に精密な観測技術を必要とする．その探査方法には，非常に高精度で主星の位置を測定して，そのふらつき運動を検出する天体位置探査法／アストロメトリ法，主星のふらつき運動に伴うスペクトルのドップラー効果を検出する視線速度探査法／ドップラー法，主星の前を惑星が横切る掩蔽現象（食）による主星の明るさの変化を検出する天体測光探査法／トランジット法，主星が重力レンズ現象を起こしたときの増光光度曲線の不規則性から確率的に検出する重力レンズ探査法，そして，大型望遠鏡と補償光学やコロナグラフ，光干渉計などを使って惑星像を直接検出する直接撮像法などがある．

（1）ドップラー法

恒星の周りに惑星が存在すると，惑星の公転運動に伴って，主星も共通重心の周りでごくわずかに周期運動する．その結果，主星から放射される光はドップラー効果を受けて周期的に変動する．**ドップラー法／視線速度探査法**（radial velocity search）は，主星から放射される光を分光してスペクトル中の吸収線を観測し，ドップラー効果によってスペクトル線が周期的に

変動する様子を調べて，惑星を間接的に検出する方法である（図 55.3 左）．今まで見つかっている系外惑星の大部分が，この視線速度探査法で見つかったものだ．

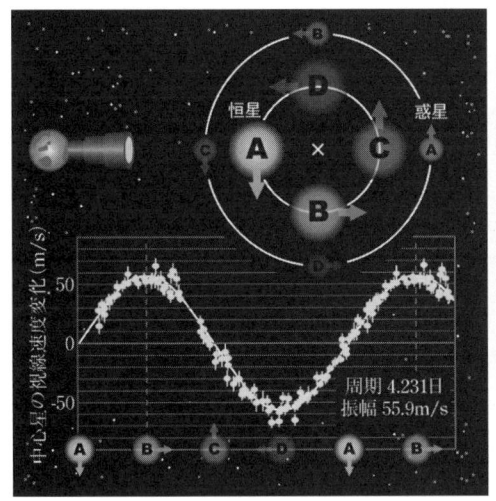

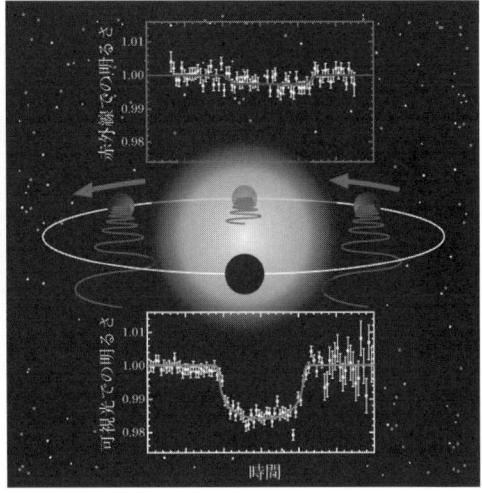

図 55.3 （左）ドップラー法の原理とペガスス座 51 番星の視線速度変化．（右）トランジット法の原理と H209458 の光度変化（ともに理科年表のオフィシャルサイト，国立天文台・丸善）．

これは 28 節（連星の質量）の方法がそのまま使える（簡単のためにここでも円軌道を仮定する）．すなわち，星 1 を主星（質量 M_*），星 2 を系外惑星（質量 M_P）とし，系外惑星の軌道長半径を a，視線速度法でわかった公転周期を P とすると，(28.5) 式は，

$$M_* + M_\mathrm{P} = \frac{a^3}{G}\left(\frac{2\pi}{P}\right)^2 \tag{55.1}$$

となる．主星の質量に比べて系外惑星の質量を無視すると，以下の式が得られる：

$$P = 2\pi\left(\frac{a^3}{GM_*}\right)^{1/2} \sim 365\left(\frac{a}{1\,\mathrm{AU}}\right)^{3/2}\left(\frac{M_*}{M_\odot}\right)^{-1/2}\ \text{日}. \tag{55.2}$$

また，主星の視線速度振幅を K_*，軌道傾斜角を i として，(28.13) 式を星 2 へ適用すると，

$$GM_\mathrm{P}\sin i = K_*\frac{2\pi}{P}a^2 = K_*(GM_*a)^{1/2} \tag{55.3}$$

となる．この式を変形して以下の式が得られる（M_J は木星質量）：

$$K_* = \frac{G^{1/2}M_\mathrm{P}\sin i}{M_*^{1/2}a^{1/2}} \sim 30\left(\frac{a}{1\,\mathrm{AU}}\right)^{-1/2}\frac{M_\mathrm{P}\sin i}{M_\mathrm{J}}\left(\frac{M_*}{M_\odot}\right)^{-1/2}\ \mathrm{m\ s^{-1}}. \tag{55.4}$$

この (55.4) 式を変形すると，以下の式になる：

$$\frac{M_\mathrm{P}\sin i}{M_\mathrm{J}} = \frac{K_*}{30\,\mathrm{m\ s^{-1}}}\left(\frac{a}{1\,\mathrm{AU}}\right)^{1/2}\left(\frac{M_*}{M_\odot}\right)^{1/2}. \tag{55.5}$$

さらに (55.2) 式と (55.4) 式から主星の質量を消去すると，

$$\frac{M_\mathrm{P}\sin i}{M_\mathrm{J}} = \left(\frac{P}{365\,\text{日}}\right)^{-1}\frac{K_*}{30\,\mathrm{m\ s^{-1}}}\left(\frac{a}{1\,\mathrm{AU}}\right)^2 \tag{55.6}$$

が得られる．視線速度法から公転周期と視線速度振幅がわかり，次に述べるトランジット法から軌道長半径がわかれば，これらの式から系外惑星の質量が求まる．

(2) トランジット法

軌道傾斜角が大きくて，系外惑星の公転面方向から観測している場合，系外惑星が主星である恒星の前を横切るときに，その明るさがほんの少しだけ減少する．**トランジット法／天体測光探査法**（transit/photometric search）では，恒星の明るさの変化を観測して（図55.3右），系外惑星の存在や物理量を知ることができる．軌道をほぼ真横から見ているという限られた場合にのみ観測できる方法だが，明るさの変化の様子から，系外惑星の大きさなどの情報が得られる点が優れており，多くの系外惑星がトランジット法で観測されている．

トランジット法による光度曲線から得られる情報としては，減光率と減光継続時間がある．主星が暗くなった割合を**減光率**とし，系外惑星の半径を R_P，主星の半径を R_*，主星の表面温度を T とすると，以下のようになる：

$$\text{減光率} \sim \frac{\pi R_\mathrm{P}^2 \sigma T^4}{\pi R_*^2 \sigma T^4} = \frac{R_\mathrm{P}^2}{R_*^2}. \tag{55.7}$$

ドップラー法からは惑星の最小質量 $M_\mathrm{P}\sin i$ のみしかわからないが，トランジット観測と合わせると軌道傾斜角 i が下記のように求まるため質量を算出できる．トランジット観測から求めた公転周期 P とケプラーの第3法則（11節）を用いると，惑星の軌道長半径 a が得られる．また主星が減光している時間（減光継続時間）を t とすると，

$$\frac{t}{P} \sim \frac{2R_* \sin i}{2\pi a} \tag{55.8}$$

が成り立つ．さらに，食の入や出にかかる時間から惑星の半径 R_P が求まり，(55.7)式より R_* が得られるので，(55.8)式から i が導出できる[*6]．

系外惑星の質量や半径がわかれば，密度を求めることができる．さらに食の入や食の出における光度曲線の形状から主星の周縁減光効果なども計算することができる．

現在でも系外惑星の発見は続いており，Kepler衛星望遠鏡が稼働し始めてからは飛躍的に増加し，2014年3月の段階では1000個以上になっている．

55.3 演習：系外惑星の諸量

観測データから系外惑星の諸量を見積ってみよう．

(1) ドップラー法

図55.3左のように，ドップラー法によって，ペガスス座51番星について，周期が4.23日，視線速度振幅が $55.9\,\mathrm{m\,s^{-1}}$ のデータが得られたとする．このとき(55.2)式を変形すると，

$$a \sim \left(\frac{P}{365\,\text{日}}\right)^{2/3} \left(\frac{M_*}{M_\odot}\right)^{1/3} \mathrm{AU} \tag{55.9}$$

となる．主星のスペクトル型から質量を推定し，軌道長半径を見積ってみよ．

[*6] 実際の計算ではパラメータを変化させて光度曲線のフィッティングを行い，最適な解からパラメータの決定を行っている．

また (55.4) 式を変形すると，

$$\frac{M_{\rm P}\sin i}{M_{\rm J}} = \frac{K_*}{30\ {\rm m\ s^{-1}}}\left(\frac{a}{1\ {\rm AU}}\right)^{1/2}\left(\frac{M_*}{M_\odot}\right)^{1/2}. \tag{55.10}$$

のようになる．視線速度振幅の情報を用いて，系外惑星の質量を見積ってみよ．

(2) トランジット法

トランジット観測により得られた光度曲線から軌道傾斜角 i が推定できると，(55.7) 式に軌道傾斜角の要素を考慮し，惑星半径は，以下の式で求めることができる：

$$R_{\rm P} = 9.74\ 減光率^{1/2}\left(\frac{R_*}{R_\odot}\right)R_{\rm J}. \tag{55.11}$$

系外惑星 WASP38-b はトランジット観測により見つかった系外惑星で，明るいために視線速度法による追観測も成功しており，次のような観測量が求められている．必要な情報を用いて，この惑星の半径，質量，密度を求めよ．

$m_V = 9.45$ 等，$T_{\rm eff} = 6150$ K，$M_* = 1.16\ M_\odot$，距離 $= 110$ pc，表面重力 $\log g = 4.25$［cgs 単位］，$P = 6.87$ 日，$K_* = 254$ m s^{-1}，減光率 $= 0.712$ %，トランジット継続時間 $= 0.194$ 日，$i = 89.7°$，$a = 0.0752$ AU．

55.4 研究：ハビタブルゾーン

(1) 直接撮像法は惑星探査の中でも最も困難であるが，太陽と木星，および太陽と地球でどの程度明るさが異なるか，黒体放射を仮定して見積ってみよ．また，直接撮像では，演習 (1) (2) とは異なった波長帯での観測がなされている．その波長帯を理由とともに述べよ．

(2) 系外惑星の表面温度は，主に，主星からの照射によって決まる (13 節)．なお，アルベドや温室効果も影響するがここでは無視する．地球型生命にとっては液体の水の存在が不可欠であるため，主星周辺で，惑星の表面温度が水の凝固点（273K）から沸点（373K）の間に入る領域を**居住可能領域／ハビタブルゾーン**（habitable zone）と呼ぶ．以下の系外惑星は地球の数倍の質量を持つ惑星だが，それぞれ，ハビタブルゾーンにあるだろうか？

中心星	系外惑星
グリーゼ 667C（M1.5V）	
	b ($a = 0.0504$ AU, $M_{\rm P}\sin i = 5.5 M_\oplus$)
	c ($a = 0.1251$ AU, $M_{\rm P}\sin i = 4.3 M_\oplus$)
	d ($a = 0.3035$ AU, $M_{\rm P}\sin i = 6.9 M_\oplus$)
	e ($a = 0.213$ AU, $M_{\rm P}\sin i = 2.7 M_\oplus$)
	f ($a = 0.156$ AU, $M_{\rm P}\sin i = 2.7 M_\oplus$)
	g ($a = 0.549$ AU, $M_{\rm P}\sin i = 4.6 M_\oplus$)
HD20794（G8V）	
	b ($a = 0.1207$ AU, $M_{\rm P}\sin i = 2.7 M_\oplus$)
	c ($a = 0.2036$ AU, $M_{\rm P}\sin i = 2.4 M_\oplus$)
	d ($a = 0.3499$ AU, $M_{\rm P}\sin i = 4.8 M_\oplus$)

参考文献

井田 茂『系外惑星』東京大学出版会（2007 年）

（大朝由美子，福江 純）

56 宇宙船から観た星景色

宇宙船が光速に比べ無視できない速度で運動しているときには，日常的な世界からは想像もつかない現象が起こる．その一つに**星虹**（starbow）と呼ばれるファンタスティックな現象がある．星虹とは簡単に言えば，準光速で宇宙を航行するときに，一つには光行差のため星の見かけの位置が宇宙船の進行方向へ移動集中し，また一つにはドップラー偏移のため星のスペクトルがずれて星の"色"が変化し，それらの結果，宇宙船のブリッジからは，進行方向を中心としたリング状の星の虹のようなものが見えるだろうという話である．ここでは特に星の見かけの位置の変化を中心に考えてみよう．

56.1 光行差

動いている宇宙船から見た天体の見かけの方向は，宇宙船が静止しているときに比べ，進行方向にずれて見える．これは**光行差**（aberration）と呼ばれる現象で，天体から発した光のベクトルと宇宙船で受け取る光のベクトルが，宇宙船の速度のベクトルの分だけ異なることが原因である（図 56.1）．光行差現象は直感的には，真上から雨が降っているときにも，濡れないようにするためには，傘を前方に傾けて歩かなければならないことと似ている．

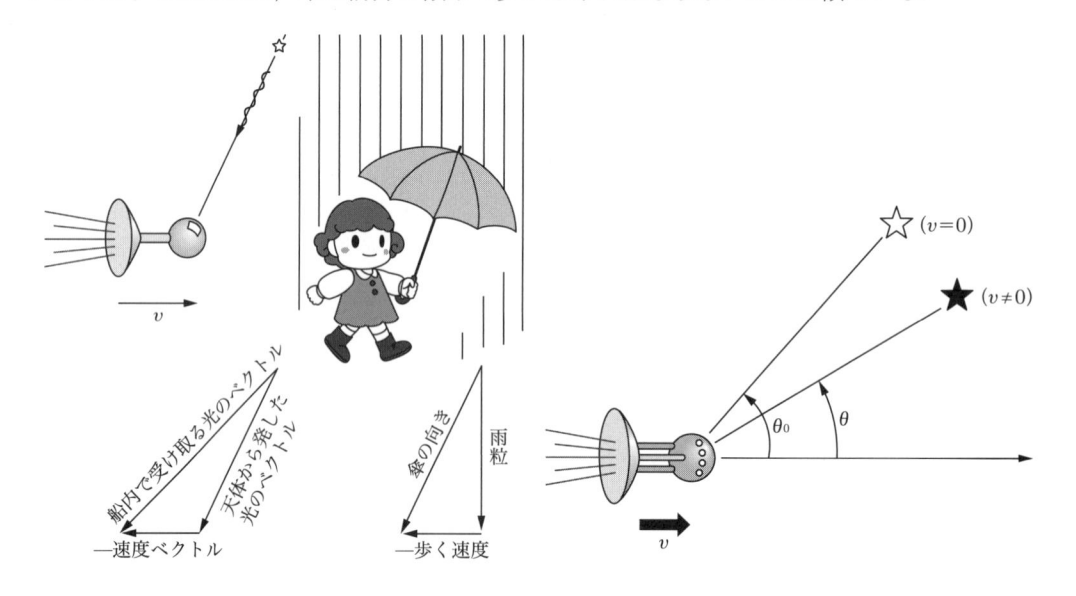

図 56.1 光のベクトルと宇宙船の速度ベクトル；光行差による見かけの角度の変化．

例えば図 56.1 右のように，宇宙船が静止しているときに前方から θ_0 の方向に見えた天体が，宇宙船が速度 v で航行しているとき，θ の方向に見えたとすると，天体の見かけの角度 θ は，

$$\cos\theta = \frac{\cos\theta_0 + v/c}{1 + (v/c)\cos\theta_0} \tag{56.1}$$

と表される．ここで c は光速である．

問 56.1 いろいろな速度 v に対し，θ_0 と θ の関係をグラフに表せ．

問 56.2 静止しているときの天体の角度 θ_0 と動いているときの見かけの角度 θ との差：$\Delta\theta = \theta_0 - \theta$ を**光行差角**と呼ぶ．宇宙船の速度 v が小さいときは，光行差角 $\Delta\theta$ も小さく，近似的に，

$$\Delta\theta = (v/c)\sin\theta_0 \tag{56.2}$$

と表せる．これを示せ．ヒント：$\theta = \theta_0 - \Delta\theta$ を (56.1) 式の左辺に代入し，展開して，高次の項を落とせ．また $\Delta\theta \ll 1$ のとき，$\cos\Delta\theta \sim 1$，$\sin\Delta\theta \sim \Delta\theta$ となることを用いよ．

問 56.3 地球の公転に伴って，黄道の極方向の星は見かけの方向がどれくらいずれて見えるか（年周光行差）？ 以下の順で求めよ．
i) 地球の軌道公転速度 v を求めよ．
ii) $\theta_0 = 90°$（黄道の極方向）として，θ を求めよ．
iii) 光行差角 $\Delta\theta = 90° - \theta$ は何秒角か？

ちなみに地球の公転に伴う年周光行差は，1727 年，ブラッドリーがりゅう座 γ 星で発見した．

56.2 演習

天の北極へ向けて，太陽系近傍を速度 v で航行する宇宙船から見た，北斗七星とカシオペア座（時間があれば他の星座も）の位置変化を調べてみよう．

これらの星座の星々の赤道座標を (α, δ) とすると，天の北極（すなわち宇宙船の進行方向）からの角度は，下記のようになる：

$$\theta_0 = 90° - \delta. \tag{56.3}$$

そこで，付表のデータから，北斗七星などの赤道座標を調べ，まず極座標グラフ用紙に宇宙船が静止しているときの星座の姿をプロットせよ．その際，α の原点は任意に選んでよい．

次に，宇宙船が光速の半分の速度で飛んでいるときの，見かけの角度 θ を (56.1) 式から計算し，同じグラフ上にプロットせよ．天の北極に向かって飛んでいる場合には，α の値は変わらない．

56.3 研究

演習では物足りない人のために，宇宙船の進行方向が任意の方向である一般的な場合について，以下で述べよう．

(1) 赤道座標から宇宙船地平座標への変換

宇宙船の進行方向を赤道座標で (α_*, δ_*) としよう．そのとき，宇宙船系から見て，赤道座標で (α, δ) にある星はどの方向に見えるだろうか？ 星は無限遠にあると考える．

光行差を計算するために必要なのは，進行方向から計った角度 θ_0 なので，そのためには図 56.2 に示したような，宇宙船の進行方向 (α_*, δ_*) を天頂とする地平座標（**宇宙船地平座標**と名付けよう）で考えるのがわかりやすい．赤道座標 (α, δ) の星の宇宙船の進行方向からの角度 θ_0 は，この宇宙船地平座標 (A, h) における天頂距離 $90° - h$ にほかならない．

250   第 6 章   銀河と宇宙

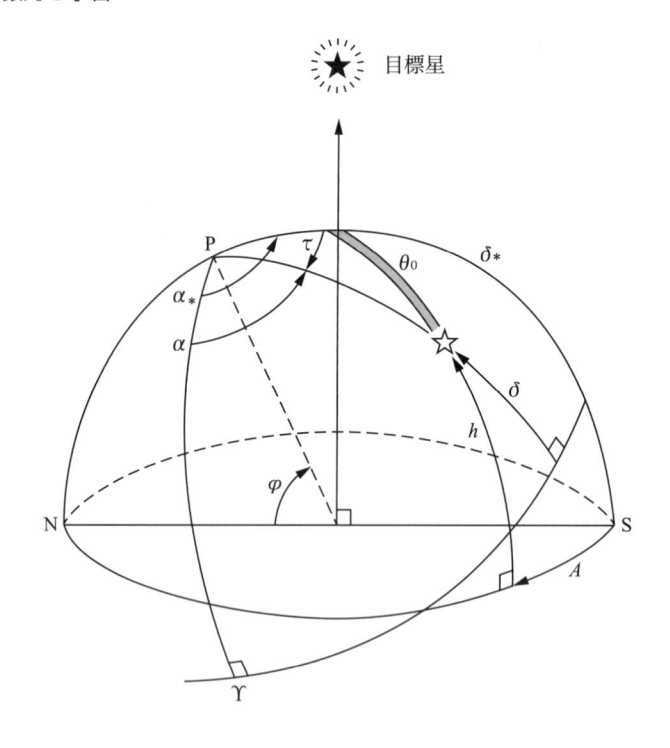

図 **56.2**   宇宙船地平座標.

さて球面三角の公式（付録 3）より，赤道座標 (α, δ) と地平座標 (A, h) の間の変換は，"緯度" ϕ，"時角" τ を用いて，

$$\cos h \sin A = \cos \delta \sin \tau, \tag{56.4}$$

$$\cos h \cos A = \cos \delta \cos \tau \sin \phi - \sin \delta \cos \phi, \tag{56.5}$$

$$\sin h = \cos \delta \cos \tau \cos \phi + \sin \delta \sin \phi, \tag{56.6}$$

と表される．今考えている宇宙船地平座標では，$\phi = \delta_*$，$\tau = \alpha_* - \alpha$ だから，結局，

$$\cos h \sin A = \cos \delta \sin(\alpha_* - \alpha), \tag{56.7}$$

$$\cos h \cos A = \cos \delta \cos(\alpha_* - \alpha) \sin \delta_* - \sin \delta \cos \delta_*, \tag{56.8}$$

$$\sin h = \cos \delta \cos(\alpha_* - \alpha) \cos \delta_* + \sin \delta \sin \delta_*, \tag{56.9}$$

となる．ただし，$h = 90° - \theta_0$ で，また方位角 A は南点から計るものとする．

問 56.4   球面三角法の公式（付録 3）を用いて，(56.4)–(56.6) 式を導け．

問 56.5   目標が天の北極のとき，赤道座標から宇宙船地平座標への変換式は (56.3) 式に帰着することを確かめよ．ヒント：α_* は一般性を失わずに 0 と置いてよい．

(2) 星景色の作成

変換式 (56.7)–(56.9) 式を用いて，任意の目標星 (α_*, δ_*) へ向け，太陽系近傍を速度 v で航行する宇宙船の，前方（あるいは後方）スクリーンに映る星景色を作成してみよう．

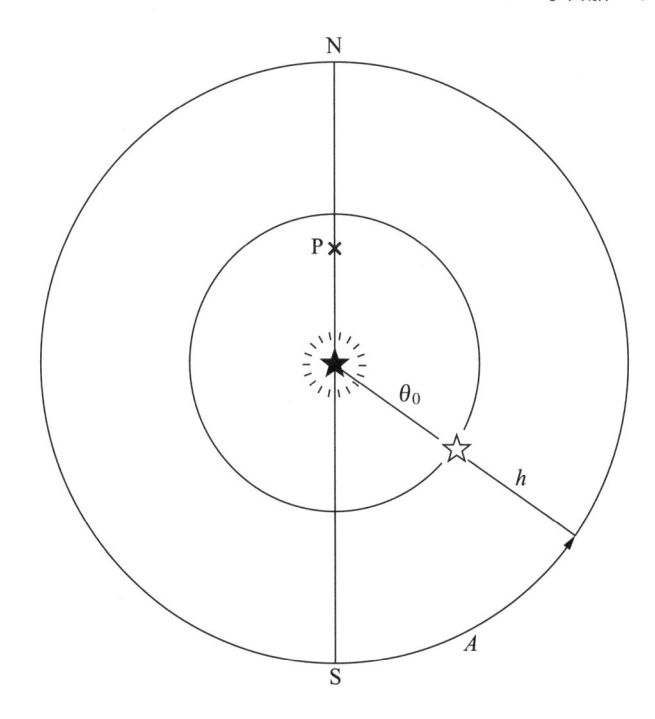

図 56.3 宇宙船の前方スクリーン．

i) 恒星の位置データ (α, δ) を整理する（付表 17）．光行差によって星の見かけの位置が変化するので，一般には，前方方向の星のデータだけでは不十分であることに注意せよ．
ii) 目標星の赤経・赤緯 (α_*, δ_*) を決定する．
iii) (α_*, δ_*) を天頂とする宇宙船地平座標での，各恒星の高度と方位角 (A, h) を計算する．同時に天頂距離 θ_0 も求める．
iv) 図 56.3 を参考にして，極座標グラフ用紙に，まず宇宙船の静止状態 $(v = 0)$ での星野を作成する．
v) 宇宙船の速度 v を決定する．
vi) 各恒星の見かけの角度 θ を計算する．
vii) 最後に宇宙船が静止しているときの星野に重ねて，光行差によって変化した星野を作成せよ．

余力があれば，参考文献を参照して，星の等級の変化まで考えてみよ．また赤外線星を考慮するとどうなるだろうか．

参考文献

Stimets, R.W. and Sheldon, E., 1981, Journal of the British Interplanetary Society, **34**, 83
石原藤夫『銀河旅行と特殊相対論』（講談社ブルーバックス B590）講談社（1984 年）
福江 純『天文月報』日本天文学会，1988 年 1 月号，2 月号

（福江 純）

付録1　単位と定数

本書では，主にSI単位系を用いているが，スペクトルや磁場などではcgs単位系を使った部分もある．付表1にいろいろな物理量の単位とそれらの間の換算を整理しておく．また付表2には単位記号とともに用いて桁を表す接頭語を，付表3には本書で必要とする基本的な物理定数を，付表4にはエネルギーの変換を示した．付表5は基本的な天文定数である．これらの定数表において，有効数字は一応5桁程度まで記載してあるが，本書の演習を有効に行うためには，2-3桁もあれば十分である．付表6には，ギリシャ語のアルファベットを，用例とともに示した．

参考文献
国立天文台編『理科年表』丸善出版（毎年発行）

（福江　純，沢　武文）

付表1　単位と換算表

物理量	単位	記号	SI単位	cgs単位
時間	**秒**	s	1 s	1 s
	分	m	60 s	60 s
	時	h	3600 s	3600 s
	年	yr	3.1557×10^7 s	3.1557×10^7 s
長さ	**メートル**	m	1 m	10^2 cm
	センチメートル	cm	10^{-2} m	1 cm
	マイクロメートル	μm	10^{-6} m	10^{-4} cm
	ナノメートル	nm	10^{-9} m	10^{-7} cm
	オングストローム	Å	10^{-10} m	10^{-8} cm
	天文単位	AU	1.4960×10^{11} m	1.4960×10^{13} cm
	光年	ly	9.4605×10^{15} m	9.4605×10^{17} cm
	パーセク	pc	3.0857×10^{16} m	3.0857×10^{18} cm
質量	**キログラム**	kg	1 kg	10^3 g
	グラム	g	10^{-3} kg	1 g
	原子質量単位	u	1.6605×10^{-27} kg	1.6605×10^{-24} g
平面角	**ラジアン**	rad	57° 17′ 44″	57° 17′ 44″
	度	°	1.7453×10^{-2} rad	$\pi/180$ rad
	分角	′	2.9089×10^{-4} rad	$\pi/10800$ rad
	秒角	″	4.8481×10^{-6} rad	$\pi/648000$ rad
	ミリ秒角	mas	0.001″	4.8481×10^{-9} rad
立体角	**ステラジアン**	sr		
振動数	ヘルツ	Hz	1 s^{-1}	1 s^{-1}
力	ニュートン	N	1 kg m s^{-2}	10^5 dyn
	ダイン	dyn	10^{-5} N	1 g cm s^{-2}
圧力	パスカル	Pa	1 N m^{-2}	10 dyn cm^{-2}
エネルギー	ジュール	J	1 N m	10^7 erg
（仕事）	エルグ	erg	10^{-7} erg	1 erg
	電子ボルト	eV	1.6022×10^{-19} J	1.6022×10^{-12} erg
	カロリー	cal	4.18605 J	4.18605×10^7 erg
仕事率	ワット	W	1 J s^{-1}	10^7 erg s^{-1}
電流	アンペア	A		
磁束密度	テスラ	T	1 J m^{-2} A^{-1}	10^4 gauss
	ガウス	gauss	10^{-4} T	1 erg cm^{-2} A^{-1}
温度	ケルビン	K		+273.15°C
物質量	モル	mol		
放射強度	ジャンスキー	Jy	10^{-26} W m^{-2} Hz^{-1}	10^{-23} erg cm^{-2} Hz^{-1}

注）ゴシック体はSI基本単位，および補助単位を表す．

付表 2　SI 接頭語

接頭辞	記号	値	接頭辞	記号	値	接頭辞	記号	値
ヨッタ	Y	10^{24}	キロ	k	10^{3}	ナノ	n	10^{-9}
ゼッタ	Z	10^{21}	ヘクト	h	10^{2}	ピコ	p	10^{-12}
エクサ	E	10^{18}	デカ	D/da	10	フェムト	f	10^{-15}
ペタ	P	10^{15}	デシ	d	10^{-1}	アット	a	10^{-18}
テラ	T	10^{12}	センチ	c	10^{-2}	ゼプト	z	10^{-21}
ギガ	G	10^{9}	ミリ	m	10^{-3}	ヨクト	y	10^{-24}
メガ	M	10^{6}	マイクロ	μ	10^{-6}			

付表 3　基礎物理定数

名称	記号	値	SI 単位		cgs 単位	
真空中の光速度	c	2.9979	$\times 10^{8}$	m s^{-1}	$\times 10^{10}$	cm s^{-1}
真空の誘電率	ε_0	8.8542	$\times 10^{-12}$	F m^{-1}	—	
真空の透磁率	μ_0	1.2566	$\times 10^{-6}$	H m^{-1}	—	
万有引力定数	G	6.6743	$\times 10^{-11}$	N m^2 kg^{-2}	$\times 10^{-8}$	dyn cm^2 g^{-2}
プランク定数	h	6.6261	$\times 10^{-34}$	J s	$\times 10^{-27}$	erg s
ボルツマン定数	k	1.3807	$\times 10^{-23}$	J K^{-1}	$\times 10^{-16}$	erg K^{-1}
原子質量単位	u	1.6605	$\times 10^{-27}$	kg	$\times 10^{-24}$	g
陽子の質量	m_p	1.6726	$\times 10^{-27}$	kg	$\times 10^{-24}$	g
電子の質量	m_e	9.1094	$\times 10^{-31}$	kg	$\times 10^{-28}$	g
素電荷	e	1.6022	$\times 10^{-19}$	C (A s)	$\times 10^{-20}$	emu
		4.8032	—		$\times 10^{-10}$	esu
ボーア半径	a_0	5.2918	$\times 10^{-11}$	m	$\times 10^{-9}$	cm
古典電子半径	r_e	2.8179	$\times 10^{-15}$	m	$\times 10^{-13}$	cm
リュードベリ定数	Ry	1.0974	$\times 10^{7}$	m^{-1}	$\times 10^{5}$	cm^{-1}
陽子のコンプトン波長	λ_{Cp}	1.3214	$\times 10^{-15}$	m	$\times 10^{-13}$	cm
電子のコンプトン波長	λ_C	2.4263	$\times 10^{-12}$	m	$\times 10^{-10}$	cm
アボガドロ数	N_A	6.0221	$\times 10^{23}$	mol^{-1}	$\times 10^{23}$	mol^{-1}
1 モルの気体定数	$\mathcal{R}$	8.3145		J mol^{-1} K^{-1}	$\times 10^{7}$	erg mol^{-1} K^{-1}
ステファン・ボルツマン定数	σ	5.6704	$\times 10^{-8}$	W m^{-2} K^{-4}	$\times 10^{-5}$	erg cm^{-2} K^{-4}
放射定数	a	7.5646	$\times 10^{-16}$	J m^{-3} K^{-4}	$\times 10^{-15}$	erg cm^{-3} K^{-4}
トムソン散乱の断面積	σ_T	6.6520	$\times 10^{-29}$	m^2	$\times 10^{-25}$	cm^2

付表 4　エネルギー換算表

1 eV のエネルギー	$= 1.6022 \times 10^{-19}$	J	$= 1.6022 \times 10^{-12}$	erg	$= E$
対応する波長	$= 1.2398 \times 10^{-6}$	m	$= 1.2398 \times 10^{-4}$	cm	$= hc/E$
対応する振動数	$= 2.4180 \times 10^{14}$	Hz			$= E/h$
対応する温度	$= 11605$	K			$= E/k$
陽子の静止質量エネルギー	$= 931.49$	MeV	$= 1.4924 \times 10^{-3}$	erg	$= m_p c^2$
電子の静止質量エネルギー	$= 511.00$	keV	$= 8.1871 \times 10^{-7}$	erg	$= m_e c^2$

付表 5　基礎天文定数

種類	名称	記号	数値		
時間	太陽年	yr	365.2422 d	$= 3.1557 \times 10^7$ s	
	恒星年	yr	365.2564 d	$= 3.1558 \times 10^7$ s	
長さ	メートル	m	6.69×10^{-12} AU	$= 1.06 \times 10^{-16}$ ly	$= 3.24 \times 10^{-17}$ pc
	天文単位	AU	1.4960×10^{11} m	$= 1.58 \times 10^{-5}$ ly	$= 4.85 \times 10^{-6}$ pc
	光年	ly	9.4605×10^{15} m	$= 6.32 \times 10^{4}$ AU	$= 0.307$ pc
	パーセク	pc	3.0857×10^{16} m	$= 2.06 \times 10^{5}$ AU	$= 3.26$ ly
地球	赤道半径	$R_\oplus$	6.3781×10^6 m		
	質量	$M_\oplus$	5.972×10^{24} kg		
	平均密度	$\rho_\oplus$	5.52 g cm^{-3}		
	重力加速度	$g_\oplus$	9.8067 m s^{-2}		
	脱出速度	$v_\oplus$	11.18 km s^{-1}		
月	赤道半径	R_m	1.74×10^6 m		
	質量	M_m	7.36×10^{22} kg		
	平均密度	ρ_m	3.35 g cm^{-3}		
	重力加速度	g_m	1.67 m s^{-2}		
	脱出速度	v_m	2.38 km s^{-1}		
太陽	赤道半径	$R_\odot$	6.960×10^8 m		
	質量	$M_\odot$	1.988×10^{30} kg		
	平均密度	$\rho_\odot$	1.41 g cm^{-3}		
	重力加速度	$g_\odot$	2.72×10^2 m s^{-2}		
	脱出速度	$v_\odot$	618 km s^{-1}		
	光度	$L_\odot$	3.85×10^{26} J s^{-1}		
	有効温度	T_eff	5780 K		
	実視等級	m_v	-26.72		
	実視絶対等級	M_v	$+4.85$		
	輻射絶対等級	M_bol	$+4.77$		
	色指数	$B-V$	$+0.65$		
	太陽定数		1.37 kW m^{-2}	$= 1.96$ cal cm^{-2} min^{-1}	
	地球–月間の距離		3.8440×10^8 m		$\sim 60\, R_\oplus$
	地球–太陽間の距離		1.4960×10^{11} m	$= 1$ AU	$\sim 200\, R_\odot$
宇宙	銀河中心までの距離	R_0	8.5 kpc		
	銀河回転速度	Θ_0	220 km s^{-1}		
	ハッブル定数	H_0	72 km s^{-1} Mpc^{-1}		
	密度パラメータ	Ω	1		
	宇宙年齢	T_0	138 億年	$= 1.38 \times 10^{10}$ yr	

付表 6　ギリシャ語のアルファベット

文字と読み方			用例	文字と読み方			用例
A	α	アルファ	赤経 α, Hα 線	N	ν	ニュー	振動数 ν, ν ガンダム
B	β	ベータ	β 崩壊	Ξ	ξ	クシー, グザイ	無次元化変数 ξ
Γ	γ	ガンマ	γ 線, 比熱比 γ	O	o	オミクロン	くじら座 o 星
Δ	δ	デルタ	赤緯 δ, 微小量 Δ	Π	π, ϖ	パイ	円周率 π, 円筒座標 (ϖ, φ, z)
E	ϵ, ε	イプシロン	偏平率 ϵ 放射係数 ε	P	ρ, ϱ	ロー	密度 ρ, 円筒座標 (ϱ, φ, z)
Z	ζ	ゼータ, ツェータ	Z ガンダム	Σ	σ, ς	シグマ	ステファン・ボルツマン定数 σ
H	η	イータ, エータ	効率 η	T	τ	タウ	固有時間 τ, 光学的厚み τ
Θ	θ, ϑ	シータ, テータ	角度 θ, 回転速度 Θ_0	Υ	υ	ウプシロン	春分点の記号ではない
I	ι	イオタ	ι Tau (おうし座 ι 星)	Φ	ϕ, φ	ファイ	ポテンシャル ϕ, 方位角 φ
K	κ	カッパ	吸収係数 κ	X	χ	カイ	ペルセウス座 h–χ 星団
Λ	λ	ラムダ	波長 λ, 宇宙項 Λ	Ψ	ψ	プシー, プサイ	ポテンシャル ψ
M	μ	ミュー	μ 中間子, 粘性係数 μ	Ω	ω	オメガ	角振動数 ω, 角速度 Ω

付録2　各種データ

付表7　惑星の軌道データ（国立天文台編『理科年表 平成25年版』丸善出版による）

惑星名 (和名)	軌道 長半径 a [AU]	離心率 e	軌道 傾斜角 i [°]	近日点 黄経 ϖ [°]	昇交点 黄経 Ω [°]	元期平均 近点離角 M_0 [°]	対恒星 公転周期 P [年]	軌道平 均速度 [km s^{-1}]	惑星名 (英名)
水　星	0.3871	0.2056	7.004	77.478	48.314	343.592	0.241	47.36	Mercury
金　星	0.7233	0.0068	3.395	131.565	76.642	229.986	0.615	35.02	Venus
地　球	1.0000	0.0167	0.002	102.983	174.840	300.230	1.000	29.78	Earth
火　星	1.5237	0.0934	1.849	336.122	49.517	148.560	1.881	24.08	Mars
木　星	5.2026	0.0485	1.303	14.361	100.491	80.058	11.862	13.06	Jupiter
土　星	9.5549	0.0555	2.489	93.135	113.629	126.098	29.458	9.65	Saturn
天王星	19.2184	0.0463	0.773	173.017	74.017	200.343	84.022	6.81	Uranus
海王星	30.1104	0.0090	1.770	48.125	131.781	286.464	164.774	5.44	Neptune

元期は2013年11月04.0日（ユリウス日2456600.5日），分点はJ2000.0である。

付表8　準惑星の軌道データ（IAU Minor Planet Centerによる）

名称	軌道 長半径 a [AU]	離心率 e	軌道 傾斜角 i [°]	近日点 黄経 ϖ [°]	昇交点 黄経 Ω [°]	元期平均 近点離角 M_0 [°]	発見年	名称 (英名)
ケレス	2.768	0.076	10.6	152.5	80.3	327.9	1801	Ceres
冥王星	39.348	0.247	17.2	223.6	110.3	34.6	1930	Pluto
ハウメア	43.058	0.195	28.2	2.5	121.8	206.5	2003	Haumea
マケマケ	45.555	0.160	29.0	16.4	79.3	154.6	2005	Makemake
エリス	67.958	0.437	43.9	186.8	36.0	203.2	2003	Eris

元期は2013年4月18.0日（ユリウス日2456400.5日），分点はJ2000.0である．

付表9　太陽・月・惑星表（国立天文台編『理科年表 平成25年版』丸善出版による）

天体名	太陽より受 ける輻射量 (地球＝1)	赤道 半径 [km]	質量 [kg]	密度 [g cm^{-3}]	脱出 速度 [km s^{-1}]	自転 周期 [日]	赤道 傾斜角 [°]	反射能	衛星数*
太　陽	—	696 000	1.988×10^{30}	1.41	617.5	25.38	7.25	—	—
水　星	6.67	2 440	3.300×10^{23}	5.43	4.25	58.65	~ 0	0.06	0
金　星	1.91	6 052	4.867×10^{24}	5.24	10.36	243.02	177.4	0.78	0
地　球	1.00	6 378	5.972×10^{24}	5.52	11.18	0.9973	23.44	0.30	1
火　星	0.43	3 396	6.414×10^{23}	3.93	5.02	1.0260	25.19	0.16	2
木　星	0.037	71 492	1.898×10^{27}	1.33	59.53	0.414	3.1	0.73	67
土　星	0.011	60 268	5.683×10^{26}	0.69	35.48	0.444	26.7	0.77	65
天王星	0.0027	25 559	8.683×10^{25}	1.27	21.29	0.718	97.9	0.82	27
海王星	0.0011	24 764	1.024×10^{26}	1.64	23.49	0.671	27.8	0.65	13
月	1.00	1 737	7.346×10^{22}	3.34	2.38	27.3217	6.67	0.07	—

*衛星数は2012年7月現在の個数である．

付録 2 各種データ

付表 10 　地球大気の温度，気圧，密度の高度分布

高度 z [km]	温度 T [K]	気圧 P [hPa] **	密度 ρ [kg/m³] **	高度 z [km]	温度 T [K]	気圧 P [hPa] **	密度 ρ [kg/m³] **
0	288.150	1.01325 +3	1.2250 + 0	47.4*	270.650	1.1022 +0	1.4187 −3
1	281.651	8.9876 +2	1.1117	50	270.650	7.9779 −1	1.0269
2	275.154	7.9501	1.0066	51.0*	270.650	7.0458	9.0690 −4
3	268.659	7.0121	9.0925 − 1	55	260.771	4.2525	5.6810
4	262.166	6.1660	8.1935	60	247.021	2.1958	3.0968
5	255.676	5.4048	7.3643	65	233.292	1.0929	1.6321
6	249.187	4.7217	6.6011	70	219.585	5.2209 −2	8.2829 −5
7	242.700	4.1105	5.9002	72.0*	214.263	3.8362	6.2374
8	236.215	3.5651	5.2579	75	208.399	2.3881	3.9921
9	229.733	3.0800	4.6706	80	198.639	1.0524	1.8458
10	223.252	2.6499	4.1351	86.0*	186.87	3.7338 −3	6.958 −6
11	216.774	2.2699	3.6480	90	186.87	1.8359	3.416
11.1*	216.650	2.2346	3.5932	91.0*	186.87	1.5381	2.860
12	216.650	1.9399	3.1194	100	195.08	3.2011 −4	5.604 −7
13	216.650	1.6579	2.6660	110	240.00	7.1042 −5	9.708 −8
14	216.650	1.4170	2.2786	120	360.00	2.5382	2.222
15	216.650	1.2111	1.9476	130	469.27	1.2505	8.152 −9
16	216.650	1.0352	1.6647	140	559.63	7.2028 −6	3.831
17	216.650	8.8497 +1	1.4230	160	696.29	3.0395	1.233
18	216.650	7.5652	1.2165	180	790.07	1.5271	5.194 −10
19	216.650	6.4674	1.0400	200	854.56	8.4736 −7	2.541
20.0*	216.650	5.5293	8.8910 − 2	250	941.33	2.4767	6.073 −11
21	217.581	4.7289	7.5715	300	976.01	8.7704 −8	1.916
22	218.574	4.0475	6.4510	350	990.06	3.4498	7.014 −12
23	219.567	3.4668	5.5006	400	995.83	1.4518	2.803
24	220.560	2.9717	4.6938	450	998.22	6.4468 −9	1.184
25	221.552	2.5492	4.0084	500	999.24	3.0236	5.215 −13
26	222.544	2.1883	3.4257	550	999.67	1.5137	2.384
27	223.536	1.8799	2.9298	600	999.85	8.2130 −10	1.137
28	224.527	1.6161	2.5076	650	999.93	4.8865	5.712 −14
29	225.518	1.3904	2.1478	700	999.97	3.1908	3.070
30	226.509	1.1970	1.8410	750	999.99	2.2599	1.788
32.2*	228.756	8.6314 +0	1.3145	800	999.99	1.7036	1.136
35	236.513	5.7459	8.4634 − 3	850	1000.00	1.3415	7.824 −15
40	250.350	2.8714	3.9957	900	1000.00	1.0873	5.759
45	264.164	1.4910	1.9663	1000	1000.00	7.5138 −11	3.561

* 特異点.
** 符号を付した +3, +2, ⋯, −15 は 10 の指数.

(1976, U.S. 標準大気)

付表 11 　太陽外層の構造

名称	太陽中心からの距離 （太陽半径 = 1.0）	光球からの高さ [km]	log P_g [dyn/cm²]	温度 [K]	log N [cm⁻³]	log N_e [cm⁻³]	τ_5
光球	1.000	−50	5.19	7900	17.11	14.84	4.13
	1.000	0	5.07	6520	17.07	13.89	1
	1.000	125	4.68	5270	16.78	12.89	0.14
	1.000	250	4.24	4480	16.37	12.42	0.02
	1.001	400	3.66	4560	15.82	11.87	2.0 × 10⁻³
	1.001	525	3.14	4440	15.32	11.38	2.4 × 10⁻⁴
彩層	1.001	855	1.93	5650	14.00	11.08	1.9 × 10⁻⁴
	1.002	1278	0.72	6390	12.73	10.90	4.0 × 10⁻⁵
	1.002	1580	0.04	6900	12.00	10.74	2.1 × 10⁻⁶
	1.003	2017	−0.69	8400	11.08	10.63	5.4 × 10⁻⁷
コロナ ｜ 惑星間 空間	1.01		−1.6	10⁶	8.4	8.4	
	1.10		−1.9	10⁶	8.0	8.0	
	1.4		−2.7	10⁶	7.2	7.2	
	3		−4.4	10⁶	5.5	5.5	
	20				3.2	3.2	
	215 (1 天文単位)			2 × 10⁵	0.7	0.7	

P_e：ガス圧，N：中性及び電離原子の数，N_e：電子の数，τ_5：0.5 μm における光学的深さ（Cox, A. N., Editor, "Allen's Astrophysical Quantities" Fourth Edition, 2000 による）.

付表 12 太陽内部の構造

太陽中心からの距離 (太陽半径 = 1.0)	圧力 $\left(\dfrac{10^{15}}{\text{dyn cm}^{-2}}\right)$	温度 $[10^6 \text{ K}]$	密度 $[\text{g cm}^{-3}]$	内部の質量 $\left(\dfrac{\text{太陽の質量}}{= 1.0}\right)$	輻射量 表面総輻 射量 = 1.0	水素含有量 (質量比)
0.0	240	15.8	156	0.00	0.0	0.333
0.1	137	13.2	88	0.08	0.46	0.537
0.2	43	9.4	35	0.35	0.94	0.678
0.3	10.9	6.8	12.0	0.61	1.0	0.702
0.4	2.7	5.1	3.9	0.79	1.0	0.707
0.6	0.21	3.1	0.50	0.94	1.0	0.712
0.8	0.017	1.37	0.09	0.99	1.0	0.735
1.0	1.3×10^{-10}	0.0064	2.7×10^{-7}	1.00	1.0	0.735

(Bahcall and Pinsonneault, 1995, Rev. Mod. Phys., **67**, 781 による)

付表 13 太陽と隕石の元素組成比

原子番号	元素名	記号	太陽大気	隕石	原子番号	元素名	記号	太陽大気	隕石
1	水素	H	12.00	—	49	インジウム	In	1.66	0.82
2	ヘリウム	He	10.99	—	50	スズ	Sn	2.0	2.14
3	リチウム	Li	1.16	3.31	51	アンチモン	Sb	1.0	1.04
4	ベリリウム	Be	1.15	1.42	52	テルル	Te	—	2.24
5	ホウ素	B	2.6	2.8	53	ヨウ素	I	—	1.51
6	炭素	C	8.56	—	54	キセノン	Xe	—	2.23
7	窒素	N	8.05	—	55	セシウム	Cs	—	1.12
8	酸素	O	8.93	—	56	バリウム	Ba	2.13	2.21
9	フッ素	F	4.56	4.48	57	ランタン	La	1.22	1.20
10	ネオン	Ne	8.09	8.09	58	セリウム	Ce	1.55	1.61
11	ナトリウム	Na	6.33	6.31	59	プラセオジム	Pr	0.71	0.78
12	マグネシウム	Mg	7.58	7.58	60	ネオジム	Nd	1.50	1.47
13	アルミニウム	Al	6.47	6.48	61	プロメチウム	Pm	—	—
14	ケイ素	Si	7.55	7.55	62	サマリウム	Sm	1.00	0.97
15	リン	P	5.45	5.57	63	ユウロピウム	Eu	0.51	0.54
16	硫黄	S	7.21	7.27	64	ガドリニウム	Gd	1.12	1.07
17	塩素	Cl	5.5	5.27	65	テルビウム	Tb	−0.1	0.33
18	アルゴン	Ar	6.56	—	66	ジスプロシウム	Dy	1.1	1.15
19	カリウム	K	5.12	5.13	67	ホルミウム	Ho	0.26	0.50
20	カルシウム	Ca	6.36	6.34	68	エルビウム	Er	0.93	0.95
21	スカンジウム	Sc	3.10	3.09	69	ツリウム	Tm	0.00	0.13
22	チタン	Ti	4.99	4.93	70	イッテルビウム	Yb	1.08	0.95
23	バナジウム	V	4.00	4.02	71	ルテチウム	Lu	0.76	0.12
24	クロム	Cr	5.67	5.68	72	ハフニウム	Hf	0.88	0.73
25	マンガン	Mn	5.39	5.53	73	タンタル	Ta	—	0.13
26	鉄	Fe	7.54	7.51	74	タングステン	W	1.11	0.68
27	コバルト	Co	4.92	4.91	75	レニウム	Re	—	0.27
28	ニッケル	Ni	6.25	6.25	76	オスミウム	Os	1.45	1.38
29	銅	Cu	4.21	4.27	77	イリジウム	Ir	1.35	1.37
30	亜鉛	Zn	4.60	4.65	78	白金	Pr	1.8	1.68
31	ガリウム	Ga	2.88	3.13	79	金	Au	1.01	0.83
32	ゲルマニウム	Ge	3.41	3.63	80	水銀	Hg	—	1.00
33	ヒ素	As	—	2.37	81	タリウム	Tl	0.9	0.82
34	セレン	Se	—	3.35	82	鉛	Pb	1.85	2.05
35	臭素	Br	—	2.63	83	ビスマス	Bi	—	0.71
36	クリプトン	Kr	—	3.23	84	ポロニウム	Po	—	—
37	ルビジウム	Rb	2.60	2.40	85	アスタチン	At	—	—
38	ストロンチウム	Sr	2.90	2.93	86	ラドン	Rn	—	—
39	イットリウム	Y	2.24	2.22	87	フランシウム	Fr	—	—
40	ジルコニウム	Zr	2.60	2.61	88	ラジウム	Ra	—	—
41	ニオブ	Nb	1.42	1.40	89	アクチニウム	Ac	—	—
42	モリブデン	Mo	1.92	1.96	90	トリウム	Th	0.12	0.08
43	テクネチウム	Tc	—	—	91	プロトアクチニウム	Pa	—	—
44	ルテニウム	Ru	1.84	1.82	92	ウラン	U	−0.45	−0.49
45	ロジウム	Rh	1.12	1.09	93	ネプツニウム	Np	—	—
46	パラジウム	Pd	1.69	1.70	94	プルトニウム	Pu	—	—
47	銀	Ag	0.94	1.24	95	アメリシウム	Am	—	—
48	カドミウム	Cd	1.86	1.76	96	キュリウム	Cm	—	—

原子の個数の対数値で示しており，水素 (H) の原子数の対数値を 12.0 としてある．太陽大気とした欄の値は太陽スペクトルの解析結果であり，隕石とした欄は C-I コンドライトの分析結果である (Cox, A. N., ed., 2000, "Allen's Astrophysical Quantities" Fourth Edition, p.30 による)．

付表14　主系列星の物理的諸量

スペクトル型 (主系列)	色指数 $B-V$ 等	色指数 $U-B$ 等	有効温度 K	実視絶対等級 等	輻射補正 等	質量 [太陽=1]	半径 [太陽=1]
O5	−0.33	−1.19	42000	−5.7	−4.40	60	12
O9	−0.31	−1.12	34000	−4.5	−3.33		
B0	−0.30	−1.08	30000	−4.0	−3.16	17.5	7.4
B2	−0.24	−0.84	20900	−2.45	−2.35		
B5	−0.17	−0.58	15200	−1.2	−1.46	5.9	3.6
B8	−0.11	−0.34	11400	−0.25	−0.80	3.8	3.0
A0	−0.02	−0.02	9790	+0.65	−0.30	2.9	2.4
A2	+0.05	+0.05	9000	+1.3	−0.20		
A5	+0.15	+0.10	8180	+1.95	−0.15	2.0	1.7
F0	+0.30	+0.03	7300	+2.7	−0.09	1.6	1.5
F2	+0.35	0.00	7000	+3.0	−0.11		
F5	+0.44	−0.02	6650	+3.5	−0.14	1.4	1.3
F8	+0.52	+0.02	6250	+4.0	−0.16		
G0	+0.58	+0.06	5940	+4.4	−0.18	1.05	1.1
G2	+0.63	+0.12	5790	+4.7	−0.20		
G5	+0.68	+0.20	5560	+5.1	−0.21	0.92	0.92
G8	+0.74	+0.30	5310	+5.5	−0.40		
K0	+0.81	+0.45	5150	+5.9	−0.31	0.79	0.85
K2	+0.91	+0.64	4830	+6.4	−0.42		
K5	+1.15	+1.08	4410	+7.35	−0.72	0.67	0.72
M0	+1.40	+1.22	3840	+8.8	−1.38	0.51	0.60
M2	+1.49	+1.18	3520	+9.9	−1.89	0.40	0.50
M5	+1.64	+1.24	3170	+12.3	−2.73	0.21	0.27

(Cox, A. N., ed., 2000, "Allen's Astrophysical Quantities" Fourth Edition, p.388 による)

付表15　星座

略記号	星座名	略記号	星座名	略記号	星座名
And	アンドロメダ	Cyg	はくちょう（白鳥）	Pav	くじゃく（孔雀）
Ant	ポンプ	Del	いるか（海豚）	Peg	ペガスス
Aps	ふうちょう（風鳥）	Dor	かじき（旗魚）	Per	ペルセウス
Aql	わし（鷲）	Dra	りゅう（龍）	Phe	ほうおう（鳳凰）
Aqr	みずがめ（水瓶）	Equ	こうま（小馬）	Pic	がか（画架）
Ara	さいだん（祭壇）	Eri	エリダヌス	PsA	みなみのうお（南魚）
Ari	おひつじ（牡羊）	For	ろ（炉）	Psc	うお（魚）
Aur	ぎょしゃ（馭者）	Gem	ふたご（双子）	Pup	とも（船尾）
Boo	うしかい（牛飼）	Gru	つる（鶴）	Pyx	らしんばん（羅針盤）
Cae	ちょうこくぐ（彫刻具）	Her	ヘルクレス	Ret	レチクル
Cam	きりん（麒麟）	Hor	とけい（時計）	Scl	ちょうこくしつ（彫刻室）
Cap	やぎ（山羊）	Hya	うみへび（海蛇）	Sco	さそり（蠍）
Car	りゅうこつ（龍骨）	Hyi	みずへび（水蛇）	Sct	たて（楯）
Cas	カシオペヤ	Ind	インディアン	Ser	へび（蛇）
Cen	ケンタウルス	Lac	とかげ（蜥蜴）	Sex	ろくぶんぎ（六分儀）
Cep	ケフェウス	Leo	しし（獅子）	Sge	や（矢）
Cet	くじら（鯨）	Lep	うさぎ（兎）	Sgr	いて（射手）
Cha	カメレオン	Lib	てんびん（天秤）	Tau	おうし（牡牛）
Cir	コンパス	LMi	こじし（小獅子）	Tel	ぼうえんきょう（望遠鏡）
CMa	おおいぬ（大犬）	Lup	おおかみ（狼）	TrA	みなみのさんかく（南三角）
CMi	こいぬ（小犬）	Lyn	やまねこ（山猫）	Tri	さんかく（三角）
Cnc	かに（蟹）	Lyr	こと（琴）	Tuc	きょしちょう（巨嘴鳥）
Col	はと（鳩）	Men	テーブルさん（テーブル山）	UMa	おおぐま（大熊）
Com	かみのけ（髪）	Mic	けんびきょう（顕微鏡）	UMi	こぐま（小熊）
CrA	みなみのかんむり（南冠）	Mon	いっかくじゅう（一角獣）	Vel	ほ（帆）
CrB	かんむり（冠）	Mus	はえ（蠅）	Vir	おとめ（乙女）
Crt	コップ	Nor	じょうぎ（定規）	Vol	とびうお（飛魚）
Cru	みなみじゅうじ（南十字）	Oct	はちぶんぎ（八分儀）	Vul	こぎつね（小狐）
Crv	からす（烏）	Oph	へびつかい（蛇遣）		
CVn	りょうけん（猟犬）	Ori	オリオン		

付表 16　近距離星

星名	赤経 (2000.0) h m	赤緯 (2000.0) ° ′	実視等級 等	年周視差 ″	スペクトル型	色指数 $B-V$ 等	実視絶対等級 等	質量 $M_\odot$
太陽*	—	—	−26.72	—	G2.0 V	0.65	4.85	1.00
Proxima Cen	14 29.7	−62 41	11.05	0.769	M5.0 V	1.83	15.48	0.11
α Cen A	14 39.6	−60 50	0.01	0.747	G2.0 V	0.64	4.38	1.14
α Cen B	14 39.6	−60 50	1.34	0.747	K0 V	0.84	5.71	0.92
Barnard's Star	17 57.8	+04 42	9.57	0.546	M3.5 V	1.74	13.25	0.16
Wolf 359	10 56.5	+07 01	13.53	0.419	M5.5 V	2.00	16.64	0.09
Lalande 21185	11 03.3	+35 58	7.47	0.393	M2.0 V	1.51	10.44	0.46
α CMa (Sirius) A	06 45.1	−16 43	−1.43	0.380	A1.0 V	0.00	1.47	1.99
α CMa (Sirius) B	06 45.1	−16 43	8.44	0.380	DA2	−0.03	11.34	1.00
GJ 65 A (BL Cet)	01 39.0	−17 57	12.61	0.374	M5.5 V	1.85	15.47	0.11
GJ 65 B (UV Cet)	01 39.0	−17 57	13.06	0.374	M6.0 V	—	15.93	0.10
Ross 154	18 49.8	−23 50	10.44	0.337	M3.5 V	1.72	13.08	0.17
Ross 248	23 41.9	+44 11	12.29	0.316	M5.5 V	1.90	14.79	0.12
ε Eri*	03 32.9	−09 28	3.73	0.311	K2.0 V	0.88	6.20	0.85
Lacaille 9352	23 05.9	−35 51	7.34	0.305	M1.0 V	1.50	9.76	0.53
Ross 128	11 47.7	+00 48	11.16	0.298	M4.0 V	1.75	13.53	0.16
EZ Aqr A	22 38.6	−15 18	13.03	0.290	M5.0 VJ	1.96	15.33	0.11
EZ Aqr B	22 38.6	−15 18	13.27	0.290	M V	—	15.58	0.11
EZ Aqr C	22 38.6	−15 18	15.07	0.290	M V	—	17.37	0.08
61 Cyg A	21 06.9	+38 45	5.20	0.286	K5.0 V	1.18	7.48	0.70
61 Cyg B	21 06.9	+38 45	6.03	0.286	K7.0 V	1.37	8.31	0.63
α CMi (Procyon) A	07 39.3	+05 14	0.37	0.285	F5 IV-V	0.42	2.65	1.57
α CMi (Procyon) B	07 39.3	+05 14	10.70	0.285	DQZ	0.00	12.98	0.5
GJ 725 A	18 42.8	+59 38	8.90	0.284	M3.0 V	1.52	11.17	0.35
GJ 725 B	18 42.8	+59 38	9.69	0.284	M3.5 V	1.59	11.96	0.26
GX And A	00 18.4	+44 01	8.08	0.280	M1.5 V	1.56	10.31	0.49
GQ And B	00 18.4	+44 01	11.06	0.280	M3.5 V	1.79	13.30	0.16
ε Ind A	22 03.4	−56 47	4.68	0.276	K4.0 V	1.06	6.89	0.77
ε Ind B	22 04.2	−56 47	—	0.276	T1.0 V	—	—	0.03
ε Ind C	22 04.2	−56 47	—	0.276	T6.0 V	—	—	0.03
DX Cnc	08 29.8	+26 47	14.90	0.276	M6.0 V	2.06	17.10	0.09
τ Cet	01 44.1	−15 56	3.49	0.274	G8.5 V	0.72	5.68	0.92
GJ 1061	03 36.0	−44 31	13.09	0.272	M5.0 V	1.90	15.26	0.11
YZ Cet	01 12.5	−17 00	12.10	0.269	M4.0 V	1.84	14.25	0.13
Luyten's Star	07 27.4	+05 14	9.85	0.266	M3.5 V	1.56	11.98	0.26
SCR 1845−6357 A	18 45.1	−63 58	17.40	0.260	M8.5 V	—	19.47	0.07
SCR 1845−6357 B	18 45.0	−63 58	—	0.260	T6.0 V	—	—	0.03
SO 0253+1652	02 53.0	+16 53	15.14	0.259	M6.5 V	—	17.21	0.08
Kapteyn's Star	05 11.7	−45 01	8.85	0.256	M2.0 VI	1.55	10.89	0.39
AX Mic	21 17.3	−38 52	6.67	0.253	K9.0 V	1.41	8.69	0.60
DEN 1048−3956	10 48.2	−39 56	17.39	0.249	M8.5 V	—	19.37	0.07
Kruger 60 A	22 28.0	+57 42	9.79	0.248	M3.0 V	1.65	11.76	0.28
Kruger 60 B	22 28.0	+57 42	11.41	0.248	M4.0 V	1.8	13.38	0.16
Ross 614 A	06 29.4	−02 49	11.18	0.244	M4.5 VJ	1.71	13.12	0.17
Ross 614 B	06 29.4	−02 49	14.26	0.244	M V	—	16.20	0.10
Wolf 1061	16 30.3	−12 40	10.10	0.234	M3.5 V	1.58	11.95	0.26
van Maanen's Star	00 49.2	+05 23	12.40	0.233	DZ7	0.55	14.23	0.5
GJ 1	00 05.4	−37 21	8.54	0.230	M1.5 V	1.46	10.35	0.48
Wolf 424 A	12 33.3	+09 01	13.25	0.228	M5.0 VJ	1.83	15.03	0.12
Wolf 424 B	12 33.3	+09 01	13.24	0.228	M V	—	15.02	0.12
TZ Ari	02 00.2	+13 03	12.31	0.225	M4.0 V	—	14.07	0.14
GJ 687	17 36.4	+68 20	9.17	0.220	M3.0 V	1.50	10.89	0.39
LHS 292	10 48.2	−11 20	15.73	0.220	M6.5 V	2.10	17.45	0.08
G 208-044 A	19 53.9	+44 25	13.46	0.220	M5.5 VJ	1.90	15.18	0.11
G 208-044 B	19 53.9	+44 25	16.75	0.220	M V	1.98	18.47	0.07
G 208-045	19 53.9	+44 25	14.01	0.220	M6.0 V	—	15.72	0.10
GJ 674*	17 28.7	−46 54	9.37	0.220	M2.5 V	1.53	11.08	0.36
WD 1142-645	11 45.7	−64 50	11.50	0.216	DQ6	0.19	13.17	0.5
Ross 780*	22 53.3	−14 16	10.18	0.214	M3.5 V	1.58	11.84	0.27
GJ 1002	00 06.7	−07 32	13.77	0.213	M5.0 V	1.98	15.41	0.11
LHS 288	10 44.4	−61 13	13.92	0.210	M5.5 V	1.82	15.53	0.11
GJ 412 A	11 05.5	+43 32	8.77	0.206	M1.0 V	—	10.34	0.48
GJ 412 B	11 05.5	+43 31	14.44	0.206	M5.5 V	—	16.01	0.10
GJ 380	10 11.4	+49 27	6.59	0.206	K7.0 V	1.36	8.15	0.64
GJ 388	10 19.6	+19 52	9.29	0.205	M2.5 V	1.54	10.87	0.39
GJ 832*	21 33.6	−49 01	8.66	0.202	M1.5 V	1.47	10.19	0.50
LP 944-020	03 39.6	−35 26	18.69	0.201	M9.0 V	—	20.21	0.07
DEN 0255−4700	02 55.1	−47 01	22.92	0.201	L7.5 V	—	24.44	0.05
GJ 166 A (o^2 Eri)	04 15.3	−07 39	4.43	0.201	K0.5 V	0.82	5.94	0.89
GJ 166 B	04 15.4	−07 40	9.52	0.201	DA4	0.03	11.03	0.5
GJ 166 C	04 15.4	−07 40	11.24	0.201	M4.0 V	1.67	12.75	0.18

データは 2014 年 5 月 2 日現在の「THE ONE HUNDRED NEAREST STAR SYSTEMS」(http://www.chara.gsu.edu/RECONS/TOP100.posted.htm) から，年周視差が 0.200″ より大きな恒星をリストアップした．なお，色指数はグリーゼ近傍恒星カタログ (http://heasarc.gsfc.nasa.gov/W3Browse/star-catalog/cns3.html) による．*は惑星が見つかっている恒星を表す．

付表 17　明るい恒星

星名	赤経 (2000.0) h m	赤緯 (2000.0) ° ′	実視等級 等	色指数 $B-V$ 等	スペクトル型	固有運動 $10^3\mu_\alpha$ ″	$10^3\mu_\delta$ ″	距離 pc	絶対等級 等	視線速度 km/s
α And	00 08.4	+29 05	2.1 d	−0.11	B8IVpMnHg	137	−163	30	−0.4	−12
β Cas	00 09.2	+59 09	2.3 d	0.34	F2III-IV	524	−180	17	1.6	12
γ Peg	00 13.2	+15 11	2.8 d	−0.23	B2IV	2	−9	120	—	4
β Hyi	00 25.8	−77 15	2.8	0.62	G2IV	2220	324	7.5	3.7	23
α Phe	00 26.3	−42 18	2.4	1.09	K0III	233	−356	26	0.1	75
δ And	00 39.3	+30 52	3.3 d	1.28	K3III	114	−84	32	0.5	−7
α Cas	00 40.5	+56 32	2.2 d	1.17	K0IIIa	51	−32	70	−1.8	−4
β Cet	00 43.6	−17 59	2.0	1.02	G9.5IIICH-1	233	32	30	0.9	13
η Cas	00 49.1	+57 49	3.4 d	0.57	F9V+dM0	1087	−559	6	4.6	9
γ Cas	00 56.7	+60 43	2.5 dv	−0.15	B0IVe	25	−4	170	−1.5	−7
β Phe	01 06.1	−46 43	3.3 d	0.89	G8III	−81	35	8300	−0.1	−1
η Cet	01 08.6	−10 11	3.5 d	1.16	K1.5IIICN1Fe0.5	216	−139	38	1.6	12
β And	01 09.7	+35 37	2.1 d	1.58	M0+IIIa	176	−112	61	0.6	3
δ Cas	01 25.8	+60 14	2.7 d	0.13	A5III-IV	297	−49	30	0.5	7
γ Phe	01 28.4	−43 19	3.4	1.57	M0-IIIa	−18	−209	72	—	26
α Eri[1]	01 37.7	−57 14	0.5	−0.16	B3Vpe	87	−38	43	−2.4	16
τ Cet	01 44.1	−15 56	3.5 d	0.72	G8V	−1721	854	3.7	5.7	−16
α Tri	01 53.1	+29 35	3.4 d	0.49	F6IV	11	−234	19	2.2	−13
ϵ Cas	01 54.4	+63 40	3.4	−0.15	B3III	32	−19	130	−1.6	−8
β Ari	01 54.6	+20 48	2.6	0.13	A5V	99	−110	18	1.9	−2
α Hyi	01 58.8	−61 34	2.9	0.28	F0V	264	27	22	1.3	1
γ^1 And	02 03.9	+42 20	2.3 d	1.37	K3-IIb	42	−49	120	−2.1	−12
α Ari	02 07.2	+23 28	2.0	1.15	K2-IIICa-1	189	−148	20	0.5	−14
β Tri	02 09.5	+34 59	3.0	0.14	A5III	149	−39	39	−0.3	10
o Cet[2]	02 19.3	−02 59	3.0 dv	1.42	M7IIIe+Bep	9	−237	92	−0.1	64
α UMi[3]	02 31.8	+89 16	2.0 d	0.60	F7:Ib-II	44	−12	130	−3.8	−17
γ Cet	02 43.3	+03 14	3.5 d	0.09	A3V	−146	−146	24	2.1	−5
θ^1 Eri	02 58.3	−40 18	3.2 d	0.14	A4III	−53	22	49	0.9	12
α Cet	03 02.3	+04 05	2.5	1.64	M1.5IIIa	−10	−77	76	−2.7	−26
γ Per	03 04.8	+53 30	2.9 d	0.70	G8III+A2V	1	−6	75	−1.1	3
ρ Per	03 05.2	+38 50	3.4	1.65	M4II	129	−106	94	−1.4	28
β Per[4]	03 08.2	+40 57	2.1 dv	−0.05	B8V	3	−2	28	0.4	4
α Per	03 24.3	+49 52	1.8 d	0.48	F5Ib	24	−26	160	−2.2	−2
δ Per	03 42.9	+47 47	3.0 d	−0.13	B5IIIe	26	−43	160	−1.0	4
δ Eri	03 43.2	−09 46	3.5	0.92	K0+IV	−93	744	9.0	3.7	−6
γ Hyi	03 47.2	−74 14	3.2	1.62	M2III	51	115	66	−3.3	16
η Tau	03 47.5	+24 06	2.9 d	−0.09	B7IIIe	19	−44	120	−2.6	10
ζ Per	03 54.1	+31 53	2.9 dv	0.12	B1Ib	6	−10	230	−2.1	20
ϵ Per	03 57.9	+40 01	2.9 dv	−0.18	B0.5V+A2V	14	−24	200	−2.3	1
γ Eri	03 58.0	−13 31	3.0 v	1.59	M0.5IIICa-1Cr-1	62	−113	62	−2.0	62
λ Tau	04 00.7	+12 29	3.5	−0.12	B3V+A4IV	−8	−14	150	−5.0	18
α Ret	04 14.4	−62 28	3.4 d	0.91	G8II-III	42	49	50	−1.0	36
ϵ Tau	04 28.6	+19 11	3.5 d	1.01	G9.5IIICN0.5	106	−38	45	0.0	39
θ^2 Tau	04 28.7	+15 52	3.4 d	0.18	A7III	108	−27	46	0.7	40
α Dor	04 34.0	−55 03	3.3 dv	−0.10	A0IIISi	58	11	52	−0.4	26
α Tau[5]	04 35.9	+16 31	0.9 d	1.54	K5+III	63	−189	20	−0.7	54
π^3 Ori	04 49.8	+06 58	3.2 d	0.45	F6V	464	11	8.1	3.7	24
ι Aur	04 57.0	+33 10	2.7	1.53	K3II	7	−15	150	−0.7	18
ϵ Aur	05 02.0	+43 49	3.0 dv	0.54	F0Iae+B	−1	−3	650	−2.8	−3
ϵ Lep	05 05.5	−22 22	3.2	1.46	K5III	21	−73	65	−1.6	1
η Aur	05 06.5	+41 14	3.2	−0.18	B3V	31	−68	75	−0.1	7
β Eri	05 07.9	−05 05	2.8 d	0.13	A3III	−83	−75	27	1.3	−9
μ Lep	05 12.9	−16 12	3.3 v	−0.11	B9IIIpHgMn	47	−16	57	0.1	28
β Ori[6]	05 14.5	−08 12	0.1 d	−0.03	B8Ia:	1	1	260	−4.3	21
α Aur[7]	05 16.7	+45 60	0.1 d	0.80	G5IIIe+G0III	75	−427	13	−0.6	30
η Ori	05 24.5	−02 24	3.4 d	−0.17	B1V+B2e	−1	−3	300	−2.4	20
γ Ori	05 25.1	+06 21	1.6 d	−0.22	B2III	−8	−13	77	−1.1	18
β Tau	05 26.3	+28 36	1.7	−0.13	B7III	23	−174	41	−1.1	9
β Lep	05 28.2	−20 46	2.8 d	0.82	G5II	−5	−86	49	−0.7	−14
δ Ori	05 32.0	−00 18	2.2 d	−0.22	O9.5II	1	−1	210	−2.1	16

(1) アケルナル, (2) ミラ, (3) ポラリス (北極星), (4) アルゴル, (5) アルデバラン, (6) リゲル, (7) カペラ

星名	赤経 (2000.0)	赤緯 (2000.0)	実視等級	色指数 $B-V$	スペクトル型	固有運動 $10^3\mu_\alpha$	$10^3\mu_\delta$	距離	絶対等級	視線速度
	h m	° ′	等	等		″	″	pc	等	km/s
α Lep	05 32.7	−17 49	2.6 d	0.21	F0Ib	4	1	680	−3.2	24
λ Ori	05 35.1	+09 56	3.5 d	−0.18	O8III((f))	0	−3	340	−2.3	34
ι Ori	05 35.4	−05 55	2.8 d	−0.24	O9III	1	0	710	−0.2	22
ε Ori	05 36.2	−01 12	1.7 d	−0.19	B0Ia	1	−1	610	—	26
ζ Tau	05 37.6	+21 09	3.0 dv	−0.19	B4IIIpe	2	−20	140	−2.5	20
α Col	05 39.6	−34 04	2.6 d	−0.12	B7IVe	2	−25	80	−7.4	35
ζ Ori	05 40.8	−01 57	2.1 d	−0.21	O9.7Ib	3	2	230	−1.0	18
κ Ori	05 47.8	−09 40	2.1	−0.17	B0.5Ia	1	−1	200	−2.0	21
β Col	05 51.0	−35 46	3.1	1.16	K2III	55	404	27	−0.1	89
α Ori[1]	05 55.2	+07 24	0.5 dv	1.85	M1-2Ia-Iab	28	11	150	−6.0	21
β Aur	05 59.5	+44 57	1.9 d	0.03	A2IV	−56	−1	25	0.0	−18
θ Aur	05 59.7	+37 13	2.6 d	−0.08	A0pSi	44	−74	51	−0.7	30
η Gem	06 14.9	+22 30	3.3 dv	1.60	M3III	−62	−12	120	−1.0	19
ζ CMa	06 20.3	−30 04	3.0 d	−0.19	B2.5V	7	4	110	−4.0	32
β CMa	06 22.7	−17 57	2.0 d	−0.23	B1II-III	−3	−1	150	−1.6	34
μ Gem	06 23.0	+22 31	2.9 d	1.64	M3IIIab	56	−110	71	−0.6	55
α Car[2]	06 24.0	−52 42	−0.7	0.15	F0II	20	23	95	−3.5	21
γ Gem	06 37.7	+16 24	1.9 d	0.00	A0IV	14	−55	34	−0.5	−13
ν Pup	06 37.8	−43 12	3.2	−0.11	B8III	0	−4	110	—	28
ε Gem	06 43.9	+25 08	3.0 d	1.40	G8Ib	−6	−12	260	−0.8	10
α CMa[3]	06 45.1	−16 43	−1.4 d	0.00	A1Vm	−546	−1223	2.6	1.5	−8
ξ Gem	06 45.3	+12 54	3.4	0.43	F5III	−116	−191	18	2.1	25
α Pic	06 48.2	−61 56	3.3	0.21	A7IV	−66	243	30	1.9	21
τ Pup	06 49.9	−50 37	2.9	1.20	K1III	34	−69	56	—	36
ε CMa	06 58.6	−28 58	1.5 d	−0.21	B2II	3	1	120	−8.5	27
σ CMa	07 01.7	−27 56	3.5 dv	1.73	K7Ib	−6	5	340	0.4	22
o² CMa	07 03.0	−23 50	3.0	−0.08	B3Iab	−2	4	850	—	48
δ CMa	07 08.4	−26 24	1.8	0.68	F8Ia	−3	3	490	—	34
π Pup	07 17.1	−37 06	2.7 d	1.62	K3Ib	−10	6	250	0.2	16
δ Gem	07 20.1	+21 59	3.5 d	0.34	F2IV	−15	−10	19	2.4	4
η CMa	07 24.1	−29 18	2.5 d	−0.08	B5Ia	−4	6	610	—	41
β CMi	07 27.2	+08 17	2.9 d	−0.09	B8Ve	−52	−38	50	−0.7	22
σ Pup	07 29.2	−43 18	3.3 d	1.51	K5III	−60	188	59	−0.2	88
α Gem[4]	07 34.6	+31 53	1.6 d	0.03	A1V + A2Vm	−191	−145	16	1.1	6
α CMi[5]	07 39.3	+05 14	0.4 d	0.42	F5IV-V	−715	−1037	3.5	2.7	−3
β Gem[6]	07 45.3	+28 02	1.1 d	1.00	K0IIIb	−627	−46	10	1.0	3
ξ Pup	07 49.3	−24 52	3.3 d	1.24	G6Iab-Ib	−5	−1	370	−4.3	3
χ Car	07 56.8	−52 59	3.5	−0.18	B3IVp	−29	20	140	−3.5	19
ζ Pup	08 03.6	−40 00	2.3		O5f	−30	17	330	—	−24
ρ Pup	08 07.5	−24 18	2.8 d	0.43	F6IIpDel Del	−83	46	19	0.5	46
γ² Vel	08 09.5	−47 20	1.8 dv	−0.22	WC8+O9I	−6	10	340	−2.0	35
β Cnc	08 16.5	+09 11	3.5 d	1.48	K4IIIBa0.5	−47	−49	93	−1.1	22
ε Car	08 22.5	−59 31	1.9	1.28	K3III+B2:V	−26	22	190		2
o UMa	08 30.3	+60 43	3.4 d	0.84	G5III	−134	−107	55	−1.8	20
δ Vel	08 44.7	−54 43	2.0 d	0.04	A1V	29	−103	25	0.5	2
ε Hya	08 46.8	+06 25	3.4 d	0.68	G5III	−228	−44	40	0.6	36
ζ Hya	08 55.4	+05 57	3.1	1.00	G9II-III	−100	15	51	0.8	23
ι UMa	08 59.2	+48 03	3.1 d	0.19	A7IV	−441	−215	15	2.5	9
λ Vel	09 08.0	−43 26	2.2 d	1.66	K4.5Ib-II	−24	14	170	−1.1	18
a Car	09 11.0	−58 58	3.4	−0.19	B2IV-V	−17	15	140		23
β Car	09 13.2	−69 43	1.7	0.00	A2IV	−156	109	35	−1.7	−5
ι Car	09 17.1	−59 17	2.3 v	0.18	A8Ib	−19	12	230	−1.5	13
α Lyn	09 21.1	+34 24	3.1 v	1.55	K7IIIab	−224	15	62	0.1	38
κ Vel	09 22.1	−55 01	2.5		B2IV-V	−11	12	180	−1.9	22
α Hya	09 27.6	−08 40	2.0 dv	1.44	K3II-III	−15	34	55	−1.3	−4
N Vel	09 31.2	−57 02	3.1	1.55	K5III	−33	6	73	−0.2	−14
θ UMa	09 32.9	+51 41	3.2 d	0.46	F6IV	−947	−536	13	1.8	15
o Leo	09 41.2	+09 54	3.5 d	0.49	F6II+A1-5V	−143	−37	40	1.2	27
ε Leo	09 45.9	+23 46	3.0	0.80	G1II	−46	−9	76	−2.0	4
υ Car	09 47.1	−65 04	3.0 d	0.28	A6Ib	−12	5	440	0.2	14
φ Vel	09 56.9	−54 34	3.5 d	−0.08	B5Ib	−13	4	490	—	14
η Leo	10 07.3	+16 46	3.5 d	−0.03	A0Ib	−3	−2	390	−4.1	3
α Leo[7]	10 08.4	+11 58	1.4 d	−0.11	B7V	−249	6	24	−0.3	6
ω Car	10 13.7	−70 02	3.3	−0.08	B8III	−36	7	100	—	7
ζ Leo	10 16.7	+23 25	3.4 d	0.31	F0III	18	−7	84	−0.4	−16

(1) ベテルギウス, (2) カノープス, (3) シリウス, (4) カストル, (5) プロキオン, (6) ポルックス, (7) レグルス

付録2 各種データ　263

星名	赤経 (2000.0)	赤緯 (2000.0)	実視 等級	色指数 $B-V$	スペクトル型	固有運動 $10^3\mu_\alpha$	$10^3\mu_\delta$	距離	絶対 等級	視線 速度
	h m	° ′	等	等		″	″	pc	等	km/s
λ UMa	10 17.1	+42 55	3.5	0.03	A2IV	−181	−46	42	0.9	18
q Car	10 17.1	−61 20	3.4 d	1.54	K3IIa	−25	7	200	0.6	8
γ¹ Leo	10 20.0	+19 51	2.6 d	1.15	K1-IIIbFe-0.5	304	−154	40	−0.7	−37
μ UMa	10 22.3	+41 30	3.1	1.59	M0III	−81	35	71	0.8	−21
p Car	10 32.0	−61 41	3.3	−0.09	B4Vne	−17	12	150	—	26
θ Car	10 43.0	−64 24	2.8	−0.22	B0Vp	−18	12	140	—	24
μ Vel	10 46.8	−49 25	2.7 d	0.90	G5III+G2V	63	−54	36	−0.6	6
ν Hya	10 49.6	−16 12	3.1	1.25	K2III	93	199	44	0.3	−1
β UMa	11 01.8	+56 23	2.4	−0.02	A1V	81	33	24	1.0	−12
α UMa	11 03.7	+61 45	1.8 d	1.07	K0IIIa	−134	−35	38	−0.3	−9
ψ UMa	11 09.7	+44 30	3.0	1.14	K1III	−62	−27	44	—	−4
δ Leo	11 14.1	+20 31	2.6	0.12	A4V	143	−130	18	1.0	−20
θ Leo	11 14.2	+15 26	3.3	−0.01	A2V	−60	−79	51	0.4	8
ν UMa	11 18.5	+33 06	3.5 d	1.40	K3-IIIBa0.3	−27	29	120	0.0	−9
ξ Hya	11 33.0	−31 51	3.5 d	0.94	G7III	−210	−41	40	0.7	−5
λ Cen	11 35.8	−63 01	3.1	−0.04	B9III	−33	−7	130	—	−1
β Leo	11 49.1	+14 34	2.1 d	0.09	A3V	−498	−115	11	1.7	0
γ UMa	11 53.8	+53 42	2.4	0.00	A0Ve	108	11	26	−0.4	−13
δ Cen	12 08.4	−50 43	2.6 dv	−0.12	B2IVne	−50	−7	130	−0.3	11
ε Crv	12 10.1	−22 37	3.0	1.33	K2.5IIIaBa0.2:	−72	10	97	0.2	5
δ Cru	12 15.1	−58 45	2.8	−0.23	B2IV	−36	−10	110	−4.8	22
δ UMa	12 15.4	+57 02	3.3 d	0.08	A3V	104	7	25	2.2	−13
γ Crv	12 15.8	−17 33	2.6	−0.11	B8IIIpHgMn	−159	22	47	—	−4
α Cru	12 26.6	−63 06	0.8 d	−0.24	B0.5IV+B1V	−36	−15	99	−4.2	−11
δ Crv	12 29.9	−16 31	3.0 d	−0.05	B9.5V	−210	−139	27	−0.1	9
γ Cru	12 31.2	−57 07	1.6 d	1.59	M3.5III	28	−265	27	—	21
β Crv	12 34.4	−23 24	2.7	0.89	G5II	1	−57	45	0.4	−8
α Mus	12 37.2	−69 08	2.7 d	−0.20	B2IV-V	−40	−13	97	—	13
γ Cen	12 41.5	−48 58	2.2 d	−0.01	A1IV	−186	6	40	−1.8	−6
γ Vir	12 41.7	−01 27	2.8 d	0.36	F0V+F0V	−615	61	12	2.5	−20
β Mus	12 46.3	−68 06	3.1 d	−0.18	B2.5V	−42	−9	100	−1.0	42
β Cru	12 47.7	−59 41	1.3 d	−0.23	B0.5III	−43	−16	85	−3.4	16
ε UMa	12 54.0	+55 58	1.8	−0.02	A0pCr	112	−8	25	−3.4	−9
δ Vir	12 55.6	+03 24	3.4 d	1.58	M3+III	−470	−53	61	0.1	−18
α² CVn	12 56.0	+38 19	2.9 d	−0.12	A0pSiEuHg	−235	54	35	0.1	−3
ε Vir	13 02.2	+10 58	2.8	0.94	G8IIIab	−274	20	34	1.0	−14
γ Hya	13 18.9	−23 10	3.0 d	0.92	G8-IIIa	69	−42	41	0.2	−5
ι Cen	13 20.6	−36 43	2.8	0.04	A2V	−341	−86	18	1.8	0
ζ UMa	13 23.9	+54 56	2.3 d	0.02	A1VpSrSi	119	−26	26	0.7	−6
α Vir[1]	13 25.2	−11 10	1.0 d	−0.23	B1III-IV+B2V	−42	−31	77	−2.2	1
ζ Vir	13 34.7	−00 36	3.4	0.11	A3V	−280	49	23	1.6	−13
ε Cen	13 39.9	−53 28	2.3 d	−0.22	B1III	−15	−12	130	—	3
η UMa	13 47.5	+49 19	1.9	−0.19	B3V	−121	−15	32	−0.4	−11
ν Cen	13 49.5	−41 41	3.4	−0.22	B2IV	−27	−20	130	—	9
μ Cen	13 49.6	−42 28	3.0 dv	−0.17	B2IV-Ve	−24	−19	160	—	9
η Boo	13 54.7	+18 24	2.7 d	0.58	G0IV	−61	−356	11	2.9	0
ζ Cen	13 55.5	−47 17	2.6	−0.22	B2.5IV	−57	−45	120	—	7
β Cen	14 03.8	−60 22	0.6 d	−0.23	B1III	−33	−23	120	−4.6	6
π Hya	14 06.4	−26 41	3.3	1.12	K2-III-IIIbFe-0.5	44	−141	31	1.8	27
θ Cen	14 06.7	−36 22	2.1 d	1.01	K0-IIIb	−521	−518	18	1.2	1
α Boo[2]	14 15.7	+19 11	0.0	1.23	K1.5IIIFe-0.5	−1093	−2000	11	−0.2	−5
γ Boo	14 32.1	+38 19	3.0 dv	0.19	A7III	−116	151	27	0.0	−37
η Cen	14 35.5	−42 09	2.3	−0.19	B1.5Vne	−35	−33	94	—	0
α Cen	14 39.6	−60 50	−0.3 d	0.71	G2V + K1V	−3679	474	1.3	4.4	−22
α Lup	14 41.9	−47 23	2.3 d	−0.20	B1.5III/Vn	−21	−24	140	—	5
α Cir	14 42.5	−64 59	3.2 d	0.24	ApSrEuCr:	−193	−234	17	1.9	7
ε Boo	14 45.0	+27 04	2.7 d	0.97	K0-II-III	−51	21	62	−1.3	−17
β UMi	14 50.7	+74 09	2.1 d	1.47	K4-III	−33	11	40	0.1	17
α² Lib	14 50.9	−16 03	2.8 d	0.15	A3IV	−106	−68	23	1.6	−10
β Lup	14 58.5	−43 08	2.7	−0.22	B2III/IV	−36	−40	120	—	0
κ Cen	14 59.2	−42 06	3.1 d	−0.20	B2IV	−18	−23	120	—	8
β Boo	15 01.9	+40 23	3.5	0.97	G8IIIaBa0.3Fe-0.5	−40	−29	69	1.3	−20
σ Lib	15 04.1	−25 17	3.3	1.70	M3-III	−71	−43	88	2.3	−4
ζ Lup	15 12.3	−52 06	3.4 d	0.92	G8III	−113	−71	36	1.6	−10
δ Boo	15 15.5	+33 19	3.5 dv	0.95	G8IIIFe-1	85	−112	37	0.9	−12

(1) スピカ, (2) アークトゥルス

星名	赤経 (2000.0)	赤緯 (2000.0)	実視等級	色指数 $B-V$	スペクトル型	固有運動 $10^3\mu_\alpha$	$10^3\mu_\delta$	距離	絶対等級	視線速度
	h m	° ′	等	等		″	″	pc	等	km/s
β Lib	15 17.0	−09 23	2.6	−0.11	B8V	−98	−20	57	—	−35
γ TrA	15 18.9	−68 41	2.9	0.00	A1V	−67	−32	56	−2.1	−3
γ UMi	15 20.7	+71 50	3.1	0.05	A3II-III	−18	18	150	−4.5	−4
δ Lup	15 21.4	−40 39	3.2	−0.22	B1.5IV	−19	−25	270	—	0
ϵ Lup	15 22.7	−44 41	3.4 d	−0.18	B2IV-V	−23	−19	160	−1.8	8
ι Dra	15 24.9	+58 58	3.3 d	1.16	K2III	−8	17	31	1.3	−11
α CrB	15 34.7	+26 43	2.2	−0.02	A0V+G5V	120	−90	23	0.5	2
γ Lup	15 35.1	−41 10	2.8 d	−0.20	B2IV	−16	−25	130	−2.7	2
α Ser	15 44.3	+06 26	2.7 d	1.17	K2IIIbCN1	134	45	23	1.3	3
μ Ser	15 49.6	−03 26	3.5	−0.04	A0V	−100	−26	52	−2.3	−9
β TrA	15 55.1	−63 26	2.9 d	0.29	F2III	−189	−402	12	2.5	0
π Sco	15 58.9	−26 07	2.9 d	−0.19	B1V+B2V	−11	−27	180	−2.1	−3
T VrB	15 59.5	+25 55	2.0 v	0.10	sdBe+gM3+Q	−6	10	1100	—	−29
η Lup	16 00.1	−38 24	3.4 d	−0.22	B2.5IV	−17	−28	140	−2.1	8
δ Sco	16 00.3	−22 37	2.3 d	−0.12	B0.3IV	−10	−35	150	—	−7
β^1 Sco	16 05.4	−19 48	2.6 d	−0.07	B1V	−5	−24	120	−2.6	−1
δ Oph	16 14.3	−03 42	2.7 d	1.58	M0.5III	−48	−143	52	0.4	−20
ϵ Oph	16 18.3	−04 42	3.2 d	0.96	G9.5IIIbFe-0.5	83	41	33	1.4	−10
σ Sco	16 21.2	−25 36	2.9 d	0.13	B1III	−11	−16	210	—	3
η Dra	16 24.0	+61 31	2.7 d	0.91	G8-IIIab	−17	57	28	1.2	−14
α Sco[1]	16 29.4	−26 26	1.0 dv	1.83	M1.5Iab-Ib+B4Ve	−12	−23	170	−2.1	−3
β Her	16 30.2	+21 29	2.8 d	0.94	G7IIIa	−99	−15	43	−0.3	−26
τ Sco	16 35.9	−28 13	2.8	−0.25	B0V	−10	−23	150	−0.7	2
ζ Oph	16 37.2	−10 34	2.6	0.02	O9.5Vn	15	25	110	−5.0	−15
ζ Her	16 41.3	+31 36	2.8 d	0.65	G0IV	−462	342	11	2.8	−70
η Her	16 42.9	+38 55	3.5	0.92	G7.5IIIbFe-1	35	−85	33	1.2	8
α TrA	16 48.7	−69 02	1.9	1.44	K2Ib-IIa	18	−32	120	−0.6	−3
ϵ Sco	16 50.2	−34 18	2.3	1.15	K2.5III	−615	−256	20	−1.0	−3
μ^1 Sco	16 51.9	−38 03	3.1 d	−0.20	B1.5V+B6.5V	−11	−22	150	—	−25
κ Oph	16 57.7	+09 23	3.2	1.15	K2III	−292	−10	28	0.7	−56
ζ Ara	16 58.6	−55 59	3.1	1.60	K3III	−18	−37	150	1.3	−6
ζ Dra	17 08.8	+65 43	3.2	−0.12	B6III	−20	20	100	0.0	−17
η Oph	17 10.4	−15 43	2.4 d	0.06	A2V	40	99	27	1.0	−1
η Sco	17 12.2	−43 14	3.3	0.41	F3III-IVp	24	−289	23	2.3	−28
α^1 Her	17 14.6	+14 23	3.5 d	1.44	M5Ib-II	−7	36	110	—	−33
δ Her	17 15.0	+24 50	3.1 d	0.08	A3IV	−21	−156	23	1.3	−40
π Her	17 15.0	+36 49	3.2	1.44	K3IIab	−27	3	120	0.2	−26
θ Oph	17 22.0	−24 60	3.3 d	−0.22	B2IV	−7	−24	130	—	−2
β Ara	17 25.3	−55 32	2.9	1.46	K3Ib-IIa	−9	−25	200	0.6	0
γ Ara	17 25.4	−56 23	3.3 d	−0.13	B1Ib	0	−16	340	—	−3
β Dra	17 30.4	+52 18	2.8 d	0.98	G2Ib-IIa	−16	12	120	−1.6	−20
υ Sco	17 30.8	−37 18	2.7	−0.22	B2IV	−2	−30	180	—	8
α Ara	17 31.8	−49 53	3.0 d	−0.17	B2Vne	−33	−67	82	−2.8	0
λ Sco	17 33.6	−37 06	1.6 d	−0.22	B2IV+B	−9	−31	180	—	−3
α Oph	17 34.9	+12 34	2.1	0.15	A5III	108	−222	15	1.2	13
θ Sco	17 37.3	−42 60	1.9	0.40	F1II	6	−3	92	−0.9	1
ξ Ser	17 37.6	−15 24	3.5 d	0.26	F0IVDel Sct	−42	−60	32	0.9	−43
κ Sco	17 42.5	−39 02	2.4	−0.22	B1.5III	−6	−26	150	—	−14
β Oph	17 43.5	+04 34	2.8	1.16	K2III	−41	159	25	0.4	−12
μ Her	17 46.5	+27 43	3.4 d	0.75	G5IV	−292	−750	8.3	3.6	−16
ι^1 Sco	17 47.6	−40 08	3.0 d	0.51	F2Iae	0	−6	590	−0.6	−28
G Sco	17 49.9	−37 03	3.2 d	1.17	K2II	41	27	39	1.2	25
γ Dra	17 56.6	+51 29	2.2 d	1.52	K5III	−8	−23	47	−0.8	−28
ν Oph	17 59.0	−09 46	3.3	0.99	K0IIIaCN-1	−9	−117	46	−0.1	13
γ^2 Sgr	18 05.8	−30 25	3.0	1.00	K0III	−54	−181	30	0.0	22
η Sgr	18 17.6	−36 46	3.1 d	1.56	M3.5III	−130	−166	45	1.4	1
δ Sgr	18 21.0	−29 50	2.7 d	1.38	K3-IIIa*	33	−26	110	1.1	−20
η Ser	18 21.3	−02 54	3.3 d	0.94	K0III-IV	−548	−701	19	2.1	9
ϵ Sgr	18 24.2	−34 23	1.9 d	−0.03	B9.5III	−39	−124	44	−1.3	−15
α Tel	18 27.0	−45 58	3.5	−0.17	B3IV	−17	−53	85	—	0
λ Sgr	18 28.0	−25 25	2.8	1.04	K1+IIIb	−45	−186	24	1.4	−43
α Lyr[2]	18 36.9	+38 47	0.0 d	0.00	A0Va	201	286	7.7	0.4	−14
ϕ Sgr	18 45.7	−26 59	3.2 d	−0.11	B8III	51	1	73	—	22
β Lyr	18 50.1	+33 22	3.5 d	0.00	B8IIpe	2	−4	290	—	−19
σ Sgr	18 55.3	−26 18	2.0 d	−0.22	B2.5V	15	−53	70	—	−11

(1) アンタレス, (2) ベガ

付録2 各種データ

星名	赤経 (2000.0)	赤緯 (2000.0)	実視等級	色指数 $B-V$	スペクトル型	固有運動 $10^3\mu_\alpha$	$10^3\mu_\delta$	距離	絶対等級	視線速度
	h m	° ′	等	等		″	″	pc	等	km/s
ξ^2 Sgr	18 57.7	−21 06	3.5	1.18	K1III	32	−13	110	−1.3	−20
γ Lyr	18 58.9	+32 41	3.2 d	−0.05	B9III	−3	1	190	−0.2	−21
ζ Sgr	19 02.6	−29 53	2.6 d	0.08	A2III+A4IV	11	21	27	−0.4	22
ζ Aql	19 05.4	+13 52	3.0 d	0.01	A0Vn	−7	−96	25	1.3	−25
λ Aql	19 06.2	−04 53	3.4	−0.09	B9Vn	−19	−91	38	0.9	−12
τ Sgr	19 06.9	−27 40	3.3	1.19	K1+IIIb	−51	−250	37	1.5	45
π Sgr	19 09.8	−21 01	2.9 d	0.35	F2II	−1	−36	160	0.0	−10
δ Dra	19 12.6	+67 40	3.1 d	1.00	G9III	96	92	30	0.6	25
δ Aql	19 25.5	+03 07	3.4 d	0.32	F3IV	255	83	16	2.7	−30
β Cyg[1]	19 30.7	+27 58	3.1 d	1.13	K3II+B9.5V	−7	−6	130	−0.7	−24
δ Cyg	19 45.0	+45 08	2.9 d	−0.03	B9.5IV+F1V	44	49	51	0.3	−20
γ Aql	19 46.3	+10 37	2.7 d	1.52	K3II	17	−3	120	−1.3	−2
α Aql[2]	19 50.8	+08 52	0.8 d	0.22	A7V	536	385	5.1	2.3	−26
γ Sge	19 58.8	+19 30	3.5	1.57	M0-III	66	22	79	−0.9	−33
θ Aql	20 11.3	−00 49	3.2 d	−0.07	B9.5III	35	6	88	−1.4	−27
β Cap	20 21.0	−14 47	3.1 d	0.79	F8V+A0	45	7	100	−1.9	−19
γ Cyg	20 22.2	+40 15	2.2 d	0.68	F8Ib	2	−1	560	−5.4	−8
α Pav	20 25.6	−56 44	1.9 d	−0.20	B2IV	7	−86	55	—	2
α Ind	20 37.6	−47 17	3.1 d	1.00	K0IIICNIII-IV	49	67	30	1.4	−1
α Cyg[3]	20 41.4	+45 17	1.3 d	0.09	A2Ia	2	2	430	−6.9	−5
β Pav	20 45.0	−66 12	3.4	0.16	A7III	−43	10	41	1.1	10
η Cep	20 45.3	+61 50	3.4 d	0.92	K0IV	87	818	14	2.7	−87
ϵ Cyg	20 46.2	+33 58	2.5 d	1.03	K0-III	356	331	22	1.3	−11
ζ Cyg	21 12.9	+30 14	3.2 d	0.99	G8+III-IIIaBa0.6	7	−68	44	0.4	17
α Cep	21 18.6	+62 35	2.4 d	0.22	A7V	151	49	15	1.6	−10
β Cep	21 28.7	+70 34	3.2 d	−0.22	B1IV	13	8	210	−1.1	−8
β Aqr	21 31.6	−05 34	2.9 d	0.83	G0Ib	19	−8	160	−3.2	7
ϵ Peg	21 44.2	+09 53	2.4 dv	1.53	K2Ib	27	0	210	−3.7	5
δ Cap	21 47.0	−16 08	2.9 dv	0.29	Am	262	−297	12	2.6	−6
γ Gru	21 53.9	−37 22	3.0	−0.12	B8III	98	−13	65	−1.4	−2
α Aqr	22 05.8	−00 19	3.0 d	0.98	G2Ib	18	−9	160	−1.6	8
α Gru	22 08.2	−46 58	1.7 d	−0.13	B7IV	127	−147	31	0.5	12
θ Peg	22 10.2	+06 12	3.5	0.08	A2Vp	282	30	28	2.0	−6
ζ Cep	22 10.9	+58 12	3.4	1.57	K1.5Ib	14	5	260	−0.4	−18
α Tuc	22 18.5	−60 16	2.9	1.39	K3III	−71	−39	61	0.0	42
ζ Peg	22 41.5	+10 50	3.4 d	−0.09	B8V	77	−11	63	0.2	7
β Gru	22 42.7	−46 53	2.1 v	1.60	M5III	135	−4	54	−3.4	2
η Peg	22 43.0	+30 13	2.9 d	0.86	G2II-III+F0V	13	−26	66	−0.9	4
ϵ Gru	22 48.6	−51 19	3.5	0.08	A3V	108	−65	40	1.7	0
ι Cep	22 49.7	+66 12	3.5	1.05	K0-III	−66	−125	35	1.6	−12
μ Peg	22 50.0	+24 36	3.5	0.93	G8+III	145	−42	33	1.5	14
δ Aqr	22 54.7	−15 49	3.3	0.05	A3V	−43	−28	49	1.2	18
α PsA[4]	22 57.7	−29 37	1.2	0.09	A3V	329	−165	7.7	2.1	7
β Peg	23 03.8	+28 05	2.4 dv	1.67	M2.5II-III	188	137	60	−0.9	9
α Peg	23 04.8	+15 12	2.5	−0.04	B9V	60	−41	41	0.4	−4
γ Cep	23 39.3	+77 38	3.2 v	1.03	K1III-IV	−48	127	14	2.2	−42

(1) アルビレオ, (2) アルタイル, (3) デネブ, (4) フォーマルハウト

注) 値は The Bright Star Catalogue, 5th Revised Ed. (Preliminary Version) による．なお，固有運動と距離（年周視差から算出）は van Leeuwen F., Hipparcos, the new Reduction of the Raw data, 2007, A&A, **474**, 653 による値を用いた．実視等級の欄の d は連星であることを，v は変光星であることを意味する．

付録3　球面天文学概説

3.1 天球と球面三角法

天文学では，天空を観測者を中心とする巨大な球と考え，天体の位置をその球面上に投影した点で定義する．このときの球を**天球**（celestial sphere）といい，天体の位置を天球上の緯度と経度に対応する2つの角度で表すことが多い．これらの角度の計算のときに球面三角法が用いられる．

球の中心 O を通る平面と球の表面との交線を**大円**という．3つの大円で囲まれた球面上の図形を**球面三角形**と呼び，大円の交点を球面三角形の頂点という．付図 3.1 に示すように，半径 1 の球面上に球面三角形 ABC を考える．頂点 A の頂角を $A \equiv \angle\mathrm{BAC}$ と定義し，同様に頂点 B, C における頂角をそれぞれ B, C で表す．また，頂点 A に対応する辺を $a \equiv \angle\mathrm{BOC} =$ 弧 BC のように，球の中心 O から見た中心角で測る．同様に，頂点 B, C に対応する辺を，それぞれ b, c で表す．これらの角 A, B, C と辺 a, b, c を球面三角形の要素という．

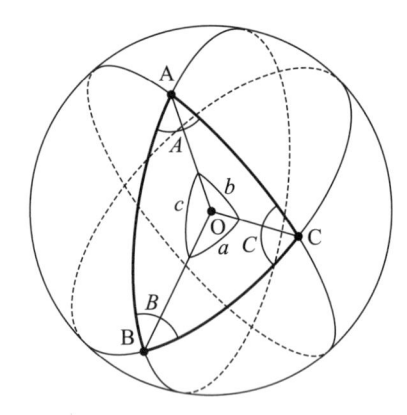

付図 3.1　球面三角形 ABC の角と辺の定義．

球面三角形 ABC において，次の3つの関係式（**球面三角形の基本公式**）が成り立つ．

$$\cos a = \cos b \cos c + \sin b \sin c \cos A, \qquad (付3.1)$$

$$\sin a \cos B = \cos b \sin c - \sin b \cos c \cos A, \qquad (付3.2)$$

$$\sin a \sin B = \sin b \sin A. \qquad (付3.3)$$

3.2 天球座標

天体の位置を，天球上の緯度と経度に対応する角度で定義する座標系を**天球座標**（celestial coordinates）という．次のような基本的な点や大円が定義されている（付図 3.2）．

天頂：観測者の位置から鉛直線と天球との交点（点 Z）．

地平線：天頂から 90° の点を結んだ大円．

天の北極と天の南極：地球の自転軸と天球の北極側の交点を天の北極（点 P），南極側の交点を天の南極（点 P′）という．天の北極と地平線とのなす角は，その地方の緯度 ϕ に等しい．

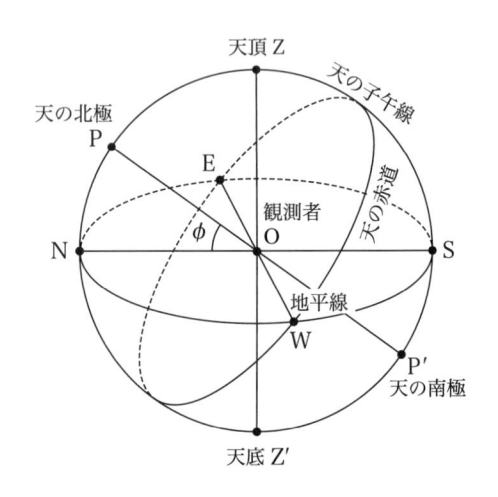

付図 3.2　天球と各名称．天の北極は真北方向から観測者の緯度 ϕ 上空に位置する．

天の子午線：天の北極 P，天頂 Z，天の南極 P′ を通る大円.

方位：地平線と子午線の交わる点を北，南とし，東西南北（点 E，W，S，N）を定義する.

天の赤道：地球の赤道面が天球を切る大円．天の赤道より天の北極側を北半球，天の南極側を南半球という．なお，天の赤道と地平線とは，真東（E）と真西（W）の 2 点で交わる.

(1) **地平座標** (A, h) **または** (A, z)

地平座標（horizontal coordinates）では，天体 Q の位置を方位角 A と高度 h（または天頂距離 z）で表す（付図 3.3）.

方位角（azimuth）A：$A = \angle \mathrm{SOQ'}$ で，真南から西回りに角度（$0° \sim 360°$）で測る.

高度（altitude）h：$h = \angle \mathrm{Q'OQ}$ で，地平線から天頂方向に角度（$-90° \sim 90°$）で測る．したがって $h \geq 0°$ のときは地平線上に，$h < 0°$ のときは地平線下になる.

天頂距離（zenith distance）z：$z = \angle \mathrm{ZOQ}$ で，天頂から地平線に向けて角度（$0° \sim 180°$）で測る．$z > 90°$ のときは地平線下になる.

なお，高度 h と天頂距離 z の間には $h + z = 90°$ の関係がある.

(2) **地方赤道座標** (H, δ) **と 赤道座標** (α, δ)

地方赤道座標（local equatorial coordinates）は，天体 Q の位置を時角 H と赤緯 δ で表し，**赤道座標**（equatorial coordinates）は赤経 α と赤緯 δ で表す（付図 3.4）．なお，赤経の定義のため，天球上に，黄道と春分点，秋分点を次のように定義する.

黄道：地球の軌道面が天球を切る大円．太陽は常に黄道上にあり，東方向に 1 年かけて，黄道を一周する.

黄道傾斜角：地球の軌道面と赤道面のなす角で，およそ $23° 26'$ の値を持つ．したがって，黄道と天の赤道も同じ角度で，2 カ所で交わる.

春分点と秋分点：黄道と天の赤道との 2 つの交点のうち，太陽が南半球から北半球に横切る点を春分点（おひつじ座の記号 ♈ で表す），北半球から南半球に移動する点を秋分点という.

このとき，以下の角度が定義される.

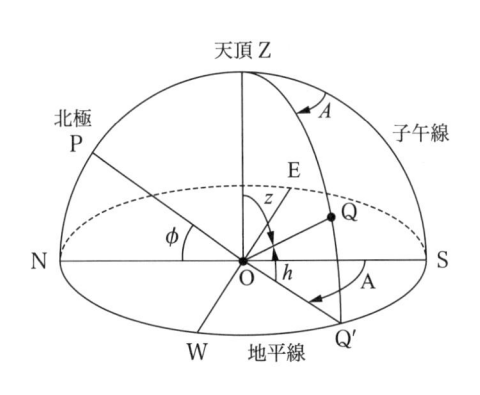

付図 **3.3** 地平座標 (A, h) または (A, z).

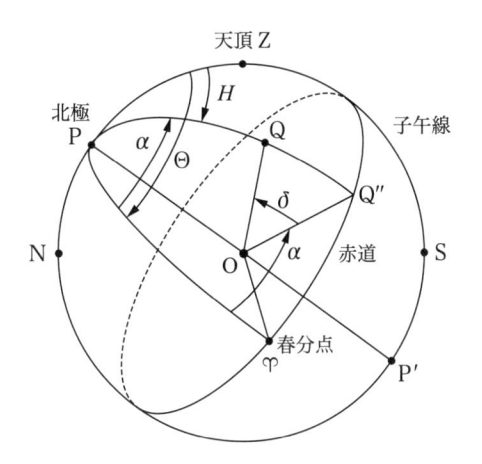

付図 **3.4** 地方赤道座標 (H, δ) と赤道座標 (α, δ).

時角（hour angle）H：時角は，$H = \angle \text{ZPQ}$ で，天の子午線から西回りに，時間の単位（$0^\text{h} \leq H < 24^\text{h}$; $1^\text{h} = 15°$）で測る．

地方恒星時（local sidereal time）Θ：春分点の時角（$\Theta = \angle \text{ZP}\Upsilon$）で定義される時刻．

赤経（right ascention）α：赤経 $\alpha = \angle \Upsilon \text{PQ}$ で，春分点から東回りに，$360° = 24^\text{h}$ として，時間の単位（$0^\text{h} \leq \alpha < 24^\text{h}$）で測る．なお，$\alpha$，$H$，$\Theta$ の間には，$\alpha = \Theta - H$ の関係がある．

赤緯（declination）δ：赤緯は，$\delta = \angle \text{Q}''\text{OQ}$ で，天の赤道から天の北極方向に角度（$-90° \leq \delta \leq 90°$：北半球で正，南半球で負）で測る．

(H, δ) で位置を表す天球座標を地方赤道座標（local equatorial coordinates），(α, δ) で位置を表す天球座標を赤道座標（equatorial coordinates）という．

(3) 銀河座標 (l, b)

銀河座標（galactic coordinates）は，天体 Q の位置を銀経 l，銀緯 b で表す（付図 3.5）．天球上に，銀河系の中心方向 M を通り，天の川の中心に沿った大円を考え，これを**銀河面**（galactic plane）という．天の北極を含む側を銀河の北半球，天の南極を含む側を銀河の南半球という．また，銀河面と赤道面の交点のうち，銀河面が銀経の増加とともに銀河面の南側から北側に移る点を銀河の昇降点（付図 3.7 の点 N）という．

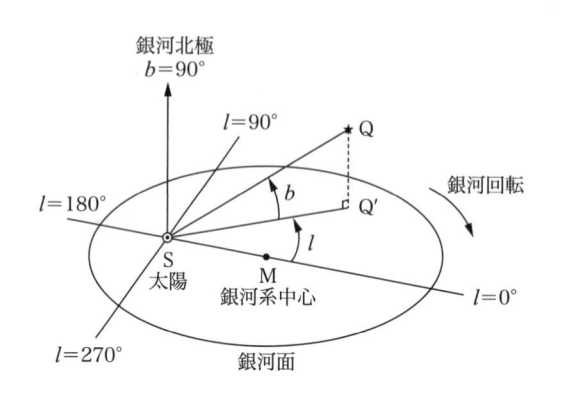

付図 3.5 銀河座標 (l, b)．

銀経（galactic longitude）l：$l = \angle \text{MSQ}'$ で，銀河北極方向から見て，銀河系中心 M 方向から左回り（反時計回り）に，角度（$0° \leq l < 360°$）で測る．

銀緯（galactic latitude）b：$b = \angle \text{Q}'\text{SQ}$ で，銀河面から銀河北極方向に，角度（$-90° \leq b \leq 90°$：北半球で正，南半球で負）で測る．

銀河中心 M の位置：$(\alpha_\text{M} = 17^\text{h} 46.0^\text{m}, \delta_\text{M} = -28° 56')$
銀河北極 G の位置：$(\alpha_\text{G} = 12^\text{h} 51.4^\text{m}, \delta_\text{G} = 27° 08')$
銀河面の昇降点 N の位置：$l_\text{N} = 32.9°$，$b_\text{N} = 0°$，$\alpha_\text{N} = 18^\text{h} 51.4^\text{m}$，$\delta_\text{N} = 0°$
銀河面と赤道面のなす角 I の値：$I = 62.9°$
なお，これらの値はすべて 2000.0 分点のものである．

3.3 各座標間の関係

各座標間の関係は，球面三角形の基本公式を用いると，比較的簡単に求めることができる．

(1) 地平座標 (A, h) と地方赤道座標 (H, δ) の関係（付図 3.6）

- (A, h) から (H, δ) を求める場合

$$\sin \delta = \sin h \sin \phi - \cos h \cos \phi \cos A, \qquad (\text{付 } 3.4)$$

$$\cos\delta\cos H = \sin h\cos\phi + \cos h\sin\phi\cos A, \quad (付3.5)$$
$$\cos\delta\sin H = \cos h\sin A. \quad (付3.6)$$

- (H,δ) から (A,h) を求める場合

$$\sin h = \sin\delta\sin\phi + \cos\delta\cos\phi\cos H, \quad (付3.7)$$
$$\cos h\cos A = -\sin\delta\cos\phi + \cos\delta\sin\phi\cos H, \quad (付3.8)$$
$$\cos h\sin A = \cos\delta\sin H. \quad (付3.9)$$

なお，高度 h と天頂距離 z の間の変換は，$z = 90° - h$ を用い，地方赤道座標 (H,δ) と赤道座標 (α,δ) の間の変換は，地方恒星時を Θ として，$\alpha = \Theta - H$ を用いる．

(2) 赤道座標 (α,δ) と銀河座標 (l,b) の関係（付図 3.7）

- (α,δ) から (l,b) を求める場合

$$\sin b = \sin\delta\cos I - \cos\delta\sin I\sin(\alpha - \alpha_N), \quad (付3.10)$$
$$\cos b\sin(l - l_N) = \sin\delta\sin I + \cos\delta\cos I\sin(\alpha - \alpha_N), \quad (付3.11)$$
$$\cos b\cos(l - l_N) = \cos\delta\cos(\alpha - \alpha_N). \quad (付3.12)$$

- (l,b) から (α,δ) を求める場合

$$\sin\delta = \sin b\cos I + \cos b\sin I\sin(l - l_N), \quad (付3.13)$$
$$\cos\delta\sin(\alpha - \alpha_N) = -\sin b\sin I + \cos b\cos I\sin(l - l_N), \quad (付3.14)$$
$$\cos\delta\cos(\alpha - \alpha_N) = \cos b\cos(l - l_N). \quad (付3.15)$$

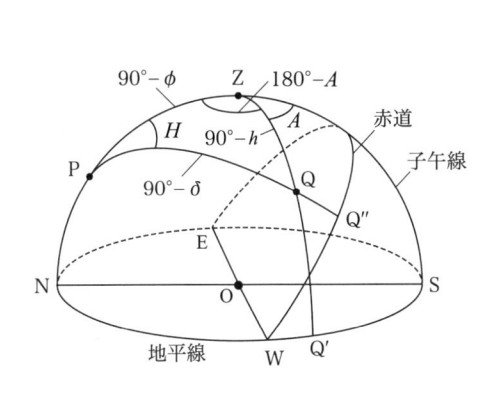

付図 **3.6** 地平座標 (A,h) と地方赤道座標 (H,δ)．

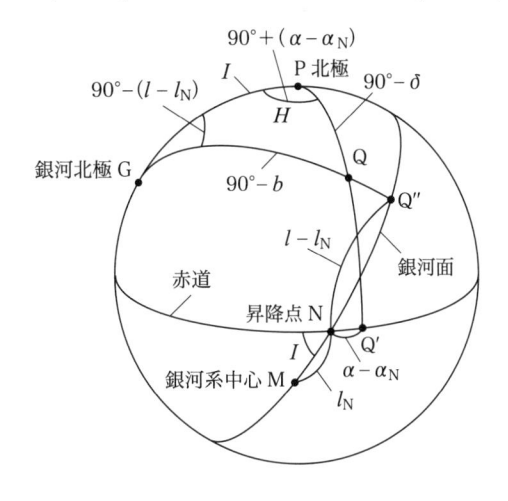

付図 **3.7** 赤道座標 (α,δ) と銀河座標 (l,b)．

（沢　武文）

付録4　平均値と誤差

4.1　観測と誤差

観測（observation）あるいは**測定**（measurement）の目的は，ある量の真の値を正確に知ることである．一般に，観測値は真の値とは異なっており，その差を**誤差**（error）と呼ぶ：

$$\text{誤差} = \text{観測値} - \text{真の値}. \tag{付 4.1}$$

誤差の中には，例えば，観測機器の不完全性などによる測定誤差や，理論の誤りなどによる理論的誤差，そして人為的な誤差などがある．これらは，十分注意を払えば避けることができるもので，系統誤差と呼ばれている．一方，どうしても避けることのできない偶然の現象が積み重なった結果生ずる誤差を偶然誤差という．この除去不能な偶然誤差が観測・測定には必ず伴うため，真の値を知ることは原理的に不可能である．しかし精度の高い観測を多数回繰り返すことにより，この偶然誤差を確率過程として扱うことができる．

したがって，観測に伴う誤差の評価をどうするか，また観測によって得られた値から，真の値にもっとも近いと思われる推定値，すなわち**最尤値・最確値**（most probable value：最も確からしい！値）をどのように求めるかが，観測データの処理において重要な問題となる．

4.2　平均値と標準偏差

ある量について，n 回の観測を行って，観測値 $\{x_i\}$（$i = 1, 2, \cdots, n$）を得たとする．この観測に基づいて，その量の最尤値 M を求めたい．

そのために，まず観測値と（未知の）最尤値との差 $\{x_i - M\}$ を**残差**（residual）として定義し，それを 2 乗したものの和：残差平方和を考える．残差平方和を J とすれば，

$$J = \sum_{i=1}^{n}(x_i - M)^2 = \sum_{i=1}^{n}x_i^2 - 2M\sum_{i=1}^{n}x_i + nM^2 \tag{付 4.2}$$

である．この残差平方和 J を最も小さくするような M の値を，今求めようとしている最尤値としよう（最小二乗法の考え方）．

さて（付 4.2）式が M についての 2 次式であることを考慮すれば，J が極小のとき，

$$M = \frac{1}{n}\sum_{i=1}^{n}x_i \tag{付 4.3}$$

となる．これは観測値の算術平均に他ならない，すなわち，平均値が最尤値である．

また，残差の 2 乗平均の平方根：

$$s = \sqrt{\frac{1}{n}\sum_{i=1}^{n}(x_i - M)^2} \tag{付 4.4}$$

を観測値の**標準偏差**（standard deviation）という．標準偏差は観測値のばらつきの度合を表す．

4.3 観測値の誤差

真の値を X とすると,各観測値の誤差は $\{x_i - X\}$ である.これの2乗平均の平方根:

$$\sigma = \sqrt{\frac{1}{n}\sum_{i=1}^{n}(x_i - X)^2} \tag{付4.5}$$

を**観測値の平均二乗誤差**(mean squared error)という.ここで真の値 X は知られていない.

そこで平均値 M の誤差を $(M - X) = e$ とおいて,上の(付4.5)式に代入すると,

$$\sigma^2 = \frac{1}{n}\sum_{i=1}^{n}(x_i - M + e)^2 = \frac{1}{n}\sum_{i=1}^{n}(x_i - M)^2 + e^2 = s^2 + e^2 \tag{付4.6}$$

の関係が得られる.ここで $(1/n)\sum_{i=1}^{n}(x_i - M) = 0$ を用いた.まだこの段階では,平均値の誤差 e が未知である.

4.4 平均値の誤差

つぎに平均値の誤差 e を見積ってみよう[そうすれば(付4.6)式から,観測値の誤差もわかる].そのために "同様な観測" を m 組,繰り返したと仮定しよう.ここで,"同様な観測" とは,全く同等な方法で,一つの組につき n 回観測をし,その観測値の平均二乗誤差 σ がいずれの組についても一定であるものを意味する.

さてそれぞれの組で得られた平均値を $\{M_j\}$,平均値の誤差を $\{e_j\}$ $(j = 1, 2, \cdots, m)$ とする.このとき平均値の誤差の2乗平均の平方根:

$$\varepsilon = \sqrt{\frac{1}{m}\sum_{j=1}^{m}(M_j - X)^2} \tag{付4.7}$$

を**平均値の平均二乗誤差**という.

平均値を表す(付4.3)式から,$M_j = \sum_{i=1}^{n} x_{ij}/n$ を代入すると,(付4.7)式は,

$$\begin{aligned}
\varepsilon^2 &= \frac{1}{m}\sum_{j=1}^{m}\left[\frac{1}{n}\sum_{i=1}^{n}(x_{ij} - X)\right]^2 \\
&= \frac{1}{m}\sum_{j=1}^{m}\frac{1}{n^2}\left[\sum_{i=1}^{n}(x_{ij} - X)^2 + \sum_{k}\sum_{l}(x_{kj} - X)(x_{lj} - X)\right]
\end{aligned} \tag{付4.8}$$

と書ける.ここで,$(x - M)$ は同等の確率で正負の値をとるという条件を用いると,

$$\sum_{k}\sum_{l}(x_{kj} - X)(x_{lj} - X) = 0 \tag{付4.9}$$

であるから,

$$\varepsilon^2 = \frac{1}{m}\sum_{j=1}^{m}\frac{1}{n^2}\left[\sum_{i=1}^{n}(x_{ij} - X)^2\right] = \frac{1}{m}\sum_{j=1}^{m}\frac{\sigma_j^2}{n} \tag{付4.10}$$

となり，最初の仮定から σ_j はどの組でも等しいので，結局，

$$\varepsilon^2 = \frac{1}{n}\sigma^2 \tag{付 4.11}$$

が得られる．

また，平均値の誤差 e が平均値の平均二乗誤差 ε に等しいとおくと，(付 4.6) 式から，

$$\sigma^2 = \frac{n}{n-1}s^2 \tag{付 4.12}$$

が得られる．

4.5 確率誤差

平均二乗誤差に 0.6745 をかけたものを**確率誤差**（probable error）と呼ぶ．確率誤差は，観測値の誤差の絶対値が，それより小さい（大きい）値をとる確率が $1/2$ になるようにした誤差である．例えば平均値の確率誤差 r は，

$$r = 0.6745\varepsilon \tag{付 4.13}$$

である．

4.6 まとめ

以上をまとめると，

$$\text{平均値} : \quad M = \frac{1}{n}\sum_{i=1}^{n} x_i, \tag{付 4.14}$$

$$\text{観測値の標準偏差} : \quad s = \sqrt{\frac{1}{n}\sum_{i=1}^{n}(x_i - M)^2}, \tag{付 4.15}$$

$$\text{観測値の平均二乗誤差} : \quad \sigma = \sqrt{\frac{1}{n-1}\sum_{i=1}^{n}(x_i - M)^2}, \tag{付 4.16}$$

$$\text{平均値の平均二乗誤差} : \quad \varepsilon = \sqrt{\frac{1}{n(n-1)}\sum_{i=1}^{n}(x_i - M)^2}, \tag{付 4.17}$$

$$\text{平均値の確率誤差} : \quad r = 0.6745 \times \sqrt{\frac{1}{n(n-1)}\sum_{i=1}^{n}(x_i - M)^2}. \tag{付 4.18}$$

なお観測値とその誤差範囲として，例えば，

$$11.73 \pm 0.12 \tag{付 4.19}$$

と記述してあれば，それは平均値が 11.73 で，平均値の確率誤差が 0.12 であることを示す．

参考文献

一瀬正巳『誤差論』培風館（1953 年）

（福江　純）

付録5 最小二乗直線

5.1 複数の観測量の間の関係

観測を行った結果，データが2つの変数の組：

$$(x_1, y_1), (x_2, y_2), \cdots, (x_n, y_n) \tag{付5.1}$$

として得られたとする．例えば（身長，体重），（色指数，等級），（質量，光度）などである．もし x と y の間に因果関係があれば，データの分布はある数学的関係で近似できることが多い．ここでは，観測されたデータに最もよくフィットする直線（一般には曲線）を求める方法の一つとして，**最小二乗法**（method of least squares）を簡単に説明しておく．

5.2 最小二乗法の考え方

得られた n 組のデータ点をグラフ上にプロットすると，付図 5.1 のようになったとしよう．すべてのデータ点を通る1本の直線を引くことはできるだろうか？ 理論的には直線上に乗ることがわかっていても，観測誤差などのためにデータ点は必ずばらつく（付録4）．そこで n 組のデータ点に最もよくフィットする直線を

$$y = ax + b \tag{付5.2}$$

とすれば，その係数 a, b はどのようにして決めればいいのだろうか？ 最小二乗法では以下のように考える．

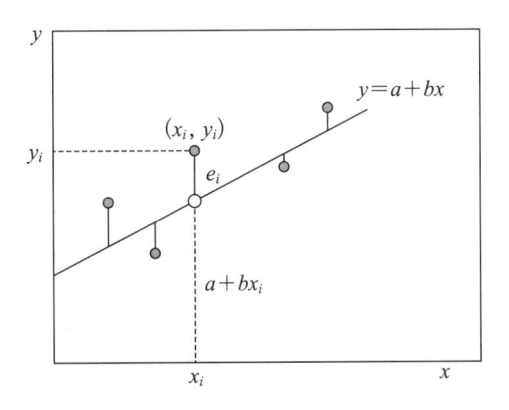

付図 5.1 データと最小二乗直線．

まず i 番目のデータ点 (x_i, y_i) と，当てはめたい（未知の）直線との y 方向の差：

$$e_i = y_i - (ax_i + b), \quad i = 1, 2, \cdots, n \tag{付5.3}$$

を**残差**（residual）として定義する（付図 5.1）．ここでは係数 a, b は未知である．

そして平均値の場合（付録4）と同様に，残差を2乗したものの和，残差平方和 J を考える：

$$\begin{aligned} J &= \sum_{i=1}^{n} e_i^2 = \sum_{i=1}^{n} [y_i - (ax_i + b)]^2 \\ &= \sum_{i=1}^{n} y_i^2 - 2b \sum_{i=1}^{n} y_i - 2a \sum_{i=1}^{n} x_i y_i + nb^2 + 2ab \sum_{i=1}^{n} x_i + a^2 \sum_{i=1}^{n} x_i^2 \end{aligned} \quad (\text{付}\,5.4)$$

最小二乗法では，この<u>残差平方和 J が最小になる</u>ように，係数 a, b を決める．このようにして求めた係数を**回帰係数**と呼び，最小二乗法で求められた直線：$y = ax + b$ を，与えられたデータに適合する**最小二乗直線（回帰直線）**という．付録4では，観測値 $\{x_i\}$ に対し，最尤値として平均値を得たが，観測値の組 $\{x_i, y_i\}$ に対して最尤直線を求めることに相当する．

5.3 係数 a, b の求め方

残差平方和 J を未知変数 a と b の関数とみなすと，J が最小になるところでは，J を a で偏微分したものも b で偏微分したものも，ともにゼロになることから，

$$\frac{\partial J}{\partial a} = 0 \quad \rightarrow \quad a \sum_{i=1}^{n} x_i + bn = \sum_{i=1}^{n} y_i \quad (\text{付}\,5.5)$$

$$\frac{\partial J}{\partial b} = 0 \quad \rightarrow \quad a \sum_{i=1}^{n} x_i^2 + b \sum_{i=1}^{n} x_i = \sum_{i=1}^{n} x_i y_i \quad (\text{付}\,5.6)$$

が成り立つ．これらは**正規方程式**と呼ばれる．

係数 a, b に関する連立方程式（付 5.5），（付 5.6）式を解いて，最終的に，

$$a = \frac{\sum_{i=1}^{n} x_i y_i - \frac{1}{n} \sum_{i=1}^{n} x_i \times \sum_{i=1}^{n} y_i}{\sum_{i=1}^{n} x_i^2 - \frac{1}{n} \left(\sum_{i=1}^{n} x_i \right)^2} = \frac{\sum_{i=1}^{n} x_i y_i - n \bar{x} \bar{y}}{\sum_{i=1}^{n} x_i^2 - n \bar{x}^2} \quad (\text{付}\,5.7)$$

$$b = \frac{1}{n} \sum_{i=1}^{n} y_i - a \frac{1}{n} \sum_{i=1}^{n} x_i = \bar{y} - a \bar{x} \quad (\text{付}\,5.8)$$

を得る．ただし変量 x_i, y_i の平均を，それぞれ $\bar{x} = \sum x_i / n$，$\bar{y} = \sum y_i / n$ とした．

問 5.1 最小二乗直線は，必ずデータ点の平均 $(\bar{x}, \bar{y})$ を通ることを示せ．

5.4 係数 a, b の誤差

最小二乗直線とデータ点は重なるわけではないから，平均値の場合と同様，係数 a, b には誤差がある．回帰係数 a, b とその誤差をまとめておく．

$$\text{観測値}\ \{x_i\}\ \text{の平均}\ :\ \bar{x} = \frac{1}{n} \sum_{i=1}^{n} x_i \quad (\text{付}\,5.9)$$

$$\text{観測値}\ \{y_i\}\ \text{の平均}\ :\ \bar{y} = \frac{1}{n} \sum_{i=1}^{n} y_i \quad (\text{付}\,5.10)$$

観測値 $\{x_i\}$ の残差の平方和 ： $S_x = \sum_{i=1}^{n}(x_i - \bar{x})^2 = \sum_{i=1}^{n} x_i^2 - n\bar{x}^2$ （付 5.11）

観測値 $\{y_i\}$ の残差の平方和 ： $S_y = \sum_{i=1}^{n}(y_i - \bar{y})^2 = \sum_{i=1}^{n} y_i^2 - n\bar{y}^2$ （付 5.12）

観測値 $\{x_i\}$ と $\{y_i\}$ の残差の積和 ： $S_{xy} = \sum_{i=1}^{n}(x_i - \bar{x})(y_i - \bar{y}) = \sum_{i=1}^{n} x_i y_i - n\bar{x}\bar{y}$

（付 5.13）

残差の分散 ： $V = \dfrac{1}{n-2} J \equiv \dfrac{1}{n-2}\left(S_y - \dfrac{S_{xy}^2}{S_x}\right)$ （付 5.14）

として，

回帰係数 ： $a = \dfrac{S_{xy}}{S_x} = \dfrac{\sum_{i=1}^{n} x_i y_i - n\bar{x}\bar{y}}{\sum_{i=1}^{n} x_i^2 - n\bar{x}^2}$ （付 5.15）

$$b = \bar{y} - a\bar{x} \quad \text{（付 5.16）}$$

回帰係数の誤差 ： $a \pm t \times \dfrac{V}{S_x}$ （付 5.17）

$$b \pm t \times \dfrac{V}{S_x}\dfrac{1}{n}\sum_{i=1}^{n} x_i^2 \quad \text{（付 5.18）}$$

となる．ここで，因子 t は一般にはデータ数 n によるが，n が十分大きく，しかも誤差として確率誤差をとる場合には，$t = 0.6745$ と置いてよい．

問 5.2 データ点 $(0,1), (1,3), (2,4), (3,4)$ にフィットする最小二乗直線を求めよ．

5.5 演習：ロジスティック回帰

データ点は最初から直線上に分布しているとは限らない．例えば，データ点

x	1	2	3	4	5	6
y	0.51	0.79	0.94	0.95	0.97	0.99

にフィットする曲線を最小二乗法で求める問題を以下の手順で考えてみよう．

(1) まず生のデータ (x_i, y_i) をグラフ上にプロットしてみよ（散布図）．
(2) 次に以下の式でデータを変換して，変換したデータをプロットしてみよ．

$$X = e^{-x} \quad \text{および} \quad Y = \dfrac{1}{y}$$

(3) 変換したデータ (X_i, Y_i) に対して最小二乗直線を求めよ．
(4) 変数を (X, Y) から (x, y) に逆変換してもとのデータによく合う曲線を得よ．

この例はロジスティック回帰と呼ばれるものだが，変量が指数的に振る舞う場合も同じような方法が使える．

（福江　純）

付録6 数表

(1) 二乗根と三乗根

x	$x^{\frac{1}{2}}$	$(10x)^{\frac{1}{2}}$	$x^{\frac{1}{3}}$	$(10x)^{\frac{1}{3}}$	$(100x)^{\frac{1}{3}}$	x	$x^{\frac{1}{2}}$	$(10x)^{\frac{1}{2}}$	$x^{\frac{1}{3}}$	$(10x)^{\frac{1}{3}}$	$(100x)^{\frac{1}{3}}$
1.0	1.000	3.162	1.000	2.154	4.642	5.5	2.345	7.416	1.765	3.803	8.193
1.1	1.049	3.317	1.032	2.224	4.791	5.6	2.366	7.483	1.776	3.826	8.243
1.2	1.095	3.464	1.063	2.289	4.932	5.7	2.387	7.550	1.786	3.849	8.291
1.3	1.140	3.606	1.091	2.351	5.066	5.8	2.408	7.616	1.797	3.871	8.340
1.4	1.183	3.742	1.119	2.410	5.192	5.9	2.429	7.681	1.807	3.893	8.387
1.5	1.225	3.873	1.145	2.466	5.313	6.0	2.449	7.746	1.817	3.915	8.434
1.6	1.265	4.000	1.170	2.520	5.429	6.1	2.470	7.810	1.827	3.936	8.481
1.7	1.304	4.123	1.193	2.571	5.540	6.2	2.490	7.874	1.837	3.958	8.527
1.8	1.342	4.243	1.216	2.621	5.646	6.3	2.510	7.937	1.847	3.979	8.573
1.9	1.378	4.359	1.239	2.668	5.749	6.4	2.530	8.000	1.857	4.000	8.618
2.0	1.414	4.472	1.260	2.714	5.848	6.5	2.550	8.062	1.866	4.021	8.662
2.1	1.449	4.583	1.281	2.759	5.944	6.6	2.569	8.124	1.876	4.041	8.707
2.2	1.483	4.690	1.301	2.802	6.037	6.7	2.588	8.185	1.885	4.062	8.750
2.3	1.517	4.796	1.320	2.844	6.127	6.8	2.608	8.246	1.895	4.082	8.794
2.4	1.549	4.899	1.339	2.884	6.214	6.9	2.627	8.307	1.904	4.102	8.837
2.5	1.581	5.000	1.357	2.924	6.300	7.0	2.646	8.367	1.913	4.121	8.879
2.6	1.612	5.099	1.375	2.962	6.383	7.1	2.665	8.426	1.922	4.141	8.921
2.7	1.643	5.196	1.392	3.000	6.463	7.2	2.683	8.485	1.931	4.160	8.963
2.8	1.673	5.292	1.409	3.037	6.542	7.3	2.702	8.544	1.940	4.179	9.004
2.9	1.703	5.385	1.426	3.072	6.619	7.4	2.720	8.602	1.949	4.198	9.045
3.0	1.732	5.477	1.442	3.107	6.694	7.5	2.739	8.660	1.957	4.217	9.086
3.1	1.761	5.568	1.458	3.141	6.768	7.6	2.757	8.718	1.966	4.236	9.126
3.2	1.789	5.657	1.474	3.175	6.840	7.7	2.775	8.775	1.975	4.254	9.166
3.3	1.817	5.745	1.489	3.208	6.910	7.8	2.793	8.832	1.983	4.273	9.205
3.4	1.844	5.831	1.504	3.240	6.980	7.9	2.811	8.888	1.992	4.291	9.244
3.5	1.871	5.916	1.518	3.271	7.047	8.0	2.828	8.944	2.000	4.309	9.283
3.6	1.897	6.000	1.533	3.302	7.114	8.1	2.846	9.000	2.008	4.327	9.322
3.7	1.924	6.083	1.547	3.332	7.179	8.2	2.864	9.055	2.017	4.344	9.360
3.8	1.949	6.164	1.560	3.362	7.243	8.3	2.881	9.110	2.025	4.362	9.398
3.9	1.975	6.245	1.574	3.391	7.306	8.4	2.898	9.165	2.033	4.380	9.435
4.0	2.000	6.325	1.587	3.420	7.368	8.5	2.915	9.220	2.041	4.397	9.473
4.1	2.025	6.403	1.601	3.448	7.429	8.6	2.933	9.274	2.049	4.414	9.510
4.2	2.049	6.481	1.613	3.476	7.489	8.7	2.950	9.327	2.057	4.431	9.546
4.3	2.074	6.557	1.626	3.503	7.548	8.8	2.966	9.381	2.065	4.448	9.583
4.4	2.098	6.633	1.639	3.530	7.606	8.9	2.983	9.434	2.072	4.465	9.619
4.5	2.121	6.708	1.651	3.557	7.663	9.0	3.000	9.487	2.080	4.481	9.655
4.6	2.145	6.782	1.663	3.583	7.719	9.1	3.017	9.539	2.088	4.498	9.691
4.7	2.168	6.856	1.675	3.609	7.775	9.2	3.033	9.592	2.095	4.514	9.726
4.8	2.191	6.928	1.687	3.634	7.830	9.3	3.050	9.644	2.103	4.531	9.761
4.9	2.214	7.000	1.698	3.659	7.884	9.4	3.066	9.695	2.110	4.547	9.796
5.0	2.236	7.071	1.710	3.684	7.937	9.5	3.082	9.747	2.118	4.563	9.830
5.1	2.258	7.141	1.721	3.708	7.990	9.6	3.098	9.798	2.125	4.579	9.865
5.2	2.280	7.211	1.732	3.733	8.041	9.7	3.114	9.849	2.133	4.595	9.899
5.3	2.302	7.280	1.744	3.756	8.093	9.8	3.130	9.899	2.140	4.610	9.933
5.4	2.324	7.348	1.754	3.780	8.143	9.9	3.146	9.950	2.147	4.626	9.967

$$\left(\frac{x}{10}\right)^{\frac{1}{2}} = \frac{(10x)^{\frac{1}{2}}}{10}, \quad \left(\frac{x}{10}\right)^{\frac{1}{3}} = \frac{(100x)^{\frac{1}{3}}}{10}, \quad \left(\frac{x}{100}\right)^{\frac{1}{3}} = \frac{(10x)^{\frac{1}{3}}}{10}, \quad \sqrt{\pi} = 1.7725, \quad \pi^{\frac{1}{3}} = 1.4646$$

(2) 指数関数表

x	e^x	$e^{0.1x}$	$e^{0.01x}$	e^{-x}	$e^{-0.1x}$	$e^{-0.01x}$
1.0	2.718	1.105	1.010	0.368	0.905	0.990
2.0	7.389	1.221	1.020	0.135	0.819	0.980
3.0	20.086	1.350	1.030	0.050	0.741	0.970
4.0	54.598	1.492	1.041	0.018	0.670	0.961
5.0	148.413	1.649	1.051	0.007	0.607	0.951
6.0	403.429	1.822	1.062	0.002	0.549	0.942
7.0	1096.633	2.014	1.073	0.001	0.497	0.932
8.0	2980.958	2.226	1.083	0.000	0.449	0.923
9.0	8103.084	2.460	1.094	0.000	0.407	0.914
10.0	22026.466	2.718	1.105	0.000	0.368	0.905

$e = 2.718281828, \quad e^{a+b} = e^a \times e^b$

(3) 常用対数表

x	$10^4 \log x$	x	$10^4 \log x$
1.0	0	5.5	7404
1.1	414	5.6	7482
1.2	792	5.7	7559
1.3	1139	5.8	7634
1.4	1461	5.9	7709
1.5	1761	6.0	7782
1.6	2041	6.1	7853
1.7	2304	6.2	7924
1.8	2553	6.3	7993
1.9	2788	6.4	8062
2.0	3010	6.5	8129
2.1	3222	6.6	8195
2.2	3424	6.7	8261
2.3	3617	6.8	8325
2.4	3802	6.9	8388
2.5	3979	7.0	8451
2.6	4150	7.1	8513
2.7	4314	7.2	8573
2.8	4472	7.3	8633
2.9	4624	7.4	8692
3.0	4771	7.5	8751
3.1	4914	7.6	8808
3.2	5051	7.7	8865
3.3	5185	7.8	8921
3.4	5315	7.9	8976
3.5	5441	8.0	9031
3.6	5563	8.1	9085
3.7	5682	8.2	9138
3.8	5798	8.3	9191
3.9	5911	8.4	9243
4.0	6021	8.5	9294
4.1	6128	8.6	9345
4.2	6232	8.7	9395
4.3	6335	8.8	9445
4.4	6435	8.9	9494
4.5	6532	9.0	9542
4.6	6628	9.1	9590
4.7	6721	9.2	9638
4.8	6812	9.3	9685
4.9	6902	9.4	9731
5.0	6990	9.5	9777
5.1	7076	9.6	9823
5.2	7160	9.7	9868
5.3	7243	9.8	9912
5.4	7324	9.9	9956

$\log(10^n x) = n + \log x, \quad \log x^n = n \log x$
$\log e = 0.4343, \quad \ln x = \log x / \log e$

(4) 三角関数表

$x°$	$\sin x$	$\cos x$	$\tan x$	$\cot x$	
0	0.000	1.000	0.000	∞	90
1	0.017	1.000	0.017	57.290	89
2	0.035	0.999	0.035	28.636	88
3	0.052	0.999	0.052	19.081	87
4	0.070	0.998	0.070	14.301	86
5	0.087	0.996	0.087	11.430	85
6	0.105	0.995	0.105	9.514	84
7	0.122	0.993	0.123	8.144	83
8	0.139	0.990	0.141	7.115	82
9	0.156	0.988	0.158	6.314	81
10	0.174	0.985	0.176	5.671	80
11	0.191	0.982	0.194	5.145	79
12	0.208	0.978	0.213	4.705	78
13	0.225	0.974	0.231	4.331	77
14	0.242	0.970	0.249	4.011	76
15	0.259	0.966	0.268	3.732	75
16	0.276	0.961	0.287	3.487	74
17	0.292	0.956	0.306	3.271	73
18	0.309	0.951	0.325	3.078	72
19	0.326	0.946	0.344	2.904	71
20	0.342	0.940	0.364	2.747	70
21	0.358	0.934	0.384	2.605	69
22	0.375	0.927	0.404	2.475	68
23	0.391	0.921	0.424	2.356	67
24	0.407	0.914	0.445	2.246	66
25	0.423	0.906	0.466	2.145	65
26	0.438	0.899	0.488	2.050	64
27	0.454	0.891	0.510	1.963	63
28	0.469	0.883	0.532	1.881	62
29	0.485	0.875	0.554	1.804	61
30	0.500	0.866	0.577	1.732	60
31	0.515	0.857	0.601	1.664	59
32	0.530	0.848	0.625	1.600	58
33	0.545	0.839	0.649	1.540	57
34	0.559	0.829	0.675	1.483	56
35	0.574	0.819	0.700	1.428	55
36	0.588	0.809	0.727	1.376	54
37	0.602	0.799	0.754	1.327	53
38	0.616	0.788	0.781	1.280	52
39	0.629	0.777	0.810	1.235	51
40	0.643	0.766	0.839	1.192	50
41	0.656	0.755	0.869	1.150	49
42	0.669	0.743	0.900	1.111	48
43	0.682	0.731	0.933	1.072	47
44	0.695	0.719	0.966	1.036	46
45	0.707	0.707	1.000	1.000	45
	$\cos x$	$\sin x$	$\cot x$	$\tan x$	$x°$

$\pi = 3.14159265, \quad \pi/180 = 0.01745329, \quad 180/\pi = 57.29578$

問いなどの略解

【1 節】問 1.3：$\rho = m_H N$ 問 1.4：$N = 1$ 個 cm^{-3}, $\rho = 1.67 \times 10^{-24}$ g cm^{-3} 問 1.6：4.8×10^{-6} ラジアン 研究 $t_P \sim 10^{-43}$ s, $\ell_P \sim 4 \times 10^{-33}$ cm

【2 節】問 2.1：太陽と月；$M_\odot r_m^2 / M_m r_s^2$, 太陽の方が 178 倍大きい, 太陽と地球；$M_\odot r_m^2 / M_\oplus r_s^2$, 太陽の方が 2.20 倍大きい 問 2.2：$6.4 \times 10^{-7}$ N, 6.5×10^{-8} kg 問 2.3：4.41×10^{-40} 問 2.6：6.0×10^{24} kg 問 2.7：$\Phi(z) = mgz$ 問 2.8：$\rho = \rho_0$ の場合, 質量 m の物体に対して, $r \leq R$ のとき $F(r) = -GmMr/R^3$, $\Phi(r) = -(GmM/2R)(3 - r^2/R^2)$, $r > R$ のとき $F(r) = -GmM/r^2$, $\Phi(r) = -GmM/r$；$\rho(r) = \rho_0 R^2/r^2$ の場合, $r \leq R$ のとき $F(r) = -GmM/Rr$, $\Phi(r) = -(GmM/R)[\ln(R/r) + 1]$, $r > R$ のとき $F(r) = -GmM/r^2$, $\Phi(r) = -GmM/r$ 問 2.10：質量 m の物体に対して, $-h \leq z \leq h$ のとき, $F(z) = -4\pi Gm\rho z$, $\Phi(z) = 2\pi Gm\rho z^2$, $+h < z$ のとき $F(z) = -4\pi Gm\rho h$, $\Phi(z) = 2\pi Gm\rho h(2z - h)$, $z < -h$ のとき $F(z) = 4\pi Gm\rho h$, $\Phi(z) = -2\pi Gm\rho h(2z + h)$

【3 節】問 3.1：2.69×10^{16} 個 問 3.2：空気の場合, $\ell \sim 1.1 \times 10^{-6}$ m；恒星大気の場合, $\ell \sim 3 \times 10^5$ m；星間ガスの場合, $\ell \sim 3 \times 10^{12}$–$10^{13}$ m 問 3.3：どちらも流体近似は妥当 問 3.4：$n = 2.7 \times 10^{19}$ cm^{-3}, $\rho = 1.3 \times 10^{-3}$ g cm^{-3} 問 3.10：(a) $28 \times (4/5) + 32 \times (1/5) \sim 29$ g mol^{-1}, (b) 水素：ヘリウム：(酸素, 炭素, ネオンなど) $= 1000:100:1 = 10:1$：(十分小さい) より, $\mu = 1 \times (10/11) + 4 \times (1/11) = (14/11) \sim 1.27$ g mol^{-1}, (c) 電離して粒子数が増えていることに注意. 水素の陽子と電子の数比は 1:1, 質量比は 1:1/1800. ヘリウムの原子核と電子の数比は 1:2, 質量比は 4:2/1800. 平均分子量 μ は, $\mu = 1 \times (10/23) + 4 \times (1/23) = (14/23) \sim 0.61$ g mol^{-1} 問 3.12：$-50°C$ 問 3.13：$\varepsilon_m = P/[(\gamma - 1)\rho]$

【4 節】問 4.1：$c_s \sim \sqrt{3kT/m} = \sqrt{3R_gT/\mu}$. $P = (R_g/\mu)\rho T$ より $c_s \sim \sqrt{3P/\rho}$. 厳密な解析と比べて係数は異なるが物理量の依存性は同じ 問 4.2：(1) 3.5×10^2 m s^{-1}, (2) 8.3 km s^{-1}, (3) 1.5×10^2 km s^{-1}, (4) 5.9×10^2 km s^{-1}, (5) 15 km s^{-1} 問 4.3：(a) ρv は単位時間あたり単位面積を通過する粒子の質量（質量流束), (b) $(\rho v^2 + P)$ は, $\rho v^2 = nv \cdot mv$ と書き直すと, nv は 1 秒間に単位面積を通過する粒子の数で, mv は 1 粒子あたりの平均運動量で, 運動量保存を表している. ρv^2 は風圧 (ram pressure) と呼ばれる. (c) 1 項目は単位質量あたりのガスの運動エネルギー, 2 項目は単位質量あたりの内部エネルギー, 3 項目は衝撃波面を通じて働く圧力によってなされる仕事 問 4.5：それぞれ 4 倍, 3/4 倍

【5 節】問 5.1：$md\boldsymbol{v}/dt = q(\boldsymbol{E} + \boldsymbol{v} \times \boldsymbol{B})$, $r = mv/(qB)$（ラーモア半径） 問 5.2：$B_G^2/8\pi$ [erg cm^{-3}] 問 5.3：$B = 1.97 \times 10^5$ T. 太陽表面での磁場が数 10^{-3} T であるのと比較すると, 磁力線の凍結は破れていると考えられる. 問 5.4：白色矮星 4.84 T, 中性子星 4.84×10^6 T 問 5.5：銀河円盤の磁場エネルギーは, $E_\text{mag} \sim \frac{B^2}{2\mu_0} \times V_\text{gal} = 3.64 \times 10^{45}$ J（V_gal は銀河の体積）；銀河の回転エネルギーは, $E_\text{rot} \sim \frac{1}{2}\rho v_\text{rot}^2 \times V_\text{gal} = 1.83 \times 10^{49}$ J；$E_\text{mag} \ll E_\text{rot}$ である. 磁場が十分に弱いので流体の運動が支配的になって, 磁力線はゴム紐のように振る舞う. 問 5.6：太陽から伸びている磁力線は太陽の自転に伴い回転するが, 磁力線に凍結したプ

略解　279

ラズマの慣性の効果により，動径方向だったものが回転方向とは逆の方向にたわむ．　問 **5.8**：$B \sim 1.0 \times 10^{-10}$ T

【6 節】問 **6.1**：380 nm–770 nm, 3.9×10^{14}–7.9×10^{14} Hz　問 **6.2**：8.01×10^{-17}–1.92×10^{-15} J, 1.21×10^{17}–2.90×10^{18} Hz, 2.48–0.103 nm　問 **6.3**：-0.8 程度　問 **6.4**：8.19×10^{-14} J $= 511$ keV, 1.24×10^{20} Hz, 2.43×10^{-12} m

【7 節】問 **7.6**：地球軌道では太陽表面の 2.2×10^{-5} 程度　問 **7.8**：$L = 2\pi R^2 F$

【8 節】問 **8.3**：3 K；970 μm, 1.76×10^{11} Hz, 7.3×10^{-4} eV；300 K；9.7 μm, 1.76×10^{13} Hz, 0.073 eV；6000 K；0.48 μm, 3.53×10^{14} Hz, 1.45 eV；10^7 K；0.29 nm, 5.88×10^{17} Hz, 2.4 keV；研究 **1**：(2) 4×10^{-14} J m^{-3}；1×10^{-15} erg

【9 節】問 **9.1**：Z(H) $= 1$, Z(He) $= 2$, Z(Fe) $= 26$；A(H) $= 1$, A(He) $= 4$, A(Fe) $= 56$　問 **9.3**：1.09676×10^7 m^{-1}, 1.09721×10^7 m^{-1}, 1.09736×10^7 m^{-1}　問 **9.4**：ライマン系列；121.5 nm, 102.6 nm, 97.2 nm；バルマー系列；656.3 nm, 486.1 nm, 434.0 nm；パッシェン系列；1875.1 nm, 1281.8 nm, 1093.8 nm　問 **9.5**：$\lambda_{\rm H} = 91.2$ nm, $I_{\rm H} = 13.6$ eV

【10 節】問 **10.1**：$z = 0.158$　問 **10.3**：$\theta = 0$ のときは，$1 + z = [(1+\beta)/(1-\beta)]^{1/2}$；$\theta = \pi$ のときは，$1 + z = [(1-\beta)/(1+\beta)]^{1/2}$；$\theta = \pi/2$ のときは，$1 + z = (1 - \beta^2)^{-1/2}$　問 **10.6**：$z = 0.634$, $r = 1.60\, r_{\rm g}$, 6.6 km　問 **10.10**：1.158

【11 節】問 **11.1**：月 56.96 $R_\oplus$, 63.58 $R_\oplus$；地球 0.983 AU, 1.017 AU；ハレー彗星 0.573 AU, 35.159 AU；冥王星 29.643 AU, 49.143 AU；セドナ 76.014 AU, 916.982 AU

【12 節】問 **12.2**：3 % 弱い　問 **12.4**：$z = H$ で $1/e$, $z = 2H$ で $1/e^2$　問 **12.5**：約 20 km

【13 節】問 **13.1**：$B_\lambda = 1.19 \times 10^{-16}/\lambda^5/\{\exp[0.0144/(\lambda T)] - 1\}$　研究 **1**：ピーク付近が高いようにみえるが，1.5μm 付近の赤外線の方が高い．輝度温度が高い波長は吸収係数が小さく，深い場所からの光を観測している．

【14 節】問 **14.1**：人間（約 2 W kg^{-1}）の方が太陽（2×10^{-4} W kg^{-1}）よりはるかに大きい．

【15 節】問 **15.1**：$g(R_\odot) = 274$ m s^{-2} で地表の 28 倍．$g(2R_\odot) = 68.5$ m s^{-1}　問 **15.2**：(15.2) 式の指数部分を展開して $H = R_\odot^2/A = R_g T/[\mu g(R_\odot)] \sim 60 \times 10^3$ km　問 **15.4**：$\lambda = 0.002898 \times (1/T) \sim 2.9 \times 10^{-9}$ m $= 2.9$ nm（X 線）

【16 節】問 **16.1**：静止コロナモデルによる圧力 $P_\infty = P(R_\odot)e^{-A/R_\odot} = 2.8 \times 10^{-2}e^{-11.4} = 2.9 \times 10^{-7}$ N/m^2；星間空間の圧力 $P_{\text{星間空間}} = \rho RT/\mu = NmRT/\mu = 2.8 \times 10^{-13}$ N/m^2　問 **16.2**：$P = 5.8 \times 10^{-11}$ N m^{-2}．星間ガスの圧力 $P = 2.8 \times 10^{-13}$ N m^{-2} なので，静止コロナモデルでは説明できない　問 **16.4**：$\gamma = 1.05$ の場合，$E = 1.58 \times 10^{11}$ J；$\gamma = 5/3$ の場合，$E = -1.50 \times 10^{11}$ J　問 **16.5**：$\gamma = 1.05$ の場合，$v_\infty = 560$ km s^{-1}；$\gamma = 5/3$ の場合は，$E < 0$ より，無限遠方にまで達する流れは生じない．　問 **16.6**：$r_{\rm cr} = 11.2 R_\odot$　問 **16.8**：5.1×10^4 km　問 **16.9**：3.1×10^6 km

【17 節】問 **17.1**：$E_\odot = 5.6 \times 10^{43}$ J　問 **17.2**：$E_\odot/M = 2.8 \times 10^{13}$ J kg^{-1}　問 **17.3**：$mc^2 = 1.8 \times 10^{47}$ J, $\eta_\odot = 0.000313$　問 **17.4**：$E_{\rm C} = 8.4 \times 10^{37}$ J　問 **17.5**：約 7000 年　問 **17.6**：$\eta_{\rm C} = 4.7 \times 10^{-10}$　問 **17.7**：$E_{\rm G} = 3.8 \times 10^{41}$ J　問 **17.8**：約 3000 万年　問 **17.9**：$\eta_{\rm G} = 2.1 \times 10^{-6}$　問 **17.10**：$\Delta m = 4 \times 1.0079 - 4.0026 = 0.029$　問 **17.11**：$0.029/4 = 0.0073$

問 **17.12**: $\eta_N = 0.0073$　問 **17.13**: 1 割として, $E_N = 1.3 \times 10^{44}$ J　問 **17.14**: 1 割として, 約 100 億年　問 **17.15**: $t_{dy} \sim 50$ 分, $t_{th} \sim 3000$ 万年, $t_N \sim 100$ 億年

【18 節】問 **18.5**: 太陽 4.86 等, シリウス 1.47 等；シリウスから見た太陽は 1.96 等　問 **18.6**: $U - B = 0.04$, $B - V = 1.35$, A0 型星より低温　問 **18.7**: $M_1 - M_2 = (5/2)\log(L_2/L_1) - (B.C._1 - B.C._2)$

【19 節】問 **19.2**: 9.46×10^{15} m, 0.307 pc　問 **19.3**: 1.34 pc, 4.37 ly, 4.14×10^{16} m　問 **19.4**: 地球 ~ 1.1 m, 海王星 ~ 32 m, α Cen ~ 300 km

【20 節】問 **20.1**: レグルス 193 nm, ベガ 302 nm, アンタレス 745 nm　演習: 高温の星から順に, 15 Mon (O7V), τ Sco (B0V), 22 Sco (B2V), ρ Aur (B5V), 18 Tau (B8V), α Lyr (A0V), θ Leo (A2V), β Ari (A5V), ρ Gem (F0V), 45 Boo (F5V), ν And (F8V), β Com (G0V), 16 Cyg B (G5V), σ Dra (K0V), HR8832 (K3V), 61 Cyg A (K5V), 61 Cyg B (K7V)

【21 節】問 **21.4**: $N_i/N_0 = e^{-i}$, $N_i/N_0 = e^{-0.1i}$

【22 節】問 **22.4**:

$B-V$	-0.33	-0.31	-0.30	-0.24	-0.17	-0.11	-0.02	0.05	0.15	0.30	0.35	0.44
M_V	-3.80	-2.88	-2.34	-0.77	0.62	1.87	2.53	2.89	3.31	3.80	3.98	4.21
$B-V$	0.52	0.58	0.63	0.68	0.74	0.81	0.91	1.15	1.40	1.49	1.64	
M_V	4.48	4.70	4.81	4.98	5.18	5.32	5.59	5.99	6.59	6.97	7.42	

【23 節】問 **23.2**: M45；0.0, 2.5×10^8 年, M67；5.8. 8.9×10^9 年

【24 節】問 **24.1**: $P_c = 3GM^2/8\pi R^4$, $P = P_c(1 - r^2/R^2)$　問 **24.3**: $P_c = 2.69 \times 10^{14}$ N m^{-2}, 一方, 付表 12 のより厳密なモデルによる値 $= 2.39 \times 10^{16}$ N m^{-2} で 100 倍程違う. $T_c = 2300$ 万 K, こちらはだいたい同じ　演習 **24.3**: (1) $\theta_0(\xi) = 1 - 1/6\xi^2$, $\xi_0 = \sqrt{6}$, $\xi_1 = \pi$, $\xi_5 = \infty$ を得る. (4) $E = U + \Omega_g = (3\gamma - 4)/[3(\gamma - 1)]\Omega_g = (4 - 3\gamma)U$

【25 節】問 **25.1**: $0.08M_\odot$；5.5×10^{12} 年, $0.46M_\odot$；7.0×10^{10} 年, $1M_\odot$；1.0×10^{10} 年, $8M_\odot$；5.5×10^7 年, $12M_\odot$；2.0×10^7 年　問 **25.2**: 1.0×10^4 年　問 **25.3**: 3.0×10^{57} 個, 9.6×10^{45} J, 超新星爆発のエネルギーのおよそ 100 倍

【26 節】問 **26.3**: $L \propto M^4$ ぐらいになる　問 **26.4**: $\tau \propto M^{-2}$；4 億年, 1 億年, 2500 万年

【29 節】問 **29.1**: 地球表面 9.8 m s^{-2} = 1 G, 太陽表面 274 m s^{-2} = 28 G, 白色矮星表面 5×10^6 m s^{-2} = 5×10^5 G, 中性子星表面 2×10^{12} m s^{-2} = 2×10^{11} G　問 **29.2**: 地球表面 1.2×10^{-5} m s^{-2} = 1.2×10^{-6} G, 太陽表面 3×10^{-6} m s^{-2} = 3×10^{-7} G, 白色矮星表面 0.86 m s^{-2} = 0.09 G, 中性子星表面 2×10^9 m s^{-2} = 2×10^8 G　問 **29.3**: 太陽／月 = 0.459　問 **29.6**: 地球 月 太陽 木星 = 1 5.6×10^{-8} 2.6×10^{-8} 1.7×10^{-13}　問 **29.8**: $r_t = (8A^3m/M)^{1/3}$　問 **29.9**: $r_t \sim 2a$　問 **29.10**: $m/M = 0.0123$ で $a = 1738$ km であり, 1.5×10^7 m 〜 月の半径の約 9 倍 〜 地球半径の約 2.4 倍　問 **29.12**: 太陽タイプだと 4.3 AU ぐらい, 超巨星だと 400 AU ぐらい

【30 節】問 **30.1**: $P = $ 約 2 時間

【31 節】問 **31.1**: 白色矮星で約 100 倍, 中性子星で約 10 万倍　問 **31.3**: 白色矮星の半径ぐらいの距離で, 約 30 万 K；中性子星の半径ぐらいの距離で, 約 4000 万 K

【33 節】問 **33.1**: 4.56×10^{10} cm $= 0.66R_\odot$

【34 節】問 34.1：地球（0.9 cm），太陽（3 km），1 $M_\odot$ の白色矮星（3 km），1.4 $M_\odot$ の中性子星（4.2 km），10 $M_\odot$ のブラックホール（30 km），10^8 $M_\odot$ のブラックホール（2 AU）　問 34.2：$2GM/c^3$；10 $M_\odot$ のブラックホール（0.1 ミリ秒），10^8 $M_\odot$ のブラックホール（1000秒）　問 34.4：昼間がなくなる，大幅な気候変動が起こる（軌道運動は変わらない）

【35 節】問 35.1：z（輝線 $+$Hα）$= 0.090$，z（輝線 $-$Hα）$= -0.019$；v（輝線 $+$Hα）$= 0.086\,c$，v（輝線 $-$Hα）$= -0.02\,c$

【36 節】問 36.2：$r = 5.05$ pc，$\mu = 0.662''$ yr^{-1}，$v_\mathrm{t} = 15.9$ km s^{-1}，$v = 30.45$ km s^{-1}

【38 節】問 38.1：低密度 HI ガス（星間雲）

【39 節】問 39.1：3.44 pc，6.65×10^{-7} m　問 39.3：星間ガス；2.22 kpc，$8.46 \times 10^7 M_\odot$，分子雲；7.02 pc，$2.67 \times 10^3 M_\odot$　問 39.4：4.29×10^9 H atoms cm^{-3}

【40 節】問 40.1：10^{-19}–10^{-18} 倍　問 40.2：分子雲；0.290 mm，電波，原始惑星系円盤；9.67 μm，赤外線，T タウリ型星；725 nm，可視光–近赤外線　問 40.3：傾きが $-1/2$ の直線

【41 節】問 41.1：約 1.6×10^{46} J，約 1%　問 41.2：光度 1.16×10^{36} J s^{-1}；絶対等級 -18.9 等；見かけの等級 -13.4 等　問 41.3：-0.55 等，最大光度時の見かけの等級とは一致しない　演習 41.3（3）約 670 年　演習 41.4（1）(a) 160 光年，(b) 110 光年，(c) 83 光年，(d) 11 光年，(e) 16 光年，(f) 1 光年　(2) $E = 10^{44}$ J，$\rho = 10^{-21}$ kg m^{-3} を適用して計算してみる；(a) 67 万年前，(b) 40 万年前，(c) 13 万年前，(d) 770 年前，(e) 1200 年前，(f) 2 年前

【44 節】問 44.1：約 42 pc　問 44.2：約 3×10^{18} W Hz^{-1}　問 44.3：5×10^{33} J　問 44.5：1.2×10^7 km $= 0.08$ AU，太陽半径の 17 倍，水星軌道半径の 0.2 倍　問 44.6：2.2×10^8 km，水星軌道半径の 3.8 倍，ブラックホール半径の 18 倍　問 44.7：1.1×10^6 kg m^{-3}；0.47×10^{-6} kg m^{-3}　問 44.8：約 10 マイクロ秒角　問 44.9：0.075 マイクロ秒角

【46 節】問 46.1：77.2°　問 46.2：光；20.2 kpc，電波；33.6 kpc　問 46.3：226 km s^{-1}

【47 節】問 47.1：太陽光度の 3×10^{12} 倍から 3×10^{14} 倍；典型的な銀河の 30 倍から 3000 倍　問 47.2：満月 20 個ぐらい，広がりの実サイズは約 0.7 Mpc　問 47.3：約 2 天文単位　問 47.4：約 1 $M_\odot$ yr^{-1}　問 47.5：約 10000 K　問 47.8：6.9 keV　問 47.9：約 90 pc

【48 節】問 48.1：約 106 倍　問 48.2：約 660 Mpc　問 48.3：約 6.4 pc

【49 節】問 49.1：$5 \times 10^{11} M_\odot$ ぐらい

【50 節】問 50.1：5.8×10^2 Mpc，1.9×10^9 ly，約 1/7　問 50.2：1.7×10^2 Mpc，5.4×10^8 ly　問 50.3：1.3×10^2 Mpc，4.3×10^8 ly

【52 節】問 52.1：約 140 億年

【53 節】研究 1：赤方偏移約 1500，サイズ比約 1500；研究 2：約 400 km s^{-1}

【54 節】問 54.2：$\Lambda = 4\pi G\rho/c^2$，$a^2 = 1/\Lambda$

【55 節】問 55.1：半径は質量の 1/3 乗に比例し，対数グラフでは傾き 1/3 の直線になる　問 55.2：図の左上の領域　研究：グリーゼ 667C の e と f がハビタブルゾーンに入る

【56 節】問 56.3：i) 29.8 km s^{-1}，ii) 89.9943°，iii) 20.5 秒角

参考図書

以下，全体を通しての参考図書をいくつか挙げておく．

読物・入門書

1. キップ・S・ソーン『ブラックホールと時空の歪み』白揚社（1997 年）
2. カール・セーガン，滋賀陽子・松田良一訳『百億の星と千億の生命』新潮社（2004 年）
3. 嶺重　慎・有本淳一編著『天文学入門』岩波書店（2005 年）
4. 谷口義明『宇宙を読む』中公新書（2006 年）
5. ミチオ・カク，斉藤隆央訳『パラレルワールド』NHK 出版（2006 年）
6. 吉田武『はやぶさ』幻冬新書（2006 年）
7. リサ・ランドール，向山信治・塩原通緒訳『ワープする宇宙』NHK 出版（2007 年）
8. 福江　純『光と色の宇宙』京都大学学術出版会（2007 年）
9. 伊東俊太郎『近代科学の源流』中公文庫（2007 年）
10. ポール・デイヴィス，吉田三知世訳『幸運な宇宙』日経 BP 社（2008 年）
11. 福江　純『カラー図解　宇宙のしくみ』日本実業出版社（2008 年）
12. 野本陽代『ハッブル望遠鏡 宇宙の謎に挑む』講談社（2009 年）
13. 佐藤文隆，R. ルフィーニ『ブラックホール』筑摩書房（2009 年）
14. 福江　純『ブラックホール宇宙』ソフトバンククリエイティブ（2009 年）
15. 柴田一成『太陽の科学』NHK 出版（2010 年）
16. 土居　守，松原隆彦『宇宙のダークエネルギー』光文社（2011 年）
17. 中山　茂『天の科学誌』講談社（2011 年）
18. 吉田直紀『宇宙で最初の星はどうやって生まれたのか』宝島社（2011 年）
19. 井田　茂『系外惑星』筑摩書房（2012 年）
20. 瀧澤美奈子『アストロバイオロジーとはなにか』ソフトバンククリエイティブ（2012 年）
21. カール・セーガン『COSMOS（上下）』朝日新聞社（2013 年）
22. 天文宇宙検定委員会編『天文宇宙検定 2 級　公式テキスト』恒星社厚生閣（2019 年）
23. 天文宇宙検定委員会編『天文宇宙検定 3 級　公式テキスト』恒星社厚生閣（2019 年）

教科書・参考書

1. 加藤正二『天体物理学基礎理論』ごとう書房（1989 年）
2. 小暮智一『星間物理学』ごとう書房（1994 年）
3. 柴田一成・福江　純・松元亮治・嶺重　慎　共編『活動する宇宙－天体活動現象の物理－』裳華房（1999 年）

4. バーバラ・ライデン，牧野伸義訳『宇宙論入門』ピアソン・エデュケーション（2003 年）
5. 福江　純『ブラックホールは怖くない？』恒星社厚生閣（2005 年）
6. 福江　純『ブラックホールを飼いならす！』恒星社厚生閣（2006 年）
7. 岡村定矩ほか編『人類の住む宇宙』日本評論社（2007 年）
8. 小山勝二，嶺重　慎共編『ブラックホールと高エネルギー現象』日本評論社（2007 年）
9. 福江　純『輝くブラックホール降着円盤』プレアデス出版（2007）
10. 家　正則ほか編『宇宙の観測 I』日本評論社（2007 年）
11. 福江　純『そこが知りたい☆天文学』日本評論社（2008 年）
12. 塩谷泰広，谷口義明『銀河進化論』プレアデス出版（2009 年）
13. 野本憲一ほか編『恒星』日本評論社（2009 年）
14. 観山正見ほか編『天体物理学の基礎 I』日本評論社（2009 年）
15. 尾崎洋二『宇宙科学入門』東京大学出版会（2010 年）
16. 松原隆彦『現代宇宙論』東京大学出版会（2010 年）
17. 半田利弘『基礎からわかる天文学』誠文堂新光社（2011 年）
18. 赤羽賢司，海部宣男，田原博人『復刊　宇宙電波天文学』共立出版（2012 年）
19. 福江　純『完全独習　現代の宇宙論』講談社（2013 年）
20. 福江　純，和田桂一，梅村雅之『宇宙流体力学の基礎』日本評論社（2014 年）

年表・事典・図鑑

1. 国立天文台編『理科年表』丸善出版（毎年発行）
2. アイザック・アシモフ，東　洋恵訳『科学の語源 250』共立出版（1974 年）
3. 高木仁三郎『単位の小事典』岩波書店（1995 年）
4. 粟野諭美ほか『宇宙スペクトル博物館＜可視光編＞　天空からの虹色の便り』裳華房（2001 年）
5. 片野善一郎『数学用語と記号ものがたり』裳華房（2003 年）
6. 沼澤茂美・脇屋奈々代『宇宙の事典』ナツメ社（2004 年）
7. David, Ian, John, and Margaret Miller, 2002, The Cambridge Dictionary of Scientists, Cambridge University Press
8. 福江　純『最新天文小辞典』東京書籍（2004 年）
9. 日本天文学会百年史編纂委員会編『日本の天文学の百年』恒星社厚生閣（2008 年）
10. 天文学大事典編集委員会『天文学大事典』地人書館（2007 年）
11. 岡村定矩編『天文学辞典』日本評論社（2012 年）
12. 谷口義明監修『新・天文学事典』講談社（2013 年）

索引

あ

アウトバースト	137
亜音速	19
圧力	16
アボガドロ数	13
一般化されたケプラーの第3法則	78
いて座 A*（エースター）	196
いて座 A 電波源	196
色-等級図	98
インフレーション	3, 241
渦巻構造	200, 204
ウィーンの変位則	36
ウィーン分布	36
宇宙原理	239
宇宙項・宇宙定数	239
宇宙ジェット	150, 215
宇宙の加速膨張	241
宇宙の晴れ上がり	235
宇宙背景輻射	235
宇宙論的赤方偏移	44
運動量保存の式	19
HR 図	94
H 燃焼	106
エネルギー等分配	20
エネルギー保存の式	19
エディントン光度	214
遠日点	47
遠地点	47
掩蔽	121
オゾン	50
オールト定数	186
オーロラ	69, 70
音速	18
温度	4, 15
色──	85
輝度──	55, 85
（惑星の）表面──	55
有効──	85
音波	18

か

階層構造	2
回転曲線	190, 204
外部臨界ロッシュ・ローブ	134
渦状腕	200
ガス	164
傾き角	204
褐色矮星	94, 106, 169
岩石惑星	177
観測	26
規格化	133
輝線	28
基線	80
気体定数	17
基底状態	39
輝度	31
──不変の原理	32
軌道傾斜角	120
軌道面	120
逆コンプトン散乱	30
吸収線（暗線）	28
球状星団	160
球面三角形	266
──の基本公式	266
狭輝線領域	212
共生星	137
共通重心	120
局所静止基準	184
局所熱平衡	85, 90
巨大ガス惑星	177
巨大氷惑星	177
距離指数	77
銀河	200
渦巻──	200
活動──	209
局部──群	224
──円盤	160, 200, 204
──回転	190, 204
──群	224
──座標	268
──団	224
セイファート──	210
楕円──	200
通常──	209
電波──	210
不規則──	200
棒渦巻──	200
レンズ状──	200
近日点	47
禁制線	212
近地点	47
クェーサー	210
グレートウォール	224
系外惑星	243
激変星	137
強磁場──	141
ケプラー回転	207
原始星	169
原始惑星	177
原始惑星系円盤	169, 175
紅炎	57
高温ガス	164
光学的に厚い	29
光学的に薄い（半透明）	29
光学的深さ（光学的厚み）	165
広輝線領域	212
光球	53, 56, 86
光行差	248
恒星風	66
剛体回転	204
後退速度	233
降着円盤	135
公転周期	120
光度	33
黒体温度	35
黒体輻射	29, 35
──強度	35
黒点	57
個数密度	4, 15
古典的セファイド	82
こと座 RR 型変光星	83
固有運動	156
コロナ	61
E──	62
F──	61
K──	61
──質量放出	58, 66

さ

再結合線	212
彩層	57
最小二乗直線（回帰直線）	274
最小二乗法	273
差動回転	190, 204
サハの式	90
散開星団	160
ジェット	169, 175

磁気			ジーンズ質量	170	双極分子流	169, 175
	——圧	22	——波数	173	相対論的ビーミング	213
	——エネルギー	22	——波長	170	速度階級	137
	——圏	21, 69	——不安定	170	速度分散	157
	——張力	22	新星	137	速度分布	157
次元解析		6	古典——	137	束縛-自由遷移	39
指数		4	——状天体	141	束縛-束縛遷移	30, 39
視線速度		42, 123, 156	反復——	137		
自然対数		4	矮——	139	**た**	
	——振幅	123	振動数	26	大気（星の）	86
磁束		21	スケールハイト	52	対数	4
質量			スケールファクター	239	太陽運動	159
	——関数	124	ステファン・ボルツマンの定数		太陽系小天体	46
	——降着率	211		36	太陽圏	66, 71
	——光度関係	112	ステファン・ボルツマンの法則		太陽向点	159
	——比	120, 131		36	太陽風	66
	——密度	4, 15	ステラジアン	6	ダークエネルギー	240
周縁減光効果		58	スーパーアース	243	ダークマター	208
周縁減光係数		59	スピキュール	58	ダスト	164
周期光度関係		83, 115	スペクトル	84	地平座標	267
重元素		85, 108	——エネルギー分布図	28	地方赤道座標	267
自由-自由遷移		29, 39	——型	87	チャンドラセカール限界	180
終端速度		190	——指数	29	中性子星	180
自由落下（状態）		126, 171	——図	28	中性水素	189
自由落下時間		171	——線輪郭	189	中性水素ガス	164
重力		7	原子——	30	超音速	19
	——エネルギー	8, 105	線——	27	超光速運動	215
	——加速度	7	電磁波——	26	超新星	180
	——収縮	170	熱的——	29	——残骸	181
	——赤方偏移	44	非熱的——	30	——爆発	107
	——定数	7	べき乗型——	29	Ia 型——爆発	108
	——崩壊	171, 180	連続——	27	核爆発型——爆発	
	——ポテンシャル	8	星間雲	164		108, 180
	——レンズ	229	星間空間	164	重力崩壊型——爆発	
主系列星		94, 96	星間物質	164		108, 180
主星		120	星虹	248	II 型——爆発	108
種族 I		160, 203	静止質量エネルギー	72	潮汐破壊	128
種族 II		162, 203	静水圧平衡	51, 101	潮汐半径	128
シュバルツシルト半径		145	青方偏移	41	潮汐力	125
春分点		267	赤色巨星	94, 96, 107	超軟 X 線源	141
準惑星		46	赤道座標	267	長半径	47
衝撃波		19	赤道地平視差	80	塵	164
	強い——	20	赤方偏移	41	T タウリ型星	169, 176
状態方程式		16	接線速度	156	天球座標	266
常用対数		4	絶対温度	5, 15	転向点	99
食		121	セドフ解	182	電子散乱	61
磁力管		21	セファイド型変光星	115	電磁波	26
磁力線		21	遷移	30, 39	天体	26
	——の凍結	23	遷音速点	68	電波ジェット	215
シンクロトロン放射		30	遷音速流	68	電離（電離状態）	17, 39

——エネルギー	40, 91
——水素領域	164
——平衡	90
統一モデル（活動銀河の）	213
等級	76
実視絶対——	78
実視——	78
絶対——	77
B——	78
V——	78
輻射絶対——	79
見かけの——	76
U——	78
同定	40
等ポテンシャル面	133
ドジッター宇宙	241
ドップラー効果	233
特殊相対論的——	42
ドップラー法	244
トムソン散乱	61
トランジット法	246

な

内部エネルギー	17
内部臨界ロッシュ・ローブ	134
21 cm 線	189
熱運動	16
熱制動放射	29
年周視差	80

は

バー	201
パーカー解	68
白色矮星	94, 96, 107
爆発	18
白斑	57
パーセク	81
波長	26
パッシェン系列	40
ハッブル定数	233
ハッブルの法則	233
林の経路	106
バルジ	204
バルマー系列	40
ハロー	162
反射能	55
伴星	120
万有引力定数	7
BL Lac 銀河	211
光電離	212

ビッグバン	3
ビリアル定理	225
微惑星	177
輻射	
全——強度	31
全——流束	33
——圧	38
——エネルギー密度	38
——強度	31
——定数	38
——補正	79
——流束	32
プラズマ（プラズマ状態）	17, 22, 23
ブラックホール	145, 180
カー・——	145
シュバルツシルト・——	145
超大質量——	145, 211, 219
フラットローテーション	207
プランク時間	2, 6
プランク長さ	6
プランク分布	35
フリードマン＝ルメートル方程式	239
ブレーザー	211
プロミネンス	57
分散関係式	173
分子雲	164
分子雲コア	165
平均自由行程	13
平均分子量	17
べき数	4
変光星	115
ポアッソン方程式	172
ボイド	224
星の進化	169
ホットジュピター	243
ポテンシャルエネルギー	8
ポリトロピック関係式	102
ポリトロピック指数	102
ボルツマンの式	90
ボンディ解	68

ま

マクロスケール	2
マッハ数	68
ミクロスケール	2
脈動変光星	82, 115
ミリ秒角（mas）	5

ミルン-エディントンモデル	59
無次元化	133
無重量状態	126
メソスケール	2

や

有効ポテンシャル	133
UBV システム	78
横ドップラー偏移	150

ら

ライマン系列	40
ラグランジュ点	134
ラグランジュの正三角形解	134
ラグランジュの直線解	134
ラジアン	5
ランキン-ユゴニオの関係式	19
ランダム運動	15
離心率	47
立体角	5
粒子数密度	4, 15
粒状斑	57
流体	13
——の速度	15
リュードベリの公式	39
量子数	39
臨界条件	67
励起（励起状態）	39
——エネルギー	90
レイリー・ジーンズ分布	36
レーン-エムデン方程式	102
連星，連星系	120
遠隔——	120
近接——	120, 130
実視——	120
食——	115, 121
分光——	121
——間距離	120
ロッシュポテンシャル	133

わ

惑星	46
惑星状星雲	107

[JCOPY] ＜出版者著作権管理機構 委託出版物＞

本書の無断複製は著作権法上での例外を除き禁じられています．
複製される場合は，そのつど事前に，出版者著作権管理機構
（電話 03-5244-5088, FAX 03-5244-5089, e-mail: info@jcopy.or.jp）
の許諾を得てください．

超・宇宙を解く ―現代天文学演習

福江 純・沢 武文 編

2014年7月10日　初版1刷発行
2019年6月10日　　　　　3刷発行

発行者　　片岡　一成
印刷・製本　株式会社平河工業社
発行所　　株式会社恒星社厚生閣
　　　　　〒160-0008
　　　　　東京都新宿区四谷三栄町3番14号
　　　　　TEL　03 (3359) 7371
　　　　　FAX　03 (3359) 7375
　　　　　http://www.kouseisha.com/

ISBN978-4-7699-1474-7　C1044
（定価はカバーに表示）